U0382588

山坡表层关键带结构与水文过程

刘金涛　韩小乐　陈　喜　著

科学出版社

北　京

内 容 简 介

本书介绍关键带科学的最新研究进展，阐述山坡表层关键带结构与水文产流过程的相互关系，报道作者在山坡水文实验、产汇流规律、山坡水文连通及山坡结构特征的解析等方面积累的科学数据及成果。根据各章节内容的内部联系，本书可分为关键带结构的探测与水文过程的观测、山坡表层关键带结构(如土壤厚度)空间分布规律及预测方法、山坡表层关键带结构和水文响应关系的理论解析三大部分。书中报道了作者在这些领域取得的新进展，如建立了基于地貌动力学理论的山坡土壤厚度模型及其理论体系，解析了山坡结构与水文响应的定量关系等。

本书将增进人们对水文现象、规律的理解和认识，所提供的研究思路和理论方法对于无资料小流域山洪预测、设计洪水计算、水土保持甚至滑坡灾害防治等都有指导意义，适合水文水资源、水利水电、地球科学、生态等相关领域的科研、技术人员阅读，也可供科研院所师生使用和参考。

图书在版编目(CIP)数据

山坡表层关键带结构与水文过程/刘金涛，韩小乐，陈喜著. —北京：科学出版社，2020.3

ISBN 978-7-03-063653-9

Ⅰ. ①山… Ⅱ. ①刘… ②韩… ③陈… Ⅲ. ①山地-地质构造-水文学-研究 Ⅳ. ①X143

中国版本图书馆 CIP 数据核字(2019)第 274302 号

责任编辑：李涪汁 沈 旭/责任校对：杨聪敏

责任印制：师艳茹/封面设计：许 瑞

科学出版社 出版

北京东黄城根北街 16 号

邮政编码：100717

http://www.sciencep.com

河北鹏润印刷有限公司 印刷

科学出版社发行 各地新华书店经销

*

2020 年 3 月第 一 版 开本：720×1000 1/16

2020 年 3 月第一次印刷 印张：20

字数：396 000

定价：159.00 元

(如有印装质量问题，我社负责调换)

序

进入人类世以来，人类活动对地球系统的影响已经接近或超过部分自然因素(如气候变化)，地球系统正在加剧变化，有必要发展有关理论以提高预测能力，深刻揭示地球系统的这种变化。地球关键带是地球表层系统中大气圈、生物圈、土壤圈、岩石圈与水圈物质迁移和能量交换的重要区域。地球关键带科学探究地球表层系统演化规律与人类可持续利用自然资源和环境之间的关系，重点研究各组成部分之间的相互作用，了解整个表层地球系统的过去、现在及未来的行为，将是一段时期内地球系统科学研究的主要内容，可为全球生态环境问题的解决提供理论基础与对策方案。

地球关键带是与人类社会最为密切的近地表环境，是独立开放的系统，为区域资源、环境和生态问题研究提供一个完整的系统框架。经过十多年的研究，关键带科学在地球表层结构的认识、关键带生物-土壤-岩石地貌等协同演化、关键带结构对水文过程的作用机制等方面都取得了深度的成果。然而，地球关键带科学研究尚处于探索阶段，近年的进展表明，地球关键带科学有潜力促使地球表层研究发生科学变革，为我们所面临的气候变化、生态系统保护、水资源安全、自然灾害防治等重大问题的解决提供可能的途径。

山坡是流域的重要组成部分，山丘区的地形、土壤、基岩等表层关键带结构因素是与径流形成联系最为密切的地球圈层，山丘区径流在生态系统连通中起到媒介或中枢的作用，可作为流域系统状态的指示因子。在基础水文领域，一直以来山坡水文的发现，不论是蓄满产流还是部分面积产流理论，都对后世的水文模型(如新安江模型)发展起到了奠基性的作用。山坡水文在产汇流规律认知上的重要作用已获得广大学者的共识，可以说直接促使水文学从早期的经验方法发展到具有物理基础的动力机制模型。然而，由于山坡下垫面中不同尺度上存在巨大的异质性问题，人们对流域表层关键带结构特征及其水文连通机制等的认识尚存不足。这一方面限制了新的产汇流理论的提出，另一方面也使水文模型的发展陷于停滞状态。正如最近水文科学领域极力倡导的流域协同演化研究，我们有必要基于地球系统科学的视角，发展关键带系统动力学的理论和过程预测方法，从而推动对土壤学、水文科学的新认识。

该书主要作者刘金涛教授团队，一直致力于将土壤学的有关理论和实验方法与基础水文研究进行融合，其开展的山坡关键带水文土壤学研究属于土壤学、地貌学和水文学的交叉领域。首先，他最主要的工作就在于坚持山坡小流域的长期定位观测，取得了第一手的数据并得到了规律性的认识。其次，他最重要的研究进展在于揭示了山坡表层关键带结构宏观层面的规律，并采用数学物理方法得到融合山坡关键带结构特征的理论公式，试图做到关键带结构合理概化与模型适度复杂的平衡。

该书系统总结了关键带科学研究的进展，阐述了山坡表层关键带结构与水文产流过程的相互关系，指出对山坡关键带结构特征和径流形成规律的认识是可能带来新的产汇流研究革命的课题之一。该书内容主要报道了作者在山坡水文实验、产汇流规律、山坡水文连通及山坡结构特征解析等方面积累的科学数据及成果。该书是刘金涛及其研究小组近十年潜心于山坡关键带水文领域取得的主要工作进展和总结，希望其继续该领域的工作，在土壤学和水文学的交叉领域取得更为深入的突破。值此专著出版之际，我衷心期望该书能得到大家的关注与批评指正。

张佳宝

2020 年 1 月

前　　言

“十年磨一剑”（唐·贾岛《剑客》），又“万事悠悠心自知，强颜於世转参差”（宋·王安石）。自从 2009 年独立开展科研工作以来，逾十年矣，虽历经艰难，然从未迷失，尽管能力有限，但一直坚守，故撰此作聊以慰平生。

十年之前，我拿到第一个国家自然科学基金项目，开始独立地开展山坡水文领域的研究工作。尽管在这之前，我已经萌生开展山坡水文实验的想法。说来话长，作为河海大学水文人，我对于赵人俊先生的新安江模型理论必然是引以为傲的，一直对赵先生和他的新安江模型高山仰止。我想与我一样，很多人都怀着发展水文模型基础理论的想法。当然，读研时我也认识到，要改进一个成熟的模型谈何容易，需要对现实世界具有深刻的认知。在新安江模型中，土壤的蓄滞水作用是产流计算的关键，然而这恰是我当时知识背景所欠缺的。于是，我动了到中国科学院南京土壤研究所(南土所)攻读博士学位的念头，主要是想学习土壤物理学和有关的水文实验方法。

此外，还有一个原因促使我更坚定地走实验和野外监测的路线。1988 年 9 月，赵先生在《山坡水文学》(译著)的序言中指出：“水文学家(工程师)更多的是采用经验相关的方法提出一些假说。例如，新安江模型中的一些假定(如蓄满产流，蓄水容量的不均匀分布)即源于大量的工程实践。地理学家们采用的则是实验、勘测等解析揭示的方法，是更为科学的方法。”当 20 世纪 70 年代的山坡水文实验证实了赵人俊先生的理论假说时，他心里十分高兴并对他的理论感到放心了。正是受赵先生所抒发的这番感慨的启发，我进一步坚定了从事山坡水文实验研究的决心和信心。

但是，对于工科背景的人来说，从事科学观测和发现是很难的一次跨界。记得进入南土所学习的第一次组会，导师张佳宝研究员安排大家做一次关于未来研究计划的报告，其他同门均能就具体科学问题提出一些实验观测方案，我则还是以工科实用主义的思想为指导，这里有着太多的工程研究与科学发现的激烈碰撞。于我而言，这种巨大的碰撞是非常有益的，也是我毕业后能很快就获得国家自然科学基金资助的重要原因。也正是在南土所的三年博士生涯，奠定了我开展野外实验工作的各项基础，使我能够很自如地布置野外观测项目，同时又有着强大的后援团队支持。在这里要感谢张佳宝老师对我的培养，感谢各位同门师兄弟和姐妹的帮助。

在获得青年基金的第一时间，如何选择一个合适的实验站点就摆上了我的议事日程。在基金申请书中，原本我有意在位于浙江舟山市定海区马岙乡的长春岭水文站设立观测项目。选择这个地点有两个原因：一是该站从 1980 年开始观测至今，资料系列完整，设站目的主要就是研究小汇水面积暴雨洪水发生机制，与我所关注的主题密切相关；二是该站控制集水面积为 3.80 km^2，是典型的小河站，且紧邻江苏，方便开展实验工作。于是，获得基金批复的消息后，在 2008 年的中秋节前，我决定去实地考察建站事宜。这里，要感谢两个人——陈喜教授和顾卫明高工。陈喜教授资助了考察的费用，要知道当时我刚刚博士毕业，没有一分钱的科研经费，陈老师的慷慨解囊是最大的鼓励。浙江省水文局的顾卫明高工是我的大学同学及室友，长春岭水文站也是他支持我选取的，选站考察时他又不辞辛苦地带我跑了舟山、宁波和湖州等地。通过实地调研，我们发现长春岭水文站及其控制小流域具备一定的建站条件。当然，其缺点也很明显，那时跨海大桥尚未修好，海岛上交通不便，更重要的是山上树木荆棘丛生，不利于开展土壤调查和土壤水分过程的监测。放弃长春岭，我们又驱车前往宁波。位于宁波宁海县的洪家塔水文站集水面积稍显大，流域里面有很多的人为干扰因素，也不适合开展控制性的监测。在顾高工看来，这两个水文站是当时浙江省观测条件非常好的水文站点，如果还不能满足实验观测需要的话，其他地方也很难有合适的地点。在考察陷入僵局的时候，他突然想起湖州德清的原姜湾径流实验站或许是个不错的选择，于是我们又驱车前往湖州。

姜湾径流实验站(1956～1986 年)由浙江省水文总站主持设立，是国内最早的以暴雨径流和洪水计算研究为主的实验站之一，建站期间成果享誉国内。姜湾径流实验站地处德清、安吉两县交界处，属长江流域太湖区苕溪水系。赶到姜湾后，因为已经停测多年，姜湾站及和睦桥的站房均已破败不堪。但一行人在考察了此处的地形和植被分布后，地貌专家王文教授认为这里的地质条件在江浙皖山地中具有代表性，而且这种竹林分布非常有利于开展坡面的勘测调查，植被单一又可让研究降低维度和难度，仅需考虑地形和土壤因素。大家一致公认，水文工作者前辈是慧眼独具，这里是非常适合开展野外监测的场所。

在随后的数年中，我们团队在姜湾流域内的和睦桥子流域开展了很多的勘测调查和水文观测。顾卫明高工和德清水文站的多任站长一直给予我们非常亲切的关怀。一个非常有意思的插曲是，最初当我们带着探测仪器进场时，村民们竟怀疑这里发现了矿藏。当然，也要感谢当地村民的理解和大力支持，使我们的事业得以持续。应该说，浙江省水文总站历时长达 30 年的驻站监测，实际上在当地起到了一定的宣传和科普作用。人们说，长征是宣言书，长征是宣传队，长征是播种机。同样，水文工作和科研通过与老百姓的交流，也起到了科学宣传队的作用。

然而，在最初的几年中，我始终不得要领，不能深入地开展一些分析工作，以至于科研成果产出较低，局面非常难看。实际上，水文实验切忌水文站业务观测的微缩和强化，水文实验应该有一个不同于水文业务观测的理念。在2010年左右，我了解到美国正在开展的关键带观测计划，很敏锐的察觉到它必然在地球观测(包括水文)中具有里程碑式的意义，是指导水文实验的最先进、最前沿的科学理念。这一理念强调的就是关注自然过程要素本身，不但要知其然还要知其所以然。不单要监测水文过程，还要关注关键带结构(地形、土壤和岩石)的演化，这正是我们传统水文研究所欠缺的。为了揭示关键带土壤结构的水文效应，我们也曾经漫山遍野地采样、调查，均收效甚微。此时，我意识到我们需要找到一个比和睦桥小流域更小的地貌单元，需要满足地形起伏、土壤厚度分布连续的条件，可是我们始终没有得到这种所谓的代表性的理想山坡。

2011年岁末，我终于下定决心赴美国交流访问一年，一方面为满足职称晋升的要求，一方面也可以向美国关键带的研究团队取经。2012年，我在宾夕法尼亚州立大学的农学院开始了访问研究，并有幸在关键带计划的Shale Hills站点学习工作。第一次随林杭生老师去Shale Hills参观，我即被此处的地形地貌和相对稀疏的乔木植被条件吸引。记得当时，我对林老师说，我一直想选这种可以用数学函数来描述的弧线优美的山坡作为实验用地，林老师当场会心一笑。然世事无常，本书成稿之际，吾师已逝，悲夫。

选择合适的径流场一直被我放在心上，直到回国后的2014年，我们终于选择了H1山坡进行地形、土壤和径流的强化监测。随后，陆续布置了很多的仪器设备。打个比方，我们的工作就像给山坡做外科手术或者CT扫描。这里也要提一下我的学生韩小乐博士，正是他的加盟使得我们的野外实验工作得以顺利推进。自2016年始，我们陆续在H1收获了很多重要的数据，这些第一手的观测数据帮助我们重新认识了教科书和经典文献中有关产流的机制，到现在仍在支撑着团队的科学成果产出。

2018年，我又与李晓鹏博士(中国科学院南京土壤研究所)、杨海博士(中国地质调查局南京地质调查中心)合作开展关键带水文和生物地球化学过程的监测，一同运行了茶园径流场以及COSMOS山体蓄量监测项目等。2019年，适逢我独立开展科研工作以及和睦桥关键带水文实验的第十个年头，在前期科研积累的基础上撰写此书，算是给自己交一份答卷。我也深知距离心中的科研创新还有相当遥远的距离，突破赵老师的模型理论仍然需要今后持续的工作，我仍然走在追寻水文模型理论创新的路上。

“路漫漫其修远兮，吾将上下而求索。”

概括这十年，尽管有很多的困难，仍很庆幸我能坚持自己的研究领域，始终在推进水文实验的工作。当然，这并不是说研究的理念一成不变，从最开始的模型研究，到后来的水文相似，以至最后的关键带水文研究，我一直在追寻一个更新的、更具引领性的、更具学科包容性的研究理念。应该说，我是幸运的，总能得到国家自然科学基金的资助和支持，先后主持和参与了 5 个项目的研究，也得到“十三五”国家重点研发计划的支持。这些都是对我个人和团队的鼓励和支持，表明基金委的包容性和对基础工作的认可。

在这十年中，我先后培养了 30 多名研究生，指导了更多的本科生，他们有相当一部分都参与了和睦桥实验站的工作。例如，冯德锃和王爱花在山坡蓄量动力学理论的应用中做了很多工作，宋慧卿在水文相似理论的发展及和睦桥实验站地球物理勘测领域贡献了力量，韩小乐投入大量的精力搭建了 H1 径流实验场，吴鹏飞和刘杨洋则在地球物理勘测上做了不少工作，等等。在此，对参加过和睦桥实验工作和本书编辑的学生(如万满鑫、李绍凯、乔骁、王淑红、张洁)表示感谢。感谢所有的论文合作者对于成果产出的贡献。

十年来，承蒙国家自然科学基金等一系列项目的资助，我的研究才得以开展。本书的出版得到了以下项目的资助：国家自然科学基金项目“基于山坡蓄量动力学理论的流域水文模拟尺度效应研究”(40801013)、“解析山坡结构与降雨径流响应关系的水文相似性研究”(41271040)、“山丘区产汇流机理、模型尺度效应及突发洪水预报研究”(41730750)、“湿润山丘区小流域关键带结构与水文连通性研究”(41771025)、“拉萨河典型流域表层结构与径流响应关系的解析及模拟研究”(91647108)、“实验流域风化基岩结构与径流形成机制研究”(41901019)，国家“十三五”重点研发计划课题“长三角山丘区水循环过程与模拟研究”(2016YFC0401501)，国家自然科学基金委员会与英国自然环境研究理事会中英重大国际合作研究计划项目“喀斯特关键带水文-生物地球化学耦合机理及生态系统服务提升机制”(41571130071)，国家重点实验室基本科研业务费(20145028012, 20185044312)。

由于水平与时间有限，本书仅是十年的阶段性成果，许多方面还有待进一步深入的研究。如仍需要加强“关键带地球物理探测的理论和技术方法”、“地球化学的示踪和分析”、“关键带结构与水文过程的数理解析”等。书中如有不妥之处，敬请批评指正。

刘金涛

2019 年 10 月 8 日

目　　录

第1章　关键带科学概述

关键带是靠近地球表面的陆地环境系统，这一系统是具有渗透性的，它从容纳地下水循环的岩石风化带可向上至树的顶端，是介于天空和岩石之间的地带(Anderson et al., 2004)。最早，关键带的概念是 Ashley 于 1998 年在美国地质学会会议上口头提出的，旨在给出一个整体性的理论框架，借以理解这一对生命有重要意义的地表圈层中物理、化学和生物过程间复杂的三维联系。美国国家研究委员会(United States National Research Council, NRC)(2001)指出关键带的概念涵盖了多个学科并要解决相互交叉的问题，它的提出将给地球科学未来的发展带来机遇。NRC 将关键带定义为各向异性的近地表环境，其中的岩石、土壤、水、空气和生命通过复杂的相互作用对自然生境进行调节，并决定维持生命所需资源的可用性。Brantley 等(2007)则将关键带定义为行星表面脆弱的皮肤，范围从外层的植被覆盖到内层地下水含水层的下限(图 1-1)。

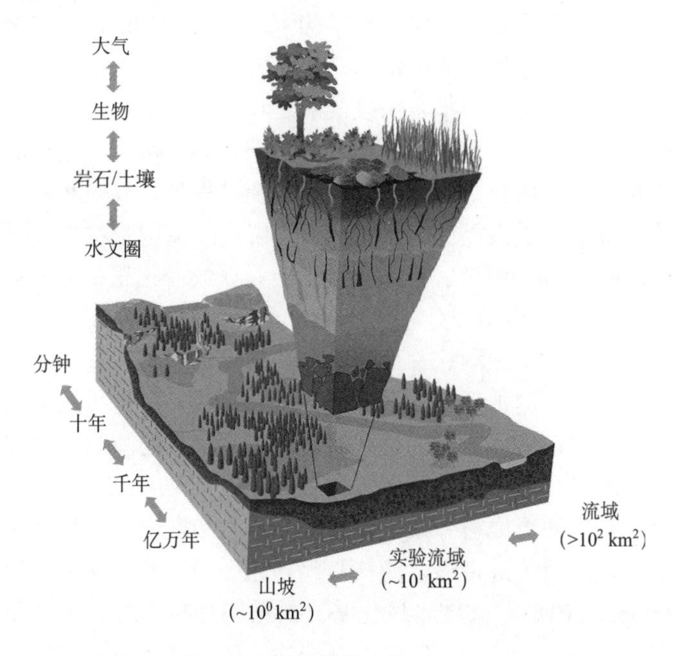

图 1-1　关键带范围及结构(Chorover et al., 2007)

根据其定义，关键带是地球陆地一个较薄的表层(10～100 m 厚)，具有动态变化的特征。这一圈层通常下伏有基岩，尤其是在山丘区地带。关键带的底层通常具有由风化基岩向新鲜基岩过渡的特征。值得注意的是，这种基岩的风化或者风化带的演进通常需要较为漫长的地质年代。事实上，这种缓慢的岩石风化会增加岩石或风化带的孔隙，提高导水性能并将水流引入山坡深部，从而能将水分更长时间地滞留在陆地表层。因此，关键带为一切生物地球化学(物理)过程(如水体流存、植被生长、根系展布、有机质分解、土壤发育和基岩风化)提供了重要的场所。它也是一切生命和人类栖息的环境，故对我们至关重要(Grant and Dietrich, 2017)。

综上所述，关键带实际是一个包含复杂生物地球化学和物理过程的有生命的圈层。研究关键带的结构及其中的过程机制将涉及不同时空尺度的问题，包括大气(如气候)、土壤、地质(如构造)和生物(如微生物、人类)在地球不同时间尺度上的变化(图 1-1)。例如，构造演化是地质年代这种时间尺度上的过程，而极端天气则属于短时的气象过程。关键带的科学研究将为人类可持续地开发利用地表资源提供帮助。

1.1 关键带研究的背景与内涵

关键带的理论框架是对现有自然科学的重新整合(Richardson, 2017)。关键带的极端重要性体现在几乎所有的陆地生命包括人类自身都要依赖于这一区域。然而，我们对这一人类与自然的耦合系统尚缺乏科学的认识，没有完备的理论方法来预测未来的变化，更不要说给出环境可持续开发的策略及方案(NRC, 2010)。

在地球漫长的演进历史中，关键带的结构及过程是在气候和构造共同作用下形成和演化的。近期，受人类世高强度的活动影响，关键带结构和过程的演进速度逐渐加快(White et al., 2015)。由于人类活动和气候变化正在改变着地球，有必要发展有关理论、提高预测能力，深刻揭示地球系统(尤其是和人类密切相关的关键带)的这种变化。然而，预测这种地球系统的演化是建立在宽阔的地球关键带系统知识基础之上的，关键带观测计划的目标就是揭示和定量描述不同气候、生态和地质条件下的关键带环境要素的协同演进。基于定量的观测，关键带科学逐渐发展出四个核心的研究领域(Richardson, 2017)。

第一，风化基岩的形成与分布。理解控制基岩和表层沉积物风化的生物、化学和物理的作用，这是关键带科学的核心问题之一，也是地球生物学和地球化学关注的问题(Pope, 2015)。关键带风化基岩的结构是在构造、地形和风化过程共同作用下形成的(St Clair et al., 2015)。基岩的风化关系到环境可持续的议题，如风化速率与大气二氧化碳浓度的反馈机制(Raymo, 1991)。基岩组成还会直接控制地表生态系统。例如，Hahm 等(2014)研究发现森林生产率的差异和下伏基岩主要及微量元素的组成直接相关。基岩裂隙的结构和分布不仅影响元素的循环，还为物质能量提供了储蓄空间。例如，关键带风化基岩的厚度和结构控制着流域水文过程的属性特征(如水头、植物可用水和径流速率等)(Brooks et al., 2015)。

第二，水土资源的可持续利用。可以说，关键带科学的许多理论框架都是建立在土壤科学和水文学现有理论基础上的。将土壤学和水文学现有的研究与其他学科相融合以深化对关键带过程的理解，对发展关键带科学是至关重要的。在传统上，生态系统和农艺学的研究往往更关注于 1～2 m 深的根系层土壤及其水文过程，关键带科学则延伸了传统上对土壤的认知，系统地考虑了深部基岩风化的成土作用(Guo and Lin, 2016)。

第三，物质和能量的示踪(图 1-2)。物质和能量在土壤及其他松散风化物中的迁移是许多学科关注的问题。关键带中的物质运移可以用于解析诸多的自然现象，如化学风化、侵蚀和营养物质的循环转化，以及指示由人类活动引发的环境问题，如酸性废水排放、地表水体富营养化、大气二氧化碳浓度上升和饮用水污染等(Li et al., 2017)。

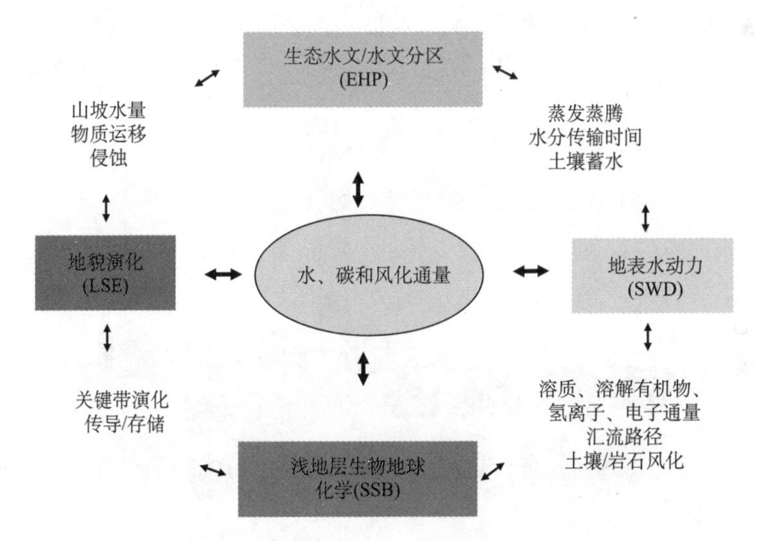

图 1-2　关键带的要素和过程(Chorover et al., 2011)

第四，时空尺度的融合。将不同时空尺度的过程联系起来，系统全面地认识关键带地表与地下、生物和非生物、宏观和微观以及短期和地质年代的过程。例如，Brantley 和 Lebedeva(2011)发现随着岩石及矿物颗粒的风化变细，其表面积增大，这会控制整个岩石土壤风化剖面的化学风化速率，甚至影响整个流域尺度的地貌和水文过程。此外，对地球科学家来说，最为棘手的是将短期与长期变化进行联系，观测则是定量认识短期的乃至长期的生物地球化学和物理过程的重要手段。

1.2 关键带观测计划

研究与理解复杂的关键带结构与过程需要跨学科的综合方法，包括土壤学、水文学、生物学、生态学、地质学、地貌学、地球化学、地球物理学以及地球生物学等(Brantley et al., 2016; Anderson et al., 2008)。关键带过程具有时空的跨越性，空间上从孔隙尺度上升至大陆尺度，时间上从遥远的地质年代到当代，并需要预测未来的变化趋势(Brantley et al., 2007)。

要开展如此跨学科和多尺度的陆地生态系统过程研究(图 1-3)，只能通过协同不同区域和部门的关键带观测计划(CZOs)，对关键带各个层面过程进行全方位观测，以期系统地揭示和理解这一复杂系统的结构和过程(Brantley et al., 2016; Anderson et al., 2008)。CZOs 是研究由水介导的地表过程的自然流域实验室。通过观测河流、气象/气候、地下水，CZOs 试图揭示复杂耦合的关键带过程(White et al., 2015)。在 CZOs 的实验流域，交叉学科的科学家相互协作，主要进行水文地球化学的观测，采集土壤、冠层和基岩材料的样品，并以观测为基础开展理论研究。

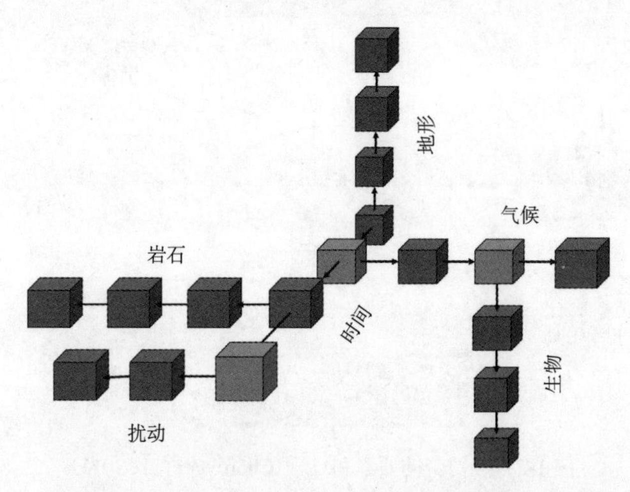

图 1-3 多要素、多尺度与多过程的地球关键带系统(Brantley et al., 2007)

美国最早于 2007 年启动 CZOs，到目前为止，美国国家自然科学基金委员会(NSF)先后资助建立了 10 个 CZOs 站点，包括 the Susquehanna-Shale Hills Observatory in Pennsylvania, the Southern Sierra Observatory in California 和 the Boulder Creek Observatory in Colorado 等(White et al., 2015)。与此同时，在全球范围内，也开展了许多类似的观测实验。如 2008 年启动的德国陆地环境观测计划(TERENO)、2009 年欧盟的 SoilTrEC 计划及 2015 年开始的中英关键带观测计划

等(Guo and Lin, 2016)。据不完全统计，全球有 60 多个国家启动了类似的观测计划(Richardson, 2017)。然而，尽管站点和参与人员众多，CZOs 的观测和采样均是依据相同的总体方案和技术，并依据站点实际条件进行有序发展(White et al., 2015)。

1.3　关键带科学研究

通过高强度的野外观测，关键带研究的目标就是发现影响关键带结构和过程演化的控制因素，揭示关键带结构和过程对气候和人类活动的响应机制，提高对关键带要素协同演化的预测能力,并提升生态系统的恢复能力和发展的可持续性。经过十多年的研究，关键带科学在地球表层结构的认识、关键带生物-土壤-岩石-地貌等协同演化、关键带结构(尤其是深部风化带)对水文过程的作用机制等方面都取得了深度的成果。

1.3.1　关键带结构本身的认识

关键带是维持生命活动的地球脆弱的皮肤(Brantley et al., 2007)。这个区域与空气充分接触，从而生命活跃，是生物、土壤和地貌演化的重要场所。关键带中有非常多的过程耦合并发，例如，光合固碳与呼吸作用释碳、生物和非生物作用分解土壤和岩石等。作为空气和岩石的交界面，关键带的范围最初被定义为从植被冠层顶端经土壤层至地下水活动的下限区域或新鲜基岩面(图 1-4)(Grant and Dietrich, 2017)。显然，关键带的上界可以清晰地界定，然而其下界仍然是比较

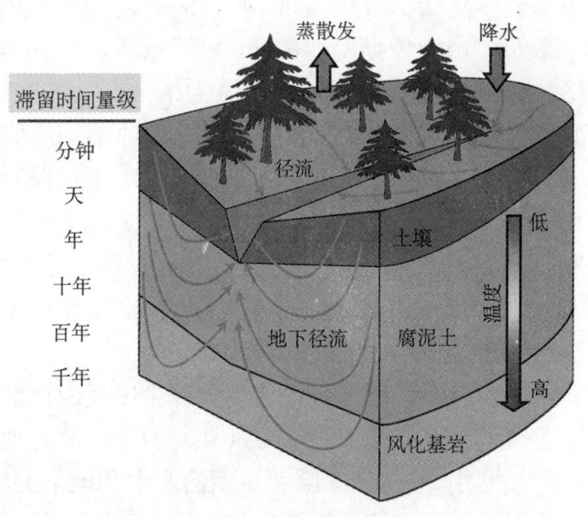

图 1-4　关键带结构与水文过程(Riebe et al., 2017)

模糊的。原因在于，作为地下水存在的重要介质，地球风化带比较厚且分布不均匀，一般为几十米至几百米(Burke et al., 2009; Ollier, 1988)。然而，除了浅部(1～2 m)土壤层外，土壤以下的部分很少为人所知，部分原因在于深部风化带难于探测和采样(Riebe et al., 2017)。

在相对少的研究中，科学家发现风化基岩在山脊处最厚，风化带的厚度从山脊至河谷逐渐变薄(Thomas, 1966; Ruxton and Berry, 1959)。例如，Salve 等(2012)在美国加利福尼亚州北部发现风化基岩在山脊处最厚(19 m)，靠近河谷的边坡地带则逐渐变薄(4 m)。这种风化带厚度从山脊向边坡变薄的分布模式在美国弗吉尼亚州(Pavich et al., 1989)、怀俄明州(Flinchum et al., 2018)和非洲加纳(Ruddock, 1967)等地也有发现。

一般来说，人们认为风化基岩的厚度遵循一种自上至下的演进机制，即由具有化学反应性的大气水入渗至新鲜基岩面来驱动整个风化过程(Brantley and White, 2009)。这种由上及下的假说实际上认为风化基岩厚度取决于侵蚀速率与风化锋面下行速度的相对快慢(Rempe and Dietrich, 2014)。为了阐释这个假说，Lebedeva 和 Brantley(2013)构建了反应性的输移方程，并延伸发展了 Heimsath 等(1997)的土壤生成函数模型，以描述基岩风化的过程。在这项研究中，他们认为：从山脊至谷底，如果地形逐渐变陡，则会导致通过下伏反应性基岩的水流变少，使得风化带逐渐变薄。

除了上述假说外，为了解释基岩风化带厚度从山脊向坡地逐步变薄的现象，还存在一个“由下至上的基岩风化发育机制”的假说(Rempe and Dietrich, 2014)。一些早期的对风化剖面的定量观测表明，基岩面上的地下水具有阻隔化学风化的作用，从而限制了基岩风化带深度的发展(如 Thomas, 1966; Ruxton and Berry, 1959)。在新鲜基岩表面，水力传导度非常低，停滞或者运行缓慢的水体很容易达到化学平衡态，导致化学风化反应很慢或者停止(Brantley and White, 2009)。此外，新鲜基岩的长期饱和状态可以防止由干湿交替带来的收缩和膨胀所引发的机械风化(Dunn and Hudec, 1966)。基岩缓慢释水，为受大气和生物控制的酸和氧化剂腾出了空间，允许其随水分进入，从而产生风化反应。这就是所谓的由下至上的基岩风化带发育机制，基岩释水是该假说的核心过程。基于此种假说，Rempe 和 Dietrich(2014)提出了一个新的基岩风化带厚度预测模型，该模型准确预测了基岩风化带厚度从山谷向山脊逐步增厚的趋势。

基岩风化带中孔隙和裂隙广泛发育，这为关键带中反应性非平衡态的液体流和生物群落的扩展提供了快速的通道(Riebe et al., 2017)，并为地表与深部风化带建立了重要联系。研究表明，风化带孔隙和裂隙的产生和地下的应力场密切相关，这种应力在空间上是不均匀分布的，是受板块构造作用影响的区域应力和受局部地形影响的重力应力共同作用的结果(Slim et al., 2015; Martel, 2011; Molnar et al.,

2007)。基于地震波速和电阻率场的调查结果，St Clair 等(2015)阐释了地形对区域应力场的扰动作用以及该作用影响下的基岩裂隙分布规律。他们的研究发现：在水平构造压应力与重力应力的比值相对较小时，基岩风化带下包线与地表地形平行分布，反之，基岩风化带下包线与地表地形呈镜像分布。

当然，上述有关基岩风化带分布规律的假说仍需更多的实验观测来验证，关键是揭示在生物、物理和化学共同作用下的关键带风化机理(图 1-5)。这一研究有赖于高精度的地表地形勘测、地球物理勘测和传统的钻孔技术等的协作。

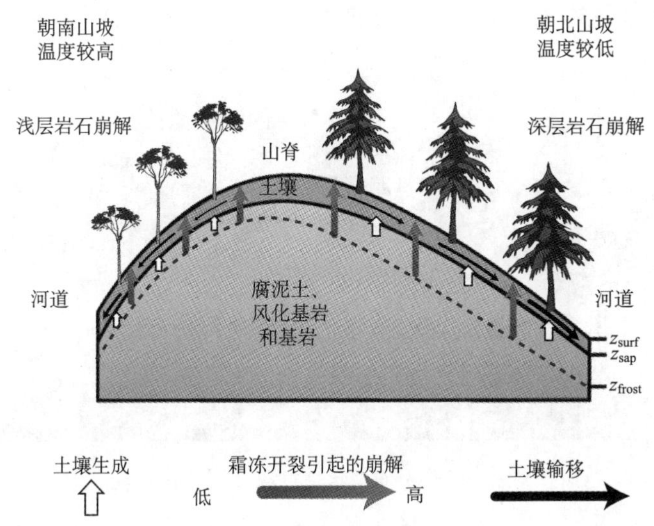

图 1-5　不同朝向和气候条件控制下的基岩风化带的差异性演化(Riebe et al., 2017)

z_{surf} 指地表高程；z_{sap} 指风化基岩表面高程；z_{frost} 指基岩表面高程

1.3.2　基岩风化带的水文效应

山坡向河流输送泥沙和水分的过程受基岩风化程度的影响(Rempe and Dietrich, 2014)。对径流的产生和地貌演化的过程来说，新鲜基岩的埋深即基岩风化带厚度是非常重要的结构要素。风化作用将增加基岩的孔隙和裂隙，从而提高水力传导度，允许入渗水分深层渗漏至新鲜基岩面，并沿此面形成地下径流，侧向补给河道径流。已有的田间观测表明，绝大部分的降水需经由基岩风化带(包括土壤)进入河道，该区的地下水是维持河道基流的重要来源(Uchida et al., 2002; Onda et al., 2001; Montgomery et al., 1997)。例如，Anderson 和 Dietrich(2001)的研究表明，基岩(类型为砂岩)向河道的供水量占到河道总水量的 93%。基岩的风化可以延长水分在山坡上的滞留时间，进而供给植被的蒸腾作用(Jones and Graham, 1993; Arkley, 1981)。在陡坡上，基岩风化带水分的溢出则表明该区已水分饱和，将导致局部孔隙压力升高，并诱发山体滑坡(Montgomery et al., 2002)。

然而，由于风化基岩通常被土壤层覆盖而不能直接探测，尚难于准确刻画风化基岩的结构特征(如地形、风化基岩层的厚度、渗透性等)(图 1-6)，其对径流形成的影响也没有受到足够的重视(Dwivedi et al., 2018; Gabrielli et al., 2018)。多数山坡水文实验依然假设土壤-基岩界面为相对不透水层(Salve et al., 2012; Tromp-van Meerveld et al., 2007)，或是将土壤-基岩界面之下的渗漏量笼统地当作水量平衡方程中的残余项处理(Graham et al., 2010)。近期，Rempe 和 Dietrich(2018)在 *PNAS* 上撰文指出：风化基岩层是一个被忽视的重要水库，其储水量可占年降水量的 27%，并为干旱期的植物生长提供了关键的水分。

图 1-6　风化基岩层厚度分布与水文过程(Grant and Dietrich, 2017)

Z_b 指基岩表面高程

一般来讲，风化基岩经物理化学风化作用后(如含铁矿物的氧化和长石的水解)，其体积密度、机械强度等特征与母岩相比已显著下降(Wald et al., 2013)，并且裂隙分布广泛，但在靠近母岩时裂隙含量逐渐减少(Flinchum et al., 2018)。相比风化基岩，母岩导水率更低，母岩的水流运移及化学风化作用近乎停止(Rempe and Dietrich, 2014)。因此，水文学家应重点关注基岩新鲜面之上——风化基岩的结构特征及其水文效应。例如，Gabrielli 和 McDonnell(2012)在美国 H. J. Andrews 实验流域的研究结果表明，土壤-基岩界面以下 1～2 m 的风化基岩对侧向径流有着重要贡献。Fujimoto 等(2014)在日本 Fudoji 实验流域的研究发现，土壤和浅层风化基岩层间存在裂隙或者孔隙联结通道，使得基岩地下水对降雨有较为快速的响应。Hale 和 McDonnell(2016)在美国俄勒冈州选择了植被、气候、地形相似但基岩类型不同的两处实验地点，发现渗透性强、风化程度高的砂岩基流的平均传输时间(mean transit time)要远长于致密的火成岩。

风化基岩的结构特征控制着多种山坡水文特性，如地下水位埋深、植物可用水量以及山坡对河道的贡献等(Brooks et al., 2015)。然而，我们对风化基岩的结构特征及其水文效应的认识匮乏，这不仅限制了对山丘区小流域径流形成规律的认知，也不利于水文模型理论的进一步发展。

1.3.3　关键带结构与过程的协同演化

流域由于能量(太阳辐射)、水(降水)、碳(光合作用)、矿物质供应(基岩风化)和抬升(构造)引起结构要素(土壤通道、山坡形状、河网、植被分布)的演变。这种自然的演变一般是非常缓慢的，因此流域结构特征及其空间分布在一定时期内可以认为是稳定的，它决定了水文和生物地球化学通量在该阶段的特定模式。通常，水文学家假设这些结构要素的空间分布特征在时间上是不变的，并且在水文模型参数化时可以不考虑它们之间的协同变化(Troch et al., 2015)。

在快速变化的环境下，地球表层关键带结构和过程演进速度加快，水文学界正面临着一个巨大的挑战。传统上，一般采用的经验模型(即采取单一的降雨径流观测数据率定模型且参数固化)并不适合变化环境下的水文预测，也不能用于揭示其水文规律(Milly et al., 2008)。研发适应于变化环境下的水文预测理论方法和框架最早可以追溯到 Dooge(1987)的工作，他提出了几项基础的水文定律。近年来，流域水文相似和分类框架体系、综合经典的牛顿力学法和新达尔文进化论方法来发展水文理论的理念都陆续被提出，被认为可能有助于解决变化条件下的水文预测难题(Harman and Troch, 2014; 刘金涛等, 2014; Wagener et al., 2007)。

Troch 等(2015)认为所有这些关于变化环境下的水文理论观点，可以通过发展一个基于流域协同演化概念的新框架来实现。流域协同演化是指地球表面水、能量、基岩风化矿物、泥沙、碳、生态系统和人为因素之间的时空相互作用，以及因此产生的流域特性和水文响应变化的过程。我们认为影响协同演化的主要因素是气候条件、地质作用、构造运动及时间等，人类作为流域组成部分也参与其演化的进程。协同演化的框架可用来指导变化环境下的水文预测问题，关键在于其能够揭示驱动力(气候、人类)作用下的流域结构(岩石、土壤等)与水文过程的变化规律，而此三者是构成流域水文系统的重要组成部分(刘金涛等, 2014)。

事实上，预测地球表层地貌、生物等的演化一直处于地球科学的核心领域(Paola et al., 2006)。但认识和理解地球表层的动力学过程，诸如宏观的构造过程以及微观上的生物风化等，对于现代地球科学来说仍是巨大的挑战，这也是关键带科学所面临的主要科学问题。关键带结构和过程的协同演进研究需要集合水文、地貌、地质等相关学科，以发展关键带系统动力学的理论和过程预测方法。水文学在这其中有重要的价值，不仅在于水文过程参与塑造了陆地表面的地貌，还在于水文学本身具有定量研究的传统，可被关键带系统科学研究所借鉴，以定量描述复杂的自然系统结构和过程(Paola et al., 2006)。另外，通过了解流域生物地球化学过程及其地貌塑造过程，水文学家可以更好地揭示流域水文过程的演进机制。

例如，Tucker 和 Bras (1998) 最早将地貌演化模型引入水文之中，并依据流域结构特征(坡度-面积关系、水系密度)来揭示控制性的产流机制(蓄满或超渗)。

在关键带系统中，不仅有地貌与水文过程间的相互影响和演进关系，而且这种互馈机制是广泛存在的。例如，植被一般来说可以反映不同空间尺度上的气候条件(Liu et al., 2019; Inbar et al., 2018; Nyman et al., 2014)。同时，由于植被覆盖对土壤侵蚀和发育有重要的影响，局地微气候的差异常常会导致发育形成不同厚度的土壤(Goodfellow et al., 2014; Pelletier et al., 2013)。在流域尺度，这种差异会导致土壤厚度在阴阳坡的不对称分布(Lybrand and Rasmussen, 2015; West et al., 2014)。在地质时间尺度，植被覆盖可以导致不对称的土壤生成速率，抑或侵蚀速率，从而产生不对称的山坡地形起伏。例如，Inbar 等(2018)发现极地朝向的坡面(阴坡)比赤道朝向的坡面(阳坡)更为陡峭且土壤更厚，这种不对称的程度是受气候影响的，在干湿过渡地带不对称程度最大(图 1-7)。除气候外，下伏基岩的地球化学组成也是导致地表植被和土壤分布差异的重要原因之一(Hahm et al., 2014)。

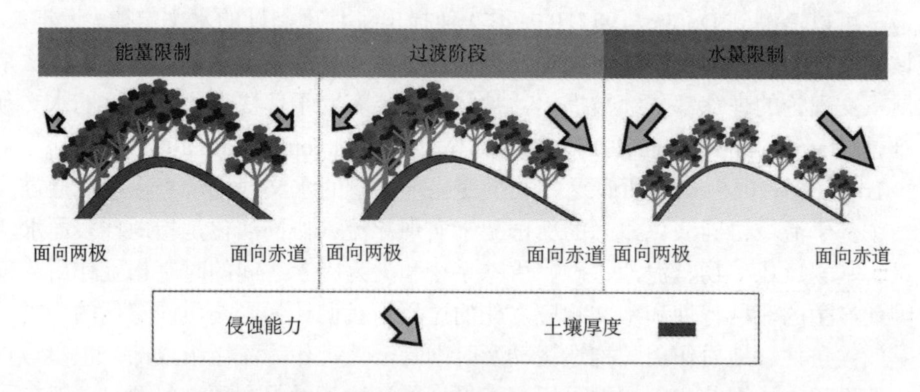

图 1-7　植被-土壤厚度-地形坡度的协同演化机制(Inbar et al., 2018)

显然，流域关键带结构和过程的协同演化机制是非常复杂的。到目前为止，还没有定量描述这种复杂的物理、生物、地球化学和人类动力学机制的模型。定量预测模型的开发需要牵涉地球科学、水文学、生态学、地球化学，甚至数学、物理和社会学的知识。

参 考 文 献

刘金涛, 宋慧卿, 王爱花. 2014. 水文相似概念与理论发展探析[J]. 水科学进展, 25(2): 288-296.

Anderson S P, Bales R C, Duffy C J. 2008. Critical zone observatories: Building a network to advance interdisciplinary study of Earth surface processes[J]. Mineralogical Magazine, 72:7-10. doi:10.1180/minmag.2008.072.1.7.

Anderson S P, Blum J, Brantley S L, et al. 2004. Proposed initiative would study Earth's weathering engine[J]. EOS Transactions of the American Geophysical Union, 85 (28) : 265-269.

Anderson S P, Dietrich W E. 2001. Chemical weathering and runoff chemistry in a steep headwater catchment[J]. Hydrological Processes, 15 (10) : 1791-1815.

Arkley R J. 1981. Soil moisture use by mixed conifer forest in a summer-dry climate[J]. Soil Science Society of America Journal, 45 (2) : 423-427.

Brantley S L, DiBiase R A, Russo T A, et al. 2016. Designing a suite of measurements to understand the critical zone[J]. Earth Surface Dynamics, 4: 211-235.

Brantley S L, Goldhaber M B, Ragnarsdottir K V. 2007. Crossing disciplines and scales to understand the Critical Zone[J]. Elements, 3 (5) : 307- 314.

Brantley S L, Lebedeva M. 2011. Learning to read the chemistry of regolith to understand the critical zone[J]. Annual Review of Earth and Planetary Sciences, 39: 387-416.

Brantley S L, White A F. 2009. Approaches to modeling weathered regolith[J]. Reviews in Mineralogy and Geochemistry, 70 (1) : 435-484.

Brooks P D, Chorover J, Fan Y, et al. 2015. Hydrological partitioning in the critical zone: Recent advances and opportunities for developing transferable understanding of water cycle dynamics[J]. Water Resources Research, 51 (9) : 6973-6987.

Burke B C, Heimsath A M, Dixon J L, et al. 2009. Weathering the escarpment: Chemical and physical rates and processes, south-eastern Australia[J]. Earth Surface Processes and Landforms, 34: 768-785.

Chorover J, Jon Chorover, Peter A, et al. 2011. How water, carbon, and energy drive critical zone evolution: The Jemez-Santa catalina critical zone observatory[J]. Vadose Zone Journal,10 (3) : 884-899.

Chorover J, Kretzschmar R, Garcia-Pichel F, et al. 2007. Soil biogeochemical processes within the critical zone[J]. Elements, 3: 321-326.

Dooge J C I. 1987. Looking for hydrologic laws[J]. Journal of Hydrology, 96 (1-4) : 3-4.

Dunn J R, Hudec P P. 1966. Water, clay and rock soundness[J]. The Ohio Journal of Science, 66 (2) : 153-168.

Dwivedi R, Meixner T, McIntosh J C, et al. 2018. Hydrologic functioning of the deep critical zone and contributions to streamflow in a high elevation catchment: Testing of multiple conceptual models[J]. Hydrological Processes, 33 (4) : 476-494.

Flinchum B A, Holbrook W S, Rempe D, et al. 2018. Critical zone structure under a granite ridge inferred from drilling and three-dimensional seismic refraction data[J]. Journal of Geophysical Research: Earth Surface, 123 (6) : 1317-1343.

Fujimoto M, Kosugi K I, Tani M, et al. 2014. Evaluation of bedrock groundwater movement in a weathered granite hillslope using tracer methods[J]. International Journal of Erosion Control Engineering, 7 (1) : 32-40.

Gabrielli C P, McDonnell J J. 2012. An inexpensive and portable drill rig for bedrock groundwater studies in headwater catchments[J]. Hydrological Processes, 26 (4) : 622-632.

Gabrielli C P, Morgenstern U, Stewart M K, et al. 2018. Contrasting groundwater and streamflow ages at the Maimai Watershed[J]. Water Resources Research, 54(6): 3937-3957.

Goodfellow B W, Chadwick O A, Hilley G E. 2014. Depth and character of rock weathering across a basaltic-hosted climosequence on Hawaii[J]. Earth Surface Processes and Landforms, 39(3): 381-398.

Graham C B, van Verseveld W, Barnard H R, et al. 2010. Estimating the deep seepage component of the hillslope and catchment water balance within a measurement uncertainty framework[J]. Hydrological Processes, 24(25): 3631-3647.

Grant G E, Dietrich W E. 2017. The frontier beneath our feet[J]. Water Resources Research, 53: 2605-2609.

Guo L, Lin H. 2016. Critical zone research and observatories: Current status and future perspectives[J]. Vadose Zone Journal, 15: 1-14.

Hale V C, McDonnell J J. 2016. Effect of bedrock permeability on stream base flow mean transit time scaling relations: 1. A multiscale catchment intercomparison[J]. Water Resources Research, 52(2): 1358-1374.

Hahm W J, Riebe C S, Lukens C E, et al. 2014. Bedrock composition regulates mountain ecosystems and landscape evolution[J]. Proceedings of the National Academy of Sciences, 111: 3338-3343.

Harman C, Troch P A . 2014. What makes Darwinian hydrology ''Darwinian''? Asking a different kind of question about landscapes[J]. Hydrology and Earth System Sciences, 18(2): 417-433.

Heimsath A M, Dietrich W E, Nishiizumi K, et al. 1997. The soil production function and landscape equilibrium[J]. Nature, 388(6640): 358-361.

Inbar A, Nyman P, Rengers F K, et al. 2018. Climate dictates magnitude of a symmetry in soil depth and hillslope gradient[J]. Geophysical Research Letters, 45.

Jones D P, Graham R C. 1993. Water-holding characteristics of weathered granitic rock in chaparral and forest ecosystems[J]. Soil Science Society of America Journal, 57(1): 256-261.

Lebedeva M I, Brantley S L. 2013. Exploring geochemical controls on weathering and erosion of convex hillslopes: Beyond the empirical regolith production function[J]. Earth Surface Processes Landforms, 38(15):1793-1807.

Li L, Maher K, Navarre-Sitchler A, et al. 2017. Expanding the role of reactive transport models in critical zone processes[J]. Earth Science Reviews, 165: 280-301.

Liu J, Xu S, Han X, et al. 2019. A multi-dimensional hydro-climatic similarity and classification framework based on Budyko: Theory for continental-scale applications in China[J]. Water, 11: 319.

Lybrand R, Rasmussen C. 2015. Quantifying climate and landscape position controls on soil development in semiarid ecosystems[J]. Soil Science Society of America Journal, 79(1): 104-116.

Martel S J. 2011. Mechanics of curved surfaces, with application to surface-parallel cracks[J]. Geophysical Research Letters, 38: 1-6, L20303.

Milly P C D, Betancourt J, Falkenmark M, et al. 2008. Climate change—Stationarity is dead: Whither water management?[J]. Science, 319(5863): 573-574.

Molnar P, Anderson R S, Anderson S P. 2007. Tectonics, fracturing of rock, and erosion[J]. Journal of Geophysical Research, 112: F03014.

Montgomery D R, Dietrich W E, Heffner J T. 2002. Piezometric response in shallow bedrock at CB1: Implications for runoff generation and landsliding[J]. Water Resources Research, 38(12): 10-11.

Montgomery D R, Dietrich W E, Torres R, et al. 1997. Hydrologic response of a steep, unchanneled valley to natural and applied rainfall[J]. Water Resources Research, 33(1): 91-109.

NRC (National Research Council). 2001. Basic Research Opportunities in Earth Sciences[R]. Washington, DC: National Academies Press.

NRC (National Research Council). 2010. Landscapes on the Edge: New Horizons for Research on Earth's Surface[R]. Washington, DC: The National Academy Press.

Nyman P, Sherwin C B, Langhans C, et al. 2014. Downscaling regional climate data to calculate the radiative index of dryness in complex terrain[J]. Australian Metrological and Oceanographic Journal, 64(2): 109-122.

Ollier C. 1988. Deep weathering, groundwater and climate[J]. Geografiska Annaler, Series A, Physical Geography, 70(4): 285-290.

Onda Y, Komatsu Y, Tsujimura M, et al. 2001. The role of subsurface runoff through bedrock on storm flow generation[J]. Hydrological Processes, 15(10): 1693-1706.

Paola C, Foufoula-Georgiou E, Dietrich W E, et al. 2006. Toward a unified science of the Earth's surface: Opportunities for synthesis among hydrology, geomorphology, geochemistry, and ecology[J]. Water Resources Research, 42: W03S10.

Pavich M J, Leo G W, Obermeier S F, et al. 1989. Investigations of the Characteristics, Origin, and Residence Time of the Upland Residual Mantle of the Piedmont of Fairfax County, Virginia[R]. US Geological Survey Professional Paper 1352 (US Government Printing Office, Washington, DC).

Pelletier J D, Barron-Gafford G A, Breshears D D, et al. 2013. Coevolution of nonlinear trends in vegetation, soils, and topography with elevation and slope aspect: A case study in the sky islands of southern Arizona[J]. Journal of Geophysical Research: Earth Surface, 118: 741-758.

Pope G A. 2015. Regolith and Weathering (Rock Decay) in the Critical Zone[M]// Developments in Earth Surface Processes. Amsterdam, Netherlands: Elsevier, 19: 113-146.

Raymo M E. 1991. Geochemical evidence supporting T.C. Chamberlin's theory of glaciation[J]. Geology, 19(4): 344-347.

Rempe D M, Dietrich W E. 2014. A bottom-up control on fresh-bedrock topography under landscapes[J]. Proceedings of the National Academy of Sciences, 111(18): 6576-6581.

Rempe D M, Dietrich W E. 2018. Direct observations of rock moisture, a hidden component of the hydrologic cycle[J]. Proceedings of the National Academy of Sciences, 115(11): 2664-2669.

Riebe C S, Hahm W J, Brantley S L. 2017. Controls on deep critical zone architecture: A historical review and four testable hypotheses[J]. Earth Surface Processes and Landforms, 42(1): 128-156.

Richardson J B. 2017. Critical Zone[M]// White W M. Encyclopedia of Geochemistry. Encyclopedia of Earth Sciences Series. Cham: Springer.

Ruddock E. 1967. Residual soils of the Kumasi District in Ghana[J]. Geotechnique, 17: 359-377.

Ruxton V B P, Berry L. 1959. The basal rock surface on weathered granitic rocks[J]. Proceeding of Geological Association, 70: 285-290.

Salve R, Rempe D M, Dietrich W E. 2012. Rain, rock moisture dynamics, and the rapid response of perched groundwater in weathered, fractured argillite underlying a steep hillslope[J]. Water Resources Research, 48(11): W11528.

Slim M, Perron J T, Martel S J. 2015. Topographic stress and rock fracture: A two-dimensional numerical model for arbitrary topography and preliminary comparison with borehole observations[J]. Earth Surface Processes and Landforms, 40: 512-529.

St Clair J, Moon S, Holbrook W S, et al. 2015. Geophysical imaging reveals topographic stress control of bedrock weathering[J]. Science, 350(6260): 534-538. doi:10.1126/science.aab2210.

Thomas M F. 1966. Some geomorphological implications of deep weathering patterns in crystalline rocks in Nigeria[J]. Transactions of the Institute of British Geographers, 40: 173-193.

Troch P A, Lahmers T, Meira A, et al. 2015. Catchment coevolution: A useful framework for improving predictions of hydrological change?[J]. Water Resources Research, 51: 4903-4922.

Tromp-van Meerveld H J, Peters N E, McDonnell J J. 2007. Effect of bedrock permeability on subsurface stormflow and the water balance of a trenched hillslope at the Panola Mountain Research Watershed, Georgia, USA[J]. Hydrological Processes, 21(6): 750-769.

Tucker G E, Bras R L. 1998. Hillslope processes, drainage density, and landscape morphology[J]. Water Resources Research, 34(10): 2751-2764.

Uchida T, Kosugi K I, Mizuyama T. 2002. Effects of pipe flow and bedrock groundwater on runoff generation in a steep headwater catchment in Ashiu, central Japan[J]. Water Resources Research, 38(7): 24-1-24-14.

Wagener T, Sivapalan M, Troch P, et al. 2007. Catchment classification and hydrologic similarity[J]. Geography Compass, 1(4): 901-931.

Wald J A, Graham R C, Schoeneberger P J. 2013. Distribution and properties of soft weathered bedrock at ≤1 m depth in the contiguous United States[J]. Earth Surface Processes and Landforms, 38(6): 614-626.

West N, Kirby E, Bierman P R, et al. 2014. Aspect-dependent variations in regolith creep revealed by meteoric ^{10}Be[J]. Geology, 42(6): 507-510.

White T, Brantley S, Banwart S, et al. 2015. The Role of Critical Zone Observatories in Critical Zone Science[M]//Developments in Earth Surface Processes. Netherlands: Elsevier B. V., 19: 15-78.

第 2 章　山坡表层关键带结构与水文连通性研究进展

连通性的概念被地球及环境科学领域广泛采用，如生态连通性、景观连通性、水系连通性、水文连通性等(夏继红等, 2017; 孟慧芳等, 2014; Bracken et al., 2013; 夏军等, 2012)。这里，水文连通性既指流域表层关键带(土壤、基岩等)中水流路径结构本身的连通特性，也可指流域各部分(如山坡、河道)水流的连接状态，是理解径流产生及分布的重要理论框架。在本章中，表层关键带侧重指山丘区地表地形、土壤、基岩等与洪水产流密切联系的地球圈层(Blume and van Meerveld, 2015; Bracken et al., 2013)。实际上，水在生态系统连通中起到媒介或中枢的作用，山丘区坡地、沟谷及间歇性河道的水文连通(统称为山坡水文连通)性可作为流域系统状态的指示因子(高常军等, 2017; Covino, 2017)。正是认识到这一地带对局地径流形成、下游防洪及水域生态有重要影响，美国环境保护署(EPA)在 2014 年发布相关法规，旨在保护上游区的溪流环境(U. S. EPA, 2015)。

山坡是流域的重要组成部分。据统计，下游河道平均超过 50%的水量源自山坡的产水(Alexander et al., 2007)。而据 EPA 对全美河流的研究，发现约 60%的河段是季节性河流或仅降雨后有水流的间歇性河道，且这些河段多位于河流源头的山丘区流域(U. S. EPA, 2015)。显然，山丘区是水文连通时空变化最为强烈的地带，是洪水的“策源地”，山丘区的坡地、沟谷及间歇性河道为洪水的形成提供了通道。然而，对流域表层关键带结构特征及其水文连通机制等的认识尚不足，限制了产汇流理论及模型方法的发展和应用。因此，开展水文连通性研究将有助于揭示变化环境下流域水文过程的时空演变规律，以连通性的角度重新认识流域产流机制，将为有效预测小流域山洪灾害提供理论支撑(王盛萍等, 2014; Bracken et al., 2013)。

本章首先介绍山坡水文连通研究的手段方法和重要发现，侧重阐述山坡水文连通机制的发现与产流理论发展的关系，讨论山坡水文连通研究中存在的主要问题，指出山坡表层关键带水文连通研究未来的发展方向，给出基于水文连通性研究来发展产流、水文模型理论的建议。

2.1 研究进展述评

2.1.1 水文连通性的内涵

小流域山丘区的水文连通提供了陆生和水生环境的基本联系，这种连通的方式可以是饱和坡面流(Dunne and Black, 1970)，也可以是壤中流(Hewlett and Hibbert, 1967)，且连通性在时间和空间上是可变的，如产流面积的动态变化。流域内的某些山坡可能全年与河道网络相连接，而其他山坡则可能永远不会与河道连通，或者仅在土壤含水量高或暴雨期间形成短暂的连通(Jencso et al., 2009)。在强降雨条件下，山坡可以通过坡面地表径流向河道中输送大量的水、泥沙、有机物质和无机养分，但以壤中流的形式向河道中输送的泥沙却相对有限(Covino, 2017)。

按照其定义，水文连通性可以划分为两类：静态(结构)水文连通性及动态(功能)水文连通性。静态连通性用来指山坡结构的空间模式，如影响水流交换和产流路径的土壤基岩等的空间分布；动态连通性指这些空间模式如何与水文过程相互作用以产生径流，以及径流如何连通及转移(Turnbull et al., 2008)。Bracken 等(2013)建议使用“基于水流过程的连通性”(process based connectivity)来替代“功能连通性”(functional connectivity)，认为使用基于水流过程的连通性更容易描述不同的过程如何在流域空间及时间上连通。在这两方面的研究中，结构连通性更易于具体测量及量化，使得连通性从一个抽象的概念变成一种形象具体的物理结构，因而被广泛研究(Lexartza-Artza and Wainwright, 2009)。但是，基于水流过程的连通性的研究较难测量和量化，相比结构连通性研究还不够深入(Bracken et al., 2013)。

2.1.2 研究的手段方法和重要发现

由于水文连通性影响因素复杂，如山坡地表地形、土壤、植被和基岩地形等都有可能影响连通的形成，故而水文连通性的研究往往需要结合多种方法。常用的方法包括染色示踪实验(Anderson et al., 2009)、开挖排水渠测量流量(Tromp-van Meerveld and McDonnell, 2006)、土壤含水量监测(Kim, 2009; Western et al., 2004)及地下水水位观测(van Meerveld et al., 2015)等。例如，Tromp-van Meerveld 和 McDonnell(2006)通过野外实验发现，当降雨量大于一定阈值后，土壤基质饱和，基岩洼地蓄满，土壤水流通道连通，山坡出流瞬时增大。Jencso 等(2009)发现连通持续时间很大程度上取决于上游集水面积(UAA)的大小，UAA 大的区域连通持续时间长，UAA 小的区域连通时间短，或者不能与下游河道连通。

事实上，以上这些研究认知大部分源自陡坡、薄土的山坡地带(Zimmer and McGlynn, 2017)。在这种陡坡环境中，水文学家普遍认为水在山坡中的重新分布主要受地形影响(Detty and McGuire, 2010)。除了地形之外，通常连通性的形成还受其他因素(如土壤类型、厚度、不同层次间导水率的变化等)的影响，且这种影响在缓坡环境中表现得更加明显。例如，在不同土壤层次及土壤-基岩界面，由于土壤导水率的突变可能导致上层滞水的形成(Zimmer and McGlynn, 2017)。再如，Gerke 等(2015)通过染色示踪实验发现，生物量丰富的土壤层可以为侧向流提供通道。Anderson 等(2009)对长达 30 m 的山坡进行了染色实验，研究表明，水流通过土壤优先流通道产生，与周围的基质相互作用较少。Graham 等(2010)和 Hale 等(2016)则分别应用开挖、染色示踪及同位素等方法，揭示出基岩特性是控制山坡壤中流路径、滞时及产流阈值的重要因子。

由于山坡水文连通性的研究对象是整个山坡，通常还需要监测整个山坡的水量平衡。例如，在山坡出口处或斜坡的渗出面开挖排水沟，并建设量水堰可以直接测量地下水出流量，借以观测得到山坡何时向河道大量输水(Blume and van Meerveld, 2015)。此外，通过开挖排水渠也可以测量某些大孔隙流(soil pipe)对总流量的贡献(Tromp-van Meerveld and McDonnell, 2006)。除量水堰外，地下水水井和土壤含水量监测也是研究山坡水文连通性的主要方法，这些方法假定连通性的形成以山坡、沟谷及间歇性河道观测到稳定的地下水水位为标准(van Meerveld et al., 2015; Jencso et al., 2009)。

与此同时，现代地球物理勘测技术和地球化学示踪技术使得揭示流域山坡表层结构及水分运动路径成为可能(Gu et al., 2013)。例如，采用探地雷达(ground penetrating radar, GPR)可以探测流域表层关键带土壤岩石等的界面(Han et al., 2016)；此外，GPR 还可用于观测土壤含水量及优势流路径(Guo et al., 2014)；而采用无人机系统则有望获取高分辨率的山坡、河道等间歇性水体的水文连通影像(Spence and Mengistu, 2016)；各种示踪剂则可用于示踪水流路径及水分滞留时间(McGuire et al., 2007)。然而，由于山坡水文连通往往先发生于地下土壤中，对水文学家来说直接观测土壤孔隙结构及其水文连通仍然是一个挑战。

土壤孔隙结构包括孔隙的几何形态(孔隙半径、周长、面积、成圆率等)、数量特征(孔隙度、孔隙数目、孔径分布等)及其空间拓扑状况(相关关系、连通性等)，控制着水分、溶质和气体在土体内的迁移途径、方式和速率(Cheng et al., 2013; 刘建立等, 2004)。传统上，多采用实测土壤水分特征曲线或压汞曲线由 Young-Laplace 方程来估计土壤当量孔径的累积分布状况(Watson and Luxmoore, 1986)，还可利用物理-经验模型、分形几何理论由土壤颗粒大小来间接估算孔径分布(Tyler and Wheatcraft, 1989)，亦或通过破坏性的土壤切片用超微成像技术对二维孔隙形态进行直观观测(Jongerius and Heizberger, 1975)。但上述这些方法均无法直接观察并获取土壤孔隙的三维结构特征，分析结果仅具有统计学或微形态学意义，尤其是无法刻画土壤水分运动时的孔隙连通状态。随着 CT(X 射线断层扫描技术)、NMR(核磁共振)等无损探测技术和数字图像处理技术的发展，对土壤孔隙结构的研究逐渐转向更直接、定量的研究(程亚南等, 2012)。如冯杰和郝振纯(2002)利用 CT 扫描获得土壤大孔隙数目、形状和连通性在土柱中的分布。吕菲等(2008)利用 CT 扫描和数字图像分析技术确定了土壤孔径分布和孔隙连通性指标，建立了三维孔隙网络模型并预测了土壤水力学性质。与传统方法相比，CT/NMR 扫描与数字图像分析技术相结合可直观地观测原状土壤孔隙的三维结构，但是其测试成本高昂、图像分析及三维建模难度大，极大地限制了该方法更广泛的应用。

显然，直接观测土壤孔隙及连通性并据此确定山坡水流路径相当困难，即便对于许多观测设施良好的山坡或小流域(McGuire et al., 2005)。正因如此，许多学者采用同位素示踪技术估算水的“年龄”和“滞留时间”，借以间接地揭示山坡蓄水条件、水流路径及水分来源等综合信息。例如，McGuire 等(2005)采用稳定同位素(^{18}O)示踪技术分析了 7 个不同尺度流域的水分滞留时间，发现与流域面积相比，地形地貌是控制流域水流运动的重要因子。Tetzlaff 等(2009)则将此项研究延伸至北美及欧洲的 5 个地貌分类的 55 个流域，进一步分析了下垫面地貌结构对流域水分滞留时间的影响。

2.1.3 山坡水文连通的机制和产流理论

到目前为止，我们知道影响山坡水文连通的因素众多，如地形、土壤等，这其中有微观的要素(如土壤孔隙结构)，也有相对较大尺度的因子(土壤厚度)。然而，对于山坡水文过程的这种间断性连通的现象，人们对其发生机制的认识仍然是有限的(Godsey and Kirchner, 2014)。受观测条件限制，人们倾向将山坡作为一个整体来认识其水文连通的机制。例如，一直以来，在湿润区山坡及流域上，水文学者发现了产流的阈值行为，即当降雨量超过一定阈值后，水流的快速通道被“连通”，随后降雨与径流累积曲线的斜率接近于“1”(Tromp-van Meerveld and McDonnell, 2006; Tani, 1997; Mosley, 1979; Whipkey, 1965; 赵人俊和庄一鸰, 1963)。这种产流量随降水量增加到一定程度而发生质变的现象，实质反映了山坡土壤内部滞蓄水分的特性发生了“逾渗转变”，即其快速输水的通道被“连通”。而产流阈值行为的发现实际是对山坡水文连通机制的一种朴素认识。受这种山坡产流阈值效应的启发，蓄满产流的概念得以提出，并在水文模型中得到广泛采用，如我国著名的新安江模型理论。

根据前人野外实验的成果，图 2-1 给出了五个国内外比较知名的实验流域的降雨径流关系曲线。从图 2-1 中可以看出，在各代表性实验流域，当降雨量达到一定阈值后，累积雨量和径流量的关系可用一条直线来拟合，然而受观测条件等的限制，该关系线并非严格满足 45°斜率的理想状态。此外，还可以看出各流域降雨径流阈值是不同的。例如，位于中国浙江省德清县莫干山脉的和睦桥实验流域(119°47′ E, 30°34′ N)，平均的降雨径流阈值为 100 mm(韩小乐, 2018)，而新西兰 Maimai 流域仅为 23 mm(Mosley, 1979)。分析显示，阈值的大小与流域降水、地形和土壤等多种因素相关，受综合因素的控制。例如，美国佐治亚州的 Panola 流域阈值在 55 mm 附近，基岩洼地是影响阈值大小的控制因素(Tromp-van Meerveld and McDonnell, 2006)；而在日本的 Tatsunokuchi-yama 流域，前期降雨量为影响阈值大小的决定性因素，在前期湿润条件下产流阈值约为 20 mm，在干燥条件下阈值则上升为 100 mm(Tani, 1997)。

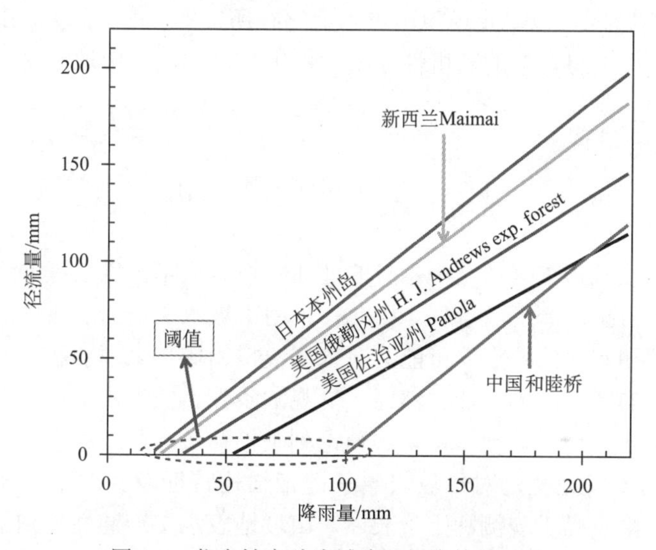

图 2-1　代表性实验流域降雨径流关系示意

早期关于产流机制的研究主要关注霍顿产流模式，注重坡面流的观测(如 Betson, 1964; Horton, 1933)。随着野外实验的进一步开展，水文学家逐渐意识到河道附近的壤中流(subsurface flow)也可成为河道径流的主要成分之一(Hewlett and Hibbert, 1967)。在同一时期，Dunne 和 Black(1970)又发现山坡饱和坡面流为洪水的主要成分，且在降雨的过程中，饱和带的范围也是变化的，其与沟谷、间歇性河道为水流提供了连通山坡及河道的快速通道，这就是著名的变动源面积产流理论(VSA)。应该说，此理论的建立正是基于对山丘区坡地、沟谷和间歇性河道的这种动态连通机制的认识。VSA 极大地推动了水文模型理论的发展，产生了历史上最为成功的水文模型之一——TOPMODEL(Beven and Kirkby, 1979)。

但是，总体说来人们对山坡水文连通机制的认识仍然停留在黑箱的(如将整个山坡作为一个整体)和表象的(仅考虑地表径流连通的特征)水准。野外实验研究已向人们展示了山坡结构特征的巨大变异性及其对降雨径流过程影响的复杂性，但目前对两者关系的描述多为经验性的或定性的(McDonnell et al., 2007)。换句话说，山坡结构连通性之于水流过程连通性的影响已为人所认识，但两者间相互作用的物理机制与动力联系尚难以描述(Nippgen et al., 2011; Jencso et al., 2009)。例如，Nippgen 等(2011)采用黑箱的转移函数模型(近似于单位线模型)来模拟水文响应时间，间接揭示了山坡结构的水文效应。Lehmann 等(2007)采用逾渗理论模拟了山坡降雨径流的这种阈值关系，通过构建虚拟的土壤孔隙网络并制定复杂的连通规则，从理论上阐释了山坡蓄水能力及水流路径连通性空间变异对产流阈值的影响。然而，在山坡尺度上，逾渗模拟需要大量的野外实验数据(如土壤孔隙结构、基岩形状特征等)以率定模拟山坡水流路径所需的参数。此外，山坡降雨径流过程中水流路径“组合”的随机性和变动性进一步加深了山坡水文过程研究的复杂性。

2.2 存在的问题剖析

水文连通性既指关键带结构本身的连通特性，又指水流过程的连通，而后者包括我们通常所指的产汇流过程。因此，采用山坡水文连通的概念能涵盖更为广泛的流域物理和水文的要素，可能会对水文模拟领域带来理解和认识上的提升，从而使理论上的突破成为可能。然而，受观测条件、认识水平等方面的限制，我们对山坡水文连通过程的现象认识和理论刻画仍存在一些问题。

第一个重要问题就是对山坡表层关键带结构特征及其对水文连通过程的影响认识不足。由于易于观测和定量表述，山坡地表水文连通性受到了更为广泛的探讨。例如，早在 1970 年，Dunne 等的观测认为产流主要发生在流域内较小的连续面积上，这部分面积上的地表径流对洪峰的形成起决定性的作用。正是源自对地表连通的这种认识，才产生了 VSA 的理论框架以及随后水文模型领域的突破。然而，水文连通一定和山坡结构与降雨有着密切的关联，需要进一步揭示影响土壤饱和以及水流汇聚背后的机制。

例如，壤中流一般被认为是湿润或半湿润森林流域径流的重要组成部分。但是，它何时何地能出露于地表并连通山坡及河道的机制仍然不清晰(McGuire and McDonnell, 2010)；就如同大孔隙为土壤中自由水提供了快速的通道，山坡中是否存在特殊的、有规律的结构(类似于河道网络)，从而连通基质孔隙—大孔隙—坡面—沟谷—河道的汇水网，这种结构具有何种连通的特征？此外，为什么饱和地表径流仅在坡脚及沟谷等少量的面积上分布？除去地形因素外，土壤及基岩结构是否存在独特的分布规律，从而呈现出这种部分面积产流的现象？那么，这就需要揭示山坡壤中及地下水文连通的机制。与地表水文连通相比，地下连通更难以观测和定量描述。

第二个重要问题就是缺乏合适的理论以描述流域水文连通的过程。如前文所述，科学家们做了大量野外观测以揭示降雨径流的机制，然而过多的观测似乎并未带来水文预测理论的突破性进展(Tetzlaff et al., 2010)。原因主要有以下两点：①山坡水文以坡地为研究对象，实验总是试图穷尽剖析坡地每一寸土地上的土壤结构及其孔隙的水流连通性(McDonnell et al., 2007)。然而，降雨径流过程中水流路径“组合”具有随机性和变动性，试图直接观测土壤孔隙及连通性并据此确定山坡水流路径几乎是不可能的。②水文预测模型往往以流域为对象，田块或者坡地样方尺度的规律很难拓展到流域尺度，需考虑水流在山坡乃至更大尺度上的结构连通机制。

第三，更为不幸的是，由于田间实验研究耗费更多的人力物力、周期长且难以获得更快、更多的成果产出，加之近年来廉价的计算机模型工具的不断发展，田间实验研究正在衰落(Burt and McDonnell, 2015)。特别地，由于新安江模型以及 TOPMODEL 广泛且成功的应用，水文学家似乎失去了探索自然降水径流机制的兴趣(Burt and McDonnell, 2015; McDonnell, 2003)。然而，不论是 VSA 还是蓄满产流理论，都只呈现了湿润区山坡产流过程的部分关键特质。例如，VSA 更多的关注地表连通，对关键带其他部分(土壤及基岩)的特征及连通性则考虑不足(McDonnell, 2003)。换句话说，计算机模型是建立在人们已有的认知和发现基础上的，我们仍然有很多基础的问题尚待解决。山坡产流及汇流等水文过程是流域水循环的重要环节，不单是因为小流域产流及坡地汇流阶段均受坡面控制和影响，还在于山坡水文的研究是深化规律认知，提出新的水文模型概化方案的基础(吴雷等, 2017)。因此，开展田间实验是揭示山坡水文连通机制的最为迫切的工作之一。山丘区野外实验向人们展示了山坡结构特征的巨大变异性及降雨径流过程的复杂性，但水文模型则往往要求对流域尺度的过程进行预测，那么问题是山坡尺度过程的复杂性和规律性在多大程度上能为流域水文模型所采用？

2.3 未来研究的展望

事实上，尽管计算机性能被一再提升，水文建模技术趋于完美，但不论是简单的概化模型还是复杂的数学物理模型仍在很大程度上依赖于参数的率定，这表明模型与现实之间存在着巨大的偏差，这是理论认识层面的。因此，使得水文模型根植于正确的理论是水文学家尤其是山坡水文学家面临的巨大难题。当前的问题在于我们要如何开展山坡水文连通性的研究，设置什么样的观测项目，如何架起实验与理论、模型间的桥梁。为解决上述问题，我们提出“开展山坡表层关键带宏观表象连通及动力机制研究”可作为未来山坡水文观测的发展方向之一，并讨论了山坡水文连通机制如何支撑水文模型理论发展的构想。

2.3.1 山坡表层关键带宏观表象连通及动力机制研究

正如 McDonnell(2003)提出的问题“Where does water go when it rains?（降雨流向何处？）”，水文学家一直在探索水流的路径、汇流的时间等问题。我们也研发了基于山坡野外发现成果的水文模型，如在模型中假设饱和土壤导水率随深度变化呈指数衰减及依据地表地形推定水流路径等。目前，地表地形是广泛采用且易于获取的关键带结构数据之一，然而仅采用地表地形来反映或者代表水分的分布及流动路径往往是不够的。例如，Graham 等(2010)的开挖实验表明基岩地形以及渗漏是壤中流速率和路径的决定性因素。事实上，水文学家已普遍达成共识，即山坡结构(地表地形、土壤厚度和质地、基岩渗透性等)是影响径流产生的重要控制因子。但这些山坡结构要素往往具有较强的空间变异和协同效应，山坡结构与降雨径流的这种响应关系尚难定量表述，这加大了流域(尤其是无资料流域)洪水预测的难度(刘金涛等，2014)。

因此，开展山坡水文连通性研究，首要解决的就是揭示其结构的连通性特征，如土壤导水性、厚度及分布等。流域特性是随时间演变的，受水、能量、基岩矿物质、沉积物和生态系统(包括微生物群)之间相互作用的影响，是流域协同演化作用的结果(Troch et al., 2015)。这表明，流域特征(如土壤厚度分布)在协同演化框架下是有规律可循的，是可以被预测的。例如，Pelletier 和 Rasmussen(2009)预测了不同基岩组成的半干旱山坡的土壤厚度分布。Liu 等(2013)在地貌演化动力模型的基础上，推导了山坡土壤厚度演化及分布的解析模型，并在一个湿润区小流域得到应用。

然而，需要特别指出的是，我们需要在模型理论适度复杂与关键带结构特征的合理概化上做一个平衡。也就是说，水文模型的应用对象通常是大的流域，过于复杂的模型不利于建模和应用，因此水文理论的发展应保持适度的复杂性。流域结构特征规律是具有多尺度、高时空异质性的，为搭起理论与实际的桥梁，必然需要得到更为宏观层面的规律，即对微观层面的过程做必要的简化，要侧重剖析山坡结构特征的水文累积效应。地貌瞬时单位线(GIUH)理论(Rodríguez-Iturbe and Valdés, 1979)是经典的考虑流域结构特征宏观分布规律的水文研究，其采用统计学方法描述复杂水系结构并用于构建流域水文响应的函数，这无疑对研究山坡土壤孔隙结构与水文响应的关系具有借鉴意义。因此，我们需要探索水流在山坡地表、地下的宏观表象通道及其分布特征，研究这种宏观快速通道的水流传输能力，揭示径流连通的动力学机制。

这里，宏观包含两个层面的含义：一是尺度大，一般认为基质孔隙属于微观的通道，而满足水流在重力下自由流动的通道(如大孔隙、坡面等)则是相对宏观的；二是累积效应，如单个田块中土壤基质和大孔隙网络的结构和水流状态是微观的，然而整个山坡的孔隙网络分布状况及其水流响应函数则属宏观层面的。在山坡或者小流域上，微观层面的水流通道(即土壤基质孔隙)个体蓄滞水能力虽弱，但总体数量要远超宏观层面水流通道(大孔隙、坡面、沟谷、间歇性河道等)数之和。降雨落在山坡上后，首先被为数众多的微观通道所滞蓄，在达到一定阈值后发生逾渗转变，即由宏观通道快速输送至出口，形成洪峰。因此，从产流过程来看，微观连通性和宏观连通性是具有相互联系和制约关系的。开展山坡表层关键带宏观表象连通性研究就是要揭示微观通道整体的分布和连通特性，探索土壤基质孔隙—大孔隙—坡面—沟谷—间歇性河道系统的综合蓄滞水能力及其分布特性。显然，这一研究将使野外实验和模型理论发展保持平衡，有利于新的产流机制的发现。

2.3.2　水文连通机制与水文模型理论展望

山丘区地带的坡地、沟谷及间歇性河道的水文连通性概念体现了水流赋存的结构及径流(洪水)产生的状态，涵盖了山坡产流及汇流的整个过程。因此，近年来山坡水文连通性研究一直被认为将会带来产汇流机制的革命(Blume and van Meerveld, 2015)。一方面，开展山坡水文连通性研究将深化对地形、土壤和基岩等山坡结构特征规律的认知，这为更加合理地获取水文模型参数和模型结构的概化提供了可能途径；另一方面，随着对水流连通过程、机制的深层次性的认识和理解，将有助于在水文模型中对产汇流过程更加合理地概化，从而填充观测、理论和建模各领域的缺失环节。

应该看到，山坡水文连通性实验的对象多为较小的山坡或者实验流域(尺度在 100 km^2)。这是受野外调查和地球物理勘测技术所限的，采用遥感手段探测大范围的土壤、基岩性质仍然是个难题。然而，较小尺度上的研究存在代表性的问题。例如，尽管单个水文实验已向人们展示了流域表层结构特征的巨大的变异性及其对降雨径流过程影响的复杂性，但目前对流域结构及其与径流响应关系的描述多为经验性的或定性的(McDonnell et al., 2007)。由于缺乏成熟的定量方法，限制了现有实验观测成果在广大缺观测区域的应用(Gu et al., 2013)。所以，需要引入新的数据解析理论和方法以便将单个山坡观测得到的碎片化的、经验性的认识上升到规律性的认识。

为弥合山坡水文实验与水文理论之间的差距，揭示流域产汇流机制，水文连通性研究需通过土壤、地貌、地质及水文等多学科的交叉进行：①研究山坡结构的连通性特征，如土壤导水性、厚度及分布等；②探索水流在山坡及沟谷地表、地下的宏观表象通道及分布特征，借助统计分布函数描述复杂的土壤孔隙连通网络，定量表达水流的宏观累积效应；③研究这种宏观表象的快速通道的水流传输能力，揭示径流连通的动力学机制，发展考虑山坡及河网结构的流域水文响应函数；④构建山坡水文相似分析的理论框架，解析山坡结构连通与水流连通的内在联系。

水文模型理论发展有着内在的规律性，这里水文模型主要指概念性模型(如新安江模型)。图 2-2 描绘了水文模型理论发展与山坡水文观测、发现的关系。从图中可以看出，水文模型理论经历了从集总到面分布发展两个阶段，预计未来的水文模拟理论将更多地考虑流域表层关键带结构信息和水文过程连通特征。从前两个阶段的经验来看，不论是蓄满产流还是部分产流面积，产流理论的提出均有

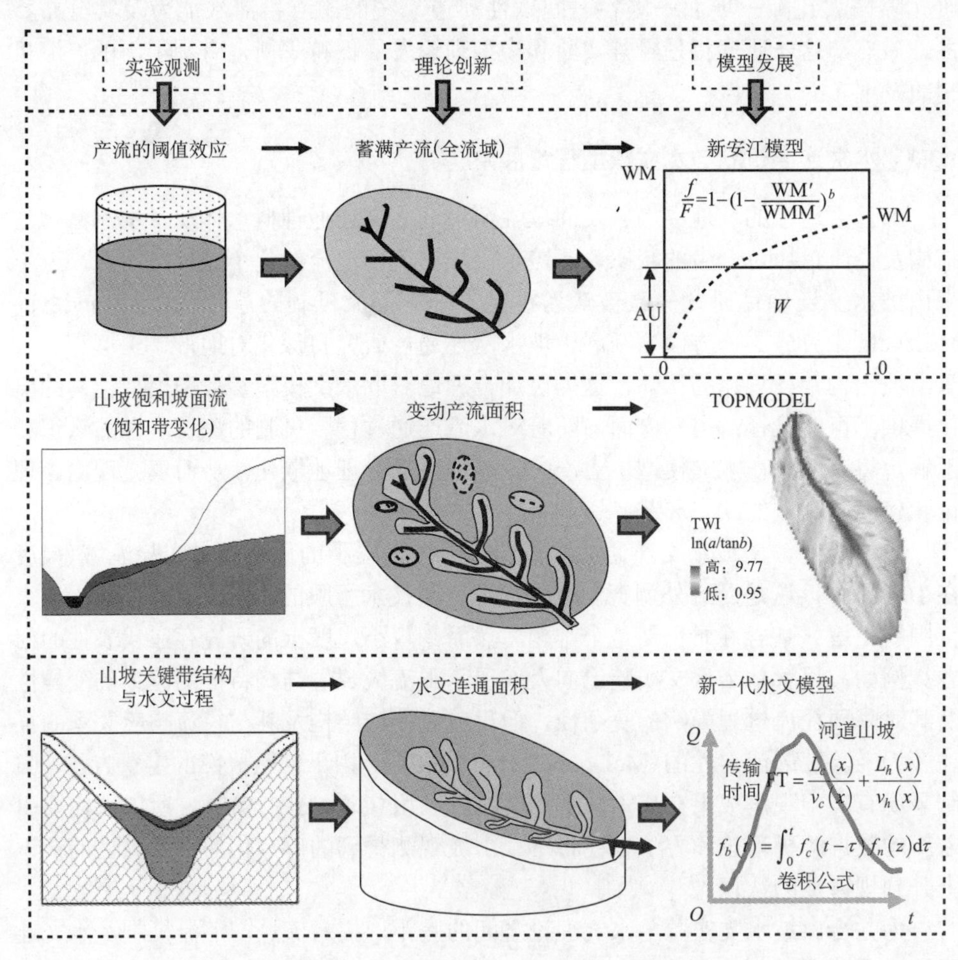

图 2-2　山坡水文观测、发现及其与水文模型理论发展(三阶段)的关系

赖于山坡水文观测的重要发现(如产流的阈值效应和部分面积的产流)。然而，在前两个阶段，水文模型理论方法一般建立在固化的流域系统之上，水文学家对流域结构的认识是模糊的，甚至将其作为黑箱处理。由于对流域结构、水流的路径、滞时及蓄泄特性等考虑不足，导致模型(不论是简单的输入输出关系模型，还是更为复杂、对水文过程有所概化描述的模型，如 TOPMODEL 等)往往高度依赖参数的率定(Beven, 2015)。在变化环境背景下，传统的水文预测理论和方法显然难以适应(Beven, 2015; Milly et al., 2008)。

因此，加强对山坡表层关键带结构的认知与产汇流机制的研究显得更为迫切，这也应该是下一阶段水文模型理论发展的重点所在。随着对山坡表层关键带土壤、基岩等性质的认识逐步深入，产流的时空分布和动态变化机制将变得更加清晰。这使得水文连通面积(地表和地下产流面积)、产流量的预测更为准确，产流理论具有更强的物理基础。仍然需要强调的是，未来的水文模拟理论并非要考虑每一寸土壤的孔隙特征，而是要研究流域尺度关键带结构特征的宏观分布规律并用于水文预测。即如何采用更为丰富的流域表层关键带结构信息用于导出流域水文响应的函数将是研究的重中之重。最后，前面两个阶段有关产流阈值和部分面积产流的理论仍然是未来水文模拟理论发展的基础。

2.4　小　　结

本章全面回顾了山坡水文连通性研究的现状，指出山坡水文连通性涵盖了结构特征和径流产生两个方面，是可能带来新的产汇流研究革命的课题之一。然而，目前山坡水文连通更加侧重于孔隙连通及微观尺度的规律研究，而水文模型理论则仍停留在依赖地表地形推定水流路径和汇流时间的层面。这种巨大的偏差是导致山坡水文发现无法用于指导水文理论发展的症结所在。故而，本书提出未来山坡水文连通性研究应着眼于表层关键带结构中更为宏观层面的规律，应能保持模型理论的适度复杂与关键带结构特征合理概化的一个平衡关系。

水文连通性实验工作的开展将进一步增进人们对产流规律的认识，并拉近野外实验与计算机模型之间的距离。山坡水文连通性研究是水文科学的前沿问题，此项研究的开展对于无资料小流域山洪预测、设计洪水计算、水土保持甚至滑坡灾害防治等均有一定指导意义。

参 考 文 献

程亚南, 刘建立, 张佳宝. 2012. 土壤孔隙结构定量化研究进展[J]. 土壤通报, 43(4): 988-994.
冯杰, 郝振纯. 2002. CT 扫描确定土壤大孔隙分布[J]. 水科学进展, 13(5): 611-617.
高常军, 高晓翠, 贾朋. 2017. 水文连通性研究进展[J]. 应用与环境生物学报, 23(3): 586-594.

韩小乐. 2018. 南方湿润山区小流域表层结构及水文连通性研究[D]. 南京: 河海大学.
刘建立, 徐绍辉, 刘慧, 等. 2004. 预测土壤水力性质的形态学网络模型应用研究[J]. 土壤学报, 41(2): 218-224.
刘金涛, 宋慧卿, 王爱花. 2014. 水文相似概念与理论发展探析[J]. 水科学进展, 25(2): 282-296.
吕菲, 刘建立, 何娟. 2008. 利用 CT 数字图像和网络模型预测近饱和土壤水力学性质[J]. 农业工程学报, 24(5): 10-14.
孟慧芳, 许有鹏, 徐光来, 等. 2014. 平原河网区河流连通性评价研究[J]. 长江流域资源与环境, 23(5): 626-631.
王盛萍, 姚安坤, 赵小婵. 2014. 基于人工降雨模拟试验的坡面水文连通性[J]. 水科学进展, 25(4): 526-533.
吴雷, 许有朋, 王跃峰, 等. 2017. 水文实验研究进展[J]. 水科学进展, 28(4): 632-640.
夏继红, 陈永明, 周子晔, 等. 2017. 河流水系连通性机制及计算方法综述[J]. 水科学进展, 28(5): 780-787.
夏军, 高扬, 左其亭, 等. 2012. 河湖水系连通特征及其利弊[J]. 地理科学进展, 31(1): 26-31.
赵人俊, 庄一鸰. 1963. 降雨径流关系的区域规律[J]. 华东水利学院学报, (S2): 53-68.
Alexander R B, Boyer E W, Smith R A, et al. 2007. The role of headwater streams in downstream water quality[J]. Journal of the American Water Resources Association, 43(1): 41-59.
Anderson A E, Weiler M, Alila Y. 2009. Dye staining and excavation of a lateral preferential flow network[J]. Hydrology and Earth System Sciences, 5(6): 935-944.
Betson R P. 1964. What is watershed runoff?[J]. Journal of Geophysical Research, 69(8): 1541-1552.
Beven K. 2015. What we see now: Event persistence and predictability of hydro-eco-geomorphological systems[J]. Ecological Modelling, 298: 4-15.
Beven K J, Kirkby M J. 1979. A physically based, variable contributing area model of basin hydrology[J]. Hydrological Sciences Bulletin, 24: 43-69.
Blume T, van Meerveld H J. 2015. From hillslope to stream: Methods to investigate subsurface connectivity[J]. WIREs Water, 2(3): 177-198.
Bracken L J, Wainwright J, Ali G A, et al. 2013. Concepts of hydrological connectivity: Research approaches, pathways and future agendas[J]. Earth-Science Reviews, 119: 17-34.
Burt T P, McDonnell J J. 2015. Whither field hydrology? The need for discovery science and outrageous hydrological hypotheses[J]. Water Resources Research, 51: 5919-5928.
Cheng Y N, Liu J L, Zhang J B. 2013. Fractal estimation of soil water retention curves using CT images[J]. ACTA Agriculturae Scandinavica, Section B - Soil & Plant Science, 63(5): 442-452.
Covino T. 2017. Hydrologic connectivity as a framework for understanding biogeochemical flux through watersheds and along fluvial networks[J]. Geomorphology, 277: 133-144.
Detty J M, McGuire K J. 2010. Topographic controls on shallow groundwater dynamics: Implications of hydrologic connectivity between hillslopes and riparian zones in a till mantled catchment[J]. Hydrological Processes, 24(16): 2222-2236.
Dunne T, Black R. 1970. Partial area contributions to storm runoff in a small New-England watershed[J]. Water Resources Research, 6(5): 1296-1311.
Gerke K M, Sidle R C, Mallants D. 2015. Preferential flow mechanisms identified from staining

experiments in forested hillslopes[J]. Hydrological Processes, 29(21): 4562-4578.

Godsey S E, Kirchner J W. 2014. Dynamic, discontinuous stream networks: Hydrologically driven variations in active drainage density, flowing channels and stream order[J]. Hydrological Processes, 28: 5791-5803.

Graham C B, McDonnell J J, Woods R. 2010. Hillslope threshold response to rainfall: (1) A field based forensic approach[J]. Journal of Hydrology, 393: 65-76.

Gu W Z, Liu J F, Lu J J, et al. 2013. Current Challenges in Experimental Watershed Hydrology[M]// Bradley P. Current Perspectives in Contaminant Hydrology and Water Resources Sustainability, London: InTech.

Guo L, Chen J, Lin H. 2014. Subsurface lateral preferential flow network revealed by time-lapse ground-penetrating radar in a hillslope[J]. Water Resources Research, 50: 9127-9147.

Hale V C, McDonnell J J, Stewart M K, et al. 2016. Effect of bedrock permeability on stream base flow mean transit time scaling relationships: 2. Process study of storage and release[J]. Water Resources Research, 52: 1375-1397.

Han X L, Liu J T, Zhang J, et al. 2016. Identifying soil structure along headwater hillslopes using ground penetrating radar based technique[J]. Journal of Mountain Science, 13(3): 405-415.

Hewlett J D, Hibbert A R. 1967. Factors Affecting the Response of Small Watersheds to Precipitation in Humid Areas[M]//Sopper W E, Lull H W. Forest Hydrology, New York: Pergamon Press: 275-290.

Horton R E. 1933. The role of infiltration in the hydrologic cycle[J]. Transactions American Geophysical Union, 14(1): 446-460.

Jencso K G, McGlynn B L, Gooseff M N, et al. 2009. Hydrologic connectivity between landscapes and streams: Transferring reach- and plot-scale understanding to the catchment scale[J]. Water Resources Research, 45(4): 262-275.

Jongerius A, Heizberger G. 1975. Methods in soil micromorphology: A technique for the preparation of large thin section[R]. Soil Survey Papers. Vol.10. Wageningen, The Netherlands: Soil Survey Institute.

Kim S. 2009. Characterization of soil moisture responses on a hillslope to sequential rainfall events during late autumn and spring[J]. Water Resources Research, 45(9): W09425.

Lehmann P, Hinz C, McGrath G, et al. 2007. Rainfall threshold for hillslope outflow: An emergent property of flow pathway connectivity[J]. Hydrology and Earth System Science, 11: 1047-1063.

Lexartza-Artza I, Wainwright J. 2009. Hydrological connectivity: Linking concepts with practical implications[J]. Catena, 79(2): 146-152.

Liu J T, Chen X, Lin H, et al. 2013. A simple geomorphic-based analytical model for predicting the spatial distribution of soil thickness in headwater hillslopes and catchments[J]. Water Resources Research, 49: 7733-7746.

McDonnell J J. 2003. Where does water go when it rains? Moving beyond the variable source area concept of rainfall-runoff response[J]. Hydrological Processes, 17: 1869-1875.

McDonnell J J, Sivapalan M, Vaché K, et al. 2007. Moving beyond heterogeneity and process complexity: A new vision for watershed hydrology[J]. Water Resources Research, 43: W07301.

McGuire K J, McDonnell J J. 2010. Hydrological connectivity of hillslopes and streams: Characteristic time scales and nonlinearities[J]. Water Resources Research, 46: W10543.

McGuire K J, McDonnell J J, Weiler M, et al. 2005. The role of topography on catchment-scale water residence time[J]. Water Resources Research, 41: W05002.

McGuire K J, Weiler M, McDonnell J J. 2007. Integrating tracer experiments with modeling to assess runoff processes and water transit time[J]. Advances in Water Resources, 30: 824-837.

Milly P C D, Betancourt J, Falkenmark M, et al. 2008. Climate change—Stationarity is dead: Whither water management?[J]. Science, 319(5863): 573-574.

Mosley M P. 1979. Streamflow generation in a forested watershed, New Zealand[J]. Water Resources Research, 15(4): 795-806.

Nippgen F, McGlynn B L, Marshall L A, et al. 2011. Landscape structure and climate influences on hydrologic response[J]. Water Resources Research, 47: W12528.

Pelletier J D, Rasmussen C. 2009. Geomorphically based predictive mapping of soil thickness in upland watersheds[J]. Water Resources Research, 45: W09417.

Rodríguez-Iturbe I, Valdés J B. 1979. The geomorphologic structure of hydrologic response[J]. Water Resources Research, 15: 1409-1420.

Spence C, Mengistu S. 2016. Deployment of an unmanned aerial system to assist in mapping an intermittent stream[J]. Hydrological Processes, 30: 493-500.

Tani M. 1997. Outflow generation processes estimated from hydrological observations on a steep forested hillslope with a thin soil layer[J]. Journal of Hydrology, 200: 84-109.

Tetzlaff D, Carey S K, Laudon H, et al. 2010. Catchment processes and heterogeneity at multiple scales-benchmarking observations, conceptualization and prediction preface[J]. Hydrological Processes, 24(16): 2203-2208.

Tetzlaff D, Seibert J, McGuire K J, et al. 2009. How does landscape structure influence catchment transit time across different geomorphic provinces?[J]. Hydrological Processes, 23(6): 945-953.

Troch P A, Lahmers T, Meira A, et al. 2015. Catchment coevolution: A useful framework for improving predictions of hydrological change?[J]. Water Resources Research, 51: 4903-4922.

Tromp-van Meerveld H J, McDonnell J J. 2006. Threshold relations in subsurface stormflow: 1. A 147-storm analysis of the Panola hillslope[J]. Water Resources Research, 42: W02410.

Turnbull L, Wainwright J, Brazier R E. 2008. A conceptual framework for understanding semi-arid land degradation: Ecohydrological interactions across multiple-space and time scales[J]. Ecohydrology, 1(1): 23-34.

Tyler S W, Wheatcraft S W. 1989. Application of fractal mathematics to soil water retention estimation[J]. Soil Science Society of America Journal, 53: 987-996.

U.S. EPA. 2015. Connectivity of streams and wetlands to downstream waters: A review and synthesis of the scientific evidence (final report)[R]. U.S. Environmental Protection Agency, Washington, EPA/ 600/R-14/475F.

van Meerveld H J, Seibert J, Peters N E. 2015. Hillslope-riparian-stream connectivity and flow directions at the Panola Mountain Research Watershed[J]. Hydrological Processes, 29(16): 3556-3574.

Watson K W, Luxmoore R J. 1986. Estimating macroporosity in a forest watershed by use of a tension infiltrometer[J]. Soil Science Society of America Journal, 50: 578-582.

Western A W, Zhou S L, Grayson R B, et al. 2004. Spatial correlation of soil moisture in small catchments and its relationship to dominant spatial hydrological processes[J]. Journal of Hydrology, 286(1-4): 113-134.

Whipkey R Z. 1965. Subsurface stormflow from forested slopes[J]. Bulletin of the International Association of Scientific Hydrology, 10: 74-85.

Zimmer M A, McGlynn B L. 2017. Ephemeral and intermittent runoff generation processes in a low relief, highly weathered catchment[J]. Water Resources Research, 53(8): 7055-7077.

第3章 山坡关键带地球物理探测

地球关键带是一个综合研究近地表陆地环境中水、土壤、岩石、空气和生物资源的整体理论框架(Lin, 2010)，其范围从植被冠层一直下延至含水层底部，是跨学科研究的沃土。不同领域的研究者对关键带开展了植被、土壤、水文气象等各个方面的观测和研究，这些数据是认识水文过程和流域结构的重要依据。其中，高精度的地形结构信息是研究地貌演化、水流路径等的基础数据(Brooks et al., 2015)，此外它也有助于深入刻画流域水文特征。所以，关键带水文研究迫切要求引入能够高精度监测流域地貌结构及其变化的技术(McCabe et al., 2017)。

数字高程模型(digital elevation model, DEM)是各学科在地球关键带研究中的重要地形信息来源。在实际应用中，DEM的水平分辨率会对地形特征分析的结果产生影响，较低的分辨率会产生地形信息的遗失，使描述对象失真。为保证成果精度，土壤制图、水土流失评价等领域对DEM的分辨率要求极高。目前，开源且能覆盖全球主要陆地面积的DEM数据主要有SRTM和ASTER GDEM，其最高分辨率为1″(约30 m)，这样的分辨率难以满足小流域水文与地形研究的需要。此外，受地表地形起伏、植被覆盖、云层等的影响，上述开源DEM数据均存在一定误差。为了高效、经济地获取准确的基础地形结构信息，我们引入了无人机技术(the unmanned aerial vehicle)和激光探测与测量系统(light detection and ranging, LiDAR)。

无人机是一种新型遥控低空飞行装置，近年来技术趋于成熟。可根据观测需求为无人机配备不同用途和性能的传感器。借助无人机技术可在较短时间周期内获取高精度的植被信息、地形信息等，能实现关键带地表信息的细节化呈现。LiDAR则是一种先进的三维空间信息获取手段，是目前获取高精度、高分辨率DEM的主要方法。通过这两种方法获取的高精地形对研究山坡表层结构、水文连通性等具有重要参考价值。

除了高精度的DEM外，土壤厚度和基岩地形结构在山坡产流机制上也起着重要的作用。土壤厚度控制了山坡蓄水能力、蒸散发及大气-植被-土壤的交互过程，土壤厚度的分布格局对径流的形成有显著影响。此外，在坡度较陡、土壤厚度较薄的湿润山丘区，饱和带往往先出现在土壤-基岩界面。因此，基岩地形比地表地形更能直接控制产流量及产流路径(Freer et al., 1997; McDonnell, 1997)。

显然，有效地获取高质量的土壤厚度分布图具有重要意义。然而，传统的方法如开挖土壤剖面及钻孔的方式，不仅费时费力、破坏性强，且传统的做法都是基于某些离散点的观测而缺乏连续探测的能力。探地雷达(GPR)提供了一种快速连续测量的非破坏性方法，并于 20 世纪 70 年代开始应用于土壤学领域的研究(Johnson et al., 1979)。目前，探地雷达已经成为表层结构探测的重要方法。本章，我们采用探地雷达勘测土壤-基岩界面，并结合直接开挖的测点反演山坡表层关键带土壤-基岩结构。

3.1　无人机地形获取技术

3.1.1　简介

大范围的卫星遥感地形数据虽然覆盖范围较广，但是精度较差且无法突破固有的时空限制，数据更新周期通常为几年甚至十几年，甚至部分地区存在测量盲区(吴鹏飞等, 2019)，无法满足关键带观测对精度和时效性的需求。无人机是一种新型遥控低空飞行装置，可根据观测需求为无人机配备不同用途和性能的传感器(李德仁和李明, 2014)。借助无人机能高效、经济地实现关键带地表信息的细节化呈现，在较短时间周期内获取高精度植被和地形信息(Remondino et al., 2011)，这对研究山坡表层结构、水文连通性等具有重要参考价值(刘金涛等, 2019; 顾卫明和刘金涛, 2009)。本研究选取的和睦桥流域面积为 1.35 km^2，位于浙江德清县莫干山麓西南，是姜湾流域[图 3-1(a)]的子流域，处于太湖流域上游(119°48′ E, 30°35′ N)。和睦桥流域植被原属落叶阔叶混交林，后人工种植竹林占优，约占整个地区的 95%，剩余极小部分为村镇和农田。该流域多为 25°～45°坡度的陡峭森林山坡，其西南地区的地表高程达到 500～600 m。

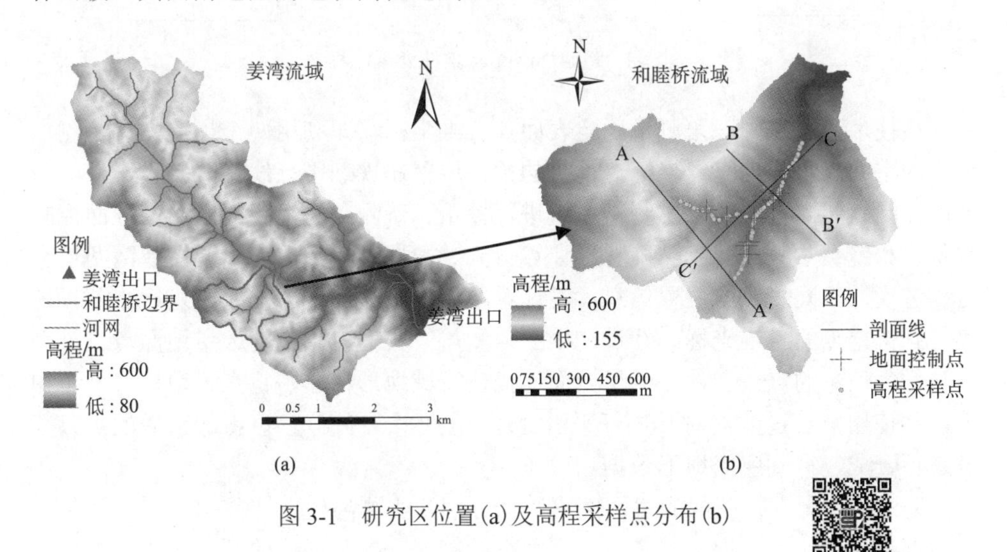

图 3-1　研究区位置(a)及高程采样点分布(b)

3.1.2　应用实例

本研究中，生成无人机地形需要若干实测高程点作为地面控制点，并利用这些实测点评价无人机测量地形的精度。由于流域内部的道路上方无遮挡且易于定位，故沿道路布设 85 个实测高程点，使用实时动态载波相位差分定位技术(RTK)测量其空间坐标，并将其中 10 个点选为无人机地形处理的地面控制点[图 3-1(b)]。为了评价不同 DEM 数据在小流域不同地貌条件(山坡、山脊及河谷)下的精度，还选取横跨小流域内部脊线、山坡和主河道的 AA′、BB′和 CC′[图 3-1(b)]作为控制剖面线。

采用搭载了全画幅 3600 万像素相机的固定翼无人机对整个和睦桥小流域进行拍摄。拍摄完成后，对无人机影像进行预处理，剔除不合格影像。随后选取若干具有明显影像特征的地面点作为控制点，在预处理后的图像中标注其坐标，作为 Pix4Dmapper 软件地形分析的参照(宫阿都等, 2010)，其流程如图 3-2 所示。

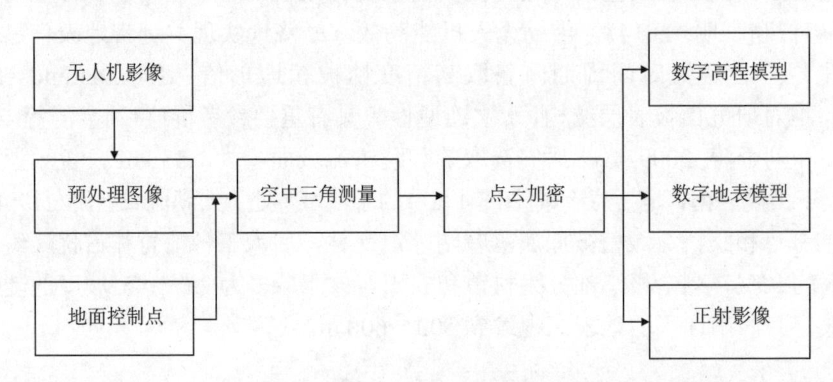

图 3-2　Pix4Dmapper 软件处理流程

该技术通过空中三角测量确定表面点三维坐标，即利用两个摄影点和待测点形成的空间三角形计算点坐标。镜头的拍摄位置在规划飞行线路时预设，并参照地面控制点和内置空间位置测量系统进行校正。待测点与镜头的距离由地面控制点位置和镜头参数(焦距、倾角等)计算得到。根据这些数据，多幅图像两两组合可以多次计算同一点的位置信息，将计算结果按照最小二乘法原则进行平差，最终得到待定点的三维坐标。经过空中三角测量，我们得到包含大量地面点三维坐标和颜色信息的点云文件。为了全面地描述流域地形特征，将点云数据进一步加密，并使用点云过滤器对其进行平滑处理(他光平, 2016)。再将加密后的点云数据进行合成，得到所需地形数据。

随后，将无人机获取的表面高程数据分别和实测高程点[图 3-1(b)]及两种开源数据进行对比，以评价其获取高程数据的精度。参与评价的开源高程数据选取

SRTM 和 ASTER GDEM 数据。SRTM 数据由搭载干涉雷达的航天飞机测绘得到，其 1″和 3″分辨率数据分别下载自美国地质调查局网站(http://earthexplorer.usgs.gov/)和地理空间数据云(http://www.gscloud.cn/)，ASTER GDEM 数据是由高分辨率卫星成像设备获取的，其 1″版本的 DEM 数据下载自地理空间数据云(http://www.gscloud.cn/)。随后，使用 ArcGIS 软件将这两种数据插值成 30 m 和 90 m 分辨率的 DEM 数据。依据所选取的典型剖面，将其与无人机表面高程数据进行对比，分析不同数据对实际地形的反映情况。

3.1.3　成果精度评价

为覆盖整个流域，本次飞行设定的目标区域面积约为 6.25 km^2，该区地形起伏较大，故分两次飞行。两次飞行的高程分别为 854 m 和 1015 m，轨迹点不完全重合，以多方位拍摄目标区域内地物。对所有的图像进行预处理，获得有效照片 934 张。选取 10 个实测高程点作为地面控制点，将其空间坐标连同所有的图像导入软件进行处理，得到分辨率为 8 cm 的 DEM 和正射影像图(图 3-3)。

图 3-3　数字高程模型(a)和正射影像图(b)

根据无人机图像可直接处理得到 8 cm 分辨率的高程数据，通过双线性插值得到 1 m、5 m 和 10 m 分辨率高程数据。在这些分辨率下，85 个实测高程点与相应栅格高程的误差分布如图 3-4 所示。8 cm 与 1 m 分辨率 DEM 的误差集中在±0.30 cm 这个区间，两者误差相近，且呈正态分布(中值约为 0)。可见，1 m 分辨率的 DEM 足以反映真实地形。随着栅格尺寸的增大，网格高程值与测点高程差距逐渐加大，误差中值不断升高。栅格高程反映的是局部高程的均值，实测高程点位于地势较低的河道附近，两侧多陡峭的山坡，当网格变大时，谷底网格的平均高程值会逐步升高，与测点的差值增大。

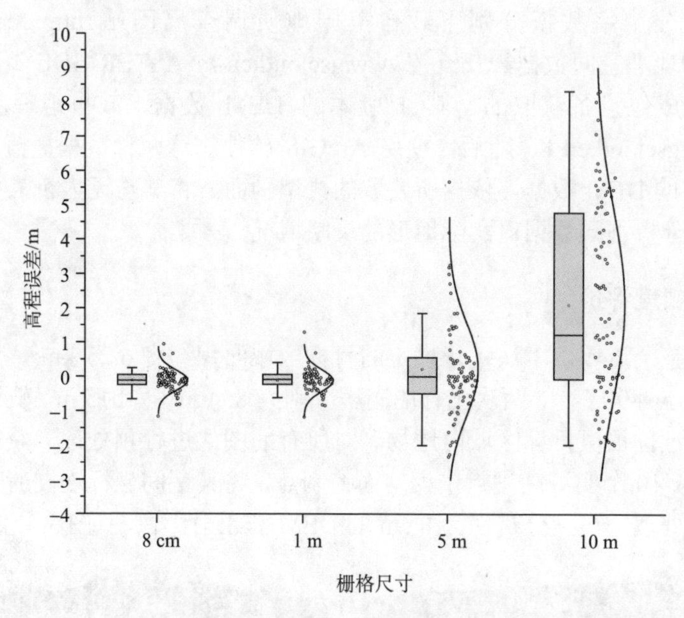

图 3-4　不同分辨率数据误差

图 3-5 给出了每个剖面的开源高程数据与无人机相应分辨率数据的剖面对比。可以发现，无人机和 ASTER GDEM、SRTM 地形剖面存在一定的差异，且无人机地形给出的剖面地形起伏更大，后两者则对局部地形有坦化作用，这在地势较低段表现更为明显。造成这种现象的原因主要在于，小流域较窄的河道谷地与陡峭的山坡相邻，受分辨率限制，开源的卫星 DEM 在这类谷地存在信息漏失现象，测出的地形相对平坦。这种现象在更为粗糙的数据(如 90 m)中表现尤其显著(图 3-5)。

在剖面 AA′的中高段[图 3-5(a)]，ASTER GDEM 地形(30 m)明显高于无人机的对应高程，存在一个异常隆起区。在相同地形区段[图 3-5(b)]，90 m 分辨率的 SRTM 地形比无人机地形高出近 10～70 m，低段则有非常大的起伏，拟合度不佳。图 3-6 则展示了小流域三个剖面正射影像与 1 m 分辨率无人机剖面曲线叠加的效果。在图 3-6(a)中，AA′剖面的 600～800 m 处为连续地形起伏，说明无人机数据能真实反映局部因山峰、山谷和植被的差异而造成的地形起伏变化。在相同位置，受分辨率限制，SRTM 数据(30 m)存在地形被坦化或数据缺失的现象，该剖面高程曲线在该区间上只描绘出一个山脊[图 3-5(a)]，而其 90 m 数据代表性则更差。这一结论与 Vinci 等(2017)的研究结果相近。

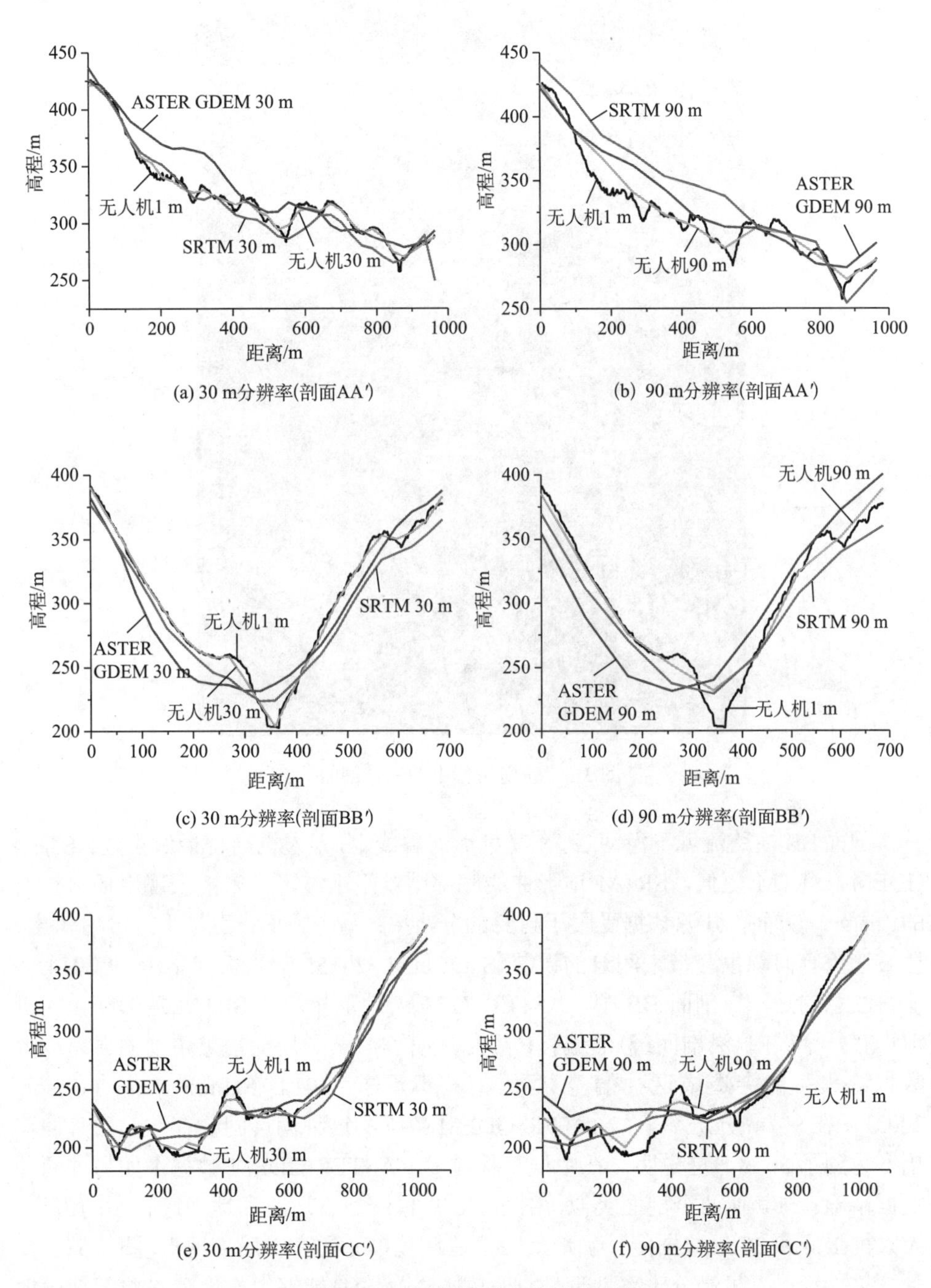

(a) 30 m分辨率(剖面AA′)　(b) 90 m分辨率(剖面AA′)

(c) 30 m分辨率(剖面BB′)　(d) 90 m分辨率(剖面BB′)

(e) 30 m分辨率(剖面CC′)　(f) 90 m分辨率(剖面CC′)

图 3-5　不同数据源地形剖面对比

图 3-6　正射影像中的三个剖面

剖面BB′横跨流域下游河谷，在V字形河谷线上，无人机高程最低点较ASTER GDEM、SRTM 更低，SRTM 地形曲线底部则过于平缓，且未能表现出地势较低的山脊。一方面，开源数据受限于自身的分辨率；另一方面，卫星雷达放射角度、植被遮盖等问题也会带来测绘的误差(Satgé et al., 2015; 呼雪梅和秦承志, 2014)。值得注意的是，在剖面 BB′中，ASTER GDEM 地形相较于 SRTM 地形和无人机地形有一个横向(沿剖面线)的偏移，约向左偏了 15 m，局部拍摄角度的误差或者数据缺失可能会造成这种偏差(呼雪梅和秦承志, 2014; Schmidt and Persson, 2003)。在 90 m 分辨率下，ASTER GDEM 数据的这种偏移同样存在，而且偏移幅度达到了 50 m。这说明，在中低高程区段，ASTER GDEM 数据不如另外两种数据精确。与其他两个剖面类似，剖面 CC′也横跨河谷道路和地形起伏小的山脊，无人机 1 m 和 30 m 数据能精确地反映这些地貌单元的真实局部地形[图 3-5(e)]。

总之，无人机高分辨率地形数据(如 1 m 分辨率)能够很好地反映局部细微地形，其插值得到的 30 m 数据也能保持一定的精度。此外，通过无人机摄影测量技术，地形数据的获取拥有其他数据无法比拟的时效性，能够反映较短时间周期内地形的变化。因此，这项技术能够为小流域地球关键带结构的监测提供高精度的地形数据。

3.2　LiDAR 地形测量技术

3.2.1　简介

激光探测与测量系统(LiDAR)作为一种先进的三维空间信息获取手段，是目前获取高精度、高分辨率 DEM 的重要方法(Medeiros et al., 2015；Swatantran et al., 2016)。LiDAR 技术集三维激光扫描技术、全球定位系统(GPS)和惯性导航系统(INS)三种技术于一体，使用 GPS 和 INS 确定扫描仪实时位置，从而得到扫描点的精确坐标。

进行三维激光扫描时，LiDAR 系统利用光速恒定原理获取目标物距离，即使用传感器发射激光束至目标物表面，激光束经反射后由传感器接收，系统精确记录发射与接收激光束的时刻，使用式(3-1)计算得到激光束到达的目标点与传感器间的斜距 R。

$$R = \frac{1}{2}ct \tag{3-1}$$

式中：c 为光速；t 为接收激光束时刻与发射激光束时刻的时间差。使用测得的斜距 R 并结合扫描仪坐标、传感器高度及扫描角度信息，可以计算得到激光束到达的每一个地面点的 X、Y、Z 三维空间坐标(图 3-7)，大量离散分布的三维点组成地形点云。DEM 数据可通过地形处理软件对点云数据进行插值得到。

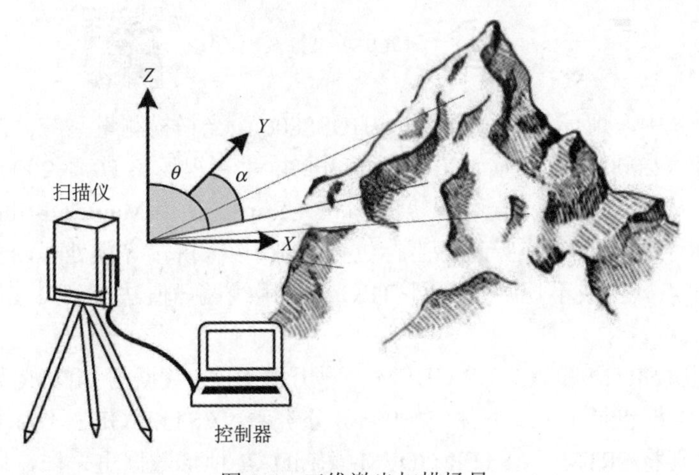

图 3-7　三维激光扫描场景

3.2.2 应用实例

研究区位于拉萨市区以北的夺底乡境内，处在东经 91°11′07″～91°11′47″，北纬 29°46′19″～29°46′43″，面积约 0.46 km^2，属拉萨河流域的一级子流域。该区域地形起伏变化明显，东北高，西南低，内有一处山脊将其划分为两道沟谷，海拔分布见图 3-8。研究区土壤类型为砂土，地表覆盖为高山草甸和裸岩，近年无大规模人类活动或地质作用等改变地表形态的事件发生。由于无高株植被和人工建筑物等的遮挡且地形稳定，适合采集 LiDAR 点云进行地形分析，并与遥感地形数据进行对比研究。

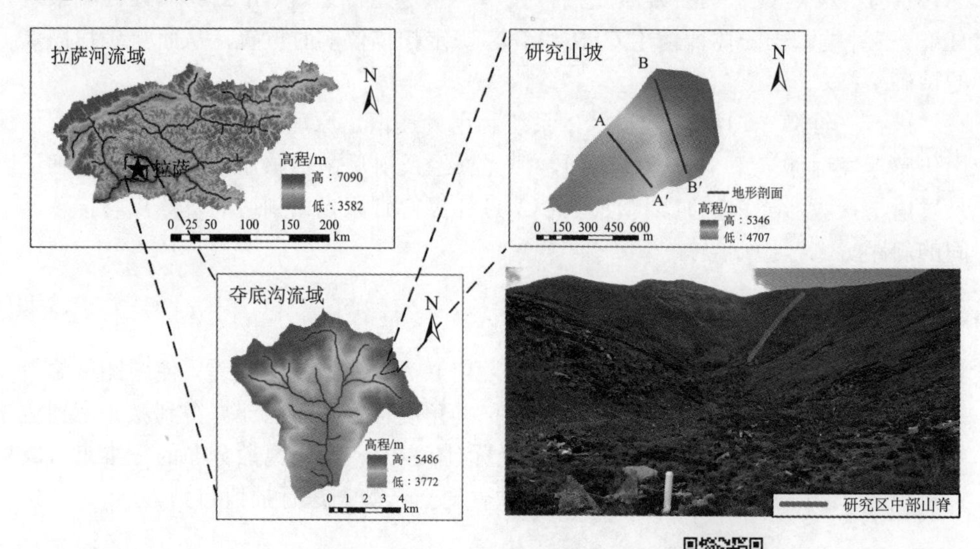

图 3-8　研究山坡位置及现场图

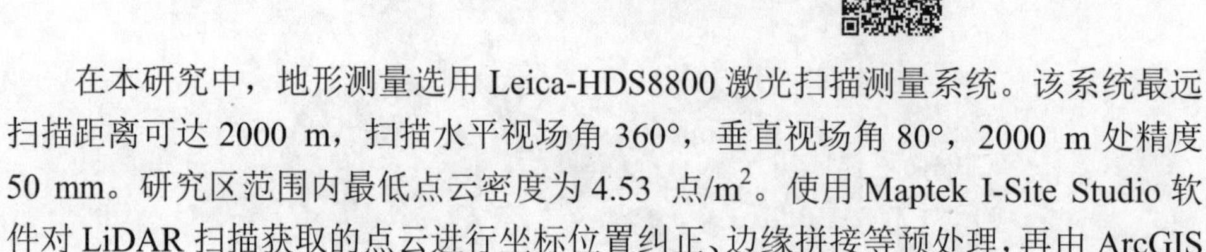

在本研究中，地形测量选用 Leica-HDS8800 激光扫描测量系统。该系统最远扫描距离可达 2000 m，扫描水平视场角 360°，垂直视场角 80°，2000 m 处精度 50 mm。研究区范围内最低点云密度为 4.53 点/m^2。使用 Maptek I-Site Studio 软件对 LiDAR 扫描获取的点云进行坐标位置纠正、边缘拼接等预处理，再由 ArcGIS 10.1 软件对点云生成不规则三角网(TIN)，采用线性插值法得到 1 m 分辨率的 DEM 栅格数据。

研究选用 SRTM 和 ASTER GDEM 两种开源 DEM 数据与 LiDAR 数据进行对比，SRTM 数据包括 1″(30 m)和 3″(90 m)分辨率，ASTER GDEM 为 1″分辨率。研究中，分别将 SRTM、ASTER GDEM 及 LiDAR 地形数据重采样，以生成分辨率为 30 m 和 90 m 的栅格数据。

对 7 种不同数据源或分辨率 DEM 的高程和坡度信息进行统计，结果见表 3-1。

根据统计数据，在 30 m 分辨率下，不同数据源提取的地形存在较大差异，使用 SRTM 和 ASTER GDEM 数据提取的地形高程较 LiDAR 地形明显偏高。此外，对比高程和坡度统计指标可知，SRTM 数据的坡度最大值和最小值大于 LiDAR 数据，但两者平均坡度相似，而 ASTER GDEM 地形较 LiDAR 地形平坦。通过坡度对比可以发现，LiDAR、SRTM 和 ASTER GDEM 数据的 90 m 分辨率地形较之 30 m 分辨率地形均存在较严重的平坦化现象。

表 3-1 不同数据源 DEM 高程及坡度统计

地形指标	DEM 类型	最大值	最小值	平均值	标准差
高程/m	LiDAR (1 m)	5346.23	4706.54	5042.95	150.69
	LiDAR (30 m)	5326.42	4725.90	5042.73	151.34
	SRTM (30 m)	5355.00	4734.00	5058.23	156.34
	ASTER GDEM (30 m)	5361.00	4771.00	5089.19	152.48
	LiDAR (90 m)	5314.46	4761.14	5042.47	148.14
	SRTM (90 m)	5334.00	4733.00	5035.86	153.82
	ASTER GDEM (90 m)	5361.00	4773.00	5081.12	157.50
坡度/(°)	LiDAR (1 m)	85.51	0.00	31.82	12.47
	LiDAR (30 m)	41.46	6.83	29.88	5.75
	SRTM (30 m)	50.54	8.17	29.23	7.02
	ASTER GDEM (30 m)	46.06	0.75	27.47	8.74
	LiDAR (90 m)	35.61	11.05	25.06	6.53
	SRTM (90 m)	40.92	8.69	26.41	7.51
	ASTER GDEM (90 m)	34.07	9.94	25.44	6.09

选取图 3-8 中的两处地形剖面(AA′和 BB′)为对象，对比分析不同数据源对小流域真实地形起伏的还原能力。如图 3-9 所示，同一种数据源下，不同分辨率的数据间能够保持比较一致的地形剖面。然而，不同数据源之间，剖面的地形起伏存在较大的差异。ASTER GDEM 高程远高于另两种 DEM，在 AA′剖面中部突起的山脊显示并不明显，显然其高估了两边的谷底高程，这与 SRTM 数据的表现较为相似。30 m 及 1 m 分辨率的 LiDAR 数据则能够清楚地展现两道山谷的地形剖面，并且有效地还原研究区的实际地形。在 30 m 分辨率下，SRTM 所呈现的两个剖面都仅显示一个谷底，其中两个剖面的谷底均被坦化，这种误差可能是谷底数据缺失造成的。ASTER GDEM 数据显示的 BB′剖面存在多个拐点，但是仅有一个明显下凹的山谷，造成这类观测误差的原因在于云雾的遮挡(Satgé et al., 2015)。与 30 m 分辨率数据相比，三种数据源的 90 m 分辨率地形有进一步被坦化的趋势，且均无法准确体现中部山脊的存在。

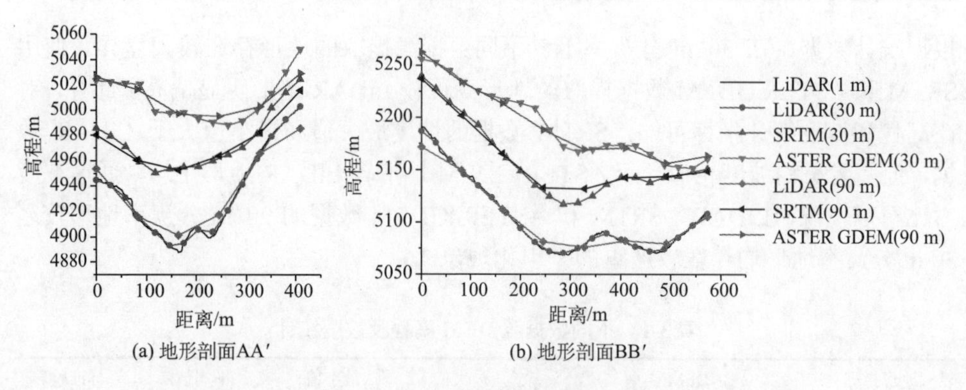

(a) 地形剖面AA′　　(b) 地形剖面BB′

图 3-9　两处地形剖面 DEM 对比

使用 1 m 分辨率的 LiDAR DEM 进行双线性插值，生成 2 m、5 m、10 m、15 m、20 m、25 m 和 30 m 等 7 种分辨率的 DEM，加上 1 m 分辨率 DEM，共得到基于 LiDAR 数据的 8 种不同分辨率的 DEM。基于这些 DEM 数据，分别提取小流域的坡度、平面曲率、剖面曲率等地形特征，判断分辨率变化对地形特征的影响。

研究中，使用局部方差均值分析不同地形特征的最优分辨率。针对某个特定栅格构建分析窗口(3×3)，求取分析窗口内各栅格对应地形属性的方差，并将其作为该中心栅格的局部方差。最后，得到所有栅格局部方差的平均值，即为局部方差均值。具体计算公式如下：

$$V_{ij}=\frac{1}{m}\sum_{p=1}^{m}\left(X_p-\bar{X}_{ij}\right)^2 \tag{3-2}$$

$$\mathrm{LV}=\frac{1}{n}\sum_{i}\sum_{j}V_{ij} \tag{3-3}$$

式中：V_{ij} 为第$(i，j)$个栅格处的局部方差；$\bar{X}_{ij}$ 为以第$(i，j)$个栅格为中心的分析窗口中各栅格的地形属性均值；X_p 为分析窗口中第 p 个栅格的地形属性值；m 为分析窗口中栅格的个数；n 为小流域 DEM 总栅格数；LV 为局部方差的均值。

使用 8 种不同水平分辨率 LiDAR DEM 数据提取坡度，结果如图 3-10 所示。在图 3-10(a)中，箱型图的五处节点自下而上分别表示 DEM 坡度的最小值、四分之一值、中值、四分之三值和最大值。DEM 最大坡度由 1 m 分辨率时的 85.51°降低至 30 m 分辨率时的 41.46°，当分辨率低于 10 m 时最低坡度自 0°开始升高。频率分布在 25%～75%区间时[即图 3-10(a)中箱型图的箱体部分]，坡度范围由 1 m 分辨率的 24.14°～38.90°减小到 30 m 分辨率的 27.20°～32.72°。随着分辨率降低，极陡坡和极缓坡面积均减少，最大坡度迅速降低，最小坡度缓慢上升，各点的坡度值向中值靠拢，地形有被坦化的趋势。DEM的分辨率越低，忽略的微地形信息越多，坡度越趋近一致。2 m分辨率时DEM的平均坡度最高，略大于1 m和5 m分辨率的平均坡度，当分辨率低于5 m时平均坡度迅速减小，整体地形出现坦化。图3-10(c)展示了坡度的局部方差均值与DEM分辨率的关系，局部方差均值随着分辨率的降低呈指数型减小。因此，分辨率高于5 m的研究区DEM保留了较完善的坡度信息，更适合用于当地的坡度研究。

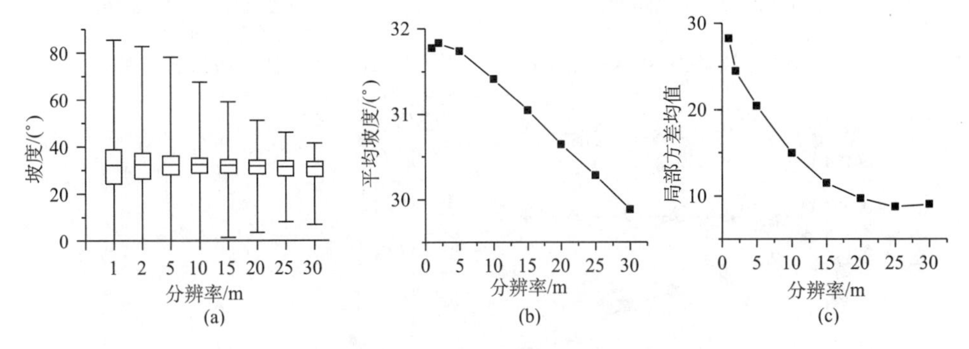

图3-10　坡度与DEM分辨率的关系

与坡度特征相比，平面曲率与剖面曲率受DEM分辨率变化的影响更大。如图3-11所示，随着分辨率降低，平面曲率和剖面曲率变化范围迅速减小。平均剖面曲率为负值说明该山坡整体为凹型山坡，但随着DEM分辨率的降低，平均剖面曲率趋近于0，剖面形状下凹不再明显。分辨率越低，平面曲率均值越小，1 m和2 m分辨率时均值为正值，分辨率低于5 m时均值为负值。因此，实验山坡地形在高分辨率时总体呈发散坡型，低分辨率时总体呈收敛坡型。可见，DEM分辨率对山坡数字地形特征有极大的影响。局部方差均值的计算显示，1 m分辨率DEM包含的曲率信息远超其他分辨率的DEM。

通过对比不同数据源DEM，我们发现90 m分辨率DEM数据在以本研究区为代表的青藏高原部分高山区存在漏失地形要素的现象，不能满足地形研究的需要。在30 m分辨率DEM数据中，SRTM和ASTER GDEM等开源DEM数据过高估计山谷谷底高程，漏失地形要素，使用这些数据得到的数字地形存在失真现象。因此，在高原地形研究中，需要借助LiDAR等技术获取高精度的数字地形。对不同分辨率LiDAR DEM提取的地形特征进行分析发现，青藏高原山坡陡峭，地形复杂，低分辨率DEM提取的地表形态会有大量地形信息损失，并改变山坡的整体坡型。研究结果表明，分辨率不低于5 m的DEM能很好地保持坡度特征信息，而曲率研究对DEM分辨率的要求更高，1 m分辨率的DEM能更好地提供曲率信息。

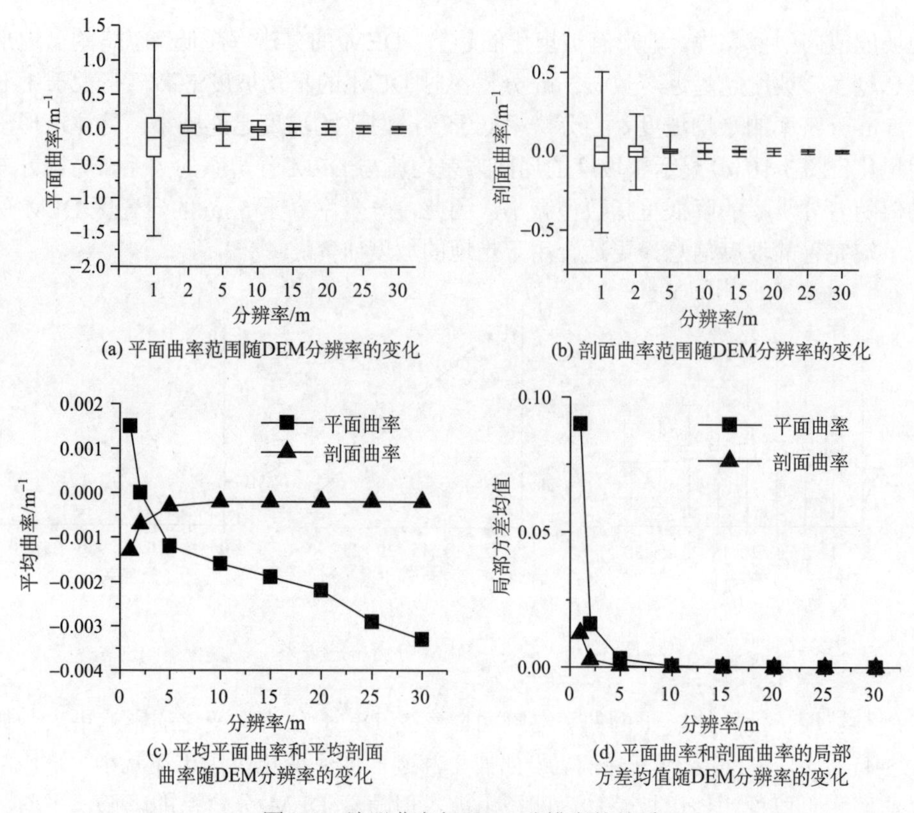

图 3-11　地形曲率与 DEM 分辨率的关系

3.3　基于探地雷达技术探测山坡土壤厚度和层次

土壤厚度、层次、砾石(stone and boulder)含量对山坡及流域尺度水文研究十分关键。例如，Hoover 和 Hursh(1943)研究表明土壤厚度空间分布模式可以显著影响降雨径流关系。Brown 等(1999)通过示踪实验发现夏季暴雨期间水会快速通过 O 层土壤进行汇流。Eriksson 和 Holmgren(1996)指出，土壤砾石含量会引起大孔隙流从而影响土壤的水文特性。但山坡土壤性质的空间分布通常是未知的，因此迫切需要高质量的土壤调查图（Han et al., 2018; Liu et al., 2013; Tesfa et al., 2009; Dahlke et al., 2009）。

然而，传统土壤性质的研究方法费时费力而且缺乏连续探测的能力。探地雷达(GPR)提供了一种快速测量的非破坏性方法，并于 20 世纪 70 年代开始应用于土壤学领域的研究(Johnson et al., 1982; Benson and Glaccum, 1979)。从原理上讲，探地雷达通过发射和接受的高频电磁波(一般为 10～1200 MHz)探测地表结构

(Neal, 2004)，相邻介质之间的反射强度主要取决于相对介电常数对比度(Daniels, 1996)，介电常数相差越大，其反射的能量也就越大(Bassuk et al., 2011)。基于此，探地雷达可以用来探测土壤-基岩界面(Mellett, 1995; Sauer and Felix-Henningsen, 2004)，探测地下水位及土壤水分含量(Doolittle et al., 2006; Huisman et al., 2003)，估计泥炭层厚度和土壤碳储量(Parsekian et al., 2012)。此外，在土木工程领域，探地雷达已用于检测路面结构并用来评价道路质量等(Saarenketo and Scullion, 2000)。

用于土壤层次的调查时，土壤容重、质地、水分、有机质或者碳酸钙含量的突变都会引起土壤性质的突变，在雷达图像中通常表现为易识别的强反射区(Doolittle and Collins, 1995)。因此，从理论上讲 GPR 可以用来调查不同的土壤层。然而，GPR 并非能探测所有的土壤类型(Doolittle et al., 2007)，有些干扰会使土壤界面难以区分，因此需要实测信息辅助 GPR 图像解译。通常，实测的土壤信息可为网格状均匀布点或者随机选点。例如，Johnson 等(1982)以 30 m 间隔采土样辅助解译雷达图像，Gerber 等(2010)在每个剖面上挖取了 2～4 个土坑辅助解译图像，Sucre 等(2011)随机选择五个点打钻，获取土壤信息，Nováková 等(2013)以 50 m 间隔打钻收集土壤信息，并在一些感兴趣的位置缩短采样间隔距离。

研究者普遍认为，钻孔可以为探地雷达解译提供有效信息，一旦钻孔和雷达图像的关系被确定，就可以推广到更广的范围(Johnson et al., 1982)。这种办法在没有大量坡积物堆积的地区是合理的。例如，在泥炭地，GPR 的探测结果与钻孔结果基本一致(Holden et al., 2002)。但是，如果土壤中有很高的碎石含量，钻孔信息辅助解译雷达图像则并不可靠。例如，钻孔遇到大块碎石时，研究者可能误以为已探测到基岩界面，从而得到错误的土壤厚度信息(Sass et al., 2010)。在这种情况下，开挖剖面获取 GPR 所需的解译信息是更加可靠的方法。但由于开挖土壤剖面需要耗费大量的人力物力，只有极少的研究选择这种方式(Winkelbauer et al., 2011)。

在本研究中，通过开挖大型土壤剖面，探索剖面中土壤厚度、层次、砾石含量在雷达图像上的成像规律，并将此规律性认识推广到未开挖的山坡 H1 上，评价应用 GPR 技术进行土壤结构勘查的效果。

3.3.1　材料与方法

将实测土壤剖面信息与雷达图像进行比对，得出雷达反射图像高/低频反射区的具体含义，有助于解译 GPR 图像。因此，实测的剖面信息越丰富，解译未开挖剖面的效果就会越好。研究中，选取三个剖面进行 GPR 探测实验(图 3-12)。三个剖面的黏粒含量均较低，大致都在 10%以下，符合探地雷达勘测的基本条件。

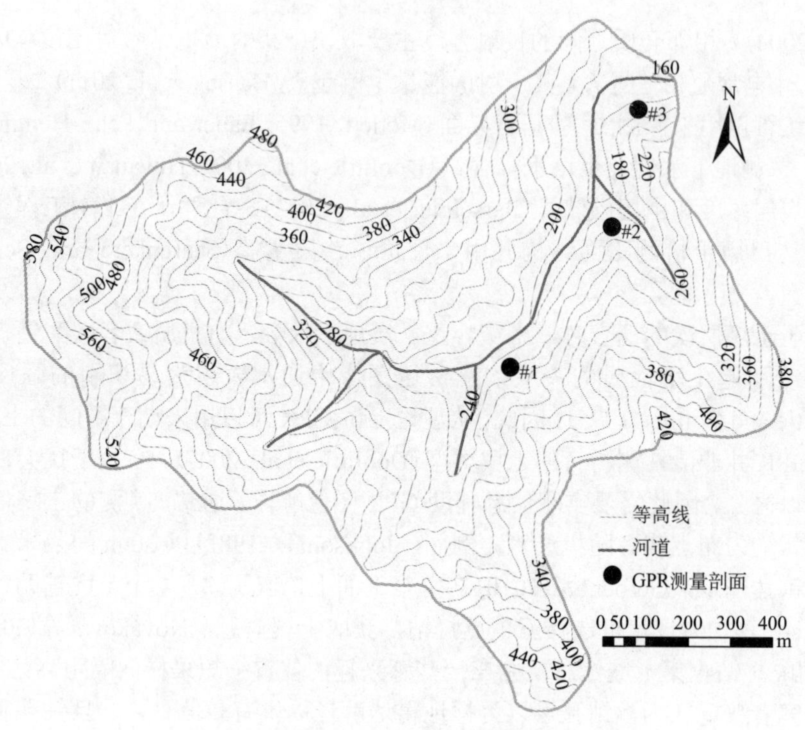

图 3-12　和睦桥流域三个开挖剖面地理位置

本研究选取的剖面位置在和睦桥流域的河道附近，由于地理位置不同，三个剖面有着不同的土壤形成过程，因此也确定了不同的研究目标。例如，剖面#1 用来测试 GPR 在土壤-基岩界面探测中的性能表现，剖面#2 用来探测不同的土壤层次，剖面#3 则用来探测高砾石含量下的土壤层次结构。为辅助解译雷达图像，三个土壤剖面均被挖开。表 3-2 总结了各剖面的基本特征值，包括长度、深度、坡度、坡向和高程。

表 3-2　各雷达测线特征

剖面	长度/m	深度/m	坡度/(°)	坡向/(°)	高程/m
#1	17	3	17-32	320	232
#2	17	6.5	21-26	203	223
#3	65	8	20-27	230	190

研究采用 MALA 探地雷达(MALA Geoscience)，天线频率分别为 100 MHz 和 500 MHz，激发间隔为 5 cm。采用 MALA 探地雷达所标配的软件 ReflexW 完成对雷达回波数据的初步解译。雷达信号解译时，GPR 传播速度通过方程(3-4)

确定，用于计算已知探测目标深度及双程走时。

$$V=2Z/t \tag{3-4}$$

其中：Z 是距离(m)；t 是双程走时(s)。

为了标定雷达波的波速，先后在剖面#1 和剖面#3 的土壤-基岩界面处分别选取 11 个、7 个点来计算不同频率天线(100 MHz 和 500 MHz)的传播速度。分析表明，100 MHz 和 500 MHz 天线的平均速度分别为 4.83 cm/ns 和 8.71 cm/ns。在获取速度之后，将时间转换为深度。100 MHz 和 500 MHz 天线的最大穿透深度分别为 10.1 m 和 2.9 m，可以满足目标探测深度的需要。

垂向分辨率在土层识别中起着关键作用，并且与穿透深度成反比。理论上，最大的垂向分辨率为波长(λ)的 1/4。但在实际应用中，垂向分辨率往往不能达到 1/4 λ，而是采用 1/2 λ 作为垂向分辨率。计算可得 100 MHz 和 500 MHz 天线的垂直分辨率分别为 24.2 cm 和 8.9 cm。Zhang 等(2014)指出，干燥条件更适合于确定土壤-基岩界面。因此，本研究所有土壤剖面的探测均选在干燥天气下进行。

3.3.2　GPR 数据采集与结果分析

图 3-13 中分别给出了剖面#1 的照片(a)、GPR 图像(b)及 GPR 解译和野外勘测得到的土壤-基岩分界面(c)。现场勘测发现，剖面中有较多的碎石埋于松散的土壤中。由于土壤和岩石之间存在介电常数的差异，该界面处的探地雷达图像会显示出高振幅反射，所以剖面的 2～16 m 条带状高反射可以解释为土壤-基岩界面。本研究将高振幅反射点或线连接[白色虚线，图 3-13(b)]作为土壤-基岩分界面。图 3-13(c)展示了在 2～16 m 使用探地雷达和野外调查测量得到的土壤厚度的比较结果。理论上讲，若土壤-基岩界面没有干扰，探地雷达的预测与现场调查的结果应该有很高的匹配度。然而，我们发现所研究的剖面中雷达探测与现场调查的结果仅在 4～14 m 匹配较好。造成这种现象的原因来自两个方面：①高碎石含量提供了强反射带(例如，黑色倒双曲线，14～16 m)，影响了土壤基岩界面的解译；②实地考察发现，有地下水从 6 m 处的裂隙中流出，水和岩石介电常数的差异也导致了强反射带的出现。

图 3-14 给出了剖面#2 的照片(a)、500 MHz(b)及 100 MHz(c)天线图像。图中表层(层#1)为枯枝落叶层；第二层(层#2)为有机质层，含有植物根系及碎石，其下边界范围为 0.6～1.1 m；第三层(层#3)为淀积层；第四层(层#4)为风化层。第三层可根据碎石含量的多少进一步细分为两个部分，左侧碎石含量较多(0～8 m)，右侧碎石含量较少(8～17 m)。这种现象与山坡崩积物堆积有关，右侧剖面位于山坡山脊处，主要为原生土，故少有碎石堆积。

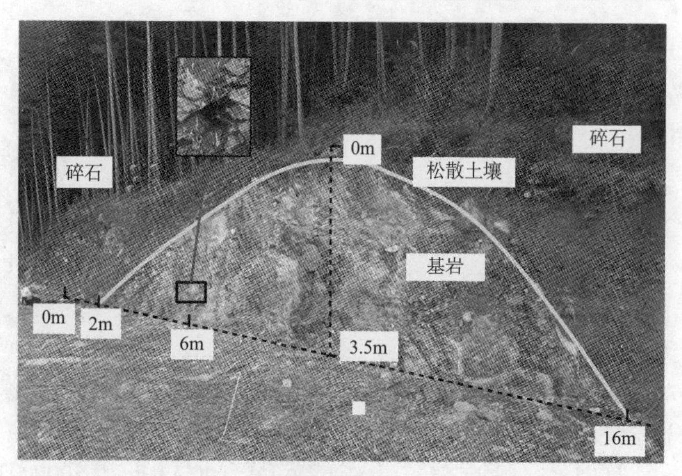

(a) 剖面#1的照片

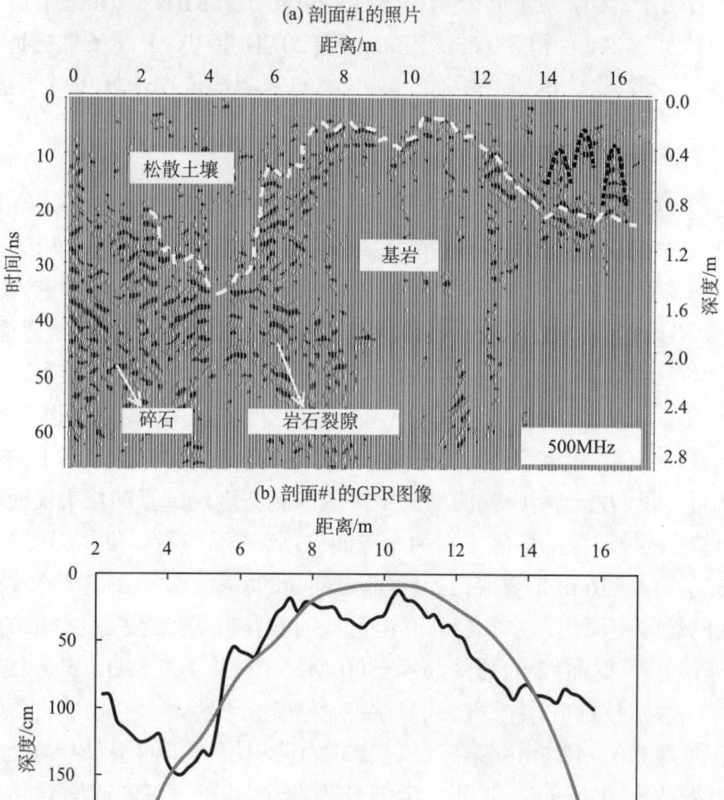

(b) 剖面#1的GPR图像

(c) 土壤-基岩分界面

图 3-13　土壤剖面及雷达解译结果(#1)

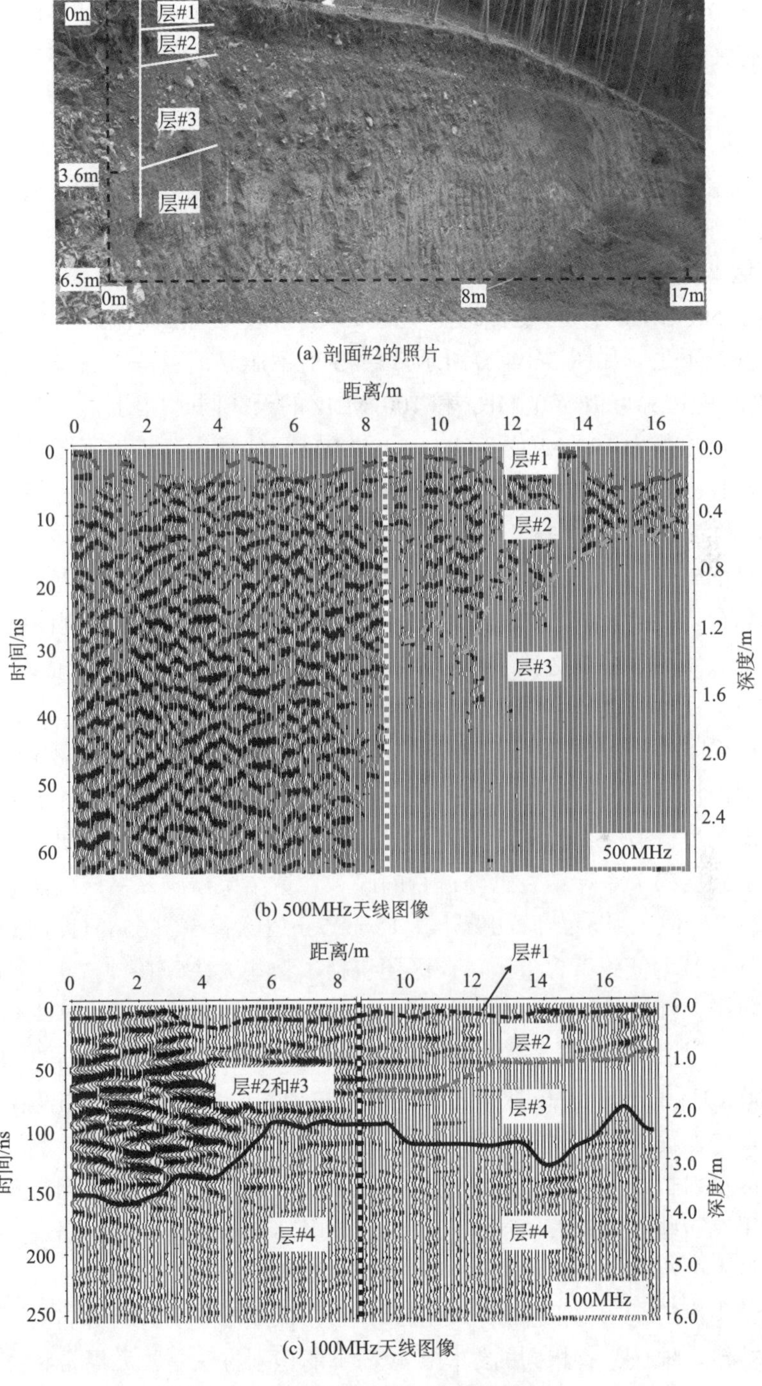

图 3-14　土壤剖面及雷达解译结果(#2)

在 500 MHz 的雷达图像[图 3-14(b)]中，一个明显的特征是雷达反射强度在 8 m 处有突变，这与剖面碎石含量的勘测结果一致。如图 3-14(b)所示，在土壤剖面 0.05～0.24 m 处有一个持续增加的反射带。我们将所有强反射区域连接，形成的曲线(黑虚线)作为层#1 和层#2 的界面。在剖面右部(8～17 m)，强反射区边缘的连线(灰色虚线)可作为层#2 与层#3 的界面，灰色虚线之上的有机质层碎石含量高，灰色虚线之下几乎没有碎石。但是，左侧(0～8 m)层#2 与层#3 都含有大量碎石，这干扰了雷达图像对土壤层次的解译。

由于 500 MHz 天线穿透深度小，层#3 的下边界无法探测，故采用 100 MHz 天线弥补该不足。如图 3-14(c)所示，层#3 的下边界范围是 2.2～3.8 m。此外，层#2 和#3 的边界可被 500 MHz 和 100 MHz 的天线同时探测到，但是 GPR 图像略有不同，这是由 100 MHz 天线与 500 MHz 天线垂向分辨率不同导致的。如前文所述，100 MHz 天线的垂向分辨率为 24.2 cm，500 MHz 天线的垂向分辨率为 8.9 cm，两者相差十余厘米。

与剖面#1 相似，剖面#3 的第Ⅰ部分(图 3-15)有大量的基岩下伏。考虑到穿透范围和分辨率的影响，选取 100 MHz 和 500 MHz 两种天线在剖面#3 进行了试验。两套天线的雷达图像第Ⅰ部分(白色虚线部分)为土壤-基岩界面。应注意到，界面之下的反射强度非常弱，代表了相对均一的岩石结构。

剖面#3 位于流域出口河道处(图 3-15)，该位置不仅受山坡崩积作用的影响，还受到河流沉积的作用。因此，大量碎石不规则地分布在剖面上，加大了土壤层次解译的难度[图 3-15(b)和 3-15(c)]。在这种情况下，我们主要研究剖面碎石和雷达反射强度的关系。结合野外调查的碎石含量结果，研究将该剖面划分为四个部分：0～15 m(Ⅰ)作为岩石出露区，15～25 m(Ⅱ)和 50～65 m(Ⅳ)为高碎石区，25～50 m(Ⅲ)为低碎石含量区，该区还包括了一些大块碎石。

总体上，500 MHz 雷达图像与 100 MHz 雷达图像成像模式基本相同，但是 500 MHz 天线明显具有更高的分辨率。第Ⅰ部分提供了土壤-基岩界面，该界面可在 100 MHz 和 500 MHz 探地雷达图像中被识别出来。高反射区出现在 8～12 m 雷达图像中，而下覆基岩反射强度小。通过第Ⅱ、Ⅲ部分的现场勘测比较可得：高碎石区反射幅度大，低碎石区反射幅度小。然而，在反射幅度相对较小的区域内，如果有一些大块碎石[直径＞0.3 m，第Ⅲ部分，图 3-15(e)]出现，是可以在雷达图像上分辨出来的，如图中黑色倒双曲线所示。

应该指出的是，第Ⅰ部分和第Ⅲ部分都为探地雷达反射相对弱的区域，因此很可能被错误地认为有相同的结构。较简单的识别方法是，如果带状高反射区下方基本没有强反射波存在，可以认为是土壤-基岩界面；如果反射相对稠密，但是分布没有规律，可以认为是碎石导致。对于第Ⅳ部分，探地雷达图像的反射幅度变的很致密，这可以解释为受高碎石含量影响所致。

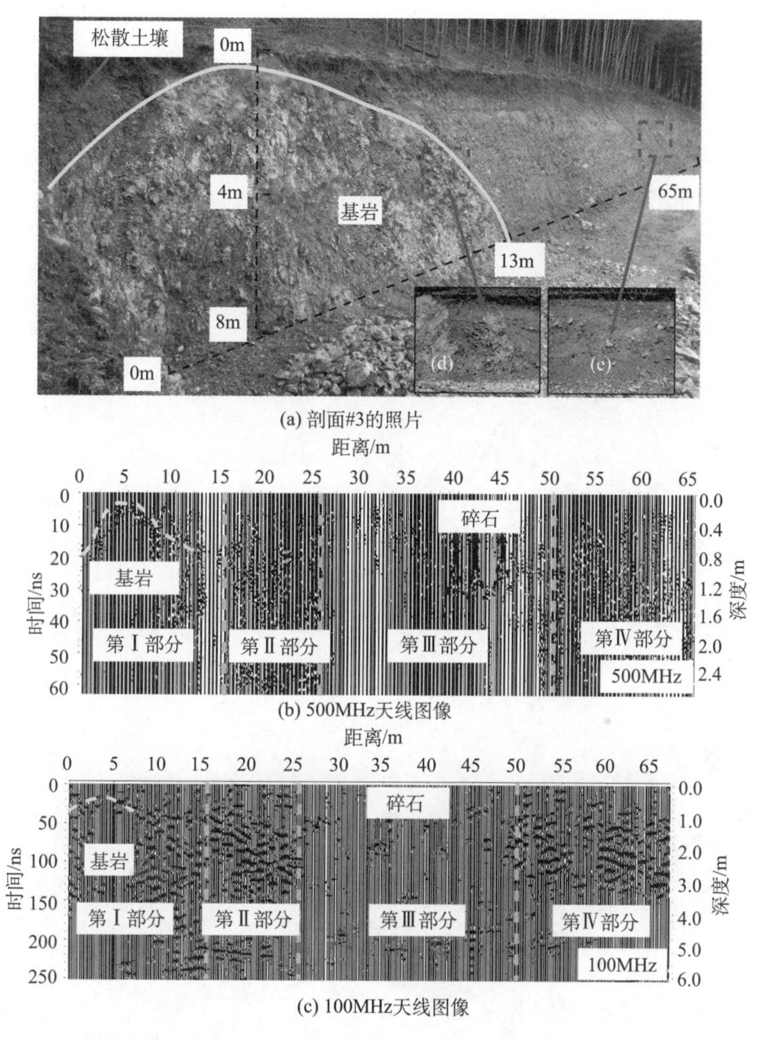

(a) 剖面#3的照片

(b) 500MHz天线图像

(c) 100MHz天线图像

图 3-15　土壤剖面及雷达解译结果(#3)

3.3.3　GPR 探测 H1 山坡

3.3.3.1　材料与方法

通过前面三个开挖剖面，我们了解了 GPR 测量山坡土壤厚度、层次及砾石含量的优势及不足，本小节将探测三个开挖剖面的经验应用到和睦桥 H1 山坡，以便获取连续的土壤厚度信息。研究使用了 100 MHz 天线和 500 MHz 天线，但由于 H1 山坡土壤厚度较薄，100 MHz 垂向分辨率差，探测效果不佳，故研究仅呈现 500 MHz 天线的结果。

在 H1 山坡上，共设计了 9 条测线，包括横向的 6 条(测线#1～#6)及纵向的 3 条(测线#7～#9)，如图 3-16 所示。6 条横向测线从左侧山脊部位开始测量，穿过中部山谷到右侧山脊，2 条纵向测线沿着左(测线#7)、右(测线#9)山脊出发，由山坡近河道处测向山坡坡顶位置，纵向测线#8 从底部山谷经中部山谷直到山顶结束。9 条测线全长 551 .81m，两测点之间的激发间隔为 2 cm。

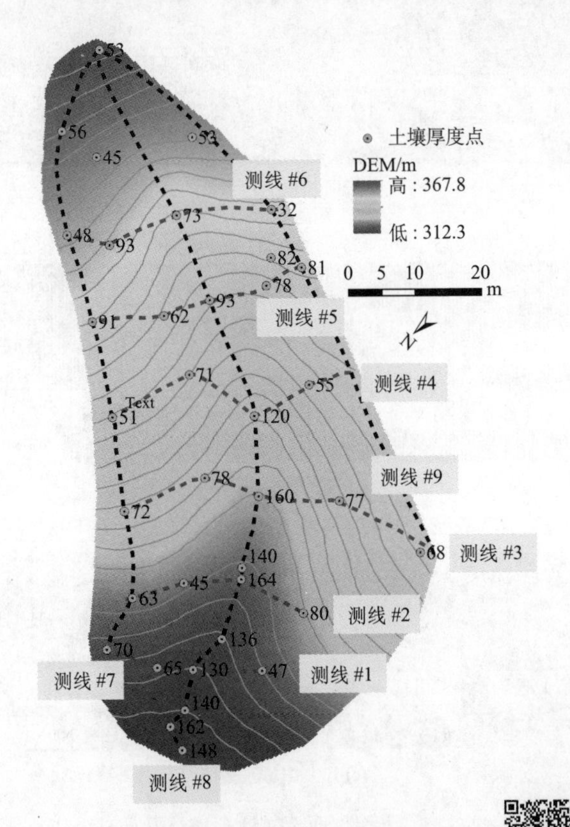

图 3-16　H1 山坡 GPR 测线分布

在探地雷达测量过程中，以土壤厚度点为坐标参考点，布设探地雷达测线，这样既可以知道探地雷达测线的位置，又可以方便地将 GPR 测量的土壤厚度与钻孔及开挖的土壤厚度点进行对比。研究选择了 9 个钻孔点(已知土壤厚度)对比雷达图像，并计算得到雷达波速为 5.45 cm/ns，其垂向分辨率为 5.4 cm。

3.3.3.2　GPR 数据的采集与分析

图 3-17(a)和(b)分别代表测线#1，测线#2 的雷达解译图，其中红蓝色代表强反射区，灰白色代表弱反射区。前期土壤开挖的经验表明，土壤中充填了大量的碎石及植物根系。碎石及植物根系与周围土壤电性(如相对介电常数)差异大，因而易形成强反射区。但是，土壤下覆基岩性质均匀，反射强度小，因此可以根据反射波强度的不同，将高频反射区与低频反射区区分开来，高频与低频的反射界面即为土壤-基岩界面(如开挖的剖面#1，图 3-13)。但是，仅从雷达图像上较难区分不同的土壤层次。因此，本小节的雷达解译主要关注土壤总厚度，如图 3-17 的黑色分界线所示。

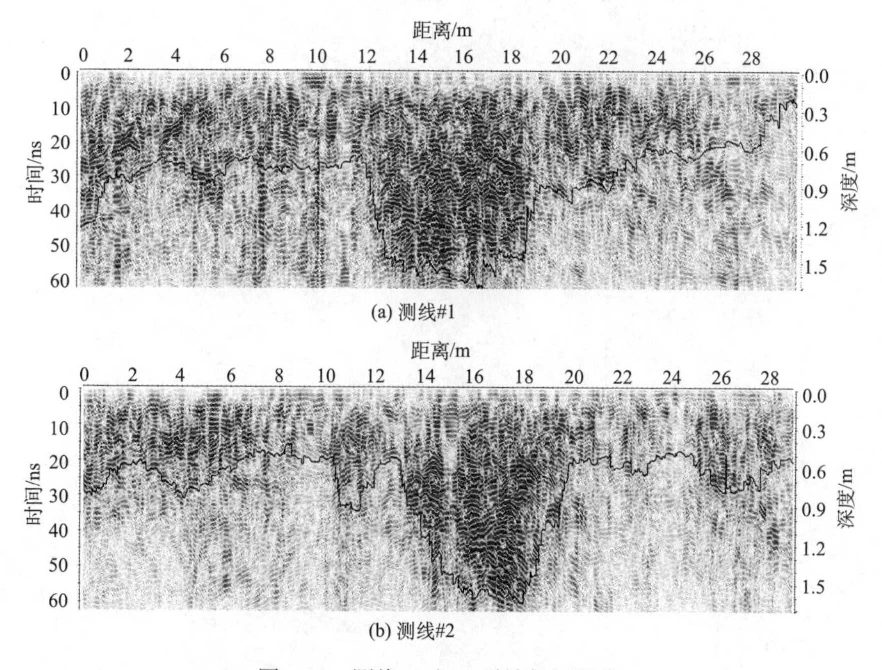

图 3-17　测线#1 和#2 雷达解译图像

值得注意的是，H1 山坡边坡位置坡度较陡，为土壤的输送区，山谷坡度较缓且上游集水面积较大，为土壤的堆积区。因此，测线#1 及#2 在中间山谷处土壤厚度明显大于边坡。而且，在边坡与山谷交界处(footslope)，土壤厚度有明显的增大。为了说明这一现象，以山谷为中心，截取测线#1、#2、#3、#5 中间的 20 m，分别得到测线 A、B、C、D(图 3-18)。从图 3-18 中可以看出，山谷的土壤厚度一般大于两侧边坡的土壤厚度，其平均土壤厚度在 140 cm 左右。

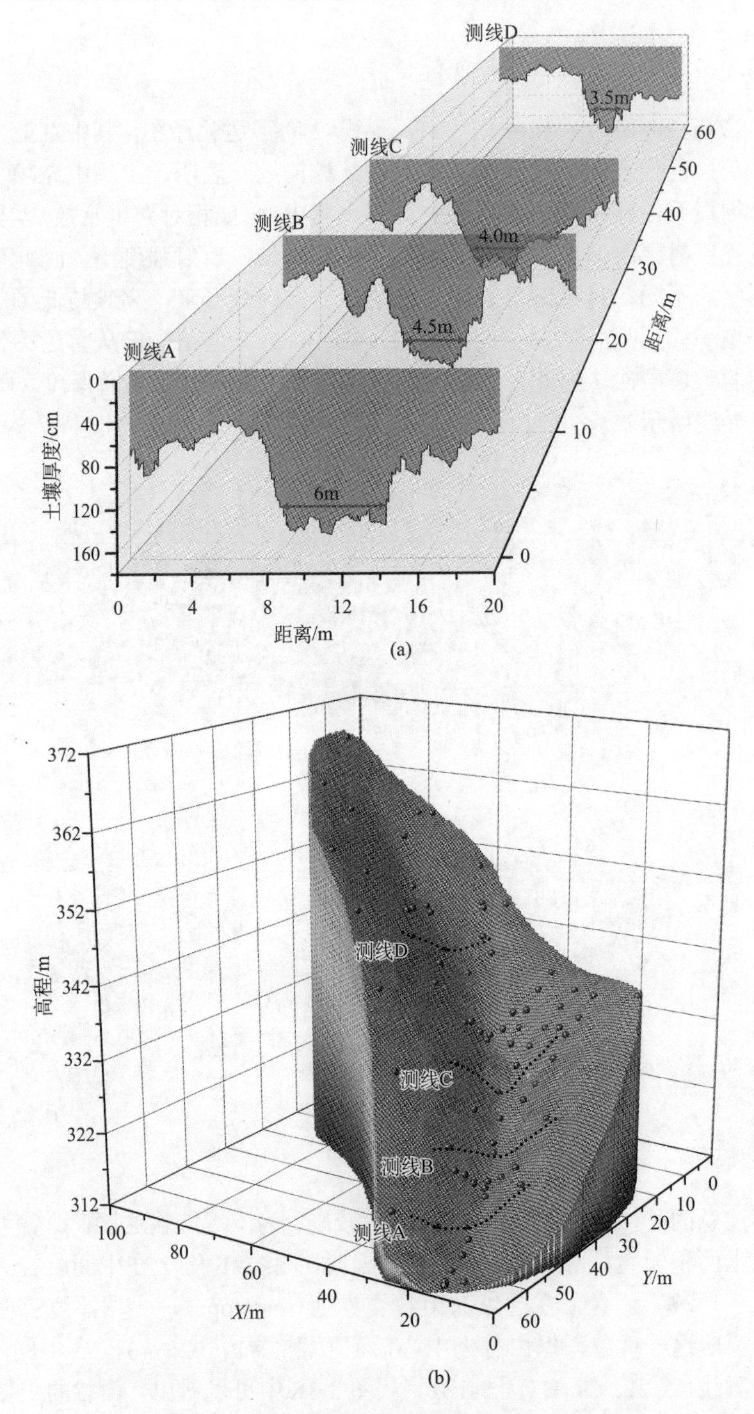

图 3-18　H1 山坡四条雷达测线土壤厚度分布图

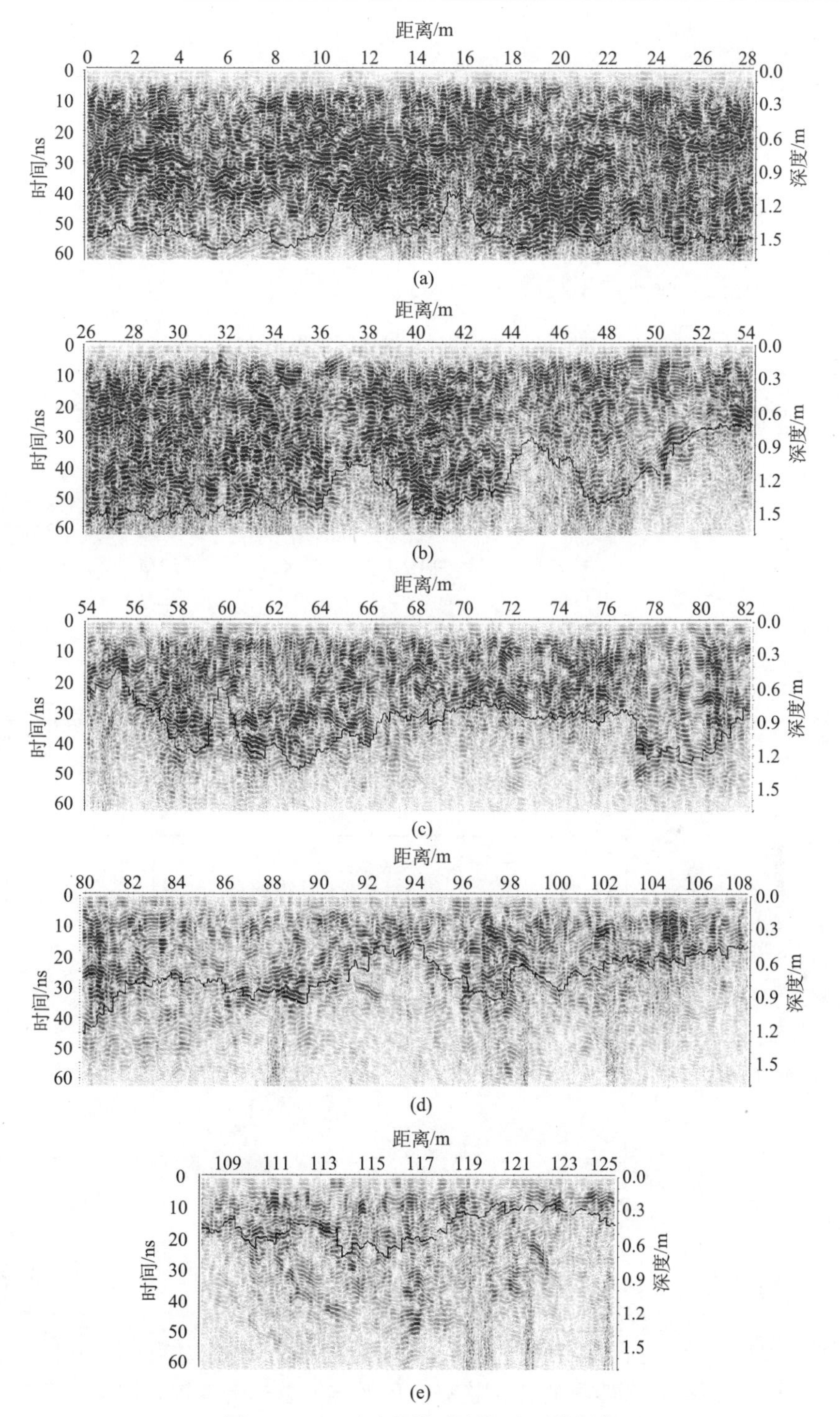

图 3-19　H1 山谷测线(测线#8)雷达图像

纵向 GPR 测线分为三条，左右山脊处各一条，中间山谷处一条，测线的长度如表 3-3 所示。中间山谷测线(测线#8)的解译如图 3-19 所示，由于山谷测线较长(125 m)，研究将测线分为 5 段来显示。从图 3-19 中可以看出，山谷底部土壤厚度较大，为 150 cm 左右；随着高程的增加，土壤厚度逐渐减小，在中部山谷(距山坡出口 45～60 m)土壤厚度减小到 120 cm 左右；在山坡顶部土壤厚度降到最低，约 40 cm。图 3-20 显示了随距离山坡出口的远近土壤厚度的变化趋势。可见，距山坡出口处越远，土壤厚度越薄(R^2=0.81)。

表 3-3　GPR 测量土壤厚度结果统计

编号	最大值/cm	最小值/cm	平均值/cm	标准差/cm	测线长/m	平均高程/m
1	170.3	18.7	89.8	35.9	29.64	317.23
2	164.3	41.6	77.8	33.7	28.80	322.55
3	171.0	24.0	103.3	31.9	50.76	331.57
4	159.1	28.6	93.9	30.7	52.36	336.18
5	166.1	37.0	90.4	30.6	39.81	343.00
6	103.3	13.0	60.8	20.6	33.61	349.83
7	133.3	32.1	80.7	22.8	99.90	344.20
8	165.1	21.5	100.4	39.6	125.19	334.29
9	137.9	21.5	72.5	27.7	91.75	347.26
总测线	171.0	13.0	87.0	33.8	551.81	338.16

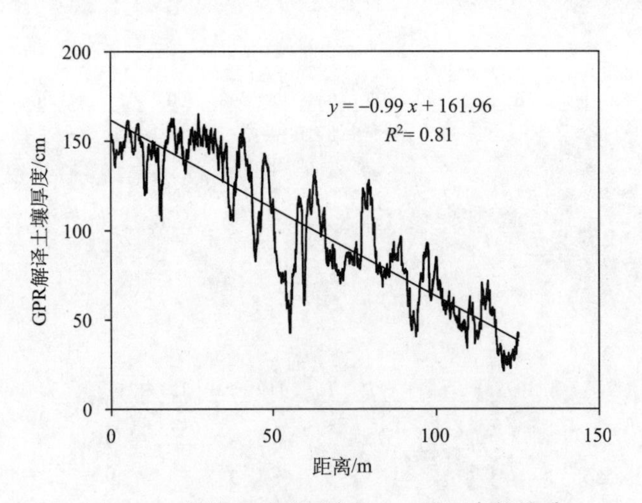

图 3-20　测线#8 土壤厚度与出口处距离的关系

图 3-21 显示了左侧山脊线(测线#7)的雷达图像。与山谷雷达测线对比，左侧山脊线的土壤厚度没有明显的变化趋势，反射强度总体上也较为均匀，仅在最后

10 m 处有一定的减少。与山谷里的土壤厚度相比，脊部土壤厚度大多在 0.6～0.9 m。

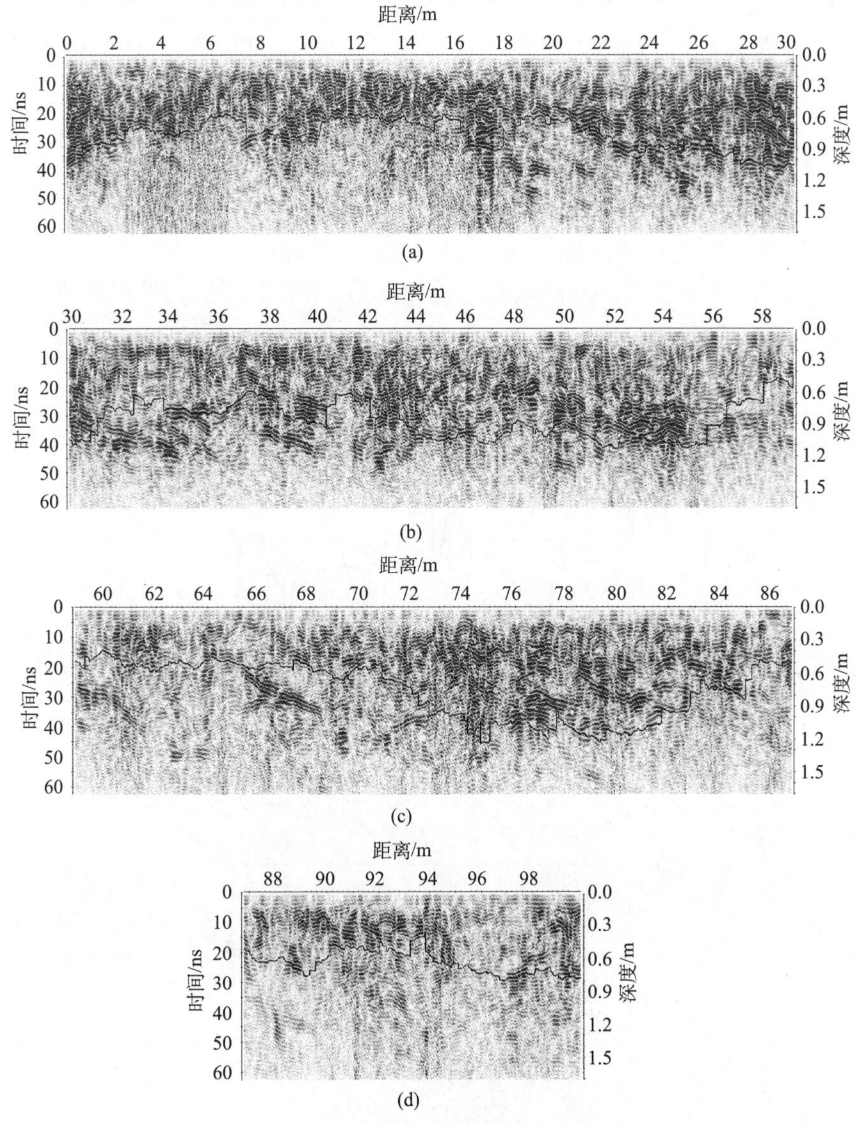

图 3-21　H1 左侧山脊线(测线#7)雷达图像

图 3-22 展示了测线#7 的土壤厚度随测线距离的变化趋势。从整体上来看，土壤厚度随距离的增加而趋向减小，但相比于山谷处测线(#8)其下降的趋势并不显著(R^2=0.07)。而且，图 3-20 和图 3-22 的土壤厚度分布都表现出较大的波动特性，说明土壤厚度分布空间异质性大，相邻数米内的土壤厚度也可能有显著差异。测线#9 与测线#7 同属于山脊部位，所获取的雷达图像反演土壤厚度规律相似，不

再赘述。

表 3-3 列出了 9 条雷达测线的统计结果。如表 3-3 所示，9 条测线的总长度为 551.81 m，解译出来的土壤厚度最大值为 171.0 cm，最小值为 13.0 cm。测线#1～#6 平均高程依次增大。测线#6 的平均土壤厚度比测线#1～#5 的明显偏低，但测线#1～#5 的土壤厚度并没有明显的分布规律。此外，测线#8 位于山谷，其土壤厚度明显大于两侧山脊（测线#7 和测线#9）的土壤厚度。与测线#7、测线#9 相比，测线#8 的土壤厚度分布明显不均，标准差值较大。

图 3-23 给出了 GPR 测量土壤厚度与实测土壤厚度的相关图。由图 3-23 可以看出，GPR 测点多在 1∶1 线（虚线）上方，说明 GPR 测量的土壤厚度值大于实测

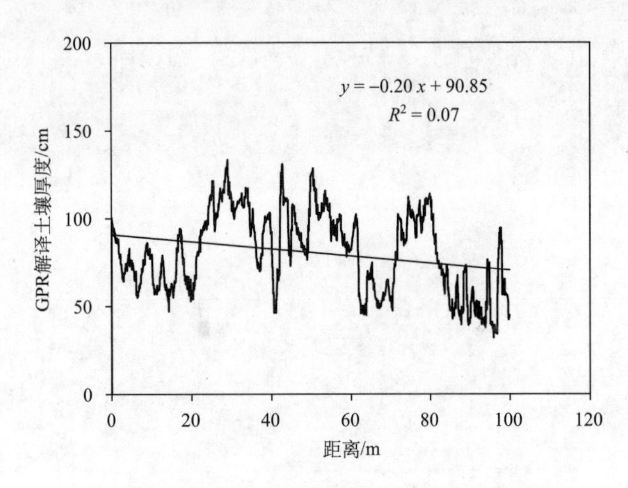

图 3-22　测线#7 土壤厚度与出口处距离的关系

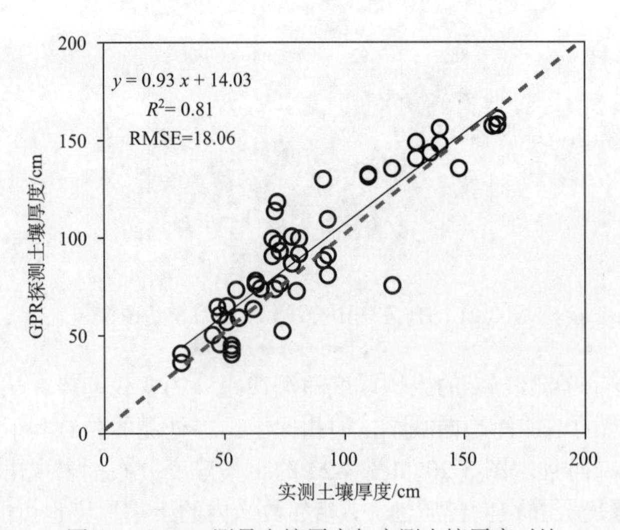

图 3-23　GPR 测量土壤厚度与实测土壤厚度对比

点的土壤厚度值。总体上，GPR 测量所得的土壤厚度值与钻孔(开挖)等实测的土壤厚度值较为接近，R^2=0.81，均方根误差(RMSE)为 18.06 cm，表明 GPR 测量较为准确。这一研究可为准确地获取山坡及小流域土壤厚度或基岩表面地形空间分布提供可靠的技术支持。

参考文献

宫阿都, 何孝莹, 雷添杰, 等. 2010. 无控制点数据的无人机影像快速处理[J]. 地球信息科学学报, 12(2): 254-260.

顾卫明, 刘金涛. 2009. 山丘区小流域地形空间分析及数字信息提取[J]. 水文, 29(4): 34-36,43.

呼雪梅, 秦承志. 2014. 地形信息对确定 DEM 适宜分辨率的影响[J]. 地理科学进展, 33(1): 50-56.

李德仁, 李明. 2014. 无人机遥感系统的研究进展与应用前景[J]. 武汉大学学报(信息科学版), 39(5): 505-513, 540.

刘金涛, 韩小乐, 刘建立, 等. 2019. 山坡表层关键带结构与水文连通性研究进展[J]. 水科学进展, 30(1): 112-122.

他光平. 2016. 无人机遥感数据处理及其精度评定[D]. 兰州: 兰州交通大学.

吴鹏飞, 柳林, 乔骁, 等. 2019. 基于 LiDAR 的青藏高原山坡小流域地形提取研究[J]. 长江科学院院报, 36(9): 155-160.

Bassuk N, Grabosky J, Mucciardi A, et al. 2011. Ground-penetrating radar accurately locates tree roots in two soil media under pavement[J]. Arboriculture & Urban Forestry, 37(4):160-166.

Benson R, Glaccum R. 1979. The application of ground-penetration radar to soil surveying for National Aeronautical and Space Administration (NASA)[R]. Miami, Florida, USA: Technos Inc.: 18.

Brooks P D, Chorover J, Fan Y, et al. 2015. Hydrological partitioning in the critical zone: Recent advances and opportunities for developing transferable understanding of water cycle dynamics[J]. Water Resources Research, 51(9): 6973-6987.

Brown V A, Mcdonnell J J, Burns D A, et al. 1999. The role of event water, a rapid shallow flow component, and catchment size in summer stormflow[J]. Journal of Hydrology, 217(3-4): 171-190.

Dahlke H E, Behrens T, Seibert J, et al. 2009. Test of statistical means for the extrapolation of soil depth point information using overlays of spatial environmental data and bootstrapping techniques[J]. Hydrological Processes, 23(21): 3017-3029.

Daniels D J. 1996. Surface-penetrating radar[J]. Electronics & Communication Engineering Journal, 8(4): 165-182.

Doolittle J A, Collins M E. 1995. Use of soil information to determine application of ground penetrating radar[J]. Journal of Applied Geophysics, 33(1-3): 101-108.

Doolittle J A, Jenkinson B, Hopkins D, et al. 2006. Hydropedological investigations with ground-penetrating radar (GPR): Estimating water-table depths and local ground-water flow pattern in areas of coarse-textured soils[J]. Geoderma, 131(3-4): 317-329.

Doolittle J A, Minzenmayer F E, Waltman S W, et al. 2007. Ground-penetrating radar soil suitability map of the conterminous United States[J]. Geoderma, 141(3-4): 416-421.

Eriksson C P, Holmgren P. 1996. Estimating stone and boulder content in forest soils—Evaluating the potential of surface penetration methods[J]. Catena, 28(1-2): 121-134.

Freer J, McDonnell J, Beven K J, et al. 1997. Topographic controls on subsurface storm flow at the hillslope scale for two hydrologically distinct small catchments[J]. Hydrological Processes, 11(9): 1347-1352.

Gerber R, Felix-Henningsen P, Behrens T, et al. 2010. Applicability of ground-penetrating radar as a tool for nondestructive soil-depth mapping on Pleistocene periglacial slope deposits[J]. Journal of Plant Nutrition and Soil Science, 173(2): 173-184.

Han X L, Liu J T, Mitra S, et al. 2018. Selection of optimal scales for soil depth prediction on headwater hillslopes: A modeling approach[J]. Catena, 163: 257-275.

Holden J, Burt T P, Vilas M. 2002. Application of ground-penetrating radar to the identification of subsurface piping in blanket peat[J]. Earth Surface Processes and Landforms, 27(3): 235-249.

Hoover M D, Hursh C R. 1943. Influence of topography and soil-depth on runoff from forest land[J]. Transactions American Geophysical Union, 24(2): 693-698.

Huisman J A, Hubbard S S, Redman J D, et al. 2003. Measuring soil water content with ground penetrating radar: A review[J]. Vadose Zone Journal, 2(4): 476-491.

Johnson R W, Glaccum R, Wojtasinski R. 1979. Application of ground penetrating radar to soil survey[J]. Soil and Crop Science Society of Florida Proceedings, 39: 68-72.

Johnson R W, Glasscum R, Wojtasinski R. 1982. Application of ground penetrating radar to soil survey[J]. Soil Horizons, 23(3): 17-25.

Lin H. 2010. Earth's Critical Zone and hydropedology: Concepts, characteristics, and advances[J]. Hydrology and Earth System Sciences, 14(1): 25-45.

Liu J T, Chen X, Lin H, et al. 2013. A simple geomorphic-based analytical model for predicting the spatial distribution of soil thickness in headwater hillslopes and catchments[J]. Water Resources Research, 49(11): 7733-7746.

McCabe M F, Matthew R, Alsdorf D E, et al. 2017. The future of Earth observation in hydrology[J]. Hydrology and Earth System Sciences, 21(7): 3879-3914.

McDonnell J J. 1997. Comment on "the changing spatial variability of subsurface flow across a hillslide" by Ross Woods and Lindsay Rowe[J]. Journal of Hydrology, 36(1): 97-100.

Medeiros S, Hagen S, Weishampel J, et al. 2015. Adjusting LiDAR-derived digital terrain models in coastal marshes based on estimated aboveground biomass density[J]. Remote Sensing, 7(4):3507-3525.

Mellett J S. 1995. Ground penetrating radar applications in engineering, environmental management, and geology[J]. Journal of Applied Geophysics, 33(1-3): 157-166.

Neal A. 2004. Ground-penetrating radar and its use in sedimentology: Principles, problems and progress[J]. Earth-Science Reviews, 66(3-4): 261-330.

Nováková E, Karous M, Zajíček A, et al. 2013. Evaluation of ground penetrating radar and vertical electrical sounding methods to determine soil horizons and bedrock at the locality Dehtáře[J].

Soil & Water Research, 8(3): 105-112.

Parsekian A D, Slater L, Ntarlagiannis D, et al. 2012. Uncertainty in peat volume and soil carbon estimated using ground-penetrating radar and probing[J]. Soil Science Society of America Journal, 76(5): 1911-1918.

Remondino F, Barazzetti L, Nex F, et al. 2011. UAV photogrammetry for mapping and 3D modeling—Current status and future perspectives[C]. UAV-g 2011, International Achives of Photogrammetry, Remote Sensing and Spatial Information Sciences, Volume XXXVIII-1/C22, 2011 ISPRS Zurich 2011 Workshop, 14-16 September 2011, Zurich, Switzerland.

Saarenketo T, Scullion T. 2000. Road evaluation with ground penetrating radar[J]. Journal of Applied Geophysics, 43(2-4): 119-138.

Sass O, Friedmann A, Haselwanter G, et al. 2010. Investigating thickness and internal structure of alpine mires using conventional and geophysical techniques[J]. Catena, 80(3): 195-203.

Satgé F, Bonnet M P, Timouk F, et al. 2015. Accuracy assessment of SRTM v4 and ASTER GDEM v2 over the Altiplano watershed using ICESat/GLAS data[J]. International Journal of Remote Sensing, 36(2): 465-488.

Sauer D, Felix-Henningsen P. 2004. Application of ground-penetrating radar to determine the thickness of Pleistocene periglacial slope deposits[J]. Journal of Plant Nutrition and Soil Science, 167(6): 752-760.

Schmidt F, Persson A. 2003. Comparison of DEM data capture and topographic wetness indices[J]. Precision Agriculture, 4(2): 179-192.

Sucre E B, Tuttle J W, Fox T R. 2011. The use of ground-penetrating radar to accurately estimate soil depth in rocky forest soils[J]. Forest Science, 57(1): 59-66.

Swatantran A, Tang H, Barrett T, et al. 2016. Rapid, high-resolution forest structure and terrain mapping over large areas using single photon LiDAR[J]. Scientific Reports, 6: 28277.

Tesfa T K, Tarboton D G, Chandler D G, et al. 2009. Modeling soil depth from topographic and land cover attributes[J]. Water Resources Research, 45(10): W10438.

Vinci A, Todisco F, Brigante R, et al. 2017. A smartphone camera for the structure from motion reconstruction for measuring soil surface variations and soil loss due to erosion[J]. Hydrology Research, 48(3): 673-685.

Winkelbauer J, Völkel J, Leopold M, et al. 2011. Methods of surveying the thickness of humous horizons using ground penetrating radar (GPR): An example from the Garmisch-Partenkirchen area of the Northern Alps[J]. European Journal of Forest Research, 130(5): 799-812.

Zhang J, Lin H, Doolittle J. 2014. Soil layering and preferential flow impacts on seasonal changes of GPR signals in two contrasting soils[J]. Geoderma, 213: 560-569.

第 4 章　山坡表层关键带水文观测

回顾水文学的发展历程，人们对水文过程的认知及水文理论的发展总是取决于两个方面的工作进展，即理论推演解析与实验(Maidment, 1993)。前者属于经典的数学物理方法，通过设定准则及逻辑推理得出新的描述水文过程的方程，后者则是自然科学产生和发展的重要前提(顾慰祖等, 2003)。国内外的研究显示，迄今为止的水文科学的进展，几乎都源于水文观测及实验工作。

水文实验研究向人们展示了不同尺度和气候带流域降雨径流过程中存在的巨大的变异性和复杂性，提高了人们对水文过程的认识水平，发展了水文学的基本理论(刘金涛等, 2012; Bachmair and Weiler, 2011; McDonnell et al., 2007)。然而，水文实验研究面临两大挑战，需要重新定位发展方向。首先，野外实验揭示了不同气候类型、地貌条件、土壤及植被覆盖流域的水文过程现象，但缺乏充分理论依据来外插、移用这些观测成果(McDonnell and Woods, 2004)。其次，在变化环境下，地球物理化学过程变化剧烈，这导致水文、物质循环规律发生变化，以往研究单一界面而忽视整体研究的方法在尺度和精度上有明显不足，缺乏多学科交叉的研究(韩小乐等, 2014)。

可以说，气候变化及人类活动影响正在挑战现有的水文理论和方法，需要有新的水文实验研究理念。针对此问题，本章简述国内外流域水文实验的发展历程，指出关键带观测计划为水文研究提供新的视角和学科增长点，并系统介绍和睦桥实验站山坡表层关键带水文观测项目的设置和初步成果。

4.1　流域水文实验概述

19 世纪前，受经济社会发展水平的限制，人们缺乏对水文现象的整体认识，水文实验以单要素实验为主，如雨量观测、明渠测流及渗流实验等(Biswas, 2007)。随着工业革命的出现，人类对环境的影响加剧，迫切需要从大的区域或流域角度来评价其水文效应。例如，19 世纪中叶，爱尔兰工程师摩尔瓦尼(Mulvaney)发表了著名的推理公式，这极大地促进了以“流域”为单元进行的水文研究。19 世纪末，瑞士研究人员在两个面积相近、森林覆盖面积不同的小流域上，进行了森林水文效应的对比研究(Rodda, 1976)，这被看作是世界范围内流域水文实验的开端。

真正意义上的流域水文实验始于 20 世纪 30 年代。1933 年，苏联瓦尔达依

(Varda Bea)水文科学研究实验站建成，标志着系统的流域水文实验研究的开始(Uryvaev, 1957)。随后，美国于 1934 年改建了克维塔(Coweeta)水文实验站，成为森林水文学与生态学研究的典范(Katherine and Wayne, 1996)。之后，世界各地纷纷开展流域水文实验研究，如 1948 年，德国的“Lange Bramke”和“Wintetal”流域实验研究(付从生等, 2011)；1953 年，我国在淮北平原设立青沟径流实验站，即五道沟实验站的前身(王发信, 2011)；1953 年，捷克的“Červík”和“Malá Ráztoka”两个小流域开始实验研究(Herrmann et al., 2010)；1963 年，波兰“Zagożdżonka”小流域的径流观测开始；1974 年，新西兰 Maimai 流域水文实验研究开始(McGlynn et al., 2002)等。

如果说，早期受观测技术及科学认识的限制，水文实验的对象限于山坡或小流域尺度。那么，20 世纪 80 年代以来，随着“气候变化与水”成为全球科学研究的热点和前沿问题，水文学家开始以中尺度的流域为载体进行实验研究。这一时期，国际范围内组织了一系列科学计划，如全球能量水循环实验(GEWEX)、国际地圈生物圈计划(IGPB)、全球水系统计划(GWSP)及国际水文计划(IHP)。特别地，IHP 提出了代表流域和实验流域的概念并成立了专门的工作组，这极大地促进了流域水文实验的发展(付从生等, 2011)。这一时期开展了大量的大气、陆面及海洋上层的水文循环及能量通量观测与模拟研究，其最终结果用于指导全球和区域的气候变化研究，如亚洲季风区淮河流域能量与水分循环试验(HUBEX)及中国科学院主持的亚洲季风青藏高原试验(马耀明等, 2006)。

进入 21 世纪，气候变化及人类活动影响加剧，导致地表圈层的演化速度加快。社会及科学界都迫切需要观测这种剧烈的变化，以采取应对措施。由于这种观测涉及多个学科，因此科学家需要一种涵盖水文学的整合各个学科特点、多要素协同观测的方法，关键带观测计划(Critical Zone Observatory, CZO)便应运而生(Brantley et al., 2005; Lin, 2010)。据不完全统计，全球范围有超过 60 个国家进行了类似的监测工作(Richardson, 2017; 安培浚等, 2016; 赵其国和滕应, 2013)。不同的关键带站点间相互协作，主要开展不同气候、岩性的关键带生物地球化学和物理过程的监测，这种注重多学科交叉研究的关键带观测计划，为水文实验的研究提供了新的视角和学科增长点。

4.2　和睦桥实验站水文过程观测

和睦桥小流域位于原姜湾径流实验站的中上游。姜湾径流实验站(1956～1986 年)由浙江省水文总站主持设立，是国内最早的以暴雨径流和洪水计算研究为主的实验站之一，建站期间成果享誉国内。实验站流域内有姜湾、古竹湾、和睦桥流量站 3 个、雨量站 10 个，和睦桥水文气象观测场一处(图 4-1)，除和睦桥站的

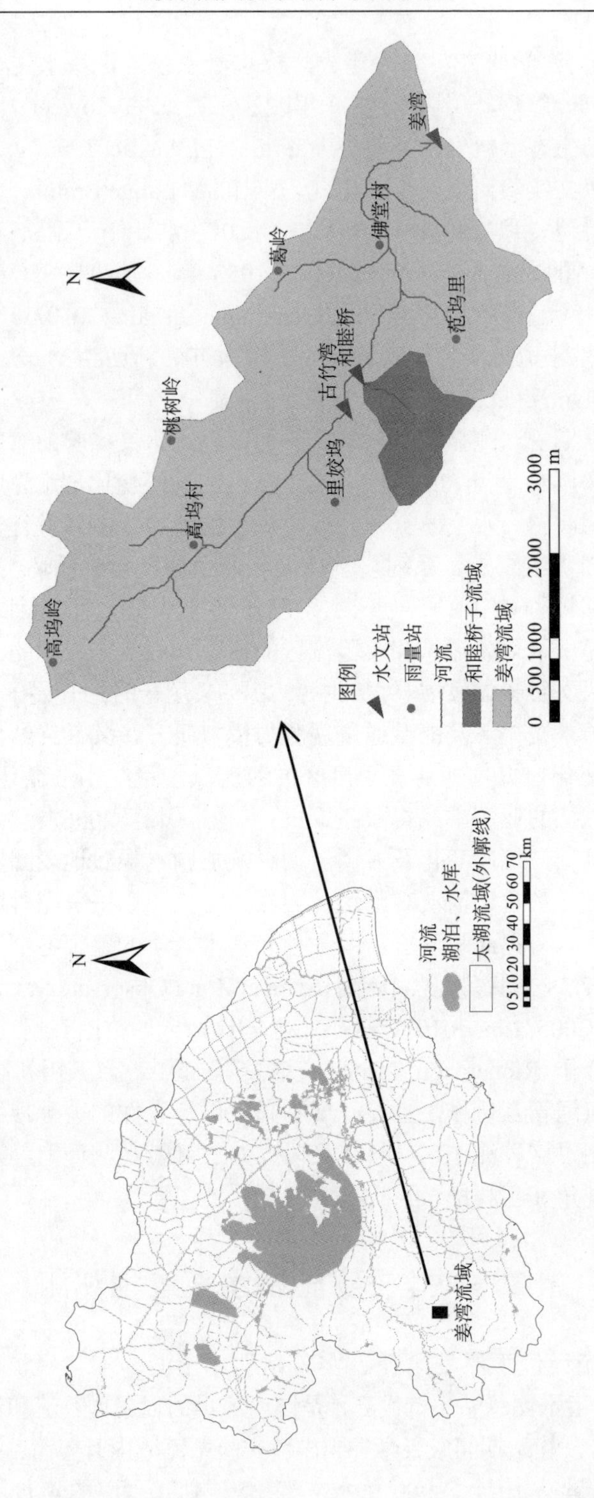

图 4-1　姜湾流域地理位置

雨量观测至今外，大部分观测项目于 1986 年后停测。考虑到浙江水文局的先行工作基础，我们确定在姜湾流域建立实验站，并以和睦桥小流域为重点研究区开展野外实验工作。

在原姜湾径流实验站的基础上，我们自 2009 年开始对和睦桥小流域及姜湾流域的水文过程进行强化监测，布置了网络状的观测项目。首先，建成了和睦桥的山坡径流场，强化监测降水、土壤水、壤中流和地表径流，用于分析关键带结构(地形和土壤)作用下的山坡径流形成机制。其次，在和睦桥及姜湾流域上下游水系设置了网络状的径流监测站点，监测自源头至干流的逐级径流过程，揭示流域河网水系的径流响应机制。

4.2.1　姜湾流域概况

姜湾流域控制流域面积 20.9 km^2，属长江流域太湖区苕溪水系，地处德清、安吉两县交界处(图 4-1)。该站主要针对浙江地区暴雨频繁、局部山地易发山洪及泥石流灾害的自然地理和气候特点，为研究小汇水面积暴雨径流关系及其计算方法而设立，实验站暴雨径流关系的探究和应用对山洪灾害的预防预警具有重要的指导意义(顾卫明和刘金涛, 2009)。

地形特征：区域内多高山峻岭，属天目山脉向东北延伸部分，居莫干山之南，整个地势自西北向-东南倾斜，呈叶状。地形以山地为主，山地面积占 90%以上，平原极少。河谷呈西北-东南走向，谷狭坡陡，地表呈现出侵蚀地貌。中游山地较为高峻，上游则呈丘陵地貌。一般山峰海拔在 300～400 m，少数山峰海拔可超过 500 m，绝对最低点在姜湾流域出口，高度为 78 m。相对高度变动在 200～400 m。切割高度一般在 0.6～1.2 m，中游地段则在 0.8～1.2 m。谷侧切割密度尤大，而下游则以 0.4～0.8 m 居多，分水线和山顶切割则比较微弱。流域内一般坡度大都介于 25°～45°，而中游坡度最大，以 35°～45°居多。主支流上游和分水岭地段则较缓和，大多介于 10°～25°。因此河床多属峡谷型，坡度陡峻，主流自姜湾以上长达 11 km，河道弯曲，曲折系数达 1.28，比降较大。流域内平原面积狭小，仅在下游沿河两侧有带状的河漫滩及滩地平原分布，面积约有 0.58 km^2，长约 2 km，宽约 250～300 m 不等。在上游河流两侧也有宽窄不一的河漫滩平原，其面积有 0.1 km^2，坡度比下游稍大。流域平均高程为 298 m，平均宽度为 1.9 km，河流平均水面宽为 30～50 m。

气候特征：本区位于亚热带季风气候区的东北边缘，雨量较丰沛，湿度也较大。根据资料统计，区内多年平均降雨量为 1580 mm 左右，年水面蒸发量为 805 mm 左右，年平均气温为 14.0 ℃，月平均温度最低值为 1.3 ℃左右，出现在 1～2 月，年平均风速在 1.5 m/s 左右，年平均日照时间在 1579 h 左右。由于地形自西北向东南倾斜，其北与东北又受天目山、莫干山影响，减弱了冬季南下的蒙古气压的力量，因而谷地风力不强。风向以西北风和东南风为主，往往造成大量降水。除蒙古高气压与东南季风更替影响本区气温与降水外，西南涡动(青藏高原上的冷气团)也经常给本区以深刻的影响。降雨以5、6月份的梅雨为主，冬季有少量的降雪。

植被特征：区域内植被茂盛，原始多属落叶、阔叶混交林，后人工栽种竹林，生长繁茂，覆盖率在90%左右。在河谷两岸低平地区或缓和山坡的近水地带，有少量的梯田或梯地，种有水稻及茶叶、杂粮等作物。

土壤特征：流域土壤类型基本上可以分为草甸土、水稻土、红壤(多为黄化红壤)、黄壤、黄棕壤、山地腐殖土和山地石质土。土壤厚度也不大，大部分为20～60 cm，仅沿谷地、河床附近有较厚的土层。土壤大都具有较明显的生草层，并有一定数量的团粒结构(主要是土壤剖面上层)，山坡表层腐殖质较多，孔隙率较大，故土壤的透水性很强。在降雨时土壤渗透作用明显，区域土壤水分贮存量较大，但由于山地坡度陡峻，土层不厚，在暴雨强度较大且来不及入渗时，河道涨洪较快。

4.2.2　和睦桥实验站概况

和睦桥小流域(东经 119°47′05″～119°48′20″，北纬 30°34′05″～30°34′55″)为姜湾流域的一级支流小流域，地处姜湾流域中下游(图 4-2)，属长江流域太湖区东苕溪水系，控制面积1.35 km^2，海拔在150～600 m。山坡基岩属中生代后的火山岩系，土壤以黄棕壤、山地腐殖土和石质土为主，且其质地较为疏松，孔隙较大。区内植物以毛竹为主，坡度较缓地区种有较少量茶叶、番茄等作物，尚有小部分山坡长有灌木丛，高达1 m左右。

团队开展了大量的野外勘查和室内分析论证工作。首先，收集了流域1：10000地形图，构建了5 m×5 m DEM，为划分山坡单元、提取地貌因子和后期模型计算提供了保障。通过野外实地调查、GPS定位追踪，掌握了流域内植被类型及其分布情况，记录了永久性河道源头位置、河道地貌形态特征等基本信息。选取流域内不同类型的山坡(包括收敛型和发散型)，用取土钻钻取和开挖剖面的方式获取不同位置、深度的土壤样品，并进行理化性质分析测试。随后，又在原有山坡剖面的基础上，因势开挖了3条长剖面(总长120 m，见第3章3.3.2节)，用于揭示湿润地区山坡土壤剖面的分层结构及其水文响应特性。

此外，在流域内12个点位开展了单环入渗实验，同时进行了染色实验，结果表明染色剂在剖面比重超过40%，土壤中由根系、虫洞及砾石造成的大孔隙广泛存在(见第5章5.2节)。土壤饱和导水率(0.052～3.412 cm/min，均值0.717 cm/min)

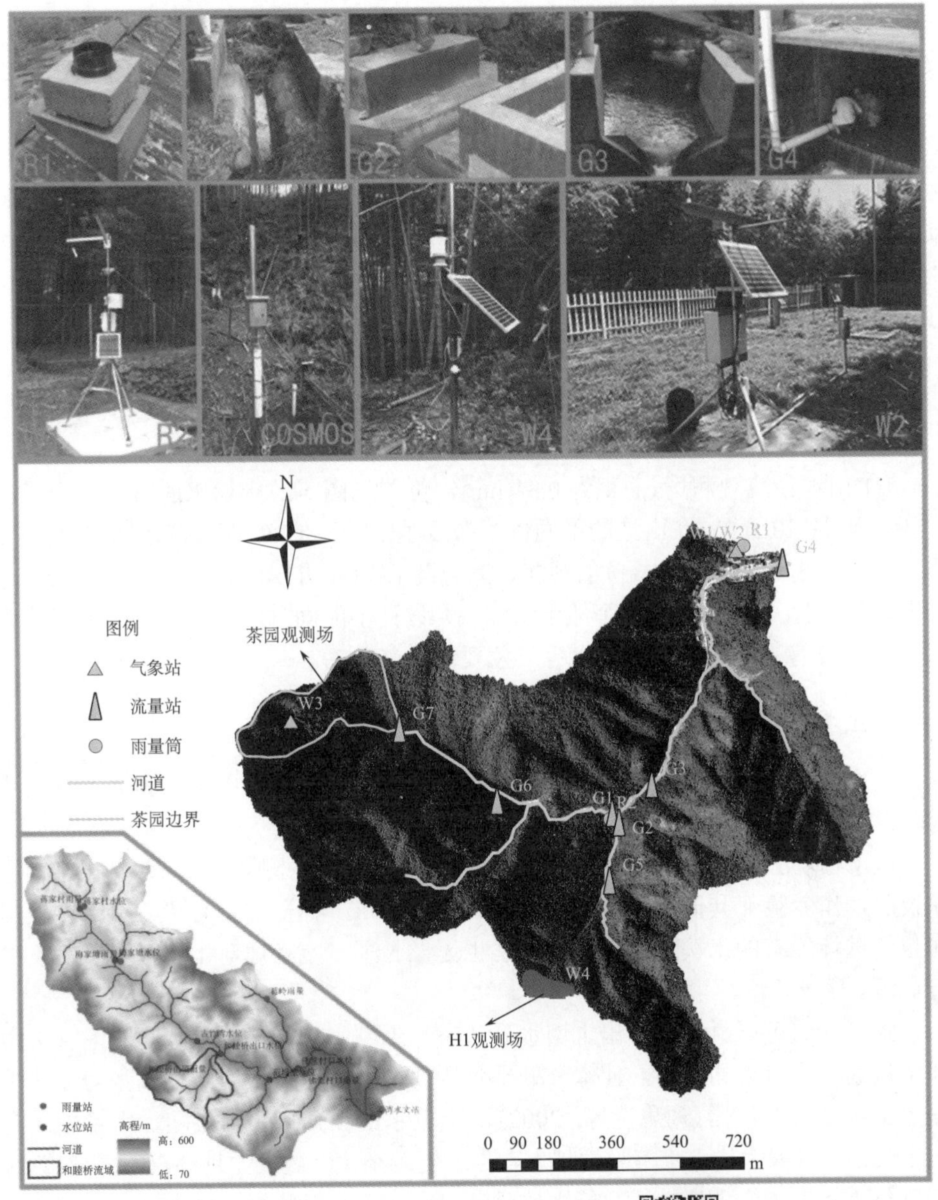

图 4-2　和睦桥实验站

远大于农田土壤的相关值，这表明超渗产流较难发生。山坡土壤入渗以垂向为主，侧向运动主要由大孔隙网络引发。

经过前期的勘查和分析工作，开展了水文观测项目的布设工作。在河网水系监测方面，根据河道形态及河床状况，选取流域上下游 7 个断面(G1～G7)，分别修建了测流设施，包括 2 个量水槽(G1、G2)、4 个三角堰(G3、G5、G6、G7)以及在原和睦桥站基础上恢复的矩形堰(G4)，共计 7 个水位观测点。在每个水位观测点，分别修建观测井，并布设水位计观测水位信息，水位计每隔 6 min 自动记录一次数据。在流域中心位置和出口水文观测场各布设 1 个翻斗式雨量计(R1、R2)，以记录流域降水信息。在雨量计 R2 所处的水文观测场、茶园观测场及 H1 实验山坡内分别安装了气象观测站(图 4-2，W1～W4)，观测气温、气压、空气相对湿度、风速、太阳辐射总能量、土壤温度和含水量等数据(数据间隔为 30 min)。在山坡径流观测场监测方面，重点观测了 H1 实验山坡，下节将详细介绍。

4.3　山坡径流场水文过程监测

H1 山坡径流观测场(面积为 0.31 hm^2，位置见图 4-2)土壤水的监测分为两个阶段，初期(2016.07)在山坡的不同位置布设了 30 个 TDR 探头，近期(2019.06)为配合宇宙射线中子仪(1 台)的观测，又增设了 13 处 TDR 土壤水分探头。此外，在 H1 山坡上，还安装了 25 个地下水探头，设计了能同时监测地表及壤中流的堰槽，另外设有 1 处用于监测降水等气象要素的气象站。

4.3.1　土壤水

传统的土壤水分测量方法包括烘干称重法、张力计法、中子法和介电特性法等，这些方法各有优劣(蔡静雅, 2017)。

烘干称重法获取土壤含水量信息简便、可靠，该方法测量的土壤水结果常被用来校准，作为验证其他各种方法的标准。然而，烘干称重法费时费力，土样采集时也会破坏原有的土壤结构。这种方法也无法长期、定点地对土壤含水量信息进行观测。

张力计法可以直接测量出土壤水分状态。土壤水分受土壤孔隙间的毛管引力和土粒的分子引力的作用，使水分处于负压(吸力)状态，负压式土壤张力计就是测定土壤吸力的仪器(刘思春等, 2002)。土壤水的吸力大小与土壤含水量之间有一定关系。一般来讲，土壤吸力越大，含水量越小；土壤吸力越小，含水量越大，所以负压式土壤张力计的读数能大致反映出土壤含水量状况。张力计一般由陶土管、真空表和集气管三部分组成，测定时使仪器完全充满水，密封。一般来说，土壤水处于负压状态，于是张力计中水压下降，压降通过真空表显示出来，即为土壤水吸力(迟凤琴, 1988)。

中子湿度计利用中子散射的原理，它包含一个快中子源和一个慢中子探测器，在估算土壤水分含量方面通用性较好(邵长亮和吴东丽, 2019)。中子湿度计可平放于土壤表面，或者由一个圆柱形探头插入土壤中采集数据，机箱留于地面。

放射源发出的快中子(高能量)与土壤中的氢原子碰撞被热化或减速，由于土壤中大部分氢原子来自水分子，所以热化的中子比例与土壤含水量有关。中子法测量土壤含水量非常迅速，且被认为是测量土壤含水量最精确的方法。中子仪的缺点在于设备成本高，空间分辨率低，且具有放射性，危害人体健康。

介电特性法主要包括时域反射计法(TDR)、电容法和频域反射法(FDR)。这些方法均是利用土壤介电常数与含水量的相关关系，通过观测土壤介电常数来估算土壤含水量。TDR 和 FDR 的优势在于测量的介电常数基本不受土壤类型、密度、温度等因素的影响，且安装简单，可长期自动监测(蔡静雅, 2017)。

下面以和睦桥流域 H1 实验山坡为例，介绍土壤含水量的观测方法。为了在土壤剖面上安装探头，研究人员开挖了 1 m×1 m 的测坑剖面(图 4-3)，并安装了土壤水分自动监测系统。其中，T1 位于河道处，T2 位于山坡底部和河道之间的相邻区域，代表河岸带；T3 安装在谷底，T4 位于中谷位，T5 位于上谷位；T6、T7、T8 位于不同高程的边坡处。研究所指的河道是指没有产生冲沟的间歇性河道。与常规河道不同，间歇性河道只在暴雨事件中有水流产生，降雨结束后，间歇性河道中的水流会在较短的时间内消退。

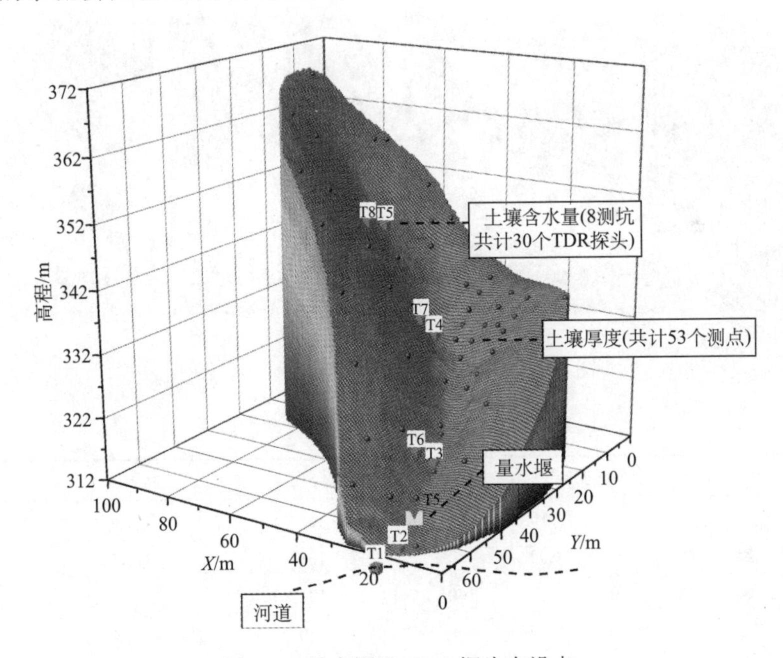

图 4-3　量水堰及 TDR 探头布设点

我们在各测坑剖面表层 8 cm、A/B 层土壤界面、土壤-基岩界面处均安装探头，以监测表层、土壤分层界面和深层土壤含水量的动态变化。根据土壤-基岩界面埋深的不同，探头安装的深度也有所不同，如 T1、T3、T5 探头的安装深度为

160 cm，T2 为 100 cm，T4 为 110 cm。基于野外勘测的结果，各测坑剖面中 A/B 层土壤界面一般埋深在 40 cm 左右，故将探头布设在 40 cm，以监测土壤分层处的水分动态变化规律。此外，T3、T5 剖面还分别在 70 cm 及 110 cm 处设置了探头，以监测淀积层(B 层)及风化层(C 层)的土壤含水率信息。图 4-3、图 4-4 为 8 处土壤含水量探头的布设点位信息及剖面图像。表 4-1 给出了 8 个 TDR 测坑探头安装深度和局地地形指标(包括高程、坡度)。

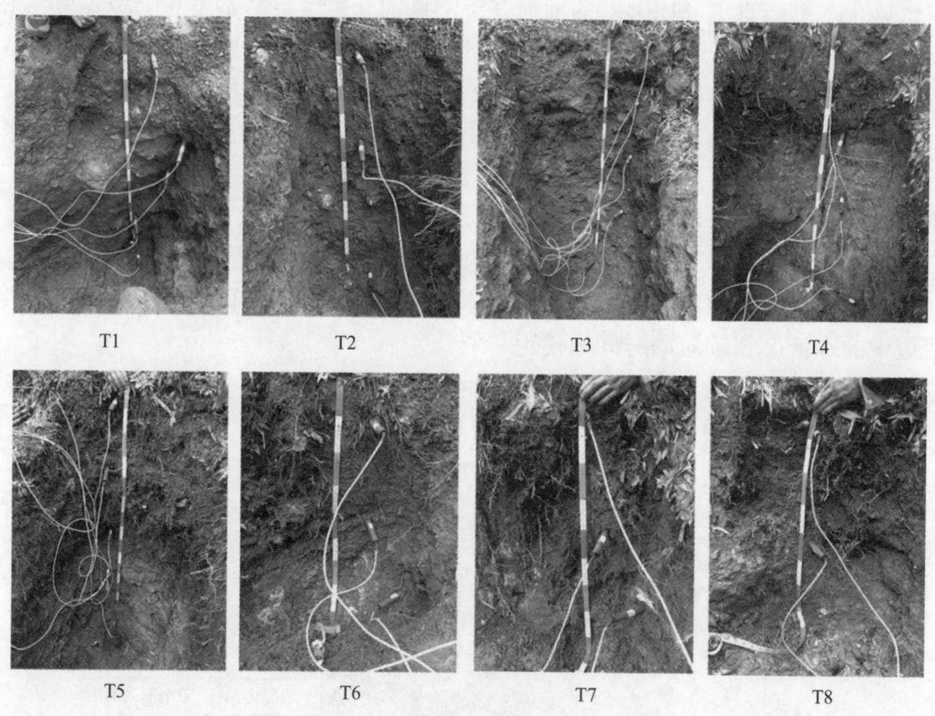

图 4-4　8 处土壤含水量监测探头布设图

表 4-1　8 处土壤含水量观测点信息

编号	安装深度/cm					土壤厚度/cm	高程/m	坡度/(°)
T1	8	40	70	110	160	165	311.5	5.3
T2	8	40	—[①]	100	—	108	312.5	12.8
T3	8	40	70	110	160	171	318.5	20.9
T4	8	40	70	110	—	110	330.4	25.4
T5	8	40	70	110	160	178	344.2	30.2
T6	8	40	70	—	—	73	319.7	30.5
T7	8	40	70	—	—	80	332.4	34.1
T8	8	40	—	—	—	73	345.4	32.9

① 说明此处没有布设探头。

通过8个测坑的观测，可以了解山坡不同位置土壤含水量的分布规律，也可以研究同一剖面土壤含水量的垂向变化规律。该布设方案涵盖了河道、山谷及边坡等特征点位，适合山坡-谷地-河道的水文连通性研究。TDR不仅可用于监测土壤含水量的变化，而且可监测地下水水位涨落。如图4-5所示，在一场降雨中，当土壤含水量呈现平头峰的特征时，可以认为该处含水量饱和，即地下水位已经淹没了该探头。因此，可以通过计算平头峰开始及结束的时间，来推算某点被地下水淹没的时间。

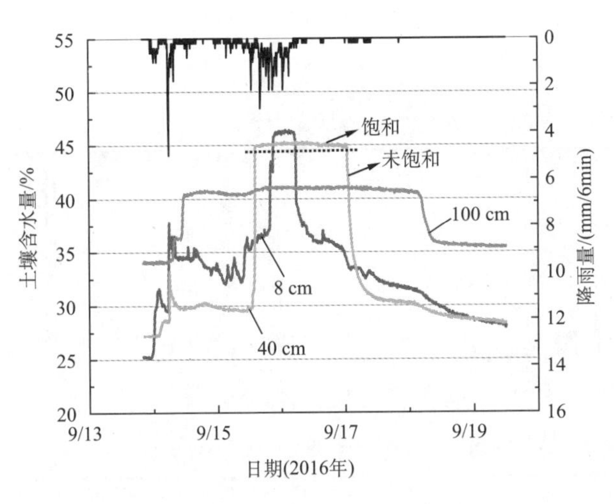

图4-5　土壤饱和状态示例

图4-6以T1、T4测坑为例，显示了2016.07～2017.11土壤含水量的监测结果。从图中可见，表层8 cm土壤含水量对降雨的响应最快，且土壤含水量变化幅度大。深层(如160 cm处)土壤含水量往往高于浅层土壤，更容易达到饱和，其饱和时间往往要长于浅层土壤；但浅层土壤在强降雨条件下也可以达到饱和。此外，浅层土壤(0～70 cm)含水量的最低值往往产生于夏季，而非降雨量较少、雨强较低的冬季，这是由于夏季蒸散发强于冬季。因此，夏季长时间未降雨更容易导致土壤含水量出现极低值。

2019年6月，又增设宇宙射线土壤水分观测系统(cosmic-ray soil moisture observing system, COSMOS)和部分TDR探头。宇宙射线土壤水分观测系统是近年来出现的一种土壤水监测新手段。该系统是一种通过监测近地表宇宙射线快中子流变化来估算土壤含水量的方法，其突出特点在于具有百米尺度的监测范围，填补了点测量法和遥感监测方法之间的尺度空缺，且具有监测频率高、自动化测量、无损观察和准确性高等优点。基于这些特点，COSMOS备受人们关注，是一种极具前景的土壤水分监测手段。

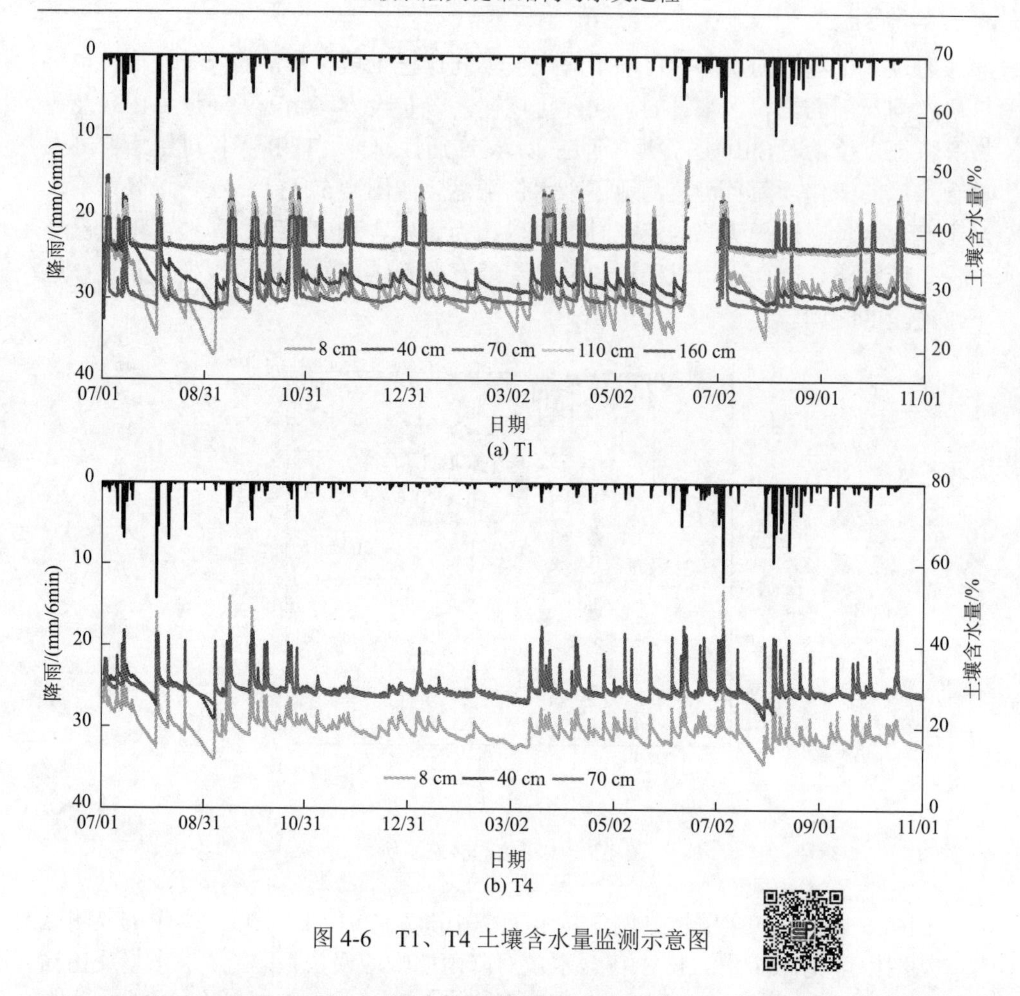

图 4-6　T1、T4 土壤含水量监测示意图

图 4-7 为宇宙射线中子法观测方案，包括一套 COSMOS 及土壤含水量探头，其中 COSMOS 布设在 H1 山坡中间 7 号点位，图 4-7 中 1～13 是土壤含水量探头(TDR)布设点位，*后边的数字表示每个测坑布设的探头数量，图 4-7 中蓝点为土壤厚度测点。

4.3.2　地下水

山坡及流域地下水的观测通常采用布设地下水观测井的方式(以下简称观测井)。根据研究问题的不同，观测井通常深至土壤-基岩界面(van Meerveld et al., 2015; Jencso et al., 2009)，或不同的土壤层次界面(Zimmer and McGlynn, 2017)。山坡与河道常通过稳定的地下水位(即土壤-基岩界面以上的地下水水位)进行连通，故可以采用地下水井观测数据来揭示山坡的水文连通性。连通的产生就意味着山坡-谷地-河道在同一时刻都观测到了稳定的水位。van Meerveld 等(2015)用

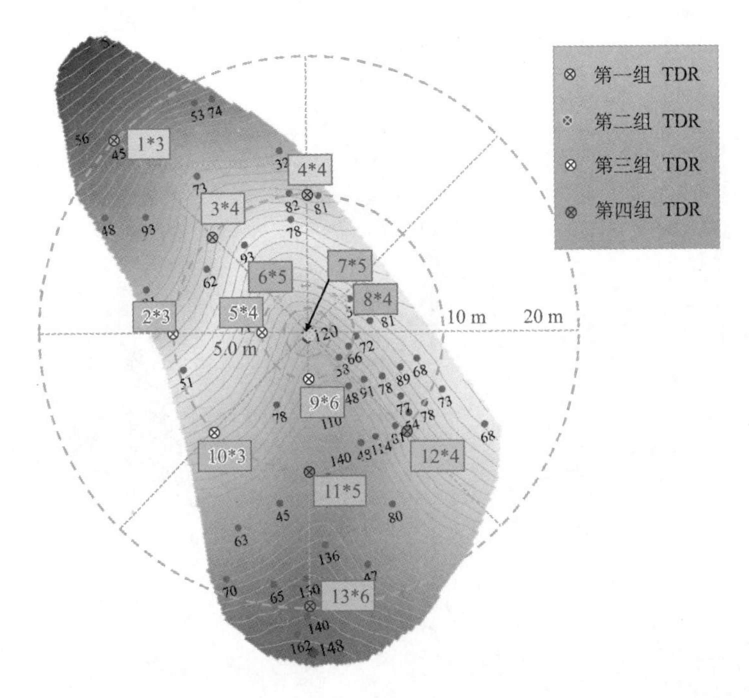

图 4-7　宇宙射线中子仪及土壤含水量探头布设情况

26 口观测井研究山坡-谷地-河道的水文连通性。他们得出，要么整个山坡(或绝大多数山坡位置)快速与河道相连，要么不连通。

为了捕捉山坡-谷地-河道水文连通性的时空变化规律，一共在 H1 山坡上布设了 25 口观测井。观测井布设点及编号如图 4-8 所示。其中，1、2 号井位于河道处，3、4、5、10、13、19 及 22 号井位于不同高程山谷处，6、8、15、17 号井位于坡脚处，其余井位于边坡位置。钻孔采用 70 mm 口径汽油动力钻获取，钻探深度至土壤-基岩界面。待钻探完毕后，安装 PVC 管。PVC 管壁上打小孔，小孔数量要足够多。之后，在每个 PVC 管中安装 Odyssey 电容式水位计记录水深。各个水井的地形指标情况如表 4-2 所示。

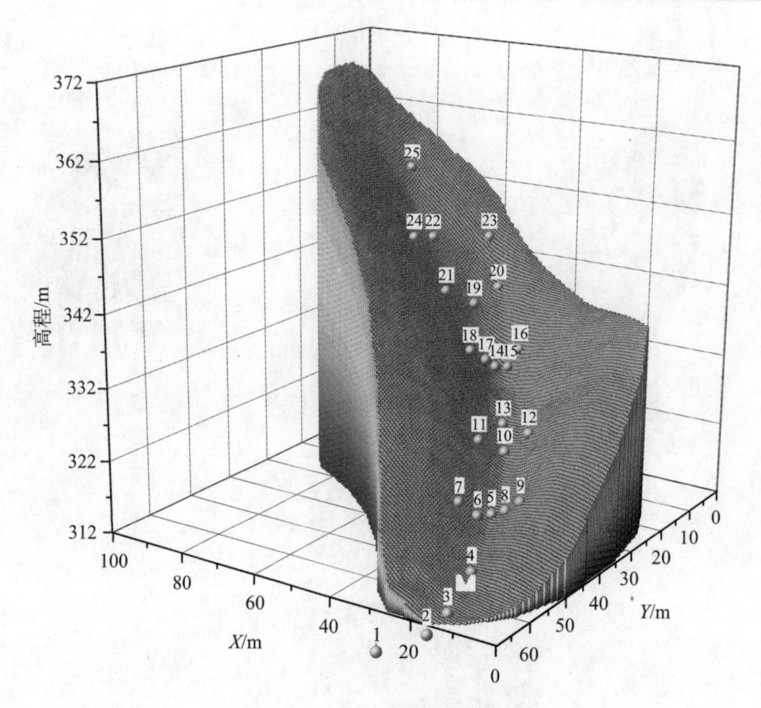

图 4-8　观测井布设点及编号

表 4-2　观测井信息

编号	安装深度/cm	高程/m	坡度/(°)
1	187	310.8	6.4
2	110	311.7	5.3
3	123	312.7	14.0
4	117	315.0	16.0
5	157	318.9	20.7
6	155	319.0	24.9
7	45	320.7	33.5
8	89	319.5	27.2
9	62	320.7	27.7
10	133	323.5	24.4
11	94	325.4	31.3
12	55	325.7	35.1
13	160	325.9	24.9
14	92	330.9	22.8
15	53	330.7	43.5
16	54	333.1	42.2

续表

编号	安装深度/cm	高程/m	坡度/(°)
17	90	332.0	35.6
18	61	333.5	35.8
19	162	337.7	24.8
20	57	339.1	31.4
21	78	340.1	32.4
22	155	345.6	28.4
23	54	345.0	35.5
24	107	346.5	33.8
25	95	354.0	41.4

图 4-9 以 9(D9)、13(D13)和 20(D20)号地下水井为例，显示了 2016.07～2017.11 地下水位的监测结果。从图 4-9 中可得，位于谷中的 13 号水井对降雨响应更频繁，而且其地下水位(土壤-基岩界面之上的水位)要高于边坡处地下水井(9、20 号)的水位。此外，我们发现位于较陡边坡处的 20 号地下水井(坡度为 31.4°，表 4-2)，在大雨强、大雨量场次依然可以观测到地下水位，表明坡地与谷地存在水文连通。三个探头监测的水位数据也表现出较为明显的季节性变化规律，在雨强较大的夏季，地下水井对降雨的响应频繁；在降雨量相对较小的冬季，仅山谷(D13)对降雨有明显的响应，边坡处并未观测到明显的地下水响应。

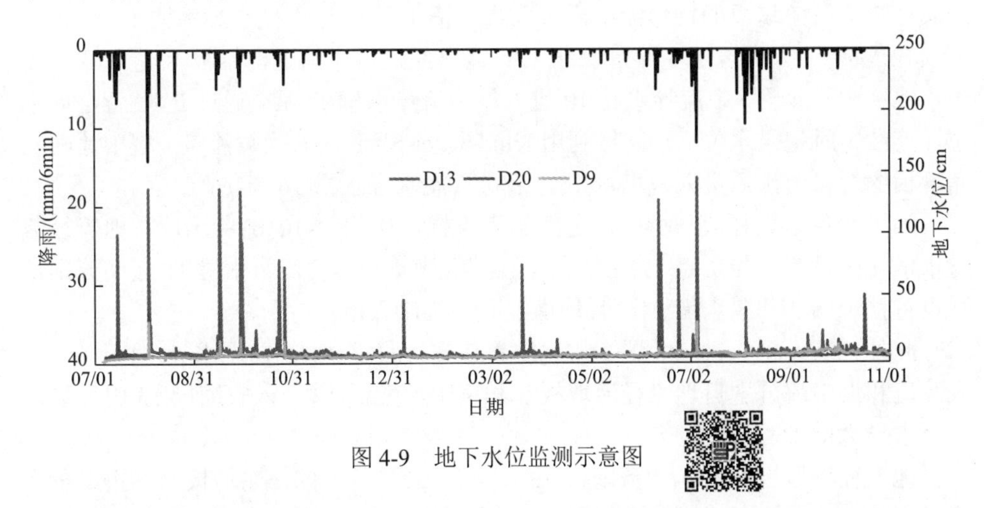

图 4-9　地下水位监测示意图

4.3.3　山坡地表径流及壤中流观测

流量观测是小流域水文研究的重要一环，从目前的实验进展来看，可用于小流域流量观测的设备众多，如三角堰、矩形堰、测流槽等。这些设备的原理均是基于量水堰的水位流量关系，由观测到的水位转化成流量。上述这些设备通常安装在河槽中，对于没有形成冲沟的零级流域(zero-order basin)而言，无疑增大了观测难度。和睦桥流域土壤导水性强，超渗产流较难发生。因此，除了传统的表层流观测(多为饱和坡面流)外，壤中流的观测尤为重要。针对壤中流监测难的问题，我们研制了一种能同时观测壤中流及地表径流的量水装置，该装置安装在H1山坡出口处。

图4-10给出了该量水堰的设计图。图中标记的含义："1"为围梗，"2"为挡土墙，"3"为地表径流导流槽，"4"为地表径流量水槽，"5"为地表径流堰板，"6"为地表径流测井，"7"为壤中流过滤池，"8"为壤中流过滤钢板，"9"为壤中流集水池，"10"为壤中流导水孔，"11"为壤中流量水槽，"12"为壤中流堰板，"13"为壤中流测井，"14"为隔水墙，"15"为收缩槽，"16"为尾水导水槽。

具体观测地表径流及壤中流的方法如下。

(1)地表径流通过围梗1进入该测流系统，围梗1高出地表约10 cm，防止地表径流越过围梗1。地表径流导流槽3上部与土壤表面平齐；在壤中流过滤池7、壤中流集水池9之间安装壤中流过滤钢板8，并用鹅卵石填充至离地表10 cm处，之上的10 cm用混凝土浇筑，使地表径流能越过壤中流过滤池7、壤中流集水池9直接进入地表径流导流槽3中，进而流入地表径流量水槽4。通过PVC管中自动水位计连续定时记录水位后，求取堰上水头，利用Kindsvater-Shen公式换算流量，地表径流随三角堰板的堰口流出后进入收缩槽15，后进入尾水导水槽16流出。

(2)壤中流先通过壤中流过滤池7过滤，经过壤中流过滤钢板8进入壤中流集水池9中，再经壤中流导水孔10进入壤中流量水槽11后，通过PVC管自动水位计连续定时记录水位后，同样利用Kindsvater-Shen公式换算流量，壤中流随三角堰板的堰口流出后进入收缩槽15，后进入尾水导水槽16流出。

为了避免地表径流与壤中流之间发生干扰，如图4-10(b)所示，在地表径流量水槽4旁设置一挡土墙2，在地表径流量水槽4与壤中流量水槽11之间分别依次设置挡土墙2和隔水墙14，且均由混凝土浇制而成。

此外，还设置一排水装置，排水装置包括：收缩槽15及尾水导水槽16，地表径流和壤中流分别自地表径流堰板5和壤中流堰板12流入收缩槽15内，最后经尾水导水槽16流出。

地表径流堰板5和壤中流堰板12均采用30°开口的三角堰板，三角形量水堰以Kindsvater-Shen公式进行计算，计算公式为

$$Q = C_e \frac{8}{15} \tan\left(\frac{\theta}{2}\right) \sqrt{2g} h_e^{2.5} \tag{4-1}$$

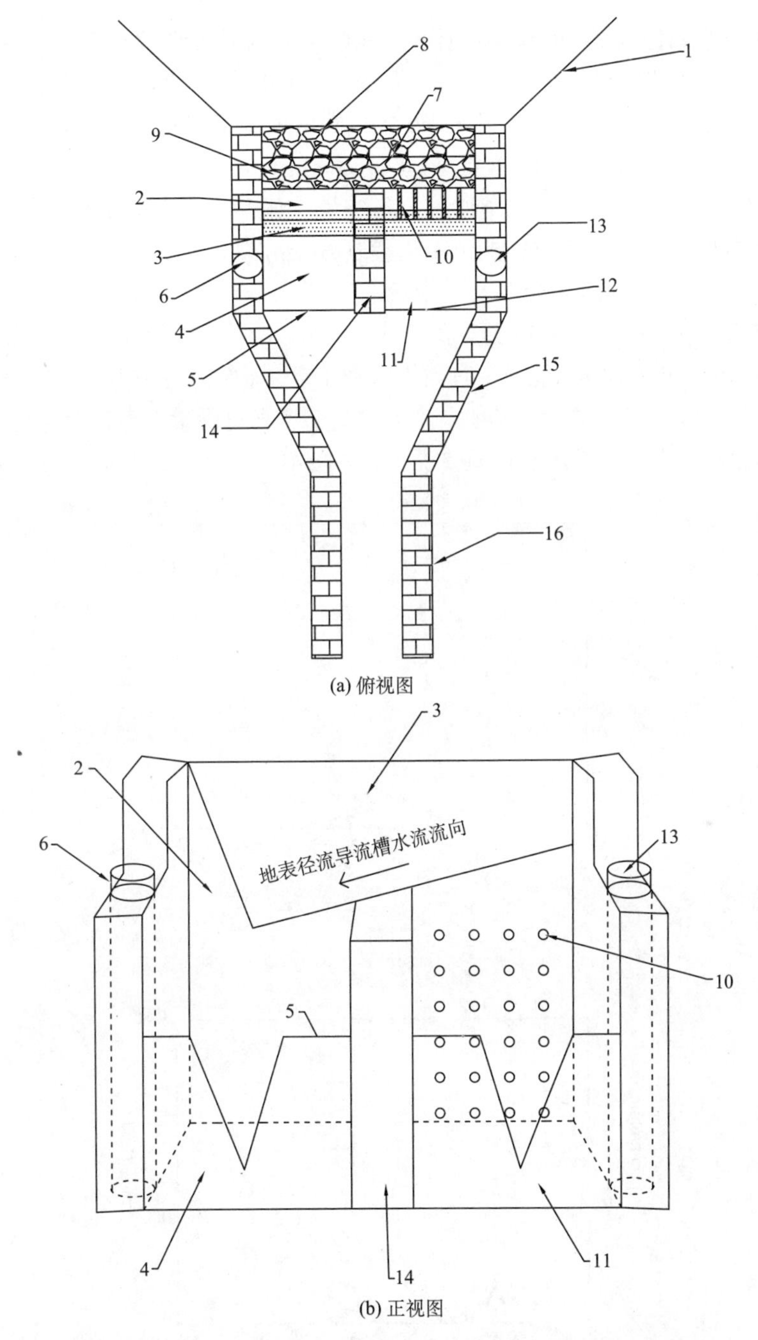

图 4-10　一种可以同时观测地表径流及壤中流的量水堰设计图

式中：Q 为流量(m^3/s)；θ 为堰板顶角角度(°)；g 为引力常数(9.8 N/kg)；C_e 为流量系数；h_e 为堰上水头(总水头减去三角板底距堰底的高度)。本实例中，采用夹角 θ 为 30° 的三角堰，流量系数 C_e=0.585(数据来源于《明渠水流测量》)。在左右量水堰测流井中各放置 HOBO U20 水位计(Onset Computer Corporation, Bourne, MA, USA)。该水位计的原理是通过测量空气气压和量水堰中被水淹没的水位计压差，换算得水位，该水位计的测量误差在 3 mm 以内。测得水位之后，通过式(4-1)就可以换算得到地表径流及壤中流的流量。

2015 年 9 月～2017 年 11 月，我们共观测到 76 场降雨径流事件。观测数据显示，小于 5 mm 的降雨既不能产生有效的地表径流也不能产生壤中流，因此这里不予统计。降雨-径流关系可能受前期降雨量、降雨强度和总雨量大小的影响。下面在 76 场降雨径流事件中选择 6 场进行简要说明，如图 4-11 及表 4-3 中 a1～c2 所示。

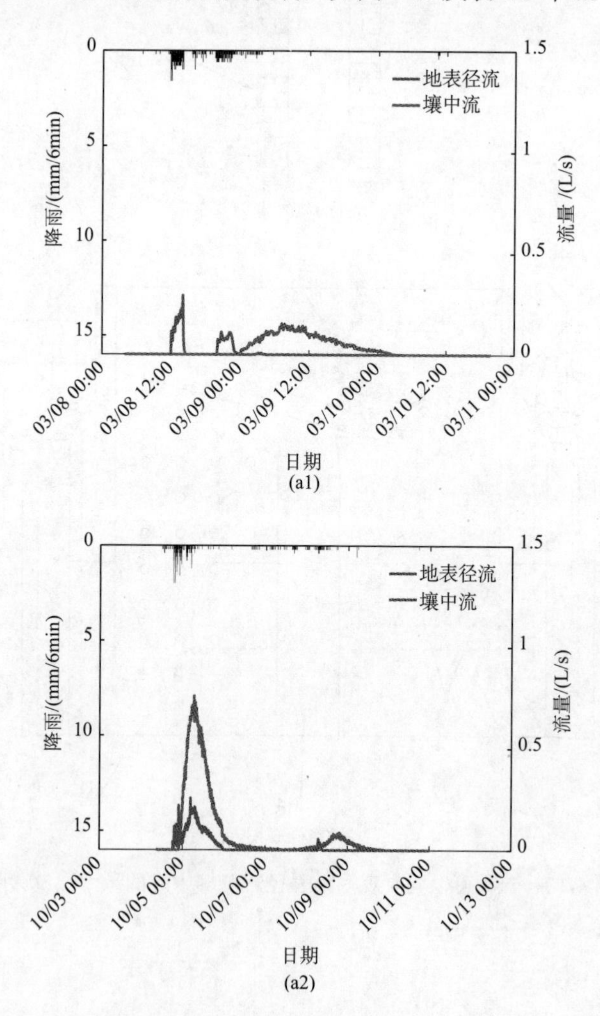

(a1)

(a2)

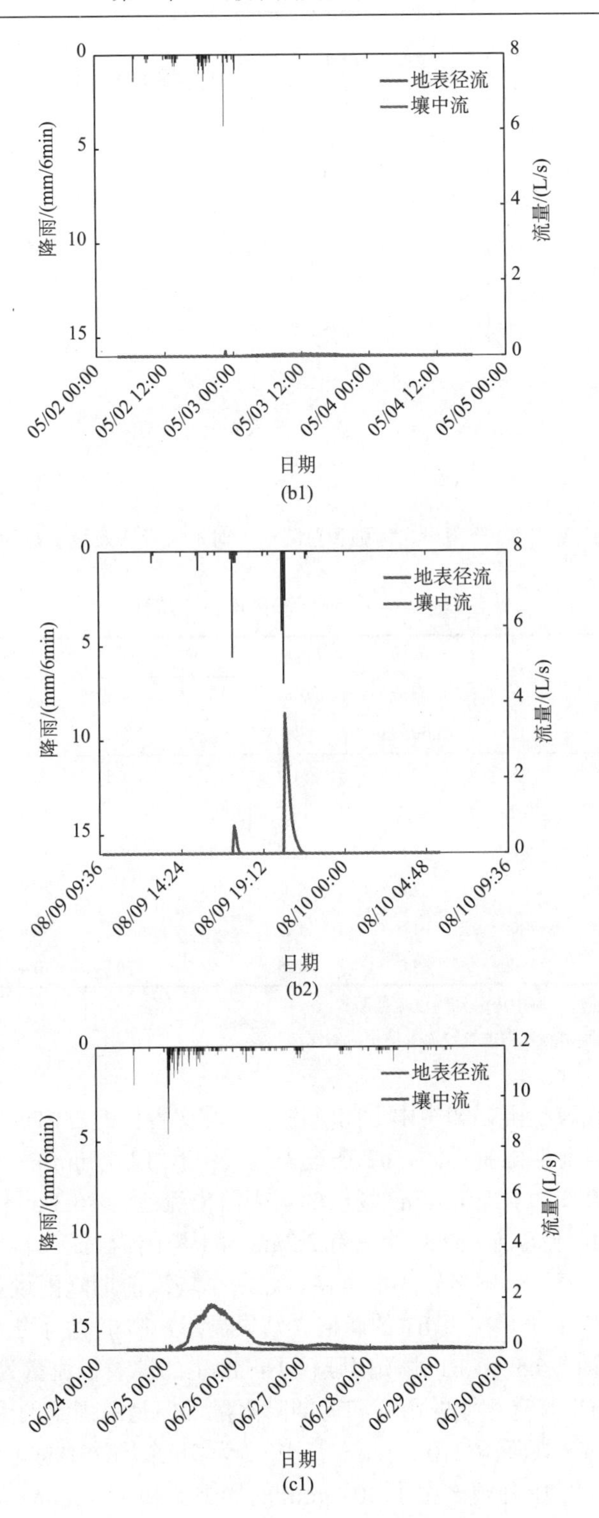
地表径流
壤中流
降雨/(mm/6min)
流量/(L/s)
日期
05/02 00:00
05/02 12:00
05/03 00:00
05/03 12:00
05/04 00:00
05/04 12:00
05/05 00:00
08/09 09:36
08/09 14:24
08/09 19:12
08/10 00:00
08/10 04:48
08/10 09:36
06/24 00:00
06/25 00:00
06/26 00:00
06/27 00:00
06/28 00:00
06/29 00:00
06/30 00:00
(b1)

(b2)

(c1)

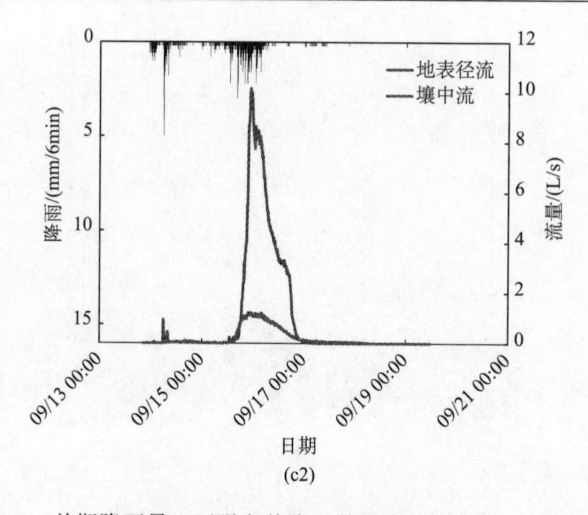

图 4-11 前期降雨量、雨强和总降雨量对地表径流及壤中流的影响

表 4-3 6 场降雨-径流特征统计

编号	日期	降雨/mm	峰值雨量/(mm/6 min)	降雨历时/h	地表径流 径流深*/mm	地表径流 百分比**/%	壤中流 径流深/mm	壤中流 百分比/%	前5日降雨量/mm
a1	2016.03.08	47.8	1.6	51.7	0.7	1.5	2.2	4.6	0.2
a2	2015.10.03	46.2	2.0	29.7	0.9	1.9	25.3	54.7	14.6
b1	2016.05.02	29.6	3.8	17.8	0.0	0.0	0.7	2.5	0.2
b2	2016.08.09	24.8	7.0	9.1	1.6	6.5	0.0	0.0	1.2
c1	2016.06.24	94.6	4.6	112.0	2.1	2.2	40.6	42.9	27.2
c2	2016.09.13	210.2	5.0	93.5	148.5	70.7	30.4	14.5	8.4

*径流深为地表径流和壤中流分别除以流域面积。

**百分比代表总降雨转化为地表径流及壤中流的比例。

a1 和 a2 代表小雨强和中雨量的场次。这两次事件的总雨量大小相似，降雨强度也相似，但前期雨量不同。a2 在过去五天中有 14.6 mm 的前期降雨，而 a1 的前五天降雨量仅为 0.2 mm。a2 场次的壤中流出流量为 25.3 mm，说明有 54.7% 的降雨转化为壤中流，而 a1 场次只有 2.2 mm 的壤中流出流。

b1 和 b2 代表了总雨量较小的事件。这两个场次前期降雨量基本一致，但雨强不同，b2 的峰值雨量接近 b1 的两倍。结果显示，b2 产生了 1.6 mm 的地表径流，占总降雨量的 6.5%；b1 由于雨强较小，产生的地表径流量为 0 mm。

c1 和 c2 场次具有相似的雨强和前期降雨量，但是总雨量的大小不同。c1 共降雨 94.6 mm，c2 共降雨 210.2 mm，其中 c2 为 76 个场次中总雨量最大的事件。结果显示，c2 事件中降雨产生了 30.4 mm 的壤中流和 148.5 mm 的地表径流，分别占总降雨量的 14.5%和 70.7%；而 c1 仅产生 2.1 mm 的地表径流量，壤中流出流量为 40.6 mm，分别占总降雨量的 2.2%和 42.9%。

对地表径流、壤中流及总出流(地表径流+壤中流)的统计可知(表 4-4)，在 76 场降雨事件中，有 33%(24 场)没有产生径流。在有径流产生的事件中，25 场的地表径流在 0～1 mm；地表径流出流量大于 10 mm 的场次只有 3 场；共有 11 场降水事件壤中流出流量在 0～1 mm，而地表径流出流量在 0～1 mm 的事件个数为 25。从表 4-4 中可以看出，壤中流出流量大于 10 mm 的事件个数(14 场)远大于同量级地表径流出流的事件个数(3 场)，故壤中流在径流总量中占很重要的地位。在 76 个事件中，只有 20 场径流系数大于 10%，其中径流系数最大的为 85%，该事件的总降雨量(210.2 mm)为历次最大。

表 4-4　H1 山坡降雨-径流统计

项目	出流量<0 mm	0～1 mm	1～10 mm	>10 mm	径流系数>10%
地表径流	36	25	12	3	6
壤中流	39	11	12	14	20
总出流*	24	22	15	15	20

*总出流计算方法为地表径流与壤中流之和，未考虑暴雨过程中的深层渗漏量。

4.4　河流水系的径流监测

除了和睦桥流域的测流堰和量水槽等测流设备，我们还在整个姜湾流域布置了水位雨量观测网络，以监测姜湾流域不同尺度嵌套流域的水文响应过程，如图 4-12 所示。姜湾流域总面积约 20.9 km^2，地势由西北向东南倾斜，呈树叶状，流域内高山多，平原极少，山地面积约占整个姜湾流域的 90%，流域的平均海拔为 298 m。流域内干流自姜湾出口以上达 11 km，河面宽度为 30～50 m，河道弯曲系数为 1.28，河床比降较大。其河道较和睦桥实验站更宽且深，雨季河道流量也更大，小型的量水堰不再满足测流要求，故其径流观测不再采用量水堰，而是通过测量水位和流速，由水位-流量关系得到各子流域的径流过程。

通过对姜湾流域河道条件的考察，先后确定了蒋家村、梅家塘、古竹湾、和睦桥出口、范坞里、佛堂村口 6 个水位观测点(图 4-12)，并对每个水位观测点的断面宽度(图 4-13)及河道断面形状进行了测定(图 4-14)。水位计布设现场如图 4-15 所示。水位计型号为 4 m 量程的 HOBO U20 水位温度自动记录仪，该装置为压力式水位传感器，内置自记录式数据采集器。该仪器的测量范围为 0～9 m，压力范围为 0～207 kPa，测量精度为±2.1 cm，分辨率为 0.21 cm。

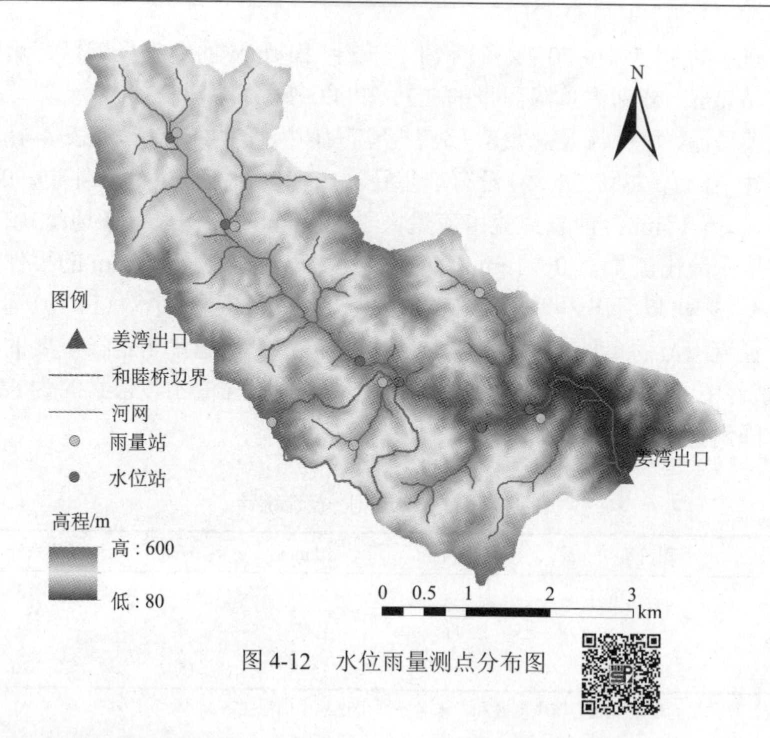

图 4-12　水位雨量测点分布图

图 4-13　河道宽度测量图　　　　4-14　河道断面形状的测量

此外，在姜湾流域范围内，选取蒋家村、梅家塘、和睦桥山顶、和睦桥中心、和睦桥出口、佛堂村口、葛岭 7 个位置布设雨量观测点(图 4-12)。雨量计型号为自动记录雨量计 RG3-M，是自动记录、电池供电、自带数据采集器的翻斗式雨量记录仪。雨量计布设现场如图 4-16 所示。

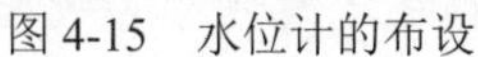
图 4-15 水位计的布设

图 4-16 雨量计的布设

自整个降雨径流观测网络建成以来，水位计和雨量计等设备运行正常，数据质量良好。图 4-17 为 2018 年 6 月至 2018 年 12 月各断面的水位涨落过程，其中和睦桥出口水位数据异常，并未来出。密集的多尺度观测网络可以提供有关流域水文响应的详细观测记录，有助于探明山丘区小流域洪水的形成及传播过程，深化对产汇流规律的认识，进一步发展水文模型理论方法，研究成果将为山丘区洪水预警与水资源管理提供重要参考。

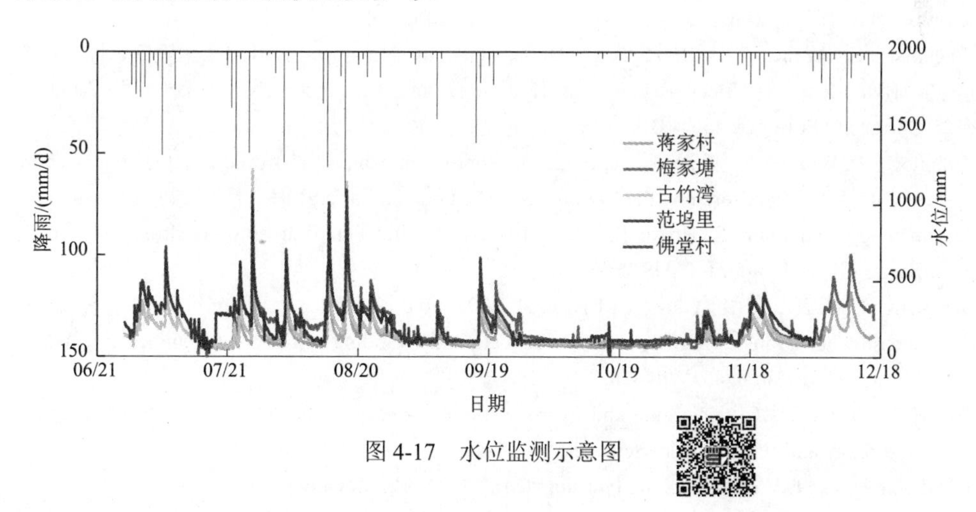

图 4-17 水位监测示意图

参 考 文 献

安培浚, 张志强, 王立伟. 2016. 地球关键带的研究进展[J]. 地球科学进展, 31(12): 1228-1234.

蔡静雅. 2017. 基于宇宙射线中子法的荒漠草原像元尺度土壤水分监测与验证[D]. 北京: 中国水利水电科学研究院.

迟凤琴. 1988. 测定土壤水分新方法——张力计法[J]. 现代化农业, 5: 5.

付丛生, 陈建耀, 曾松青, 等. 2011. 国内外实验小流域水科学研究综述[J]. 地理科学进展, 30(3): 259-267.

顾卫明, 刘金涛. 2009. 山丘区小流域地形空间分析及数字信息提取[J]. 水文, 29(4): 34-36.

顾慰祖, 陆家驹, 唐海行, 等. 2003. 水文实验求是传统水文概念——纪念中国水文流域研究 50 年、滁州水文实验 20 年[J]. 水科学进展, 14(3): 368-378.

韩小乐, 刘金涛, 张文平. 2014. 变化环境下流域水文实验的发展述评[J]. 水资源研究, 3: 240-246.

刘金涛, 冯德锃, 陈喜, 等. 2012. 应用 Péclet 数解析山坡结构特征的水文效应[J]. 水科学进展, 23(1): 1-6.

刘思春, 王国栋, 朱建楚, 等. 2002. 负压式土壤张力计测定法改进及应用[J]. 西北农业学报, 11(2): 29-33.

马耀明, 姚檀栋, 王介民. 2006. 青藏高原能量和水循环试验研究——GAME/Tibet 与 CAMP/Tibet 研究进展[J]. 高原气象, 25(2): 344-351.

邵长亮, 吴东丽. 2019. 土壤水分测量方法适用性综述[J]. 气象科技, 47(1): 1-9.

水利部水文司等译. 1992. ISO 标准手册 16(续集)——明渠水流测量[M]. 北京: 中国科学技术出版社.

王发信. 2011. 水文实验六十年[J]. 水利水电技术, 42(8): 86-89.

赵其国, 滕应. 2013. 国际土壤科学研究的新进展[J]. 土壤, 45(1): 1-7.

Biswas A K. 2007. 水文学史[M]. 刘国纬, 译. 北京: 科学出版社.

Katherine J E, Wayne T S. 1996. 美国克维塔水文实验站简介[J]. 植物生态学报, 20(4): 385-386.

Uryvaev B A. 1957. 瓦尔达依水文实验研究[M]. 北京: 水利出版社.

Bachmair S, Weiler M. 2011. New Dimensions of Hillslope Hydrology[M]//Levia D F, Carlyle-Moses D, Tanaka T. Forest Hydrology and Biogeochemistry. Ecological Studies. Dordrecht: Springer: 455-481.

Brantley S L, White T S, White A F, et al. 2005. Frontiers in exploration of the Critical Zone: Report of a workshop sponsored by the National Science Foundation (NSF)[R]. Newark D E.

Herrmann A, Schumann S, Holko L, et al. 2010. Status and Perspectives of Hydrology in Small Basins[C]. Wallingford: IAHS Press: No. 336.

Jencso K G, Mcglynn B L, Gooseff M N, et al. 2009. Hydrologic connectivity between landscapes and streams: Transferring reach- and plot-scale understanding to the catchment scale[J]. Water Resources Research, 45: W04428.

Lin H. 2010. Earth's Critical Zone and hydropedology: Concepts, characteristics, and advances[J]. Hydrology and Earth System Sciences, 14: 25-45.

Maidment D R. 1993. Handbook of Hydrology[M]. New York: McGraw-Hill.

McDonnell J J, Sivapalan M, Vaché K, et al. 2007. Moving beyond heterogeneity and process complexity: A new vision for watershed hydrology[J]. Water Resources Research, 43(7): W07301.

McDonnell J J, Woods R. 2004. On the need for catchment classification[J]. Journal of Hydrology, 299: 2-3.

McGlynn B L, McDonnell J J, Brammer D D. 2002. A review of the evolving perceptual model of hillslope flowpaths at the Maimai catchments, New Zealand[J]. Journal of Hydrology, 257: 1-26.

Richardson J B. 2017. Critical Zone[M]// White W M. Encyclopedia of Geochemistry. Encyclopedia of Earth Sciences Series. Cham: Springer.

Rodda J C. 1976. Facets of Hydrology[M]. London: John Wiley& Sons: 257-297.

van Meerveld H J, Seibert J, Peters N E. 2015. Hillslope-riparian-stream connectivity and flow directions at the Panola Mountain Research Watershed[J]. Hydrological Processes, 29(16): 3556-3574.

Zimmer M A, McGlynn B L. 2017. Ephemeral and intermittent runoff generation processes in a low relief, highly weathered catchment[J]. Water Resources Research, 53(8): 7055-7077.

第5章　山坡土壤理化性质的空间分布规律研究

山坡关键带土壤结构(如厚度、孔隙、导水性、容重、质地类型等)决定了水流的路径，在产流过程中扮演着至关重要的角色(Bachmair and Weiler, 2011)。例如，土壤孔隙结构包括孔隙的几何形态、数量特征及其空间拓扑状况，控制着水分、溶质和气体在土体内的迁移途径、方式和速率(Cheng et al., 2013)。土壤的厚度和孔隙度则决定了山坡田间的饱和持水能力，即山坡的蓄水容量，并直接控制着壤中流的形成(Blume and van Meerveld, 2015; Tromp-van Meerveld and McDonnell, 2006)。在山坡上，壤中流往往出现于水力性质差异较大的土壤-基岩或者土壤内部根系层和淀积层等界面，其水流的方向一般是侧向且沿着基岩地形的(Klaus and Jackson, 2018)。

显然，山坡土壤的性质对水文过程有重要影响，在大区域尺度上土壤的类型决定了山坡或者流域的径流响应特征(Bachmair and Weiler, 2011)。然而，土壤理化性质受母质、气候、生物、时间和人类活动的影响，是生物地球化学和物理与水文过程长期共同作用的产物，其形态和形成过程相当复杂，具有空间异质性(Guo and Lin, 2016)。地形通过控制水文循环过程，也直接或间接地增强土壤理化性质的空间变异性。因此，认为土壤理化性质除受土壤质地和植被影响外，与局地的地形地貌也具有一定的相关性(Seibert et al., 2007; 陈防等, 2006a)。因此，本章将重点探讨小流域山坡土壤的物理和化学性质，并主要讨论其与地形地貌因子之间的相互联系。

5.1　山坡土壤孔隙、容重、质地和导水性分析

土壤是一种由固、液、气三相组成的多孔介质，由形状、大小及排列方式不同的土壤颗粒组成，这种排列组合方式决定了土壤孔隙特征，以及空气和水在土壤孔隙中的传输形式。土壤质地、厚度、容重、粒径组成及导水率都有可能影响山坡径流的路径。除地形因子外，土壤物理性质是控制山坡径流路径及山坡-谷地-河道水文连通性的另一重要因素(Zimmer and McGlynn, 2017)。例如，如果各个土壤层之间的导水率相差较大，可能会导致上层滞水的形成，上层滞水可能发生在O/A、B/C等多个土壤界面(Weyman, 1973)，也可能发生在土壤-基岩界面，而土壤中植物根系导致的优势流路径又会加速下渗过程(Anderson et al., 2009)。

5.1.1　采样及实验方法

本节所采用的土壤样品主要来自两个部分的工作，即和睦桥流域典型剖面采样及强化观测山坡 H1 的采样。

(1) 和睦桥流域采样。依托和睦桥村民建房、修路等开挖的土壤剖面，本研究在和睦桥流域河道附近共收集了 11 处开挖剖面，加之 GPR 测线的三个长剖面(见第 3 章 3.3.1 节)，共计 14 处剖面，采样点如图 5-1 所示。14 个剖面共收集到 82 个环刀样品，用于分析和睦桥流域土壤饱和导水率随采样深度的变化规律，部分剖面照片如图 5-2 所示。

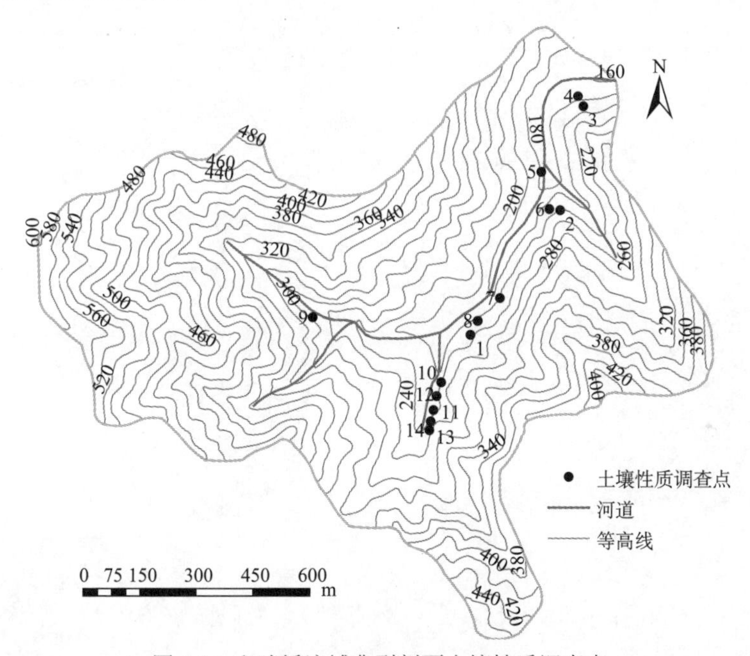

图 5-1　和睦桥流域典型剖面土壤性质调查点

图 5-2　和睦桥流域典型土壤剖面照片

(2)观测山坡 H1 采样。H1 的采样又可分为两个层面：表层土壤样品收集及剖面(表层至土壤-基岩界面)土壤样品收集。这里，共收集表层样品 33 个，剖面样品 15 个，采样点如图 5-3 所示。表层样品用于分析土壤性质在不同山坡位置的空间分布规律，实验时对土壤表面(0 cm)及 10 cm 处土样测试结果取均值。剖面土壤样品则用于分析土壤性质的垂向变化规律，用环刀每隔 10 cm 从表层至土壤-基岩界面处取土样。

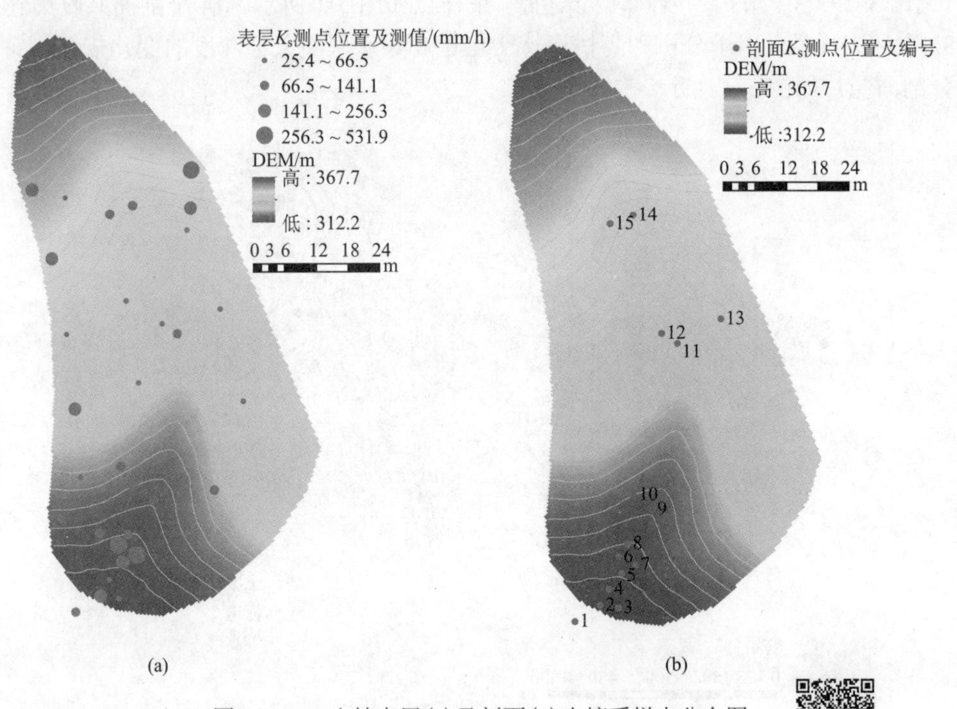

图 5-3 H1 山坡表层(a)及剖面(b)土壤采样点分布图

采样时，先将土壤样地挖开，利用橡胶锤将环刀(高度 5 cm，体积 100 cm^3)均匀敲进土中，然后利用羊角锤等工具将环刀原状从土芯中取出，如图 5-4 所示。为防止破坏原状土结构，取出环刀后迅速密封起来，并将环刀样品带回实验室进行预处理。

采用 Johnson 等(2005)的方法测量土壤饱和导水率。预处理时先将环刀底部用滤纸覆盖，浸入水中(1～2 cm 深)约 24h，使环刀中的土样达到饱和。在装有土样的环刀上边再套一个相同大小的空环刀，两环刀接口处用胶带密封好，如图 5-5 所示。随后，采用导流棒在上边的空环刀内注满水并开始计时，每隔一段时间测试上部环刀内的水深及所需时间，利用式(5-1)～式(5-3)估算土壤样品的饱和导水率。

图 5-4　野外环刀采样照片

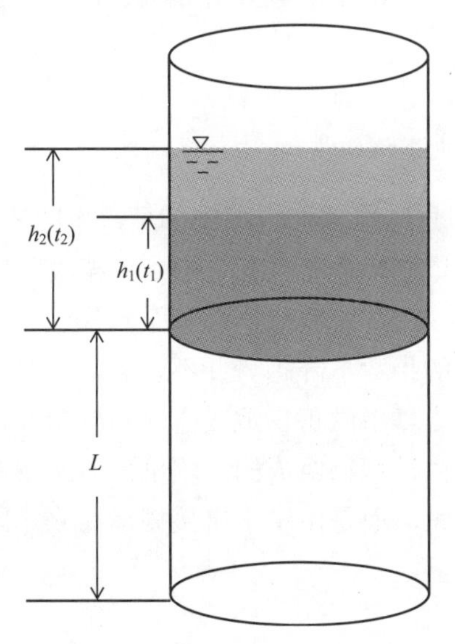

图 5-5　饱和导水率测量装置示意图

$$K_s\frac{h+L}{L}=-\frac{dh}{dt} \tag{5-1}$$

$$\int_{t_1}^{t_2}-K_s dt=\int_{h_1}^{h_2}\frac{L}{h+L}dh \tag{5-2}$$

$$K_s=\left\{L\ln\left[(h_1+L)/(h_2+L)\right]\right\}/(t_1-t_2) \tag{5-3}$$

式中：K_s 为土壤饱和导水率；L 为环刀高度；h 为上部环刀水头；t 为时间；h_1

和 h_2 为 t_1 和 t_2 时刻上部环刀水头。

此外，在每处环刀采样点附近，用样品袋采集剖面土壤样品，用于测定土壤质地。实验之前先对样品进行预处理，针对和睦桥流域土壤的特点，预处理主要是去除有机质，并打散团聚的土壤颗粒，预处理步骤包括：

(1)将野外采集的土壤样品晒干并研磨；

(2)用 2 mm 孔径筛子将颗粒大于 2 mm 的砾石去除；

(3)称取 0.5 g 土壤样品，加入 30%过氧化氢(H_2O_2)去除有机质；

(4)加入无水乙醇防止第(3)步反应过于激烈；

(5)加入六偏磷酸钠$(NaPO_3)_6$作为分散剂使土壤样品离散。

采用 LS13320 全自动激光粒度分析仪进行土壤粒径的分析。全自动激光粒径分析仪的测试范围是 0.04～2000 μm，粒径按美国农业部标准划分为砂粒(直径 2～0.05 mm)、粉粒(直径 0.05～0.002 mm)和黏粒(小于 0.002 mm)。

5.1.2　实验结果

5.1.2.1　和睦桥流域测试结果

图 5-6 为和睦桥流域 14 个剖面土壤饱和导水率的测试结果。总体上看，饱和导水率随采样深度呈指数下降，表层土壤的饱和导水率数值为 50～200 mm/h，土壤渗透性大，且比 40～50 cm 土壤数值高一个数量级。但也有个别土壤剖面，其土壤饱和导水率随深度的指数下降趋势并不显著，如剖面 11。这是因为多数土壤样品采集于河道周围，土壤由洪积物组成，碎石含量高，给环刀取样及测试造成困难。更为重要的是，由洪积物组成的土壤剖面，土壤大部分物质并非由原位基岩经漫长的风化演变而来，而是由洪水直接搬运而来。因此，垂向土壤分层和导水率的差异可能并不明显。

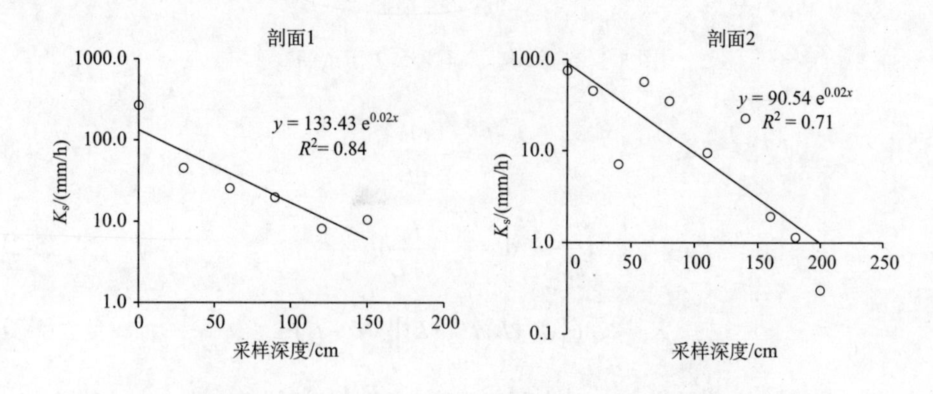

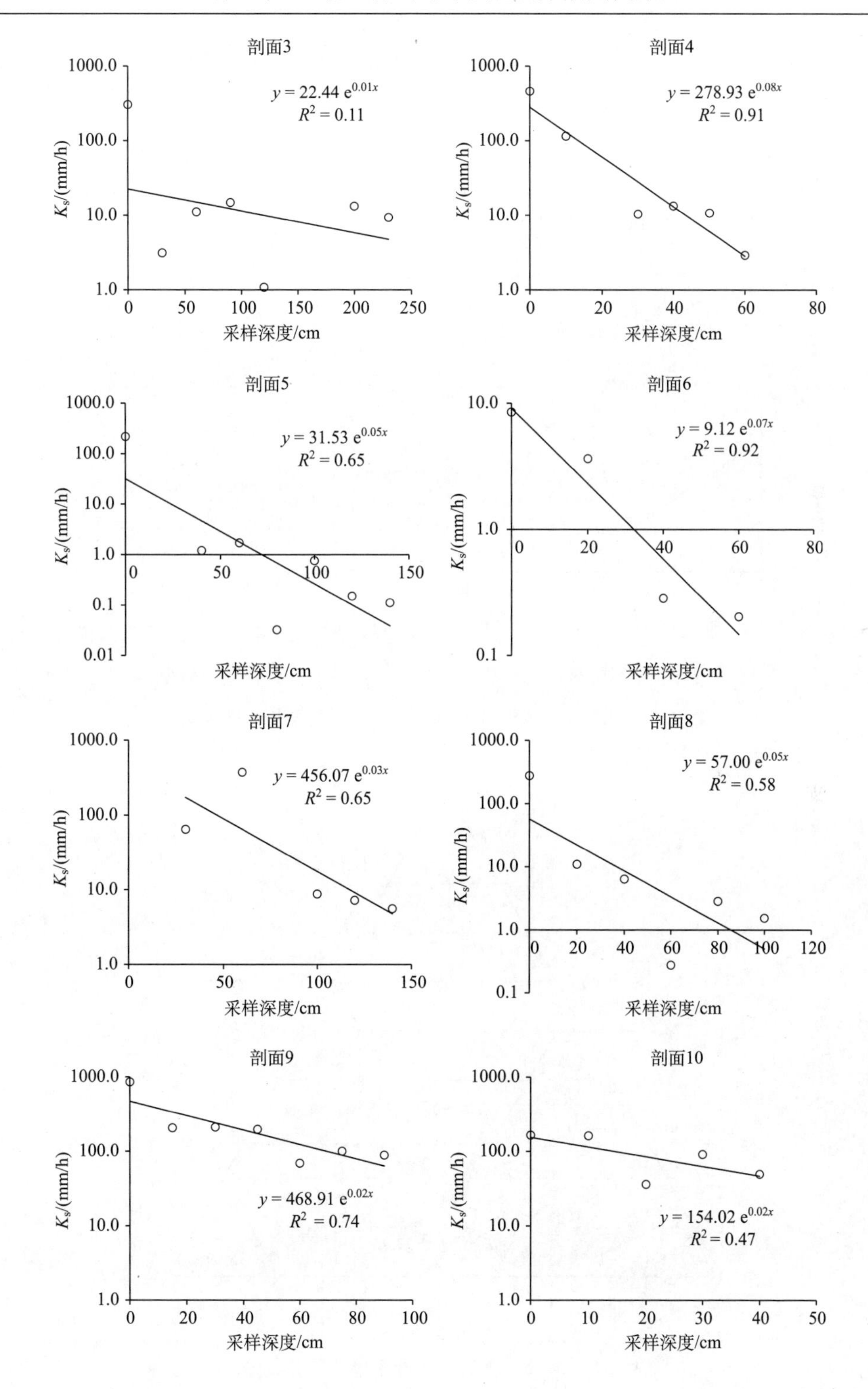
剖面3
$y = 22.44\ e^{0.01x}$
$R^2 = 0.11$
K_s/(mm/h)
采样深度/cm
剖面4
$y = 278.93\ e^{0.08x}$
$R^2 = 0.91$
K_s/(mm/h)
采样深度/cm
剖面5
$y = 31.53\ e^{0.05x}$
$R^2 = 0.65$
K_s/(mm/h)
采样深度/cm
剖面6
$y = 9.12\ e^{0.07x}$
$R^2 = 0.92$
K_s/(mm/h)
采样深度/cm
剖面7
$y = 456.07\ e^{0.03x}$
$R^2 = 0.65$
K_s/(mm/h)
采样深度/cm
剖面8
$y = 57.00\ e^{0.05x}$
$R^2 = 0.58$
K_s/(mm/h)
采样深度/cm
剖面9
$y = 468.91\ e^{0.02x}$
$R^2 = 0.74$
K_s/(mm/h)
采样深度/cm
剖面10
$y = 154.02\ e^{0.02x}$
$R^2 = 0.47$
K_s/(mm/h)
采样深度/cm

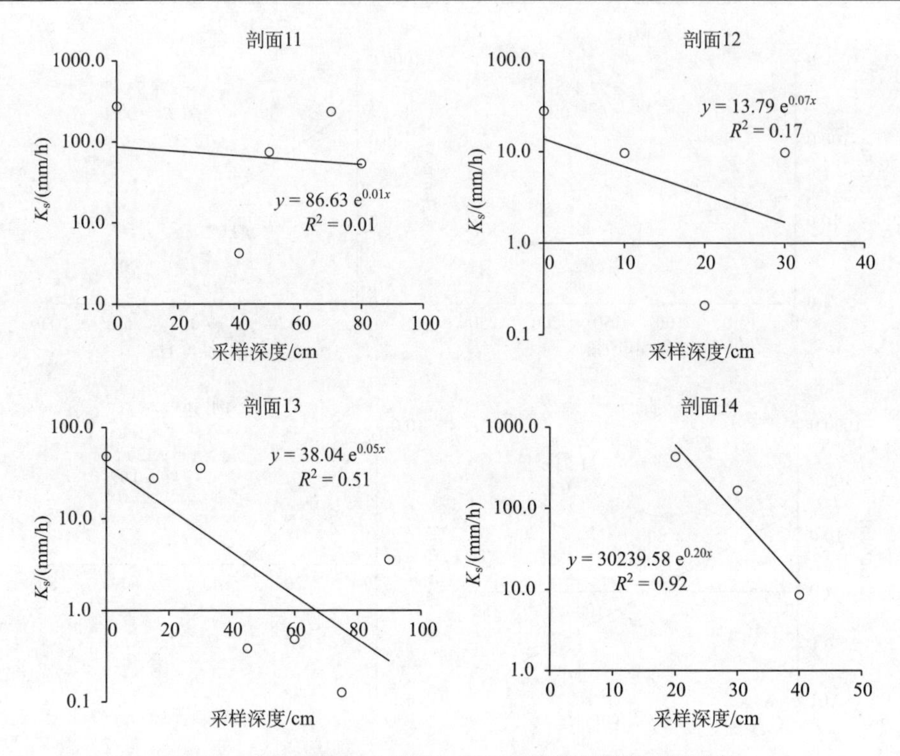

图 5-6　和睦桥流域土壤饱和导水率随深度变化规律分析

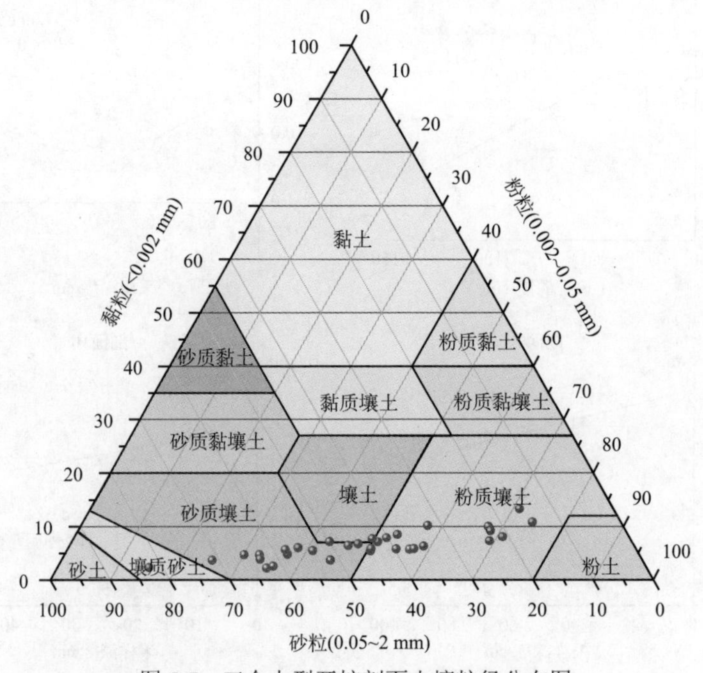

图 5-7　三个大型开挖剖面土壤粒径分布图

最后，我们还对流域内的 3 处大型土壤剖面(见第 3 章 3.3.1 节)进行了专门的土壤物理性质的调查，结果如图 5-7 及表 5-1 所示。在这三个剖面中，第一层为表土层，有机质含量高；第二层为根系层，有大量碎石夹杂其中；第三层为淀积层；剖面#2 中还展现了部分基岩风化层。如表 5-1 所示，土壤质地主要为粉质黏土及砂质壤土，且随采样深度增加，颗粒变细，表现为砂粒含量降低，黏粒含量上升。土壤容重也会随深度的增加而增加，从表土层到深层土壤容重值大致在 1.0～1.7 g/cm^3 的范围。

表 5-1　三个大型剖面土壤物理性质调查结果

采样深度 /cm	土壤粒径/%			土壤容重 /(g/cm^3)
	砂粒	粉粒	黏粒	
剖面#1（图 3-13）				
层#1（0）	62.76	35.04	2.20	1.09
层#2（30～90）	37.5	53.91	8.58	1.47
层#3（120～150）	15.14	72.79	12.08	1.78
剖面#2（图 3-14）				
层#1（0）	37.52	56.79	5.69	1.05
层#2（20～110）	27.74	64.58	7.68	1.28
层#3（160～280）	39.27	54.48	6.26	1.24
层#4（340～440）	46.22	46.85	6.93	1.29
剖面#3（图 3-15）				
层#1（0）	61.50	35.98	2.52	1.17
层#2（30～90）	65.51	30.86	3.63	1.61
层#3（200～230）	55.74	38.73	5.54	1.50

5.1.2.2　H1 山坡测试结果

图 5-8 给出了 H1 山坡表层土壤饱和导水率的测试结果。可以看出，表层环刀土样饱和导水率最小值为 25.4 mm/h，最大值为 531.9 mm/h，平均值为 125.9 mm/h。由频率直方图可见，大部分点饱和导水率的分布范围在 30～180 mm/h。但表层土壤饱和导水率的空间分布并没有非常明显的规律性，这是由于表层土比较松散，取样时用橡胶锤将环刀敲入土中，敲击的度较难把握，若敲击次数过多，土壤压实明显，则饱和导水率测量值可能会偏小。也就是说，H1 山坡不同位置处表层土壤饱和导水率之间并没有数量级的差别。但如果在深层土壤中敲击环刀，因为土质本身较密实，采样的误差相比表层就会小很多。

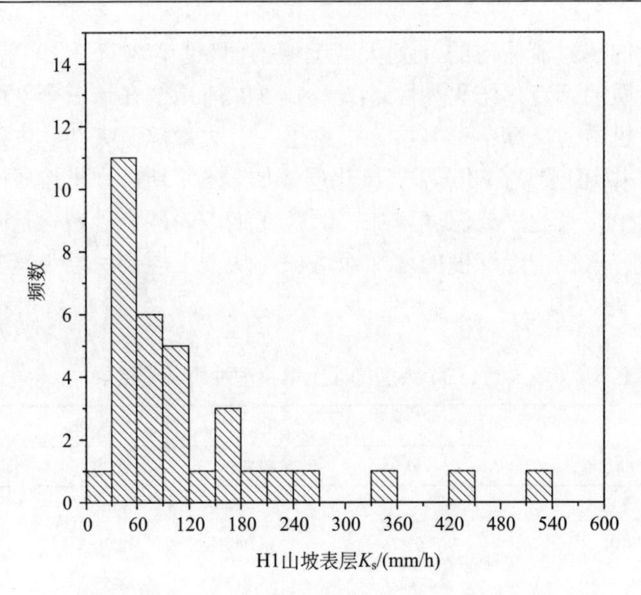

图 5-8　H1 山坡表层土壤饱和导水率频率直方图

图 5-9 给出了 H1 山坡剖面土壤饱和导水率的测试结果。我们发现，绝大多数剖面土壤饱和导水率随深度呈指数下降，尤其是位于间歇性河道(如剖面 1)、山谷(如剖面 7、剖面 11)中的点，R^2 达 0.70 及以上。位于边坡的点位，如剖面 10、剖面 12、剖面 15 等由于土壤厚度薄，指数递减的规律不如山谷等土壤厚度较厚的区域明显。此外，从剖面 1、剖面 3、剖面 7、剖面 11、剖面 14 等位于间歇性河道和山谷的点来看，表层土壤的导水率一般在 100 mm/h。在 A/B 层土壤的交界处(一般为 40～60 cm)，土壤饱和导水率的数值一般比表层土小一个数量级。B 层底部的土壤(深度在 100～150 cm)饱和导水率一般又要比表层土导水率低 2～3 个数量级。

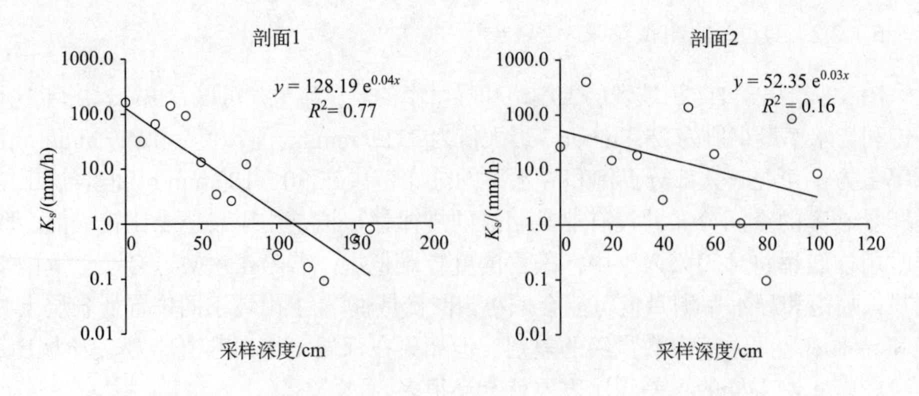

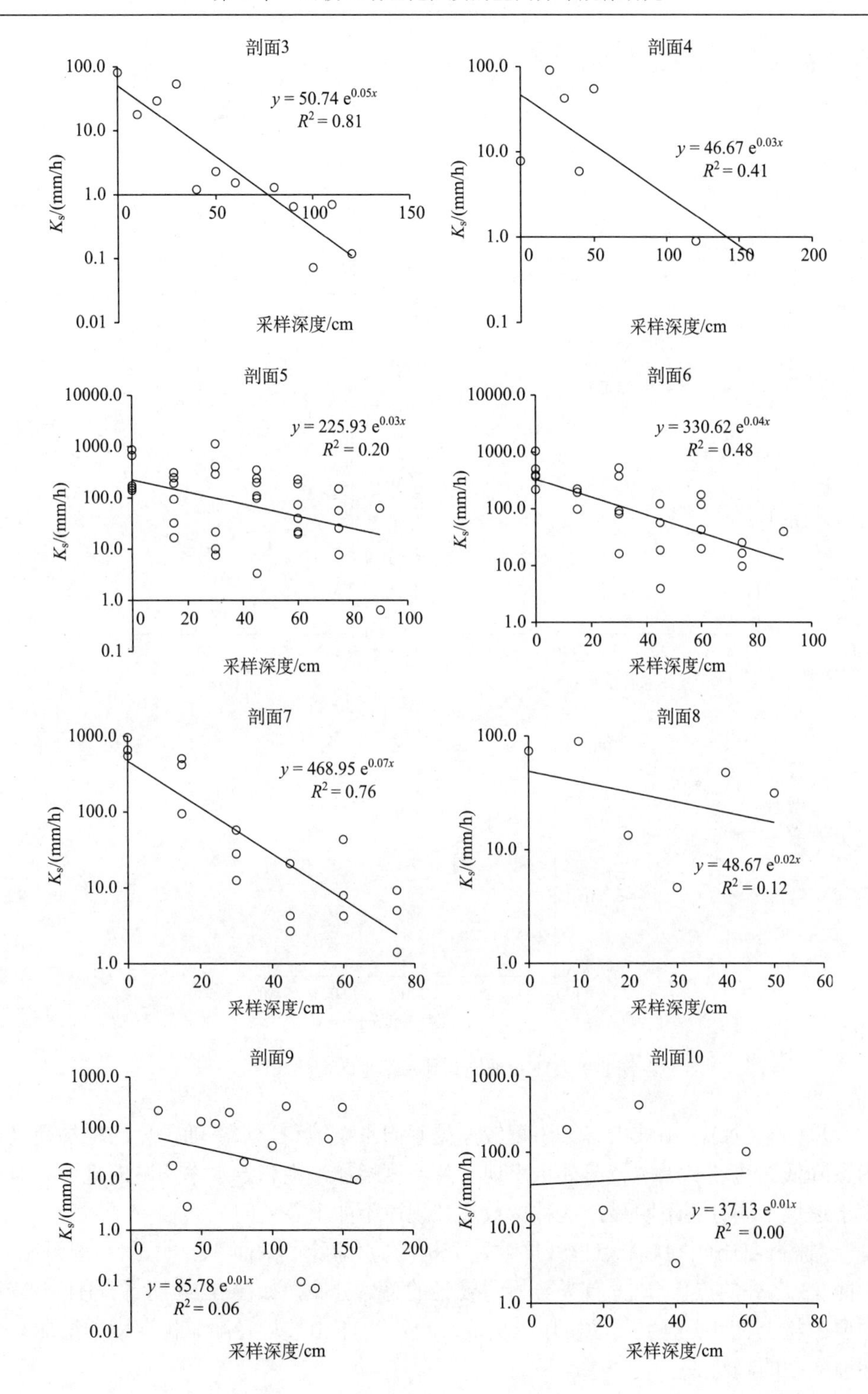
剖面3
$y = 50.74\ e^{0.05x}$
$R^2 = 0.81$
K_s/(mm/h)
采样深度/cm
剖面4
$y = 46.67\ e^{0.03x}$
$R^2 = 0.41$
K_s/(mm/h)
采样深度/cm
剖面5
$y = 225.93\ e^{0.03x}$
$R^2 = 0.20$
K_s/(mm/h)
采样深度/cm
剖面6
$y = 330.62\ e^{0.04x}$
$R^2 = 0.48$
K_s/(mm/h)
采样深度/cm
剖面7
$y = 468.95\ e^{0.07x}$
$R^2 = 0.76$
K_s/(mm/h)
采样深度/cm
剖面8
$y = 48.67\ e^{0.02x}$
$R^2 = 0.12$
K_s/(mm/h)
采样深度/cm
剖面9
$y = 85.78\ e^{0.01x}$
$R^2 = 0.06$
K_s/(mm/h)
采样深度/cm
剖面10
$y = 37.13\ e^{0.01x}$
$R^2 = 0.00$
K_s/(mm/h)
采样深度/cm

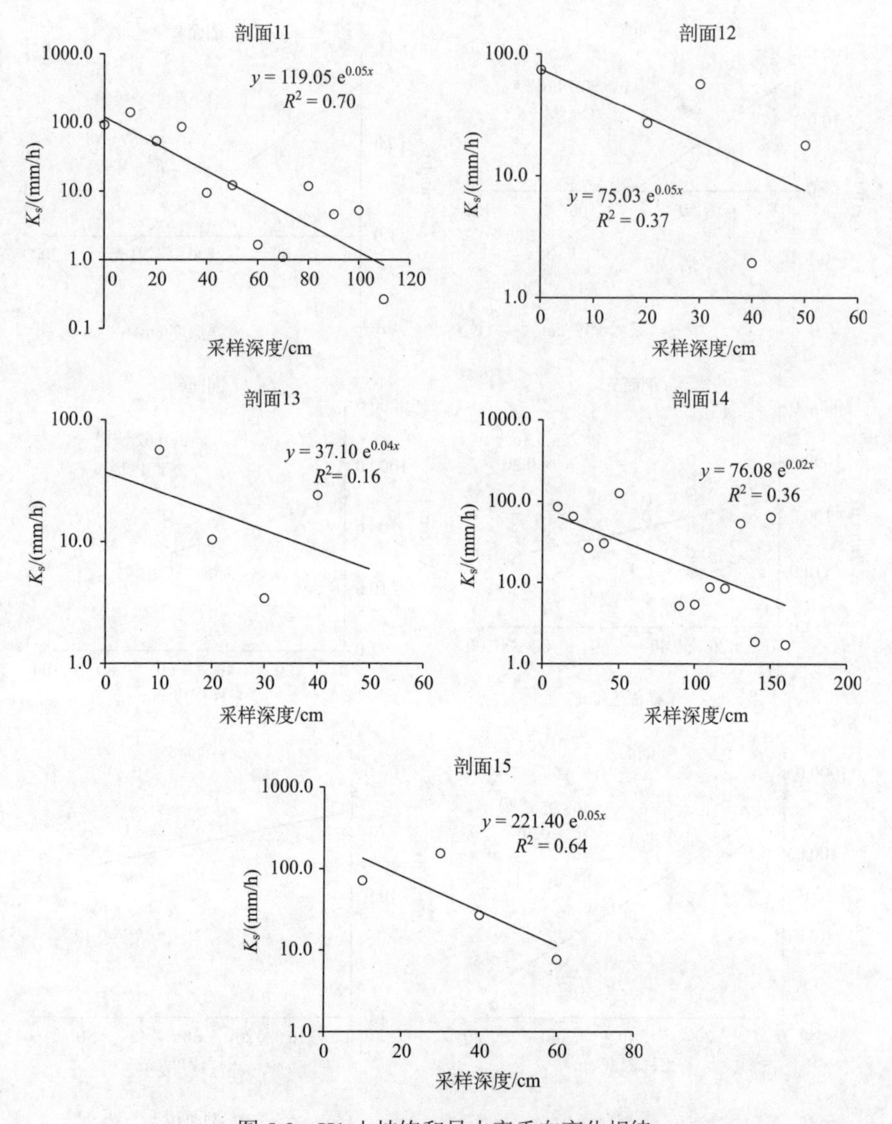

图 5-9 H1 山坡饱和导水率垂向变化规律

总的来说，H1 山坡山谷等土壤较厚处垂向土壤饱和导水率随深度的增加而呈指数降低。边坡等土壤较薄处也出现了随深度增加，饱和导水率递减的规律。但由于边坡土壤分层不明显，这种指数递减规律不如山谷处明显。

对图 5-3(b) 中 11 个点位开展粒径分析实验(即除了剖面 3、剖面 4、剖面 8、剖面 13 之外的点)。研究首先分析了粒径的总体分布，如图 5-10 所示。H1 山坡主要由粉土、粉质壤土及砂质壤土构成。此外，H1 山坡粒径随采样深度的增加有逐渐变细的趋势。

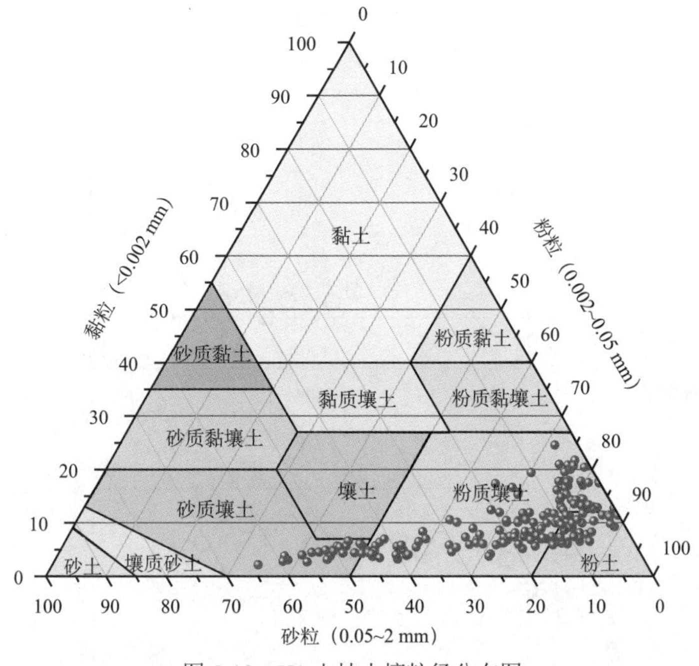

图 5-10　H1 山坡土壤粒径分布图

以下以剖面 1 及剖面 12 为例，详细说明粒径随深度的变化规律。剖面 1 采样点位于间歇性河道处，土壤较厚，从表层土壤开始，每隔 10 cm 收集土壤样品直至 160 cm 处(土壤-基岩界面)，共计获得 17 个土壤样品；剖面 12 采样点位于边坡处，土壤厚度较薄，同样从表层开始，每隔 10 cm 取样，直至 70 cm 止。图 5-11 表示剖面 1 采样点三种粒径含量随采样深度的变化规律。从图 5-11 中可见，砂粒含量随采样深度的增加而减少(R^2=0.63)，黏粒含量随采样深度的增加而增加(R^2=0.39)，而粉粒含量随深度的变化不明显。边坡处(剖面 12，图 5-12)粒径变化规律与沟谷处变化规律一致，说明随深度增加，颗粒变细的规律具有普遍性。

5.2　山坡土壤入渗速率及优势路径的染色示踪

在湿润山丘区，通常认为土壤较薄且上覆于基岩不透水层之上，土壤水力渗透性良好，其降雨径流以蓄满产流为主，侧向壤中流是其主要径流成分。早期，在此认识基础上，经过理论解析、过程概化发展起来的水文模型，如新安江模型仍然是实际应用最为广泛的水文模型之一。然而，传统水文模型仅关注流域出口的过程，往往采用集总的蓄泄关系式表达产流过程，而忽视对中间过程的概化，显然此类模型不足以揭示和反映水文过程的本质。因此，为概化出合理的、有物理基础的模型框架结构，有必要深入揭示山坡土壤水分运动的路径及过程。

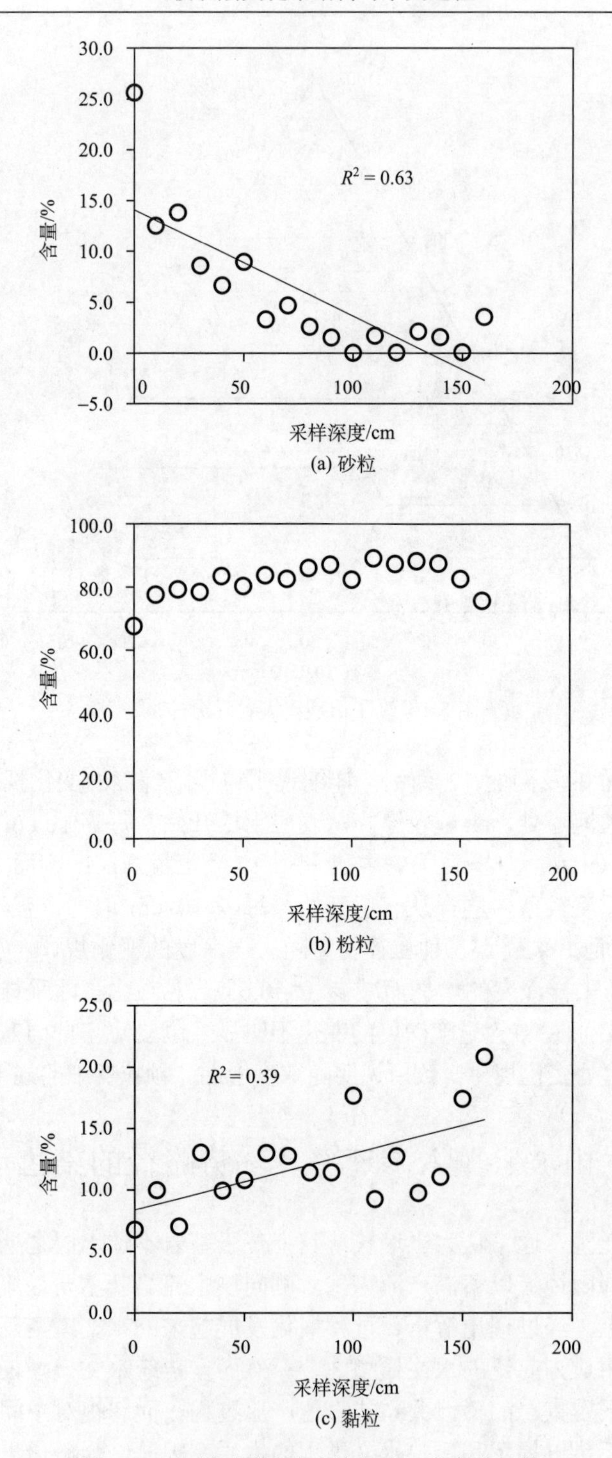

图 5-11　河道处(剖面 1)粒径随深度变化规律

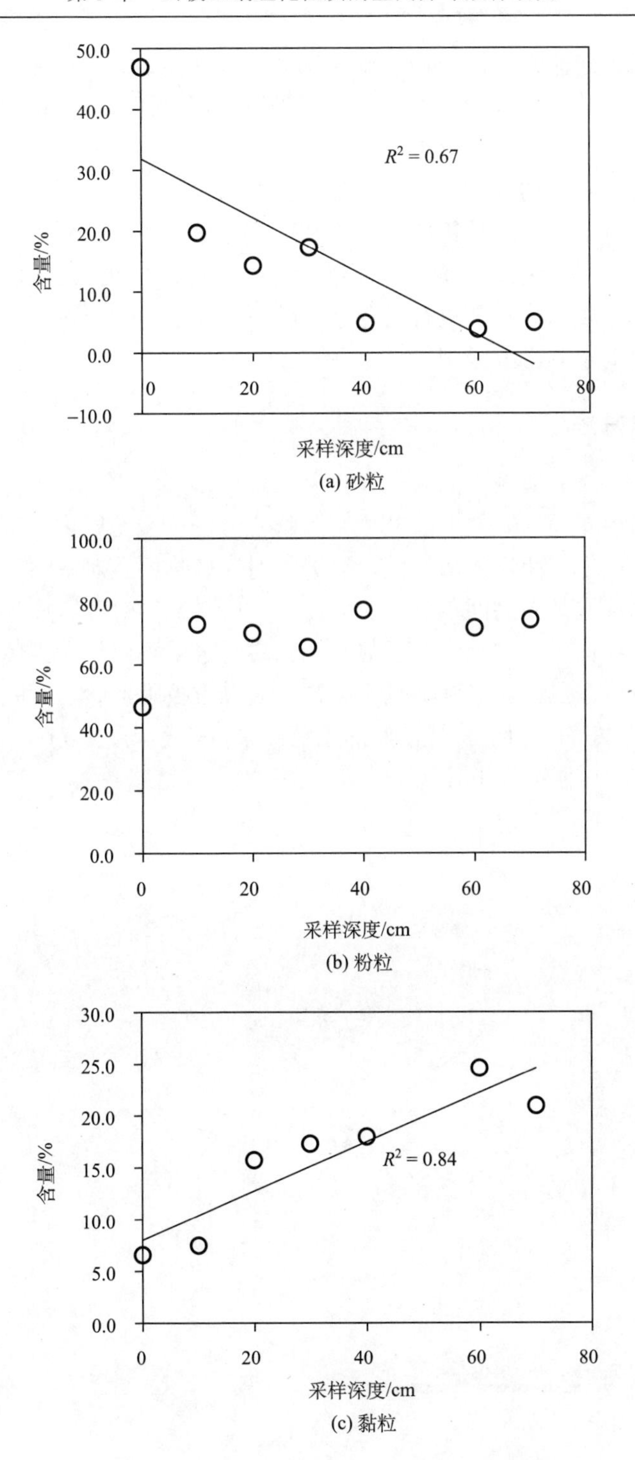

图 5-12　边坡处(剖面 12)粒径随深度变化规律

示踪技术近年来被广泛应用于水源划分、水流路径识别等领域，示踪得到的信息是常规水文监测数据的补充，已被用于改进模型结构和模拟的内容，如水的组成、年龄等。其中，染色示踪法直接在现场采用入渗实验对土壤进行染色，并对所获取的土壤剖面的数字图像进行处理分析，可以得到土壤中水流的快速通道及其分布情况。染色示踪法已成为观测和研究土壤水流运动和运移路径的一种较为直接的观测手段。因此，本节将采用染色示踪剂和单环入渗实验的方法，对山坡土壤的渗透性及水流路径进行染色示踪分析，反演山坡土壤快速水流通道及其分布特征，并揭示其影响因素。

5.2.1 材料与方法

选取和睦桥实验流域内的九个样点进行单环入渗实验，为了便于取水，实验点需尽量沿河道布设(图 5-13)。其中，在样点 6 的一米范围内，分别在空地(6a)和竹根(6b)上进行了两次入渗实验，以分析对比植物根系对下渗的影响。在入渗实验的同时，选取其中的四点(分别为 2、3、4 和 9)同时开展染色示踪实验，以分析山坡土壤结构对入渗水流路径的影响。实验选用亮蓝作为染色示踪剂，亮蓝溶于水时呈蓝色，显色性极强，且不易被土壤颗粒吸附，砂土对亮蓝的吸附系数仅为 0.31 mL/g 左右。为了获得良好的染色效果，亮蓝浓度定为 3 kg/m^3 (Flury and Flühler, 1995)，具体实验步骤如下。

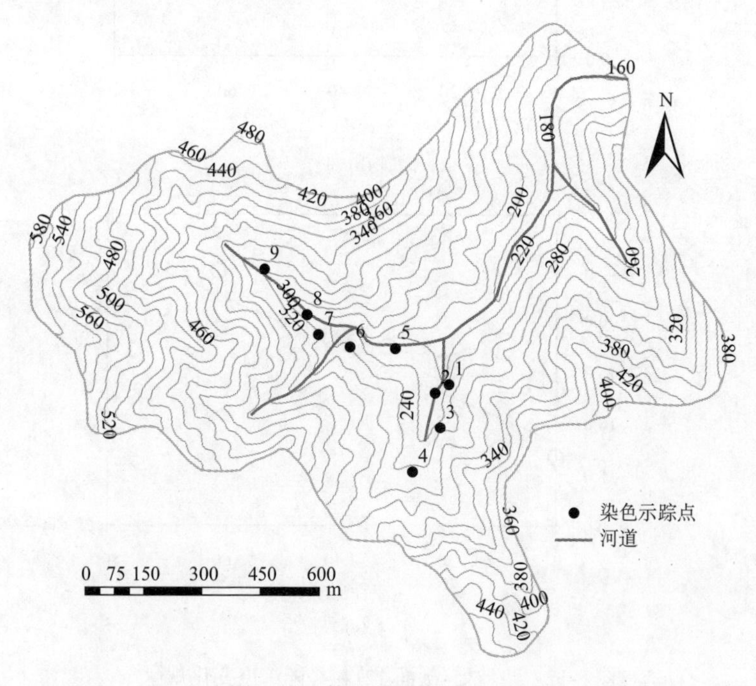

图 5-13 单环入渗实验点分布

(1) 在实验点空地上，采用 TDR 测量土壤初始含水量，然后布设直径为 30 cm 的单环装置，为防止水分渗出，将单环插入土壤约 5 cm。

(2) 将水(或亮蓝溶液)注入单环装置，使地表水头为 15 cm。

(3) 待亮蓝溶液完全渗完，平衡 0.5 h 后，开挖土壤剖面，记录亮蓝迁移的最大深度和剖面的特征，拍摄每个染色剖面以供图像分析。

(4) 拍摄的剖面染色照片经 Photoshop 软件处理，滤除未染色部分的颜色，把图片转换为黑白图(黑色代表染色区域，白色部分表示未染色的土壤基质)，以 Tiff 格式存储。

(5) 在 ImageTool 软件中运行染色面积统计程序，求得不同深度处黑色部分所占百分比，作图得到其随深度变化的曲线。

对于所有的样点，采用改进的 Philip 方法对实测降水头数据进行分析计算(程勤波等, 2010)，得到各点的饱和渗透系数。

5.2.2　结果与讨论

表 5-2 给出了各点的土壤质地、初始和饱和含水量、入渗历时及计算出的渗透系数等。从表中可以看出，沿河道各点的土壤质地以砂壤土、粉壤土为主。各点土壤饱和含水量的均值约为 52%，初始土壤均较为湿润且接近田间持水量水平，这表明土壤容易饱和且产生自由水流。计算结果显示，自然山坡的土壤垂向饱和渗透系数介于 3.1～204.7 cm/h，均值为 43.0 cm/h。这里，采用单环实验现场测定的饱和导水率会出现略大于实验室环刀法测定值的情况(详见 5.1 节)。原因在于，

表 5-2　和睦桥入渗实验样点分析计算成果

编号	粒径组成/%			土壤质地分类	干容重 /(g/cm)	初始含水量 /%	饱和含水量 /%	入渗历时 /s	渗透系数 /(cm/h)
	黏粒	粉粒	砂粒						
1	4	42	54	砂壤土	1.02	30.5	56.3	116	204.7
2	11	56	33	粉壤土	1.18	25.6	58.6	687	3.1
3	3	28	69	砂壤土	1.10	27.7	46.2	103	36.2
4	7	57	36	粉壤土	1.03	44.0	49.1	455	11.5
5	2	18	80	壤砂土	1.07	20.4	50.9	390	50.2
6 a	4	46	50	砂壤土	1.05	24.6	63.0	638	9.4
6 b	4	53	43	粉砂壤土	1.05	31.8	54.4	475	13.0
7	3	40	57	砂壤土	1.03	30.5	48.5	201	64.1
8	2	18	80	壤砂土	1.11	23.5	47.1	151	20.7
9	3	50	47	粉壤土	1.04	26.6	48.2	327	17.4

单环尺寸较环刀大，测量时砾石空隙、根系、虫洞等大孔(如表 5-2 中 1 号点)产生的优势流通道可被单环捕捉，而环刀法由于尺寸小，主要测量土壤基质流而非大孔隙流，因而导致测量的饱和导水率值略低于单环法。此外，我们发现这些点的干容重值要远小于农田土壤的对应值，而其渗透系数值则远大于农田土壤的相关值，这同时表明超渗产流较难产生。造成这一现象的原因较多，例如，自然山坡土壤的砾石含量较多，土质疏松，或者土壤中根系、虫洞较多，使土壤具有密度较低、渗透性高的特点。以 1 号点为例，该点的土壤渗透系数最大，高达 204.7 cm/h，这主要是由于该处土层下方砾石较多，土壤较为松散。特别地，对于 6 号点，我们在空地(6a)和竹根(6b)处分别进行了两次渗透实验，结果表明竹根一定程度上提供了土壤水快速渗透的通道，从而增大了水流的渗透性。

以上分析表明，影响土壤渗透性的因素众多，土壤的物理性质及生物因子均起到重要作用。因此，为深入揭示土壤的渗透性与其内在的快速流路径及土壤物理性质的关系，我们选取四个实验点(表 5-2 中 2、3、4 和 9 号点)进行土壤的染色入渗实验，实验结束后在所在点开挖土壤剖面，观测染色分布面积及比重等信息。所选实验点的土壤厚度较薄，控制在 80 cm 内，且位于山坡边缘，这样便于开挖。从图 5-14 可以看出，2 号、3 号和 4 号点的剖面染色图案之间具有明显的相似性，然而不同剖面之间又存在一定程度的变异性。2 号和 4 号点土壤粒径分布类似，均为粉壤土，水流是相对均匀的入渗，湿润锋基本一致。对比 2 号和 4 号点土壤质地和染色图案，可发现 2 号点染色百分比曲线局限于土壤剖面上部且较为规则，染色面积在 30 cm 剖面以下随着深度的增加迅速减小，而 4 号点的曲线则向剖面下层延伸。分析显示，两点的土壤质地差异并不大，且两点具有相同的植被覆盖。造成这种差异的主要原因可能在于，4 号点土壤初始含水量要远高于 2 号点的初始含水量，因此扣除土壤基质吸收的水分后，4 号点可以有更多的自由水分参与入渗。

通过对比 3 号和 2、4、9 号的染色图案及其在剖面不同深度的染色百分比曲线，可以看出后者染色比例在剖面上的分布总体上还是在衰减的，而 3 号的染色分布与其他点位是不同的，表现为跳跃式的入渗过程。显然，3 号点的土体内部必然存在着快速通道，直接将上部的饱和水流引导至深部土壤。亮蓝试剂在 9 号试点剖面中基本是均匀迁移的，染色部分较为规则，染色锋线基本一致，其最大染色深度只有 28 cm 左右。造成这种差异的原因在于，3 号点土壤质地较粗，含砂性较高，土壤本身孔隙较大，加之实验点附近毛竹茂密，土壤中有大量的竹根，增加了土壤的非均质性，亮蓝溶液更易优先通过土壤中的大孔隙进行迁移。因此，在土壤剖面上，亮蓝染色的部分面积多呈现为连续或不连续的分支结构，而非从土壤表面开始均匀地平移染色。9 号点土体的粉粒较多，结构相对均一，而且实验点附近植被稀少，因此亮蓝染色面积分布相对较为均匀。在图 5-14 中可以看出，

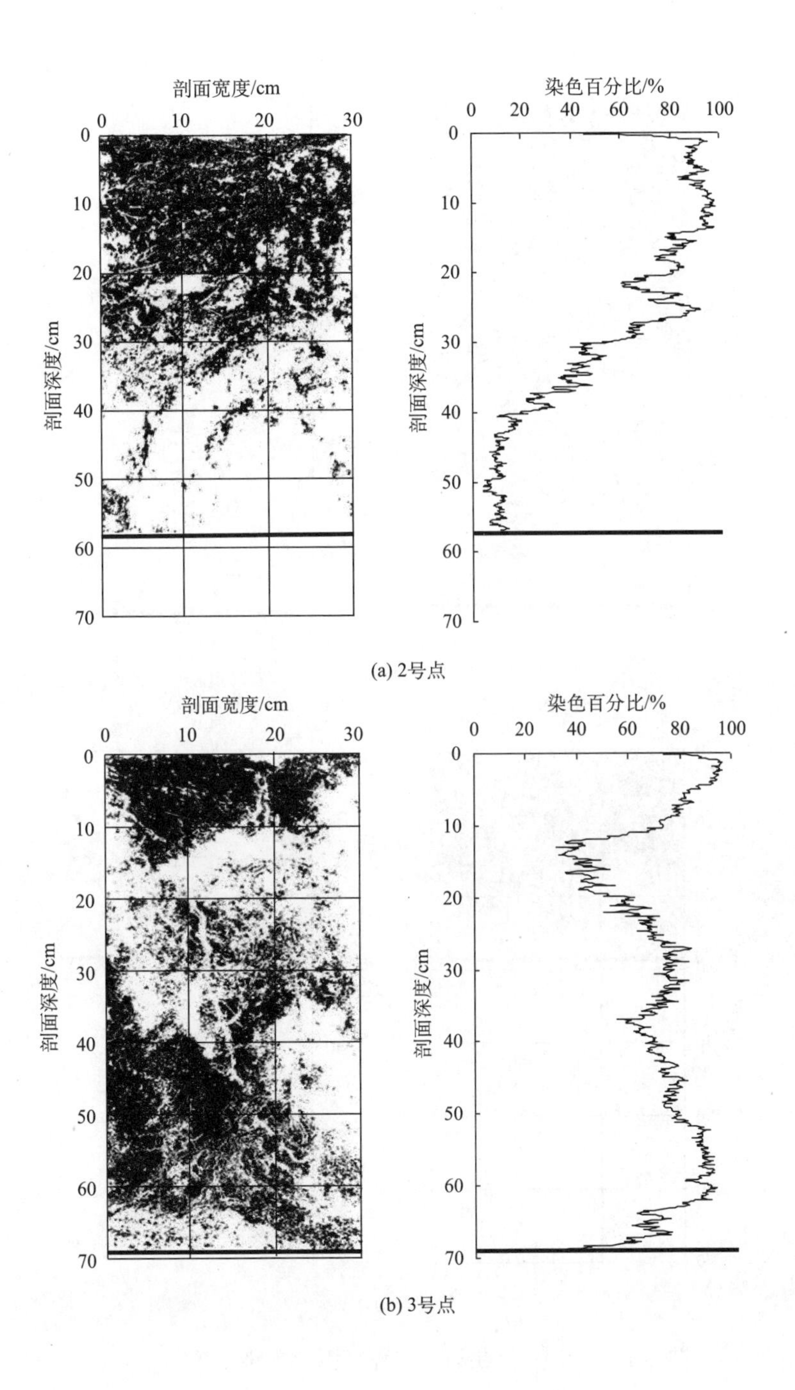
剖面宽度/cm
0
10
20
30
剖面深度/cm
0
10
20
30
40
50
60
70
染色百分比/%
0
20
40
60
80
100
剖面深度/cm
0
10
20
30
40
50
60
70

(a) 2号点

剖面宽度/cm
0
10
20
30
剖面深度/cm
0
10
20
30
40
50
60
70
染色百分比/%
0
20
40
60
80
100
剖面深度/cm
0
10
20
30
40
50
60
70

(b) 3号点

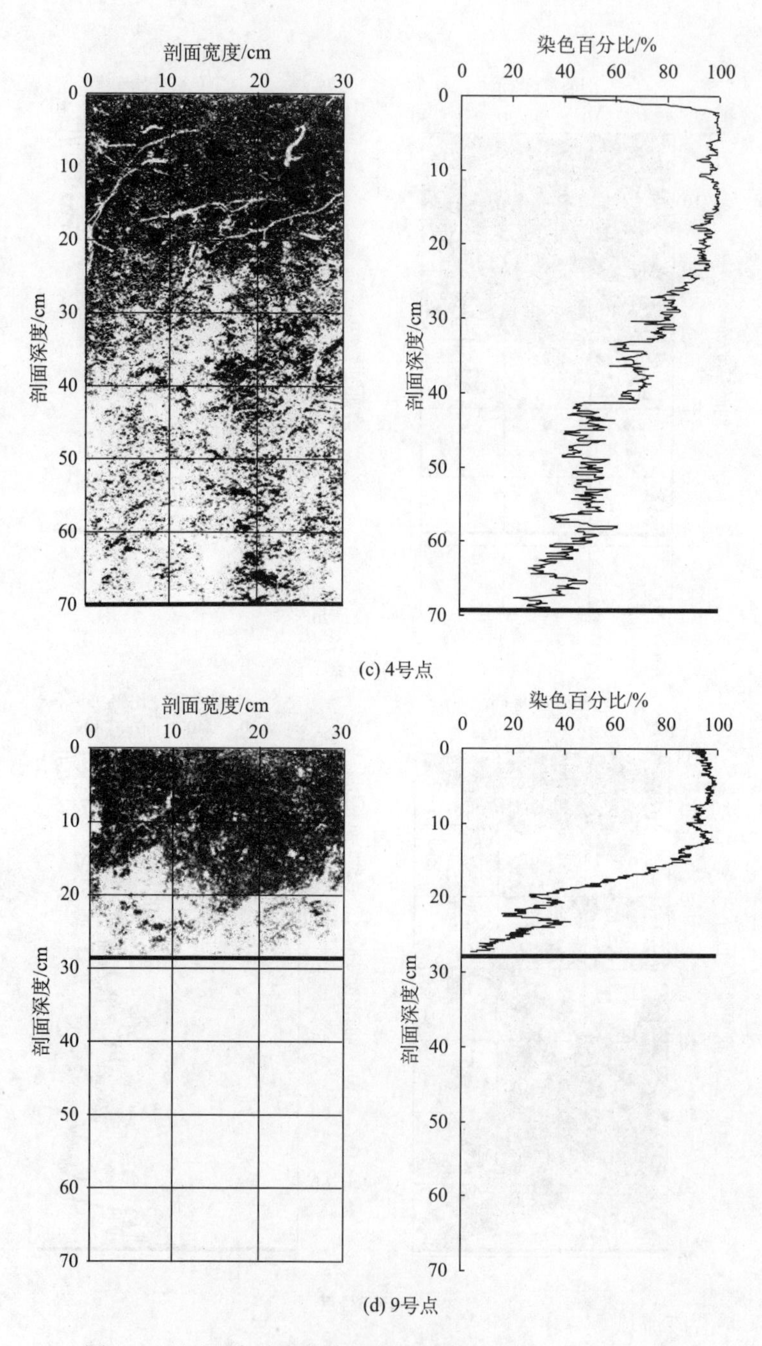

(c) 4号点

(d) 9号点

图 5-14　不同实验点土壤染色剖面图案及染色百分比曲线

2 号、3 号和 4 号点的染色部分均有细小的树枝状的亮线，这些亮线实际为竹根，在染色入渗过程中为水流提供了快速通道。特别地，在图 5-14(b)中我们发现在深部方向 20～50 cm、剖面宽度方向 10～20 cm 存在一个较粗的亮线，可以推断出此条粗“亮线”(竹根)是引起剖面不规则染色的重要原因。

以上分析了山坡土壤入渗在垂向上的分布规律，为了进一步揭示入渗路径的规律，我们还分析其在侧向上的染色百分比曲线。研究中，选取 2 号点为研究对象，2 号点剖面上砾石含量相对较低，且无粗大的竹根，便于连续开挖。在开挖土壤染色剖面时，按距离单环边缘切线由远及近的方式每隔 5 cm 开挖一个剖面并进行拍照和图像解译。在距离单环边缘切线 10 cm 处至单环边缘的范围内，共开挖 3 个剖面，分别对这 3 个剖面进行解译，得到染色百分比曲线分布图(图 5-15)。分析显示，染色部分占剖面面积的比重有随其距单环边缘距离的远近而变化的趋势，在远端(10 cm)，染色面积比重低于 20%，而在单环边缘附近(5 cm、0 cm)，染色面积显著增大，染色面积比重也不超过 50%。这表明，在植被较好且土壤疏松的山丘区，土壤初期入渗以垂向为主，这时土壤中根系、虫洞等造成的大孔隙为少量侧向径流提供了通道。

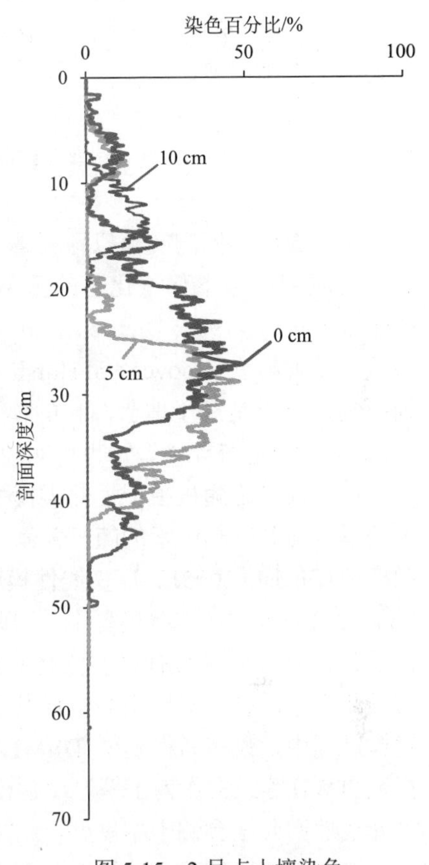

图 5-15　2 号点土壤染色剖面及染色百分比曲线

5.2.3　小结

本节以和睦桥实验流域为研究对象，通过 10 余个点位的入渗实验揭示了山坡土壤入渗速率及路径的变化规律。实验结果显示，和睦桥小流域土壤中由根系、虫洞及砾石造成的大孔隙和优势流现象在河道附近的山坡中是存在的。由于广泛存在着优势流现象，导致土壤渗透性巨大，远远大于常规观测的降雨强度，因此从田间证实了该流域坡面径流的产生以蓄满产流方式为主。具体的实验结果如下：

(1)在短时间内(t<600 s)，染色剂在剖面所占比重超过 40%，表明土壤中由根系、虫洞及砾石造成的快速流的通道广泛存在。

(2) 山坡土壤干容重介于 1.02～1.18 g/cm^3，均值 1.08 g/cm^3，远低于农田土壤的相关数值，山坡土壤饱和导水率 (3.1～204.7 cm/h，均值 43.0 cm/h) 则远高于农田土壤的相关数值，故超渗产流较难发生。

(3) 在到达不透水层之前，山坡土壤入渗以垂向运动为主，部分侧向的水流主要由大孔隙引发。

5.3 土壤厚度空间分布的统计预测

土壤厚度的探测及模拟预测是关键带结构研究的重要一环。土壤厚度通常定义为土壤表面到下伏风化带的垂直距离，一般不含岩石结构 (Han et al., 2018; Heimsath et al., 1997; Dietrich et al., 1995)。土壤厚度的分布格局对径流量和径流系数有显著影响 (Hoover and Hursh, 1943)。一般来说，土壤厚度预测模型可以分为两类，一类是基于地貌演化的模型 (process-based model) (将在第 6 章着重讨论)，另一类是统计模型，也可叫随机模型 (stochastically-based model)。

这里仅讨论随机模型，此类模型避免了对土壤演化机理的解释，直接建立了土壤厚度与其影响因素的随机关系。随机模型包括多种建模方法，如多元线性回归模型 (Ziadat, 2005)、广义线性模型 (Shary et al., 2017)、随机森林 (Möller and Volk., 2015) 等。在这些模型中，回归模型是最常用的预测土壤厚度的方法，原因在于其计算方便且具有误差估计的能力。例如，Ziadat (2005) 采用多元线性回归法预测土壤厚度，对比实测数据发现 89.3%的数据误差在±50 cm。在随机模型的建模过程中，数字高程模型 (DEM) 及由其提取的指标，如坡度和坡向、地形湿度指数 (TWI) 等经常作为土壤厚度建模的重要输入。如 Mehnatkesh 等 (2013) 也利用多元线性回归法预测土壤厚度，结果表明：坡度、地形湿度指数、集水面积和泥沙运输指数可以解释土壤厚度总变率的 76%。但是，许多土壤特征和地形指标之间的关系在本质上是非线性的，使得线性回归模型的应用受到很大局限，这些非线性关系可以通过如人工神经网络 (artificial neural networks, ANNs) 和广义可加模型 (generalized additive models, GAMs) 来实现，这些算法适用于自变量与因变量关系并不完全已知，或不能用简单的线性关系描述自变量与因变量关系的情况。

另外，采用统计模型预测土壤厚度的关键在于找到合适的地形指标，而地形指标的提取又受 DEM 空间分辨率的影响，因为土壤的形成过程可能发生在不同的尺度上。例如，土壤侵蚀过程表现出明显的空间和时间依赖性，发生于田间到景观尺度的多层次系统中，每个尺度都需要适当的分辨率以刻画。因此，建模者在构建土壤厚度模型时，一个主要任务是确定最佳 DEM 分辨率。以往已经有研究试图确定土壤性质 (如钾、pH、全磷、硝酸盐和表土粉粒含量等) 预测的最佳

DEM 分辨率(Behrens et al., 2010; Kim and Zheng, 2011; Yang et al., 2014)。近年来测绘技术发展迅速，一些研究利用 LiDAR 可以获取大面积亚米级 DEM 来描述山坡地形特征。然而，关于最优分辨率的选择目前还没有达成共识。一部分学者认为高分辨率 DEM 可以获取更好的预测效果，他们认为低分辨率将导致地形均化，导致关键地形信息的损失。例如，Vaze 等(2010)比较了多种分辨率 DEM，提出如果高分辨率 DEM 可用，则应当使用高分辨率而不是传统的等高线生成的低分辨率 DEM。然而，Zhang 和 Montgomery(1994)、Smith 等(2006)、Behrens 等(2010)、Kim 和 Zheng(2011)及 Möller 和 Volk(2015)提出最高分辨率的 DEM 并不总是具有最好的预测效果。他们建议，在应用高分辨率的 DEM 之前应首先测试低分辨率 DEM 是否能取得更好的模拟效果。

因此，本节针对目前土壤厚度预测的不足，着重探讨如何选用最佳分辨率的 DEM 来建立土壤厚度预测的统计模型，并讨论是否采用最精细的分辨率就可以达到最佳的预测效果。为了实现这一目标，引入第 4 章中的探地雷达数据，辅助解释评价指标，如均方根误差(RMSE)、平均绝对误差(MAE)及确定性系数(R^2)。研究采用线性(多元线性回归)及非线性(神经网络)模型模拟土壤厚度。在模型的构建过程中，还探讨了基于单流向算法与多流向算法提取地形指标对土壤厚度预测的影响。总的来说，本节首先介绍土壤厚度采样及分布特征，然后探讨土壤厚度模拟过程中三方面的问题：①最优的 DEM 分辨率，②最优流向提取算法，③建模方法(线性/非线性模型)。

5.3.1　材料与方法

5.3.1.1　山坡微地形测量及土壤厚度采样

本研究在和睦桥流域右支上游选择两个源头型山坡 H1 和 H2(图 5-16)，用以进行土壤厚度的空间分布规律及模型模拟的研究。H1 山坡的面积为 4200 m^2(量水堰之上面积为 3100 m^2)，H2 山坡为 3100 m^2。利用全站仪，在 H1 山坡上测量 1676 点的高程及坐标，在 H2 山坡上则测量了 970 点，采用克里金插值算法在两个山坡上分别生成 9 种分辨率的 DEM(0.25 m、0.50 m、0.75 m、1.00 m、2.00 m、3.50 m、5.00 m、7.50 m、10.00 m)。

土壤厚度探测可以采用地球物理勘测的方式进行，如探地雷达(GPR)技术(详见第 3 章)，为验证 GPR 探测的结果常常还需要钻孔及开挖土壤剖面。研究中，我们利用 70 mm 口径汽油动力钻测量土壤厚度，如图 5-17 所示。由于钻孔为圆柱形空心钻，我们可以将土壤样品从钻头中取出，观察钻孔是否已经到达基岩。图 5-17(c)为钻取的土芯图片，图 5-17(d)说明钻探到了风化层，此时应停止钻探。

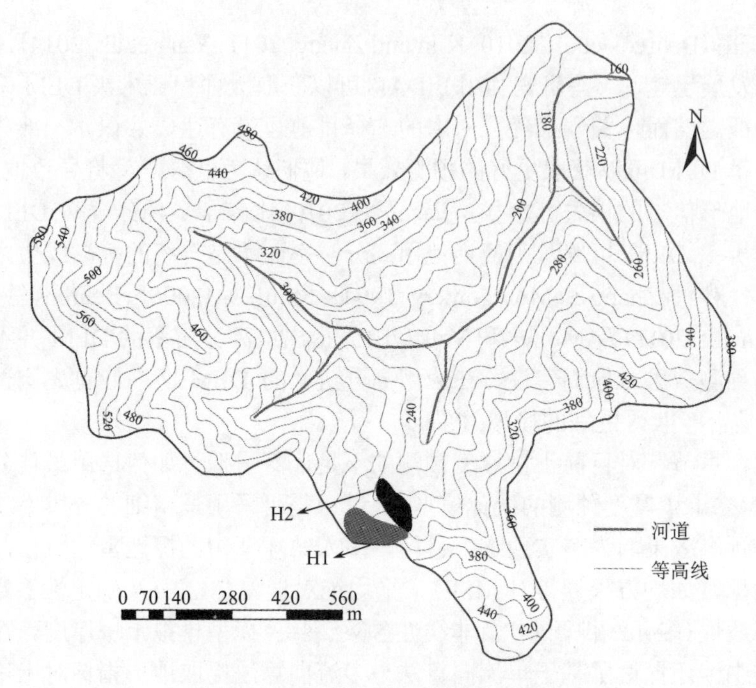

图 5-16　H1 和 H2 山坡位置示意图

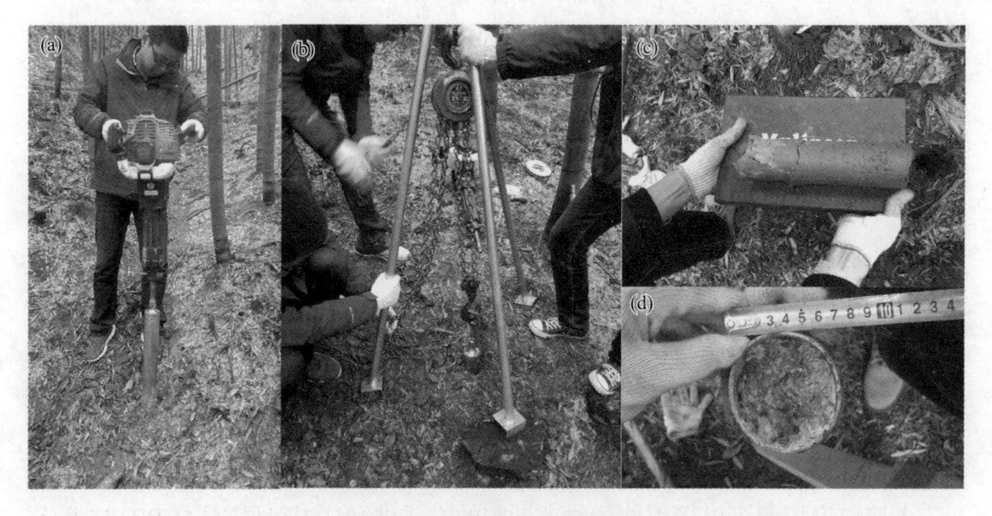

图 5-17　土壤厚度钻探工作照

此外，还可采用开挖的方式探测土壤厚度，如图 5-18 所示。开挖不仅可以研究土壤厚度，还可以辨析土壤的层次。图 5-18(a)测量点位为 H1 出口处，图 5-18(b)为 H1 中部。土壤上覆有约 5 cm 的枯枝落叶层。A、B 两层土壤厚度相对较厚，C 层土壤厚度较薄，约 10～20 cm。

图 5-18　开挖土壤剖面示例

最后，利用以上方法进行土壤厚度采样时，我们采用分层抽样法(stratified sampling)确定土壤厚度采集点(Ließ, 2015)，即将H1与H2山坡分成三个分区——山脊、边坡及山谷。在每个分区，土壤厚度采样点采用不等间距的方式布设。H1、H2山坡土壤厚度采样点如图5-19(a)和图5-19(b)所示，每个采样点的位置也用全站仪记录。H1山坡共采集土壤厚度点79处，H2共采集土壤厚度点37处，最深点达220 cm(位于H2山坡)。其中红点为汽油动力钻测点，绿点为开挖剖面测点。勘测结果显示，总体上讲，山谷处的土壤厚度范围在110～180 cm，边坡及山脊处的土壤厚度相似，厚度在40～70 cm。

5.3.1.2　山坡谷地宽度测量

通过GPR对H1山坡的扫描结果可知(第3章)，山谷处的土壤厚度明显大于两侧边坡，且边坡到山谷的过渡带土壤厚度陡增。因此，本研究对H1、H2山坡谷地的平均宽度进行了野外勘测。这里所指的山坡谷地宽度是指两侧边坡坡脚之间的距离，如图5-20所示。从图5-20可以看出，两山坡结构相似，山顶分水线处(summit)均短而平，坡面(backslope)则相对直长且坡度较大，坡脚(footslope)凹而短，山谷部位较为平坦。

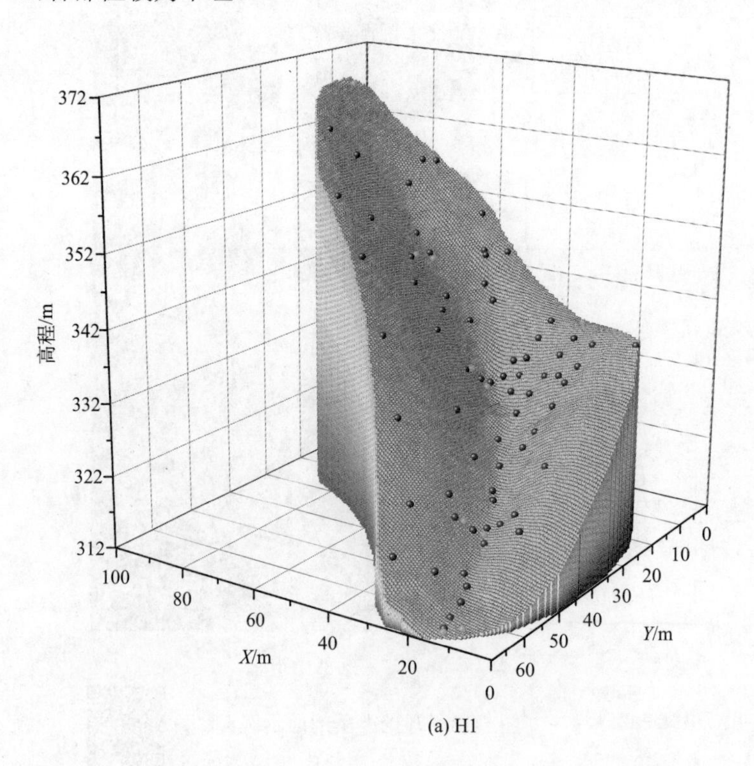

(a) H1

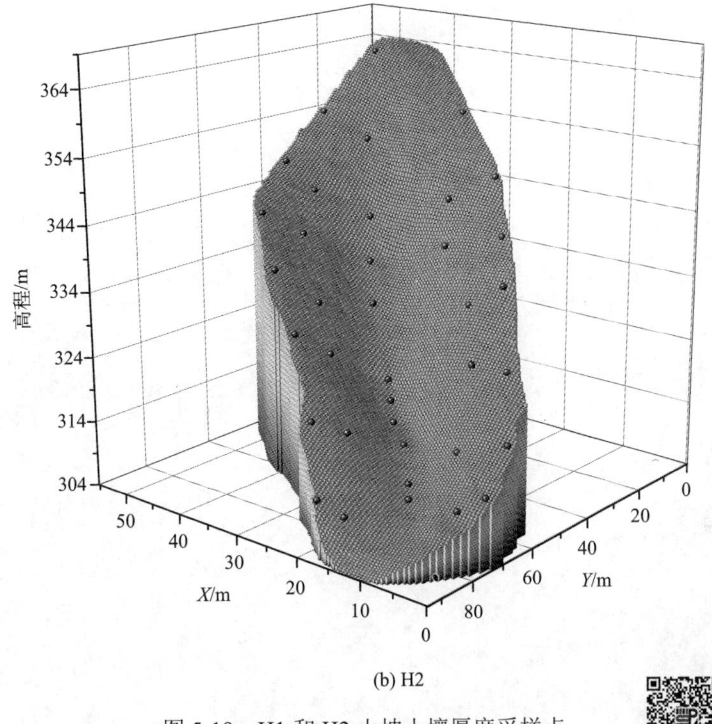

(b) H2

图 5-19　H1 和 H2 山坡土壤厚度采样点

我们在 H1 山坡测量了 84 个点，在 H2 山坡测量了 59 个点，两个测点之间的间距为 1 m。两山坡谷地测量点位如图 5-21 所示，其中浅色点代表山坡谷地宽度测点，深色点为土壤厚度测点。

图 5-22 为两山坡谷地测点统计信息，统计值包括最小值、最大值、平均值及标准差。山谷宽度值大部分落在 4～6 m，总体上呈高斯函数分布(图 5-22 虚线)。H1 山坡山谷宽度均值为 4.93 m，略大于 H2 山坡(平均值为 4.72 m)。

5.3.1.3　地形指标的遴选与计算方法

山坡地形特征对水文过程的重要影响已为国内外所认识，选择合适的地形指标对地形空间分布特征的研究至关重要。Moore 等(1993)将地形指标划分为一级(初级)和二级(复合)指标。初级地形指标是直接可以从 DEM 中提取的指标，如坡度(slope)、上游集水面积等；二级指标是通过一级指标组合导出的。常用的一级指标包括高程(m)、坡度(°)、水平曲率(m^{-1})、剖面曲率(m^{-1})、坡向(°)和上游集水面积(m^2)；二级指标包括地形湿度指数(topography wetness index, TWI)、水流强度指数(stream power index, SPI)及沉积运输指数(sediment transport index, STI)等。

图 5-20 实验山坡 H1(a)和 H2(b)地形单元

高程是指海平面以上的高度，它是地形分析中一个重要的参数，因为海拔决定重力势，重力使松散的物质向下运动(Amundson et al., 2015)。坡度代表了 DEM 单元网格陡缓的变化程度，是高程的一阶导数，影响地表和地下水流的速度(Mehnatkesh et al., 2013)。曲率是地表高程的高阶(二阶)信息，剖面曲率反映了地面任一点地表坡度的变化率，而平面曲率则是指地面上任一点地表坡向的变化率，反映的是等高线的弯曲程度。坡向为从北顺时针方向到坡面法线在水平面上的投影的角度，因为 0°和 360°表示相同的坡向——北向，所以针对研究区山坡的特点，在计算坡向的过程中将坡度小于 100°的点加上 360°。上游集水面积(A)则是指一个计算网格或者单位等高线长度上的集水面积。

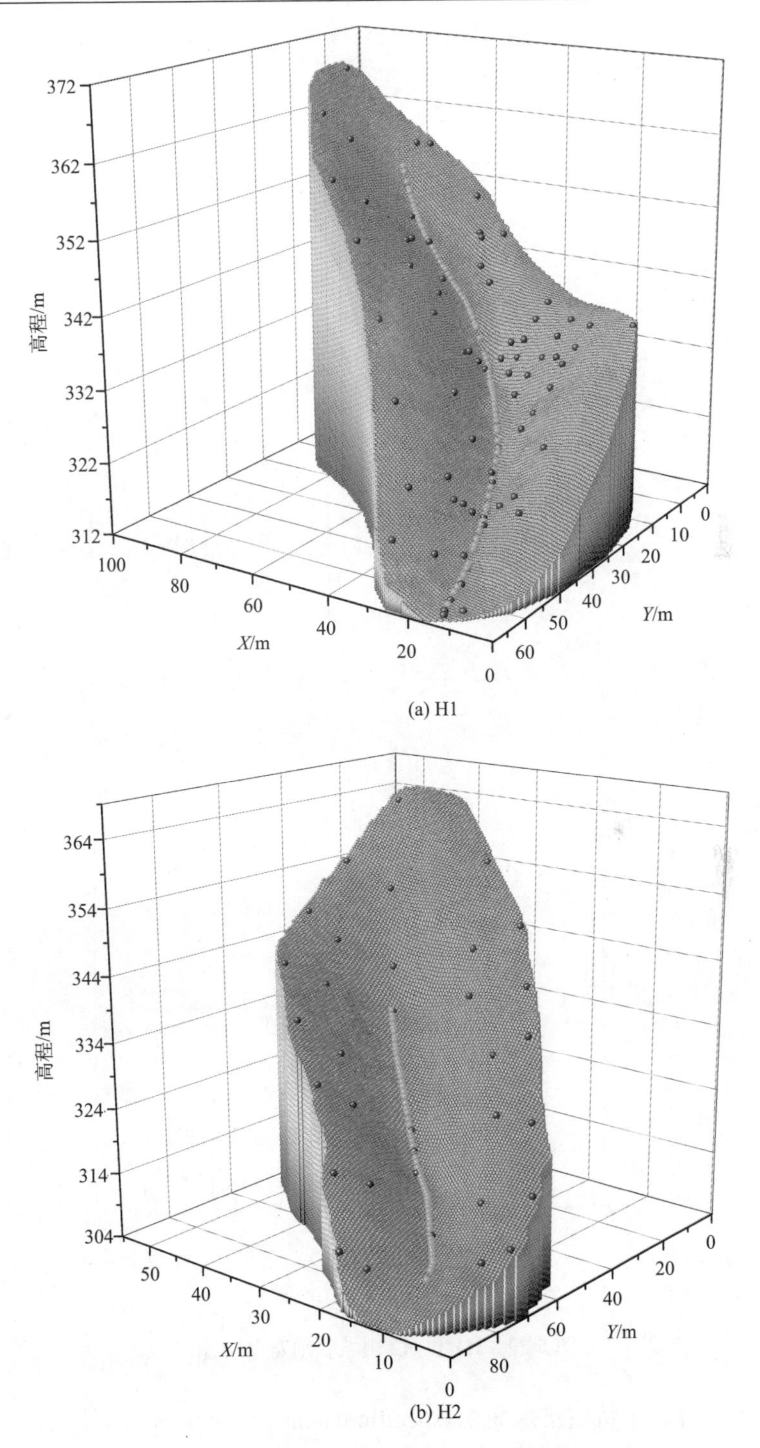

(a) H1

(b) H2

图 5-21　H1 和 H2 山坡谷地宽度测量点

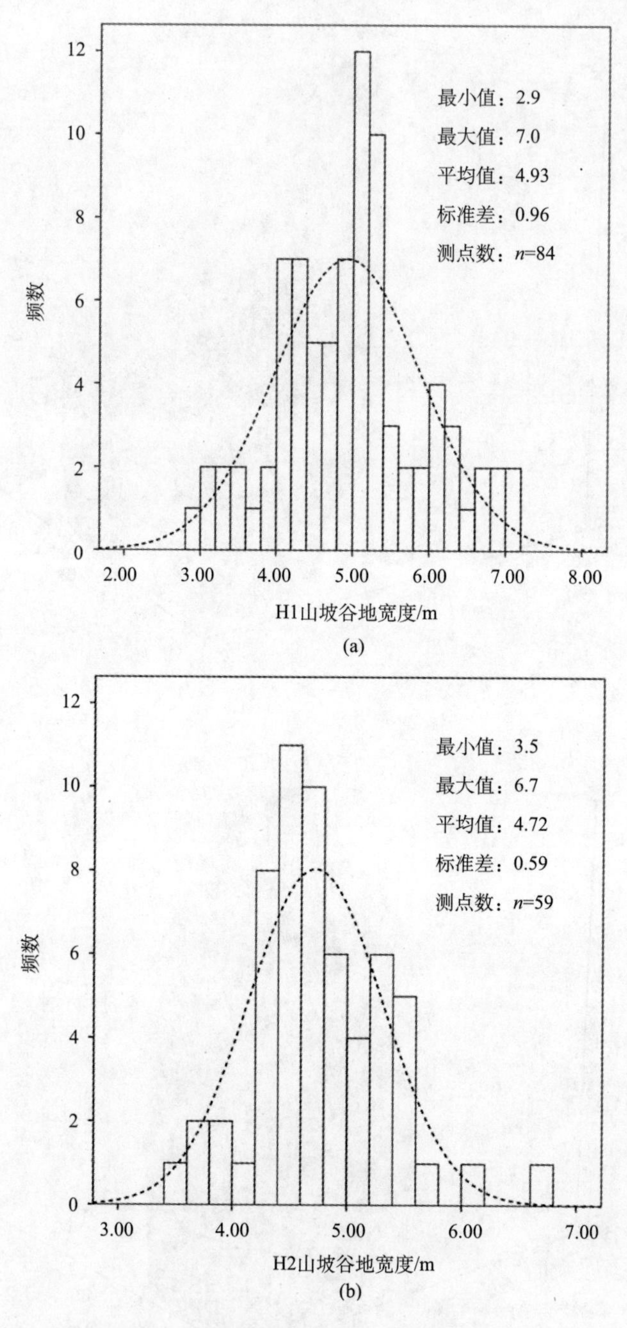

图 5-22　H1 和 H2 山坡谷地宽度统计

二级指标综合了特定集水面积(specific catchment area, A_s)和坡度，可以用来描述景观中发生的具体过程(Li et al., 2017)。地形湿度指数(TWI)反映了湿度、地表饱和度的空间分布及径流生成过程，地形湿度指数是 TOPMODEL 的核心(Zhang and Montgomery, 1994)；水流强度指数(SPI)的大小与坡面流侵蚀能力的大小成正比；沉积运输指数(STI)刻画了地形对水土流失的影响。TWI、SPI 及 STI 的计算如式(5-4)～式(5-6)所示：

$$\text{TWI}=\ln\left(\frac{A_\text{s}}{\tan\beta}\right) \tag{5-4}$$

$$\text{SPI}=A_\text{s}\times\tan\beta \tag{5-5}$$

$$\text{STI}=\left(\frac{A_\text{s}}{22.13}\right)^{0.6}\times\left(\frac{\sin\beta}{0.0896}\right)^{1.3} \tag{5-6}$$

式中：A_s为每单位宽度(L)等高线的汇水面积；β 为坡度。因为各单元的上游集水面积 A 值数量级差别较大，将 A、SPI 和 STI 值都添加自然对数函数，新产生的公式如式(5-7)～式(5-9)所示：

$$A'=\ln(A) \tag{5-7}$$

$$\text{SPI}'=\ln(A_\text{s}\times\tan\beta) \tag{5-8}$$

$$\text{STI}'=\ln\left[\left(\frac{A_\text{s}}{22.13}\right)^{0.6}\times\left(\frac{\sin\beta}{0.0896}\right)^{1.3}\right] \tag{5-9}$$

5.3.1.4　水流路径算法对指标提取的影响

计算上游集水面积通常有两种方案——单流向算法(如 D8)和多流向算法(如 D∞)(Erskine et al., 2006)。D8 算法的原理是：在 3×3 的局部窗口范围内，中心网格的水流流向为与其相邻的 8 个网格单元最陡的流向，8 个网格的间距为 45°，中心单元的水流流量全部汇入最陡的下游网格中(O'Callaghan and Mark, 1984)。与 D8 算法不同的是，Tarboton(1997)研制的 D∞算法中心格网单元与周围相邻的 8 个格网单元组成 8 个三角面，在 8 个三角面上确定坡度最大的三角面的坡向作为唯一的水流方向。坡度最大的三角形所确定的两个下游格网单元作为中心格网单元的水流流量分配单元，并可根据其与坡度最大三角形坡向的接近程度来分配水流流量。下面以和睦桥小流域 H2 山坡为例，说明两种算法在提取上游集水面积过程中的不同表现。

如图 5-23 所示，(a1)代表 D8 算法得出的上游集水面积，(b1)代表 D∞算法得出的上游集水面积，计算所用 DEM 分辨率为 1 m。研究选择 3×3 局部网格，其中 h 为高程值，ln(A)代表上游集水面积。如图 5-23(a2)所示，D8 算法计算所得中心点 $Z5$ 上游集水面积为零，这种点称为孤值点。与 D8 算法不同的是，D∞算法得出中心点 $Z5$ 的集水面积并不为零，$Z2$ 可同时向 $Z5$ 和 $Z6$ 两个网格分配水量[图 5-23(b2)]。因为 D8 算法会在边坡处造成众多的孤值点，以及平行水流路径，所以在小尺度计算上游集水面积时多流向算法优于单流向算法。

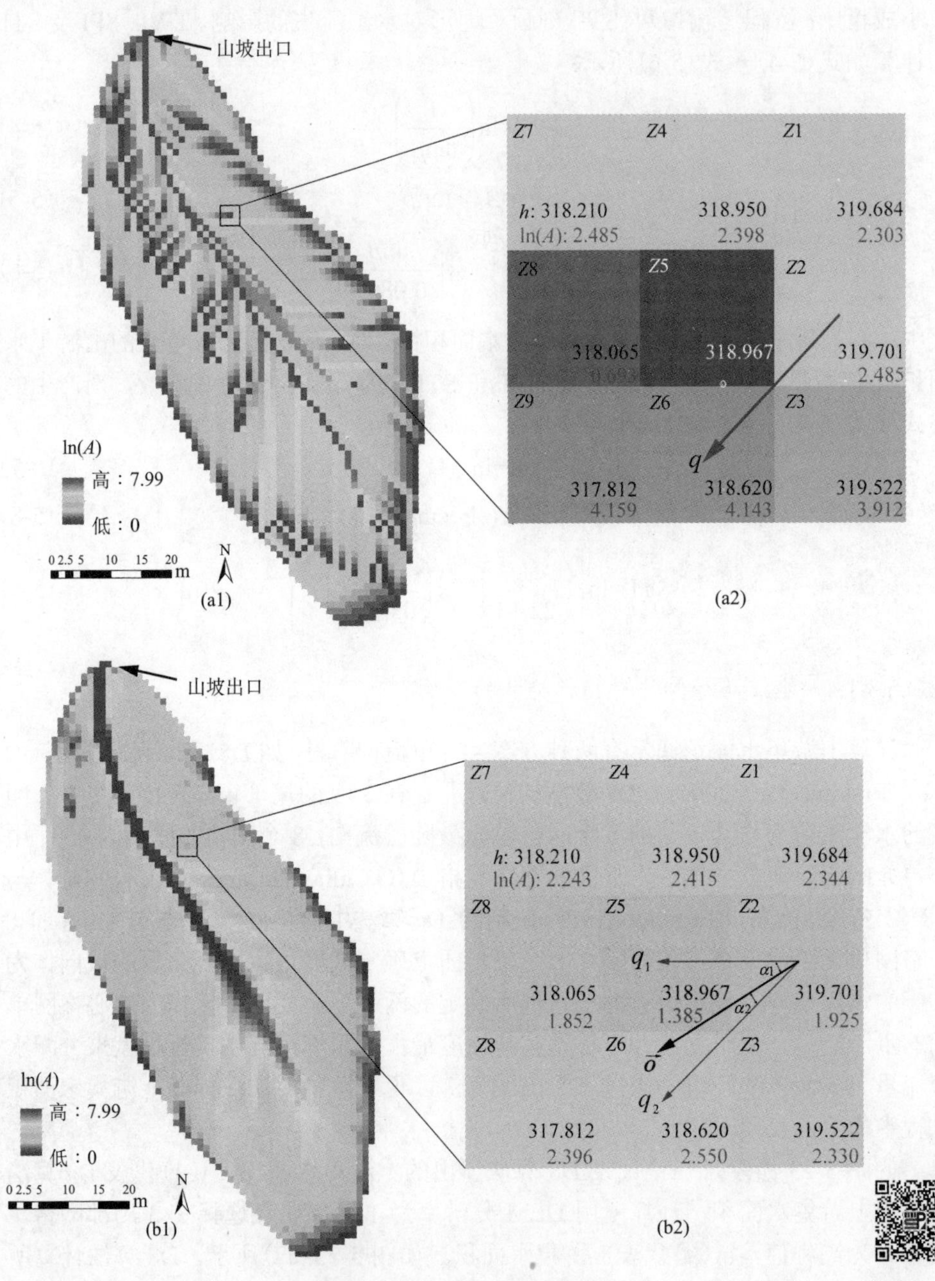

图 5-23　D8(a1)及 D∞(b1)算法计算山坡上游集水面积及 3×3 窗口示意图(a2)、(b2)

图中 h 的单位为 m

但应注意的是，随着 DEM 网格尺度的增加，D8 算法和 D∞算法的差异性会明显减小。例如，在 7.50 m 分辨率时，两种算法之间集水面积的分布模式及孤值点的数量存在很小的差异(图 5-24)。因此，我们可以得出结论，在应用精细 DEM 计算山坡集水面积时，D∞算法要优于 D8 算法。

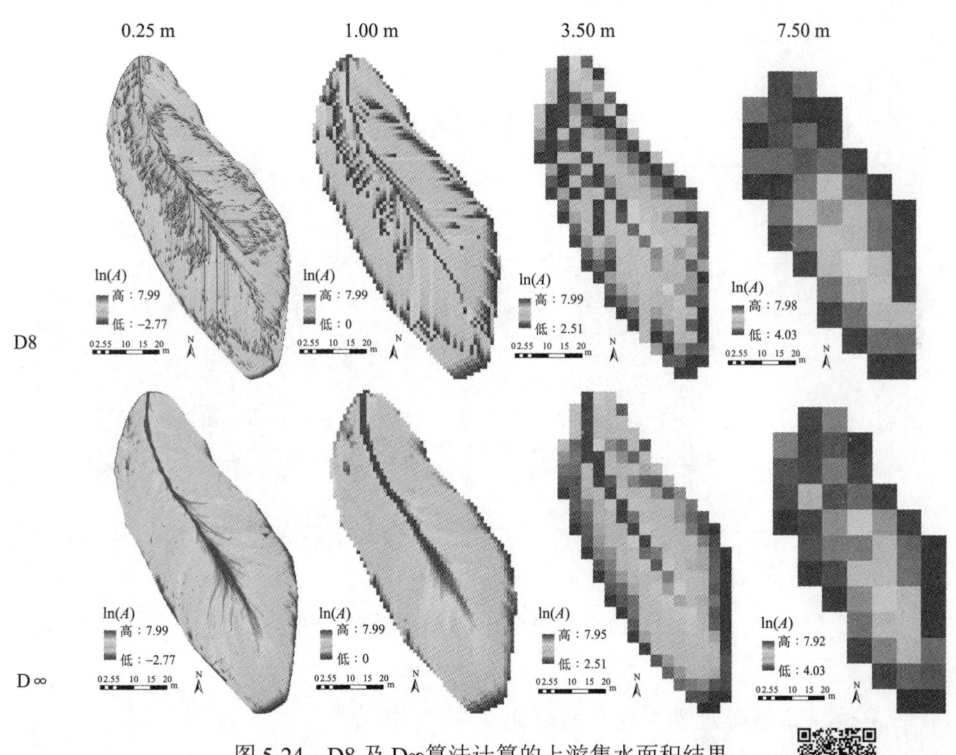

图 5-24　D8 及 D∞算法计算的上游集水面积结果

5.3.1.5　DEM 分辨率对指标提取的影响

下面以和睦桥 H1 实验山坡为例，研究 DEM 分辨率对指标提取的影响。图 5-25 显示了 9 种分辨率下各地形指标的统计结果。

对于初级指标而言[图 5-25(a)～(f)]，水平曲率[图 5-25(c)]和剖面曲率[图 5-25(d)]对 DEM 的变化更加敏感。坡度随 DEM 网格的增大范围缩小，说明 DEM 网格增大会坦化地形，但坡度(高程的一阶导数)的变化范围相较于曲率的变化范围小。高程[图 5-25(a)]和坡向[图 5-25(e)]基本不受 DEM 分辨率变化的影响。上游集水面积[图 5-25(f)]的最大值基本不受网格增大的影响，但是最小值会随着网格的增大而增大，且平均值及中值也会随着网格的增加而变大。二级指标[图 5-25(g)～(i)]随 DEM 网格增大变化规律一致，均出现范围缩小、均值增大的现象。

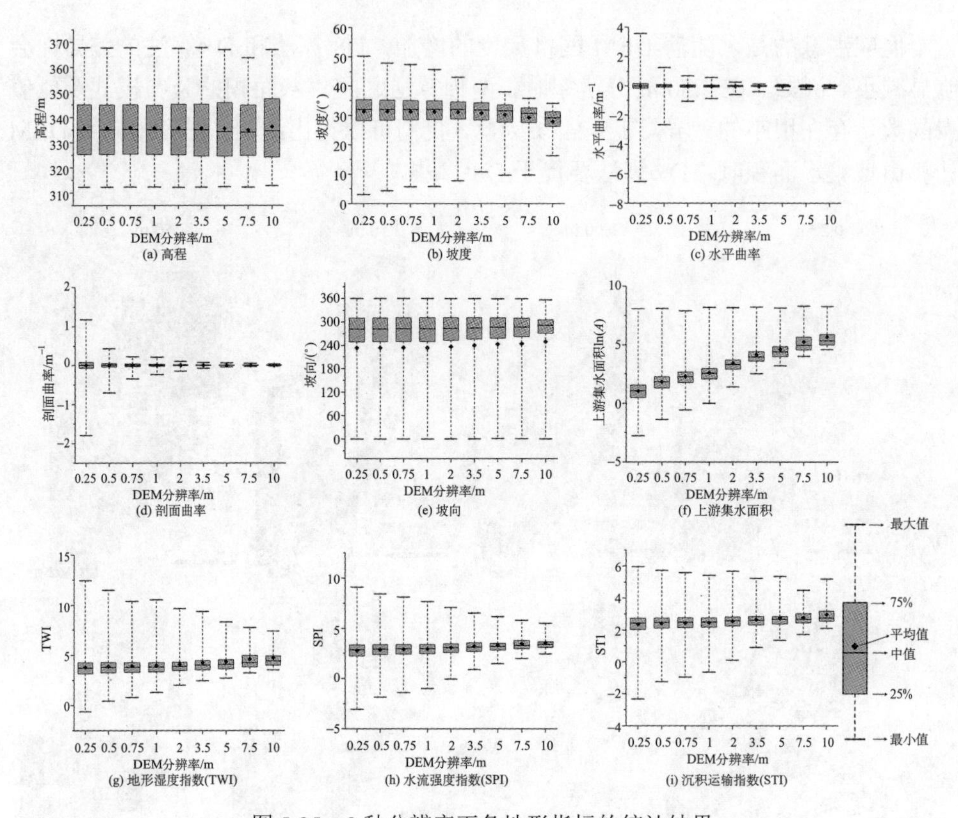

图 5-25　9 种分辨率下各地形指标的统计结果

5.3.1.6　土壤厚度预测模型的建立

初选 9 个地形指标参与模型构建，具体见 5.3.1.3 节。在选择流向算法后，使用皮尔逊(Pearson)相关性来测试指标之间是否存在高相关性，并且进一步分析土壤厚度和所有地形指标之间的相关性，与土壤厚度不显著相关的指标将被去除。此外，如果若干个地形指标都与土壤厚度显著相关，但它们之间存在高度相关性(参见表 5-3 中 A 与 TWI 的皮尔逊相关系数 r=0.993)，那么仅采用与土壤厚度相关性最高的指标以避免多重共线性问题。

土壤厚度预测模型采用线性和非线性两种方式构建。线性模型采用多元线性回归模型(multiple linear regression model, MLR)，如式 5-10 所示：

$$Y=a_1X_1+a_2X_2+\cdots+a_nX_n+a_0 \tag{5-10}$$

式中：Y 为因变量(土壤厚度)；X_i 为自变量(地形指标)；a_i 为回归系数，选择逐步回归的方法建立 MLR 模型。

非线性模型则采用人工神经网络模型，该模型受人类大脑学习过程的启发，包含许多处理神经元，这些神经元通常被分类为不同的层，如输入层、输出层、隐含层(Zhu, 2000)。神经元连接到相邻层中的神经元，但不连接到同一层中的神经元。研究使用 R 语言软件包“Neuralnet”运行 ANN 模型(Fritsch et al., 2016)。为了选择合适的隐含层节点数，我们将 H1 山坡 79 个采样点随机分成了训练集(90%的土壤厚度点，共 71 点)和验证集(10%的土壤厚度点，共 8 点)。采用交差验证的方法，将训练集和验证集在每一种节点数和每一种分辨率下(共 9 种)随机重复 100 次，计算每 100 次运行结果的均方根误差。最终确定 5 个地形因子作为输入项(见 5.3.2.1 节)，节点数的选择范围是 1～5，过多的节点数可能导致过拟合，并根据此结果选择隐含层最佳节点数。此外，研究比较了“Neuralnet”软件包中的多个 ANN 训练算法，发现 Backprop 算法是本研究中最有效的方法。

为了比较 MLR 和 ANN 模型，以及比较不同结构的 ANN 模型，研究设置了两种 ANN 结构，如图 5-26 所示。其中，第一种 ANN 模型[图 5-26(a)]输入的变量数目和逐步回归模型相同；第二种 ANN 模型输入的变量数目为确定值，即图 5-26(b)中的 5 个变量(筛选过程见 5.3.2.1)。我们将第一种 ANN 命名为 ANN1，第二种命名为 ANN2。土壤厚度模拟流程图如图 5-27 所示。

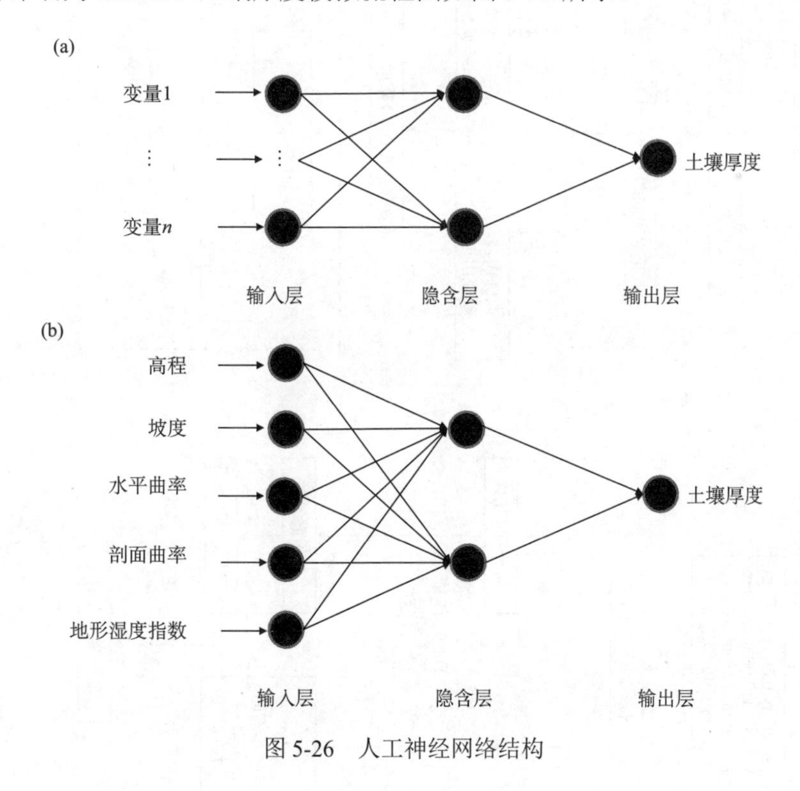

图 5-26　人工神经网络结构

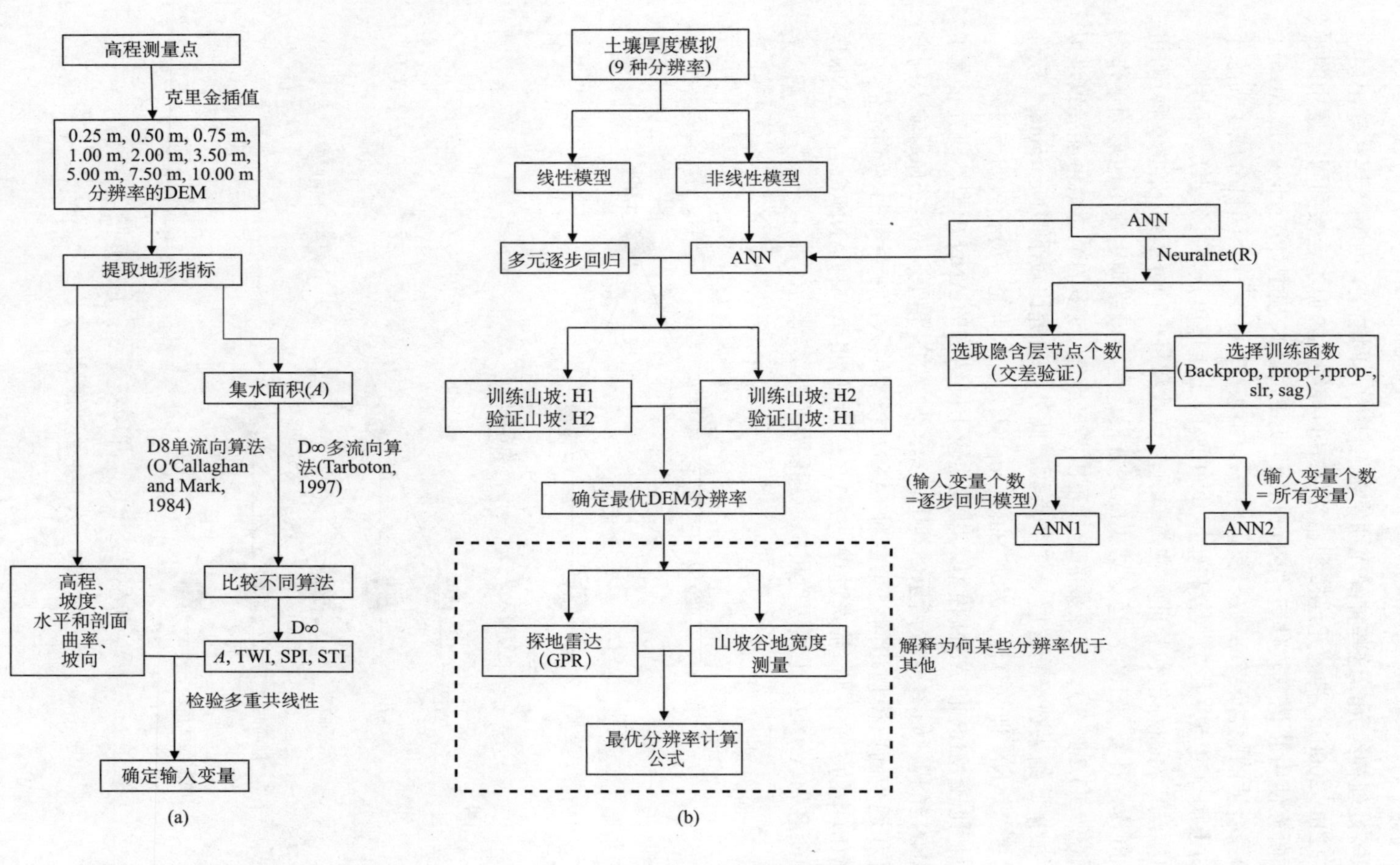

图 5-27 土壤厚度模拟流程

为了评价各模型预测结果，使用以下统计指标：平均绝对误差(MAE)、均方根误差(RMSE)和确定性系数(R^2)，三种评价指标计算公式为

$$\mathrm{MAE}=\frac{\sum_{i=1}^{N}\left|X_{\mathrm{samp},i}-X_{\mathrm{pred},i}\right|}{N} \tag{5-11}$$

$$\mathrm{RMSE}=\sqrt{\frac{\sum_{i=1}^{N}\left(X_{\mathrm{samp},i}-X_{\mathrm{pred},i}\right)^2}{N}} \tag{5-12}$$

$$R^2=\frac{\left[\sum_{i=1}^{N}\left(X_{\mathrm{samp},i}-\overline{X}_{\mathrm{samp},i}\right)\left(X_{\mathrm{pred},i}-\overline{X}_{\mathrm{pred},i}\right)\right]^2}{\sum_{i=1}^{N}\left(X_{\mathrm{samp},i}-\overline{X}_{\mathrm{samp},i}\right)^2\sum_{i=1}^{N}\left(X_{\mathrm{pred},i}-\overline{X}_{\mathrm{pred},i}\right)^2} \tag{5-13}$$

式中：X_{samp} 是野外采样的土壤厚度；X_{pred} 是预测的土壤厚度；N 是选定点的数量。

5.3.2　模拟结果

5.3.2.1　地形指标遴选结果

根据 H1、H2 的山坡结构特征及二级指标计算公式[式(5-4)～式(5-9)]，容易得出上游集水面积(A)的变化范围要远高于坡度。因此，集水面积的大小决定了二级指标总体的大小，且 A、TWI、SPI 和 STI 之间可能存在较高的相关性。为说明此问题，本研究计算了土壤厚度与地形指标两两比较的皮尔逊相关系数，见表 5-3。

表 5-3　土壤厚度与地形指标皮尔逊相关性分析(以 2 m DEM 为例)

N=79	SD	Elevation	Slope	PlanC	ProfC	Aspect	A	TWI	SPI	STI
SD	1									
Elevation	–0.396**	1								
Slope	–0.615**	0.388**	1							
PlanC	–0.655**	0.363**	0.451**	1						
ProfC	–0.246*	0.470**	0.275*	0.465**	1					
Aspect	–0.017	–0.337**	0.112	–0.024	0.075	1				
A	0.779**	–0.572**	–0.598**	–0.850**	–0.534**	–0.080	1			
TWI	0.794**	–0.579**	–0.681**	–0.840**	–0.526**	–0.086	0.993**	1		
SPI	0.741**	–0.539**	–0.473**	–0.866**	–0.532**	–0.081	0.987**	0.965**	1	
STI	0.697**	–0.499**	–0.364**	–0.860**	–0.520**	–0.087	0.959**	0.924**	0.992**	1

* 显著性水平：P<0.05(双尾)；

** 显著性水平：P<0.01(双尾)；

注：SD=土壤厚度，Elevation=高程，Slope=坡度，PlanC=水平曲率，ProfC=剖面曲率，Aspect=坡向，A=集水面积，TWI=地形湿度指数，SPI=水流强度指数，STI=沉积运输指数。

结果表明，A 与 TWI(r=0.993，P<0.01)、A 与 SPI(r=0.987，P<0.01)、A 与 STI(r=0.959，P<0.01)均呈显著正相关。

表 5-4 显示了 9 个地形指标在不同分辨率下与土壤厚度的相关性。高程、坡度、水平曲率、剖面曲率与土壤厚度呈负相关；集水面积及二级指标都与土壤厚度呈正相关。坡向与土壤厚度不相关，A、TWI、SPI 和 STI 在所有分辨率上都与土壤厚度有很高的相关性。在这些地形指标中，TWI 始终是与土壤厚度相关系数最高的。我们知道，TWI 的值随着坡度的增加而减少，随着集水面积的增加而增加。因此，可以推断，在山坡平坦且集水面积较大的区域土壤厚度较厚。综上所述，由于坡向与土壤厚度的相关性不大，A、TWI、SPI 和 STI 之间相关性显著，最终我们选择 5 个地形指标(高程、坡度、水平曲率、剖面曲率、地形湿度指数)来构建 MLR 及 ANN 模型，剔除 A、SPI 和 STI。

表 5-4　9 种 DEM 分辨率下土壤厚度与地形指标相关性分析

分辨率/m	SD-Elevation	SD-Slope	SD-PlanC	SD-ProfC	SD-Aspect	SD-*A*	SD-TWI	SD-SPI	SD-STI
0.25	−0.399**	−0.617**	−0.540**	−0.407**	−0.018	0.671**	0.707**	0.610**	0.545**
0.50	−0.401**	−0.636**	−0.678**	−0.392**	−0.029	0.717**	0.750**	0.660**	0.596**
0.75	−0.398**	−0.623**	−0.688**	−0.335**	−0.018	0.716**	0.747**	0.670**	0.612**
1.00	−0.399**	−0.597**	−0.642**	−0.307**	−0.031	0.751**	0.773**	0.717**	0.667**
2.00	−0.396**	−0.615**	−0.655**	−0.246*	−0.017	0.779**	0.794**	0.741**	0.697**
3.50	−0.401**	−0.476**	−0.634**	−0.273*	0.025	0.682**	0.699**	0.654**	0.614**
5.00	−0.391**	−0.406**	−0.617**	−0.258*	0.027	0.704**	0.720**	0.679**	0.634**
7.50	−0.388**	−0.219	−0.422**	−0.240*	0.099	0.540**	0.550**	0.509**	0.477**
10.00	−0.371**	−0.060	−0.522**	−0.150	0.042	0.622**	0.617**	0.604**	0.586**

*显著性水平：P<0.05(双尾)；

**显著性水平：P<0.01(双尾)；

注：SD=土壤厚度，Elevation=高程，Slope=坡度，PlanC=水平曲率，ProfC=剖面曲率，A=集水面积，TWI=地形湿度指数，SPI=水流强度指数，STI=沉积运输指数。

5.3.2.2　神经网络模型的建模与预测结果

研究采用交差验证的方法确定隐含层节点的个数，如表 5-5 所示。在 9 种分辨率中，有 4 种分辨率(0.25 m、1.00 m、2.00 m 和 5.00 m)表明隐含层节点数为 2 个可以取得最好的结果。此外，在 0.75 m 和 3.50 m 分辨率下，隐含层节点数为 2 时，模拟结果为次最好。所以，我们将隐含层节点数设成 2。进一步分析显示，在 1.00～5.00 m 的分辨率比更精细或更粗的分辨率具有更好的模拟精度，其中 2 m 分辨率取得了最好的效果。

表 5-5 不同分辨率及隐含层节点数均方误差统计表

分辨率/m	均方误差(MSE)*					节点数**
	1	2	3	4	5	
0.25	1296.97	1112.30	2134.59	1236.23	1415.17	2
0.50	987.98	1051.03	988.70	888.89	1104.68	4
0.75	1451.08	1071.83	1546.13	1068.34	1166.81	4
1.00	766.27	710.83	749.78	773.73	1022.94	2
2.00	749.91	682.62	714.72	913.80	718.60	2
3.50	1097.27	996.80	997.07	963.64	1034.72	4
5.00	906.15	759.40	840.92	839.44	918.98	2
7.50	1771.79	1748.92	1660.74	1793.86	1709.66	3
10.00	1386.31	1455.95	1244.59	1367.08	1419.00	3

*均方误差(mean squared error, MSE)为式(5-12)均方根误差的平方。

**节点数表示选择该节点时，均方误差最小。

5.3.2.3 多元逐步回归模型的模拟结果

利用 H1、H2 土壤厚度实测点，分别建立多元逐步回归模型，如表 5-6 所示。所有 MLR 模型均显著($P<0.001$)，R^2 值在 H1 山坡为 0.30～0.67，在 H2 山坡为 0.43～0.69。

表 5-6 土壤厚度预测的多元逐步回归模型

H1 分辨率/m	模型	R^2	显著性
0.25	9.746×TWI–1.332×Slope+87.163	0.54	<0.001
0.50	10.831×TWI–1.192×Slope+76.240	0.59	<0.001
0.75	7.059×TWI–50.081×PlanC–1.121×Slope+86.836	0.61	<0.001
1.00	14.869×TWI+19.444	0.60	<0.001
2.00	17.604×TWI+381.775×ProfC+4.245	0.67	<0.001
3.50	14.241×TWI+20.604	0.49	<0.001
5.00	16.303×TWI+11.255	0.52	<0.001
7.50	14.459×TWI+18.209	0.30	<0.001
10.00	17.918×TWI+0.550	0.38	<0.001
H2 分辨率/m	**模型**	**R^2**	**显著性**
0.25	11.445×TWI–95.730×ProfC+25.253	0.69	<0.001
0.50	14.218×TWI+16.315	0.52	<0.001
0.75	13.408×TWI+17.200	0.63	<0.001

续表

H2 分辨率/m	模型	R^2	显著性
1.00	13.311×TWI+17.191	0.60	<0.001
2.00	15.952×TWI+7.195	0.64	<0.001
3.50	17.439×TWI+2.153	0.58	<0.001
5.00	20.264×TWI–12.111	0.63	<0.001
7.50	25.583×TWI–37.282	0.66	<0.001
10.00	448.171×PlanC+70.127	0.43	<0.001

5.3.2.4 模型交叉预测的结果评价

本小节，我们分别利用 MLR、ANN1、ANN2 模型对 H1 和 H2 山坡的土壤厚度进行交叉验证(图 5-27)。三种模型的预测效果相似，MLR 模型预测效果总体稍好于 ANN1 和 ANN2，我们挑选 MLR 模型，采用 H1 山坡土壤厚度点作为模型输入，预测 H2 山坡土壤厚度，对模型预测效果进行说明，如图 5-28 所示。

从图 5-28 中可以看出，9 种分辨率预测结果相近，中部谷地预测值较高，两侧边坡及山脊预测值较低，这与实际钻孔数据吻合。然而，不同的 DEM 分辨率之间仍存在一定的差异。例如，小网格预测结果(如 0.25 m)显示，土壤厚度预测中心网格和邻近网格之间土壤厚度值变化大，这种现象在边坡(backslope)尤其明显[图 5-28 (a)～(c)]，当网格尺寸增加(如>2 m)时，土壤厚度预测中出现的相邻网格非均匀变化现象将得到明显的改善。

表 5-7 列出了使用多元逐步回归模型 9 种分辨率预测 H2 土壤厚度的最大值、最小值、平均值、标准差及网格数。结果显示，随着网格尺寸的扩大，预测结果的范围明显缩小。这是因为较粗的分辨率会使地形变平坦，导致地形指标如坡度、水平曲率、剖面曲率及地形湿度指数等参数范围变小，当输入因子单位变小后，土壤预测结果也会相应变小。

5.3.2.5 水流路径算法对模型构建的影响

此研究分别采用单流向(D8)及多流向(D∞)算法提取地形特征因子，并利用三种模型 MLR、ANN1 和 ANN2 对土壤厚度进行模拟预测。研究中，以 1 m 分辨率的 DEM 为例，各模型均以 H1 山坡土壤厚度点为模型输入，预测 H2 山坡的土壤厚度，结果如图 5-29 所示。

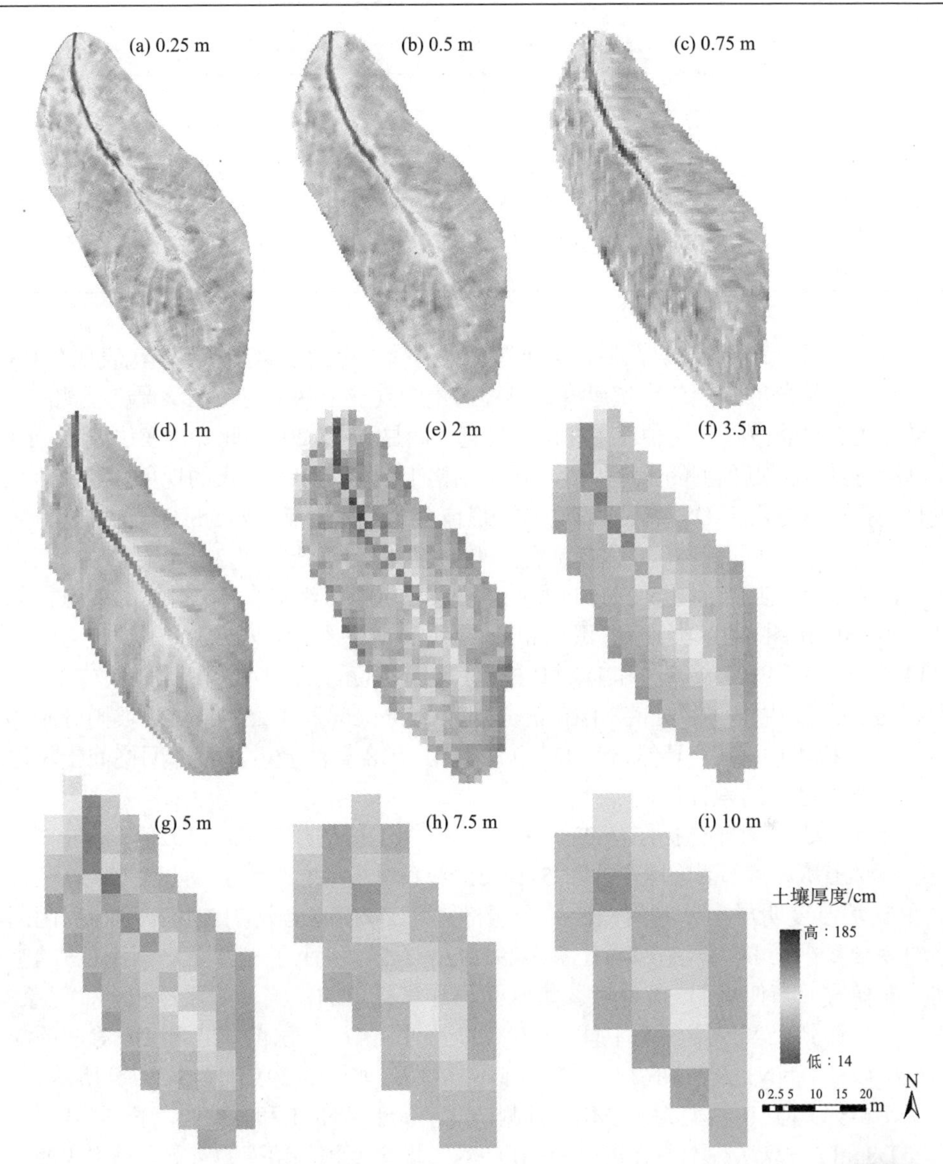

图 5-28　9 种分辨率下 H2 山坡土壤厚度预测结果(MLR 模型)

表 5-7　9 种分辨率预测 H2 土壤厚度统计表

H2 分辨率/m	最小值/cm	最大值/cm	平均值/cm	标准差/cm	网格数
0.25	22.21	184.38	80.07	12.32	47076
0.50	28.23	170.29	78.46	12.49	11766
0.75	14.47	180.34	79.79	13.60	5233
1.00	33.52	164.72	79.94	13.39	2942

续表

H2 分辨率/m	最小值/cm	最大值/cm	平均值/cm	标准差/cm	网格数
2.00	28.05	172.54	75.43	14.15	732
3.50	55.15	138.61	78.99	11.63	231
5.00	57.40	143.74	80.30	13.02	118
7.50	64.31	127.67	81.11	10.38	50
10.00	61.65	126.65	81.01	11.73	27

直观上看，采用D∞算法后，土壤厚度预测效果得到了明显的提高，表现在D∞算法允许流量分散，避免土壤厚度预测高值集中到一个网格内，土壤厚度预测的平行效应也有显著改善，这种现象在山谷处尤为明显(图 5-29)。此外，在边坡处，D8 算法会导致局部点预测的土壤厚度与周围网格土壤厚度相差巨大的现象。这些剧烈变化的点通常是由于 D8 算法会在边坡处造成众多的孤值点，如 5.3.1.4 节所述。

为了说明不同算法土壤厚度预测的不同,我们随机选择了 3 组位于底部山谷、中部山谷及边坡的点[图 5-29(b1)和图 5-29(b2)]。每组包含 10 对相邻的点，如图 5-29(b1)和图 5-29(b2)中的黑点和红点,并计算各组(10 对点)的平均绝对误差(MAE)。结果表明,D8 算法和 D∞算法在底部山谷位置的 MAE 值分别为 57.31 cm 和 8.86 cm，在中部山谷处的 MAE 值分别为 55.64 cm 和 22.51 cm，边坡则分别为 23.26 cm 和 4.19 cm。显然，与 D∞算法相比，D8 算法会引起相邻网格间土壤厚度预测值的更大的差异性。

此外，研究同样选择图 5-23 中的 3×3 窗口来说明集水面积孤值点(图 5-23 中 *Z*5)对土壤厚度预测的影响[图 5-29(c1)和(c2)]。直观上看，采用 D8 算法，*Z*5 的土壤厚度明显小于其周围的 8 个网格，而 D∞算法预测的土壤厚度与周围网格的差异要小于 D8 算法。TWI[图 5-29(a1)和(a2)]继承了上游集水面积(*A*)的空间分布模式。当使用 D8 算法时，集水面积计算结果的缺陷，如孤点和平行现象，进一步传递到土壤厚度预测中[图 5-29(c1)]。使用 D∞算法的优点和 D8 算法的缺陷也可以在 ANN1 及 ANN2 中得到类似的结果，如图 5-29(d)及 5-29(e)所示。

表 5-8 以 MLR 模型为例[MLR 预测精度稍优于 ANN1 和 ANN2，表 5-9(b)]，比较 D8 和 D∞算法在不同分辨率 DEM 下对土壤厚度预测精度的影响。结果表明，D∞算法在高精度的 DEM(如 0.25～2.00 m)中的效果优于 D8(RMSE、MAE 值较低，R^2 值较高)。这主要是因为在高精度 DEM 中，D8 算法预测的土壤厚度的高值区通常仅集中在一个网格的宽度范围内。因此，部分位于山谷的土壤厚度点可能并没有落在应有的高土壤厚度预测点上，导致了较低的预测精度。然而，D∞算法的优势仅体现在网格宽度小于山谷平均宽度的 DEM 中。在分辨率相对粗糙的 DEM(3.50 m 或更高)中，一个网格即可覆盖整个谷地的宽度，从而选用较大网格时两种算法预测的土壤厚度趋于相似。此处以 MLR 模型对比了 D8 和 D∞算法在不同分辨率下的预测精度，ANN1 和 ANN2 模型可得出相似的结论(图 5-29)，此处不再赘述。

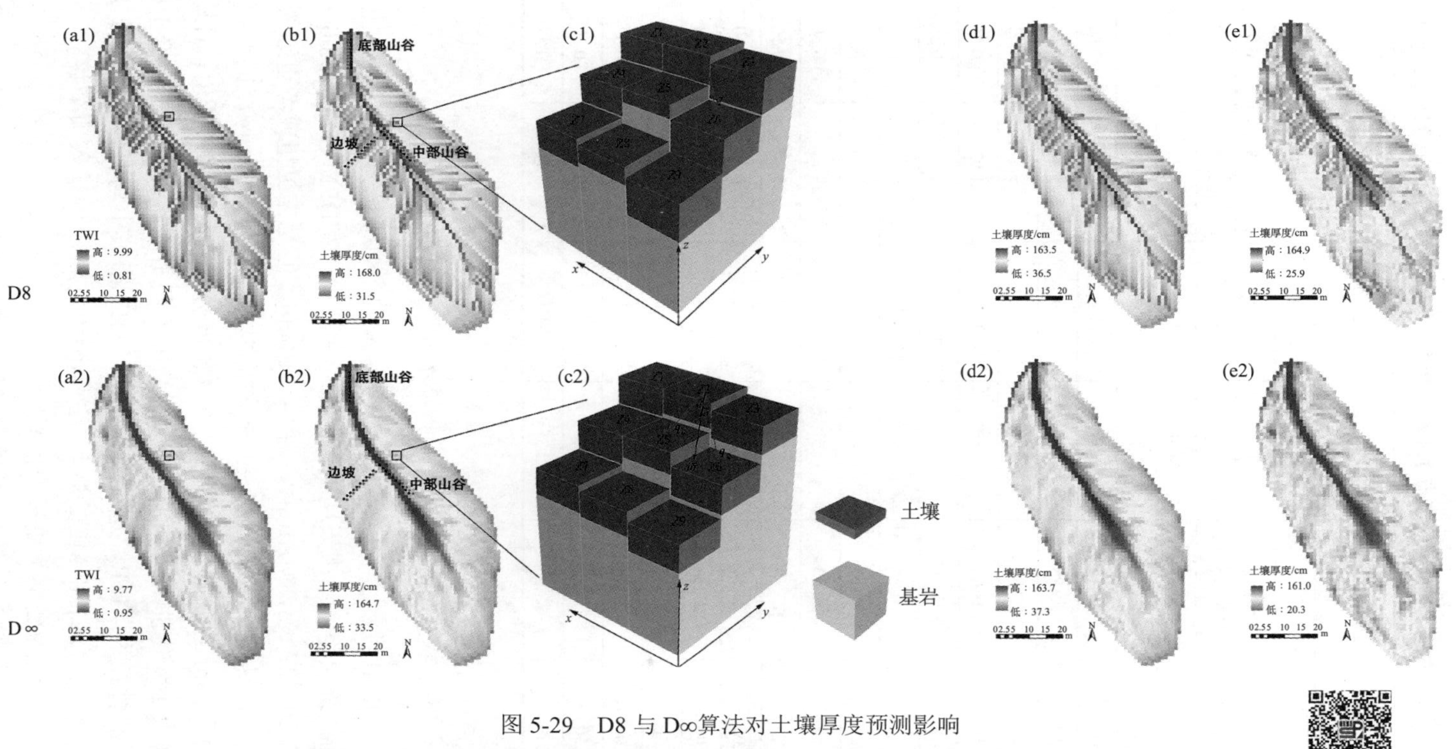

图 5-29　D8 与 D∞算法对土壤厚度预测影响

(b1)、(b2)为MLR 预测结果，(d1)、(d2)为ANN1 预测结果，(e1)、(e2)为ANN2 预测结果，(c1)、(c2)挑选的 3×3 网格与图 5-23 中 3×3 网格一致

表 5-8　9 种分辨率 D8 和 D∞算法预测精度统计(以 MLR 为例)

分辨率/m	RMSE/cm		MAE/cm		R^2	
	D∞	D8	D∞	D8	D∞	D8
H2 山坡土壤厚度预测结果(H1 山坡为训练集)						
0.25	26.39	31.76	21.64	26.84	0.63	0.48
0.50	27.87	31.22	23.05	23.97	0.56	0.42
0.75	26.39	28.48	21.44	24.21	0.63	0.57
1.00	27.02	27.17	20.73	22.08	0.60	0.58
2.00	24.12	25.94	17.60	18.86	0.64	0.59
3.50	26.85	27.58	20.97	21.21	0.58	0.58
5.00	25.82	25.06	20.20	19.31	0.63	0.64
7.50	28.06	28.54	21.96	21.92	0.66	0.63
10.00	32.76	29.42	24.93	21.16	0.35	0.47
H1 山坡土壤厚度预测结果(H2 山坡为训练集)						
0.25	29.80	36.00	21.83	27.88	0.48	0.42
0.50	26.09	34.52	17.20	23.27	0.56	0.35
0.75	27.10	33.08	16.80	20.10	0.56	0.35
1.00	26.01	29.83	17.08	20.59	0.60	0.44
2.00	23.34	24.88	15.68	18.77	0.63	0.59
3.50	27.81	28.22	17.00	16.45	0.49	0.49
5.00	27.36	29.15	15.15	16.53	0.52	0.48
7.50	35.37	35.48	19.56	20.79	0.30	0.27
10.00	32.55	32.55	21.14	21.14	0.27	0.27

5.3.2.6　线性/非线性模型与最优分辨率的选择

表 5-9(a)显示了 MLR、ANN1 和 ANN2 模拟环境下 H1 和 H2 土壤厚度预测模型的训练误差，结果表明 H1 山坡在中等分辨率 DEM(2.00～5.00 m)的 RMSE 值约为 20～27 cm，MAE 值约为 14～18 cm，但是在更粗或者更细的分辨率下，训练误差迅速增大。在 0.25～2 m 的范围内，R^2 随 DEM 网格的增大而增加，但网格大于 2 m 之后 R^2 开始减小，在 7.5 m 分辨率处减为最低值。H2 的训练误差随网格大小变化的趋势和 H1 相似。结果还表明，非线性模型 ANN1 的训练误差要小于线性模型 MLR，这种现象在 H1、H2 山坡中均有体现。此外 ANN2 的训练误差要比 ANN1 和 MLR 都小，这是因为 ANN2 的输入项个数多于其他模型，这为模型的训练提供了更多的信息。

然而，过多的信息输入往往会导致严重的过拟合问题。例如，ANN2 模型的预测精度通常小于 MLR 和 ANN1[表 5-9(b)]。由于部分地形指标(如曲率)是高程的二阶导数，过于精细的地形(如 0.25 m 和 0.50 m)往往引入较多的随机误差，故影响 ANN2 的精度。此外，基于 H1 山坡土壤厚度建模来预测 H2 山坡土壤厚度时，ANN1 的预测精度总体来说低于 MLR[表 5-9(b)]。这些结果表明，复杂的非线性模型并不一定比简单的线性回归模型能够取得更好的效果。表 5-9(b)的结果还表明，中间分辨率(2.00～5.00 m)具有较高的预测精度，RMSE 和 MAE 值均比其他分辨率下的模拟误差值要低。最后，基于 H1 山坡土壤厚度建模来预测 H2 山坡土壤厚度时，RMSE 及 MAE 均显示 2.00 m 分辨率为最优。反过来，基于 H2 预测 H1 时，RMSE 也显示 2.00 m 分辨率最优，MAE 值显示 2.00 m 分辨率为次优(15.68 cm)。综合上述结果，2.00 m 分辨率总体上为 9 种分辨率中的最优分辨率。

表 5-9(a)　两山坡 9 种分辨率 3 种模型下土壤厚度预测精度

分辨率/m	RMSE/cm			MAE/cm			R^2		
	MLR	ANN1	ANN2	MLR	ANN1	ANN2	MLR	ANN1	ANN2
H1 训练误差									
0.25	25.58	24.36	22.64	19.65	18.39	16.70	0.54	0.58	0.64
0.50	24.07	21.88	21.21	17.12	14.98	14.84	0.59	0.66	0.68
0.75	23.62	23.16	22.91	15.31	14.69	14.85	0.61	0.62	0.63
1.00	23.97	23.73	21.78	17.69	17.66	15.41	0.60	0.61	0.67
2.00	21.67	21.62	19.99	15.71	15.77	14.81	0.67	0.67	0.72
3.50	27.01	26.75	22.46	17.50	17.68	14.17	0.49	0.50	0.65
5.00	26.21	26.19	21.38	15.06	15.22	14.73	0.52	0.52	0.68
7.50	31.55	31.55	28.85	19.11	19.14	17.01	0.30	0.30	0.42
10.00	29.73	29.65	28.32	17.88	17.63	15.80	0.38	0.38	0.44
H2 训练误差									
0.25	22.35	21.14	20.88	17.80	16.22	16.26	0.69	0.72	0.73
0.50	27.75	27.38	22.10	20.80	20.34	16.59	0.52	0.53	0.69
0.75	24.25	23.77	22.05	18.08	17.68	16.68	0.63	0.64	0.69
1.00	25.21	24.82	24.34	18.28	17.96	17.63	0.60	0.61	0.63
2.00	24.05	23.47	18.07	17.54	16.95	13.10	0.64	0.65	0.80
3.50	25.77	25.36	21.49	19.12	18.70	17.07	0.58	0.60	0.71
5.00	24.26	24.54	20.15	17.35	17.52	15.40	0.63	0.62	0.74
7.50	23.37	20.78	20.39	17.87	15.64	15.15	0.66	0.73	0.74
10.00	30.10	27.56	25.74	22.45	20.11	20.23	0.43	0.52	0.58

表 5-9(b) 两山坡 9 种分辨率 3 种模型下土壤厚度预测精度

分辨率/m	RMSE/cm			MAE/cm			R^2		
	MLR	ANN1	ANN2	MLR	ANN1	ANN2	MLR	ANN1	ANN2
H2 山坡土壤厚度预测结果（H1 山坡为训练集）									
0.25	26.39	27.46	37.64	21.64	21.71	32.10	0.63	0.63	0.55
0.50	27.87	32.08	45.51	23.05	26.84	39.53	0.56	0.53	0.42
0.75	26.39	32.84	34.25	21.44	28.36	29.94	0.63	0.60	0.61
1.00	27.02	27.57	32.52	20.73	20.30	25.49	0.60	0.59	0.49
2.00	24.12	26.37	27.00	17.60	20.47	21.09	0.64	0.63	0.63
3.50	26.85	28.42	25.69	20.97	22.88	20.94	0.58	0.56	0.59
5.00	25.82	26.33	29.78	20.20	20.59	24.22	0.63	0.62	0.62
7.50	28.06	28.37	28.38	21.96	22.46	22.96	0.66	0.64	0.64
10.00	32.76	33.25	31.02	24.93	26.28	23.28	0.35	0.37	0.40
H1 山坡土壤厚度预测结果（H2 山坡为训练集）									
0.25	29.80	39.22	40.42	21.83	24.20	22.41	0.48	0.45	0.64
0.50	26.09	28.99	34.74	17.20	18.74	18.49	0.56	0.56	0.67
0.75	27.10	29.79	30.45	16.80	17.60	17.39	0.56	0.54	0.71
1.00	26.01	27.35	27.92	17.08	16.70	18.83	0.60	0.59	0.60
2.00	23.34	23.64	23.93	15.68	15.20	15.03	0.63	0.63	0.75
3.50	27.81	29.94	27.35	17.00	16.76	17.56	0.49	0.47	0.68
5.00	27.36	28.81	29.97	15.15	13.84	14.85	0.52	0.50	0.77
7.50	35.37	36.26	35.43	19.56	19.09	19.44	0.30	0.29	0.56
10.00	32.55	34.62	36.02	21.14	20.41	18.59	0.27	0.29	0.41

从以上结果可以看出，在 2.00～5.00 m 分辨率范围内，尤其是 2.00 m 分辨率下，土壤厚度预测效果较好，且简单的 MLR 效果要优于复杂的非线性模型。因此，最高的分辨率不一定能取得最好的模拟效果，Zhang 和 Montgomery(1994)、Behrens 等(2010)、Kim 和 Zheng(2011)、Yang 等(2014)及 Möller 和 Volk(2015)等在预测土壤性质或进行水文模拟时也得出过相似的结论。至于为什么中等分辨率 DEM 表现得更好，他们指出：过于精细的分辨率可能涵盖了不必要的地表细节信息，并引入系统噪音，而过粗的分辨率可能会使地形变得过于平坦，并失去建模所需的地形细节。尽管这些解释有一定道理，但上述研究都没有直接证据说明最优分辨率与预测指标之间的联系。

因此，本研究结合土壤厚度预测结果、探地雷达测量的土壤剖面信息及山坡谷地平均宽度提出了一种确定最优分辨率的方法。从第 3 章图 3-18 中可以看出，在边坡与谷地交接处的坡脚位置(footslope)，土壤厚度有明显的增加，但在山谷范围内土壤厚度的变化较小。因此，谷宽可以作为最优 DEM 分辨率的一种度量。然而，山谷的宽度从山坡出口处到顶部差别很大，故最佳分辨率往往不等于平均谷宽(AVW)。例如，表 5-9(b)中的最优分辨率(2.00 m)要小于山坡谷地的平均宽度(H1 谷地平均宽度为 4.93 m)(图 5-22)。考虑到 2～5 m 的范围是 H1、H2 山坡土壤厚度预测的最佳分辨率范围，这个范围大约是 H1 和 H2 的 AVW 的 40%～100%。根据这个结果，我们提出确定最优分辨率的经验值为

$$\mathrm{DEM}_{\mathrm{Res}}=m\times \mathrm{AVW} \tag{5-14}$$

式中：AVW 是平均谷宽；$\mathrm{DEM}_{\mathrm{Res}}$代表 DEM 的水平分辨率；$m$ 值的范围是 0.40～1.00。由于 2 m 分辨率通常能得到最好的预测结果，这里推荐 m=0.4。

5.3.3　土壤厚度预测结果讨论

数字高程模型(DEM)在数字土壤制图(digital soil mapping，DSM)中得到了广泛的应用。与 DSM 应用相关的研究至少有六个方面：DEM 的生成方法、DEM 数据源、DEM 质量的研究、地形指标的计算方法、预测模型的选择和最优尺度(Shary et al., 2017; Bourennane et al., 2014; Kim and Zheng, 2011)。在这六个方面中，选择合适的算法提取地形指标是一个常见的研究问题。因为对于单个地形指标而言，往往存在不同的计算方法，且不同算法的结果会有较大的差异(Behrens et al., 2010)。

本研究论证了多流向算法和单流向算法如何影响上游集水面积的计算，以及其如何进一步影响土壤厚度的预测。总体上，在模型中采用多流向算法(D∞)计算地形指标时的预测效果要优于单流向算法的结果。Erskine 等(2006)的报告指出，单流向算法和多流向算法之间最大的差异发生在地形发散的区域，如山脊和边坡。然而，本研究还发现在山坡收敛的区域也表现出显著的差异。例如，通过比较底部山谷及中部山谷的 10 对测量点，发现 D8 的误差比 D∞要大(图 5-29)。

此外，研究还比较了不同的模型，如 MLR(简单线性模型)和 ANN(复杂非线性模型)。研究发现，ANN 和 MLR 方法都能较精确地预测土壤厚度，但 MLR 比 ANN 模拟精度更高[表 5-9(b)]。究其原因，虽然 ANN 的训练误差比 MLR 模型小得多，但该模型往往会过拟合，尤其是 ANN2 模型。

在研究中，我们还发现平均谷宽可以作为确定模型最佳分辨率的重要依据。GPR 结果显示，边坡和谷地的土壤厚度值差别较大，但在山谷宽度范围内，土壤厚度值则变化不大。这表明用一个网格宽度代表谷地宽度，并以此作为最优分辨率是合理的。但在一个山坡上，谷宽并不是常量，最优分辨率的范围应是谷地平均宽度值的 40%～100%，这里建议 0.4AVW 为最优分辨率。采用 0.4AVW 的优点

在于研究人员可以直接选择最佳分辨率，而不是使用 Florinsky 等(2002)所建议的复杂程序。

值得注意的是，我们的实验是在湿润、陡峭的山坡上开展的，只代表众多地形的一种。因此研究并不是建议一种通用的拟合算法来选择最优尺度用以模拟各种不同地形条件下的土壤厚度。研究认为，对于不同的山坡，最优的尺度可能不尽相同，而对不同土壤理化性质的模拟也可能具有不同的最优分辨率范围。目前，高分辨率的 DEM 仍然昂贵，需要大量的现场勘察及后期处理工作(Shi et al., 2012)。然而，土壤性质可能并不总是对微地形变化做出反应(Kim et al., 2012)。因此，必须事先评估使用高分辨率 DEM 的必要性。

5.4 土壤化学性质空间分布研究

土壤化学性质受母质、气候、生物、时间和人类活动的影响，其形态和形成过程相当复杂，具有空间异质性。地形通过控制水文循环过程，也直接或间接地增强土壤化学性质的空间变异性。因此，认为土壤化学性质除受土壤质地和植被影响外，与局地的地形地貌也具有一定的相关性(Seibert et al., 2007)。目前，关于土壤化学性质空间变异的研究主要集中在城乡农田地区，如水稻田区土壤化学性质的空间变异分析(陈防等, 2006b; 赵彦锋等, 2006; 陈学泽等, 2005)，发现土壤 pH 和有机质是相对稳定的属性，其空间变异较小，而施肥元素变异较大，农田土壤化学性质受人类影响强烈。为了探讨地形对土壤化学属性的影响，连纲等(2008)和邱扬等(2004)选取陕北黄土高原小流域为研究区，探讨了地形对土壤化学属性的影响，发现土壤化学性质存在着显著的地形分异，水平凸型坡表层土壤氮、磷的含量都显著低于直型坡和凹型坡的含量，但其所选实验流域属黄土高原区，受人类活动干扰较大，未能深刻揭示土壤化学性质与地貌特征及水文循环间的内在联系。

本节选取位于浙江德清的太湖源头东苕溪水系和睦桥流域为研究对象，该流域为天然小流域，受人类活动影响较小。研究包括野外调查取样及室内分析测定两个部分，据此来描述土壤酸碱度、有机质等化学属性的空间变异，随后分析其与流域地形地貌的相关性。该研究对于认识土壤化学属性在流域内的空间分布规律及其受地貌和水文循环过程的影响机制，对山区土地的可持续利用等具有重要意义。

5.4.1 研究方法

5.4.1.1 样品的采集

本次实验在流域内选取了 90 个样点，使其在区域内尽可能均匀分布，采集土壤样品(其中环刀土 50 个，铝盒土 40 个)并观测其地貌特征(图 5-30)。依据山脊和山谷都要有样点且数量相当的原则，从铝盒土中选出 35 个代表点的表层土样做土壤化学性质测试。采用手持式罗盘确定各个样点的坡度、坡向，其中坡向原始记录是以朝北为起点顺时针旋转角度 *a*，经过求正弦(sin*a*)和余弦(cos*a*)后转化为东西向和南北向的两个亚变量，分别表示朝东和朝北的程度(Moore et al., 1993)。将现场测定结果和测绘局的地形图作对比分析，并生成 10 m×10 m DEM 数据。

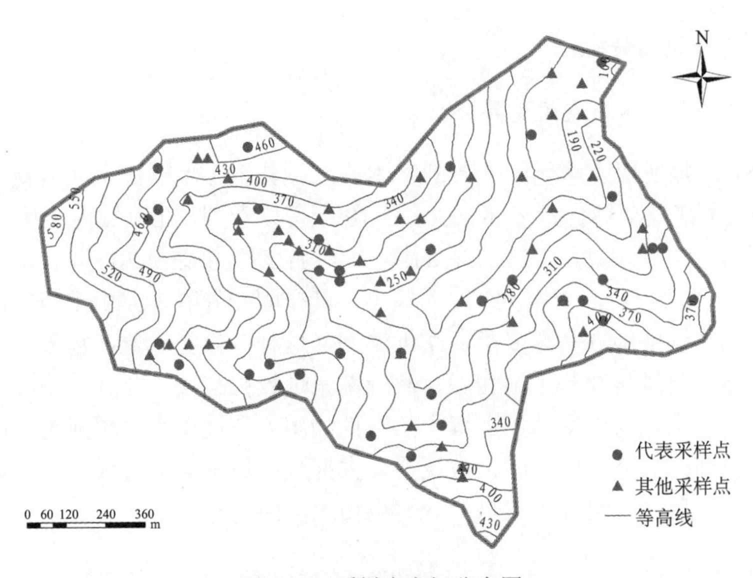

图 5-30　采样点空间分布图

5.4.1.2　样品化学性质测定方法

土样化学性质的测定在水文水资源与水利工程科学国家重点实验室完成。首先将采集的土样风干，拣除石块、树根和草根等杂物，并碾碎，过 2 mm 筛后装入塑料瓶。然后采用土样标准分析方法(鲁如坤, 2000)测定各项土壤化学性质：把土壤融入水中，配成土水体积比为 1∶2.5 的悬浊液，摇匀，用玻璃电极法测其 pH；用重铬酸钾法测定其有机碳含量，将有机碳乘以 1.724 得到有机质含量；先用过硫酸盐消化法消化(钱君龙等, 1990)土样，然后用 SKALAR 流动注射仪测定土壤全氮、全磷；全钾、全钠、全镁和全钙经完全硝解后用原子吸收分光光度法测定。

5.4.1.3 统计分析方法与数据预处理

本节采用相关分析法来研究土壤化学性质和地貌特征的相关性，采用数理统计方法来分析其空间变异情况，空间变异程度以变异系数 CV 表示。CV 为样本标准差与平均值的比值，此值为一个无量纲的数，可用于比较土壤各种性质的变异程度。当 $\mathrm{CV}<10\%$时，为微小变异；当 $10\%<\mathrm{CV}<100\%$时，为中等变异；当 $\mathrm{CV}>100\%$时，为高度变异(余新晓等, 2009)。

5.4.2 研究结果与分析

5.4.2.1 土壤养分空间变异分析

表 5-10 是所取土壤化学性质的基本情况。其中土壤碱土金属含量为土壤全钾、全钠、全镁及全钙含量之和。从表 5-10 中可以看到，在流域内土壤 pH 较低。通过分析所有土样，发现 75%左右的样点的 pH 都集中在 4.20～4.50，并且呈正态分布趋势(图 5-31)，土壤 pH 波动较小，其空间变异微小。由于研究区受东南季风的影响，这些地方高温多雨、空气湿润，这种气候会导致矿物分化和雨水淋溶作用强烈，土壤呈盐基不饱和态，故土壤呈现较强酸性。此外，采样时间为五月中旬，恰逢当地梅雨季节，土壤中的碱性物质容易被雨水溶解冲走，故其酸性成分比重较高。另外，研究区植被茂盛，大部分区域都被毛竹或灌木覆盖，地表有大量的枯枝落叶，地表覆盖物的分解也使土壤酸性较强。

表 5-10 土壤化学性质空间统计值

统计值	pH	有机碳/(g/kg)	有机质/(g/kg)	全氮/(g/kg)	全磷/(g/kg)
最大值	4.62	96.07	165.62	43.31	4.03
最小值	4.03	15.72	27.10	16.04	1.18
平均值	4.33	58.99	101.69	27.89	2.41
标准差	0.15	21.02	36.23	8.08	0.82
空间变异系数/%	3.40	35.63	35.63	28.96	33.87

统计值	全钾/(g/kg)	全钠/(g/kg)	全镁/(g/kg)	全钙/(g/kg)	碱土金属/(g/kg)
最大值	15.33	48.37	24.95	16.95	73.73
最小值	1.63	7.37	3.40	1.15	22.53
平均值	7.77	16.50	11.83	6.85	42.44
标准差	3.42	10.26	4.63	3.75	12.93
空间变异系数/%	44.00	62.19	39.16	52.11	30.61

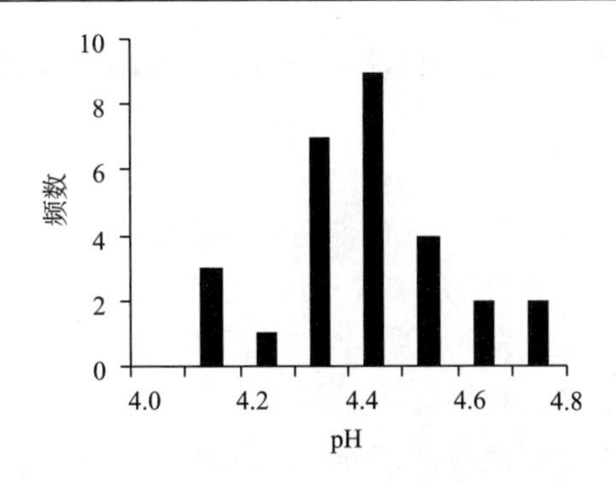

图 5-31　土壤 pH 的频数分布

流域内土壤有机质含量较高，通过分析所有土样的有机质含量，发现分布在 68.96～120.68 g/kg 的土样占总数的 70%左右；流域内土壤有机质属于中等变异。土壤有机质含量较高，是因为表层土壤被大量的枯枝落叶所覆盖，加上该地区雨水较多，腐殖化作用明显。此外，山丘区潮湿的空气容易产生嫌气条件，而使微生物的活动降低，有机物质不易分解，这些都会导致表层土壤有机质含量较高。小流域的土壤全氮和全磷含量也较高，这两种元素在流域内均为中等变异。土壤全氮含量较高，除了土壤母质因素的影响外，主要是由于土壤表层覆盖有大量的枯枝落叶等有机物质，而土壤中的氮素大部分存在于土壤有机质中(包括植物残体、微生物体及其分解物)。实验分析发现，本流域内氮素与有机质含量两者间的线性相关系数高达 0.49，这从另一侧面证实了以上推断。由于研究区土壤质地为粗砂壤土，磷在粗质土壤中扩散速率较慢，造成磷在土壤中的富集。换言之，流域内土壤有机质、氮、磷等养分属于中等变异，主要是由于区域内植被类型单一(大部分区域为毛竹所覆盖，山顶处有小片灌木和茶树)且覆盖度较高。而小流域内土壤中碱土金属元素(包括钾、钠、镁、钙)的空间变异性较大，土壤全钾和全钙含量较低，全镁和全钠含量较高，这是由于土壤金属元素分布主要跟土壤母质有关，植被对其分布影响较小。

5.4.2.2　地形地貌对土壤化学性质的影响

在分析土样化学性质和取样点高程关系时，发现该流域内高程与土壤有机质、全氮呈线性正相关关系(图 5-32)，相关系数 R 分别约为 0.41、0.31。事实上，随着海拔的升高、气温的降低，微生物分解速度会减慢，矿化作用也会减弱，从而导致有机质的富集。又因为土壤全氮含量和有机质含量有关，所以高程与全氮的关系也比较明显。高程和土壤 pH、土壤中全磷及碱土金属(包括钾、钠、镁、钙)含量的相关关系要弱得多，基本都在 0.06 左右。

表 5-11 是土壤化学性质与坡度及坡向(a)之间的相关性分析。如果某个化学

指标与 sin*a* 的相关系数为正值，则说明该化学属性偏东坡含量高于偏西坡含量，负值则相反；同样，如果某个化学指标与 cos*a* 的相关系数为正值，则说明该化学属性偏北坡含量高于偏南坡含量，负值则相反。从表 5-11 可以看出，坡度对土壤 pH 及土壤化学性质的影响较小，这可能是因为在研究区内地表植被覆盖较好，土壤侵蚀微小，避免了土壤养分的流失，所以坡度对土壤化学属性的空间分布影响不大。偏西方向的山坡的土壤有机质、全氮和全磷含量明显高于偏东方向的山坡，原因是西坡的林地比东坡的林地要茂盛得多，导致了土壤全氮和全磷在西坡的富集。土壤全氮和全磷还存在南北向的差异，北坡土壤的有机质、全氮和全磷含量明显高于南坡。这是由于坡向朝南的土壤，即所谓的阳坡，太阳辐射强度较大，气温较高，蒸发量较大，土壤湿度比较小，有机质分解比较快，而朝北的山坡，气温较低，土壤比较湿润，有利于有机物的积累。此外，坡向朝南的山坡在东南沿海一带恰为迎风坡，在此季节易形成地形雨，造成阳坡降雨强度和降雨量比阴坡的大得多，而雨强对土壤养分随地表径流的影响表现为土壤养分流失量随雨强的增加而增加，在坡面产流的情况下，降雨历时越长，降雨量越大，磷素累积流失量也越大(王全九等, 2007)，因此阳坡水土侵蚀强烈，并导致大量养分流失。

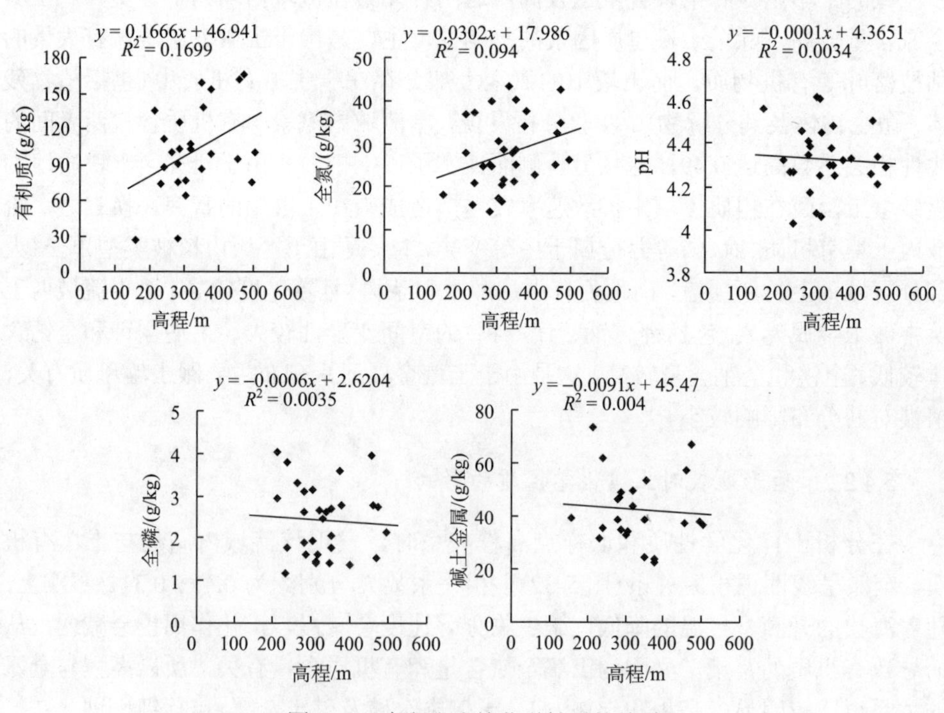

图 5-32　高程和土壤化学性质的关系

表 5-11　土壤化学性质与坡度、坡向的相关性分析

项目	pH	有机质	全氮	全磷	碱土金属
坡度	–0.17	0.07	0.07	–0.08	–0.06
$\sin a$	0.19	–0.30	–0.33	–0.45	0.03
$\cos a$	–0.05	0.22	0.25	0.40	–0.20

表 5-12 给出了山坡不同水平曲率(c_c)及剖面曲率(c_p)对应的土壤化学性质的均值。c_c 为正值，为发散型山坡，负值为收敛型山坡；c_p 为正值，为凸形山坡，负值为凹形山坡。对山坡曲率和土壤化学物质含量的相关性分析表明，水平和剖面曲率跟有机质含量关系最为密切，相关系数分别达到 0.34 和 0.22，而和全氮含量的相关系数分别为 0.17 和 0.14，曲率与其他化学物质含量的关系并不明显，相关系数一般低于 0.1。从表 5-12 可以看出，有机质和全氮含量在发散型山坡和凹形山坡含量相对高些，土壤 pH 和全磷含量在不同曲率的山坡分布差异不大。进一步分析显示，碱土金属含量虽在不同曲率山坡分布差异较大，但这是由于个别采样点含量较高造成的结果，跟曲率关系不大，水平和剖面曲率跟碱土金属含量的相关系数均为 0.02 左右。此外，分析表明发散型山坡对应的有机质含量比收敛型山坡含量要高，这主要是由于发散型山坡较收敛型山坡其径流冲刷作用小(刘金涛等, 2010)，有机质不易被冲走；而凹型山坡有机质含量比凸型山坡含量也要高，这是因为在凹型山坡，土壤较厚，土壤含水量较高，为水流汇集之处，由于水流往往携带大量的洪积物，造成有机质在此富集。通过对比山脊和山谷处的土壤有机质含量还发现，沿山谷线土壤有机质含量比沿山脊线的要高，这同样是水流携带土壤表层的有机质在山谷堆积造成的结果。

表 5-12　山坡不同曲率对应的土壤化学物质均值

曲率	pH	有机质 /(g/kg)	全氮 /(g/kg)	全磷 /(g/kg)	碱土金属 /(g/kg)
水平曲率(c_c>0)	4.30	108.91	28.37	2.43	131.96
水平曲率(c_c<0)	4.43	71.39	25.44	2.33	98.48
剖面曲率(c_p>0)	4.37	90.29	26.50	2.33	122.02
剖面曲率(c_p<0)	4.30	109.31	30.08	2.57	141.81

5.4.3　土壤化学性质空间分布研究小结

通过对和睦桥流域土壤化学属性空间变异的研究，得出以下结论：

(1) 从土壤化学性质的统计特征值来看，流域内土壤呈酸性，土壤有机质、全氮、全磷及镁、钙含量较高，土壤钾、钠含量较低。从空间变异系数来看，土壤 pH 在整个流域内变异较小，且近似正态分布，其余有机质、全氮、全磷及碱土金属均属于中等变异。土壤有机质和全氮具有较强的空间相关性，相关系数达到 0.49。

(2) 流域内高程和土壤有机质、全氮含量呈线性正相关关系，相关系数分别约为 0.41、0.31，而高程和土壤 pH、全磷及碱土金属的相关关系却弱得多，均低于 0.1。

(3) 流域内坡度对土壤化学性质空间分布的影响较小，而坡向对土壤养分的空间分布的影响却很明显，偏西及偏北方向的山坡中土壤有机质、全氮和全磷含量要明显高于偏东和偏南的山坡。

(4) 流域内山坡曲率对土壤有机质的影响显著，在发散型山坡及凹型山坡，土壤有机质含量较高，沿山谷线一带土壤有机质的含量也较高。

(5) 和睦桥流域土壤养分含量较高，这和区域内植被较茂盛、水土保持较好、土壤保肥性和养分流失较少有关。

参 考 文 献

陈防, 刘东碧, 熊桂云, 等. 2006a. 东南地区土壤养分的空间变异性与取样的策略[J]. 湖北农业科学, 45(4): 432-435.

陈防, 刘东碧, 熊桂云, 等. 2006b. 中亚热带两种水稻土土壤养分空间变异的对比[J]. 土壤学报, 43(4): 688-692.

陈学泽, 韩京龙, 江頭和彦. 2005. 湖南省丘陵区森林红壤化学性质研究[J]. 西北农林科技大学学报(自然科学版), 33(12): 85-88.

程勤波, 陈喜, 凌敏华, 等. 2010. 变水头入渗试验推求垂向渗透系数的计算方法[J]. 水科学进展, 21(1): 50-55.

连纲, 郭旭东, 符伯杰, 等. 2008. 黄土高原县城土壤养分空间变异特征及预测[J]. 土壤学报, 45(4): 577-584.

刘金涛, 陈喜, 吴吉春. 2010. 山坡蓄量动力学理论及其在水文模拟中的应用前景[J]. 山地学报, 28(5): 513-518.

鲁如坤. 2000. 土壤农业化学分析方法[M]. 北京: 中国农业科技出版社: 12-197.

钱君龙, 张连弟, 乐董麟. 1990. 过硫酸盐消化法测定土壤全氮全磷[J], 土壤, 22(5): 258-262.

邱扬, 傅伯杰, 王军, 等. 2004. 黄土高原小流域土壤养分的时空变异及其影响因子[J]. 自然科学进展, 14(3): 294-299.

王全九, 王力, 李世清. 2007. 坡地土壤养分迁移与流失影响因素研究进展[J]. 西北农林科技大学学报(自然科学版), 35(12): 109-114.

余新晓, 张振明, 朱建刚. 2009. 八达岭森林土壤养分空间变异性研究[J]. 土壤学报, 46(5): 959-964.

赵彦锋, 史学正, 于东升, 等. 2006. 小尺度土壤养分的空间变异及其影响因素探讨[J]. 土壤通报, 37(2): 214-219.

Amundson R, Heimsath A, Owen J, et al. 2015. Hillslope soils and vegetation[J]. Geomorphology, 234: 122-132.

Anderson A E, Weiler M, Alila Y, et al. 2009. Dye staining and excavation of a lateral preferential flow network[J]. Hydrology and Earth System Sciences, 5(6):935-944.

Bachmair S, Weiler M. 2011. New Dimensions of Hillslope Hydrology[M]//Levia D, Carlyle-Moses D, Tanaka T. Forest Hydrology and Biogeochemistry. Ecological Studies. Dordrecht: Springer: 455-481.

Behrens T, Schmidt K, Zhu A, et al. 2010. The ConMap approach for terrain-based digital soil mapping[J]. European Journal of Soil Science, 61(1): 133-143.

Blume T, van Meerveld H J. 2015. From hillslope to stream: Methods to investigate subsurface connectivity[J]. Wires Water, 2(3): 177-198.

Bourennane H, Salvador-Blanes S, Couturier A, et al. 2014. Geostatistical approach for identifying scale-specific correlations between soil thickness and topographic attributes[J]. Geomorphology, 220: 58-67.

Cheng Y N, Liu J L, Zhang J B. 2013. Fractal estimation of soil water retention curves using CT images[J]. Acta Agriculturae Scandinavica, Section B - Soil & Plant Science, 63(5): 442-452.

Dietrich W E, Reiss R, Hsu M L, et al. 1995. A process-based model for colluvial soil depth and shallow landsliding using digital elevation data[J]. Hydrological Processes, 9(3-4): 383-400.

Erskine R H, Green T R, Ramirez J A, et al. 2006. Comparison of grid-based algorithms for computing upslope contributing area[J]. Water Resources Research, 42(9): W09416.

Florinsky I V, Eilers R G, Manning G R, et al. 2002. Prediction of soil properties by digital terrain modelling[J]. Environmental Modelling & Software, 17(3): 295-311.

Flury M, Flühler H. 1995. Tracer characteristics of brilliant blue FCF[J]. Soil Science Society of America Journal, 59(1): 22-27.

Fritsch S, Guenther F, Guenther M F. 2016. Package ‘neuralnet’[R]. The Comprehensive R Archive Network.

Guo L, Lin H. 2016. Critical zone research and observatories: Current status and future perspectives[J]. Vadose Zone Journal, 15: 1-14.

Han X L, Liu J T, Mitra S, et al. 2018. Selection of optimal scales for soil depth prediction on headwater hillslopes: A modeling approach[J]. Catena, 163: 257-275.

Heimsath A M, Dietrich W E, Nishiizumi K, et al. 1997. The soil production function and landscape equilibrium[J]. Nature, 388(6640): 358-361.

Hoover M D, Hursh C R. 1943. Influence of topography and soil-depth on runoff from forest land[J]. Transactions, American Geophysical Union, 24(2): 693-698.

Johnson D O, Arriaga F J, Lowery B, 2005. Automation of a falling head permeameter for rapid determination of hydraulic conductivity of multiple samples[J]. Soil Science Society of America Journal, 69 (3): 828-833.

Kim D, Cairns D M, Bartholdy J, et al. 2012. Scale-dependent correspondence of floristic and edaphic gradients across salt marsh creeks[J]. Annals of the Association of American

Geographers, 102(2): 276-294.

Kim D, Zheng Y. 2011. Scale-dependent predictability of DEM-based landform attributes for soil spatial variability in a coastal dune system[J]. Geoderma, 164(3-4): 181-194.

Klaus J, Jackson C R. 2018. Interflow is not binary: A continuous shallow perched layer does not imply continuous connectivity[J]. Water Resources Research, 54(9): 5921-5932.

Ließ M. 2015. Sampling for regression-based digital soil mapping: Closing the gap between statistical desires and operational applicability[J]. Spatial Statistics, 13: 106-122.

Li X, Chang S X, Liu J, et al. 2017. Topography-soil relationships in a hilly evergreen broadleaf forest in subtropical China[J]. Journal of Soils and Sediments, 17(4): 1101-1115.

Mehnatkesh A, Ayoubi S, Jalalian A, et al. 2013. Relationships between soil depth and terrain attributes in a semi-arid hilly region in western Iran[J]. Journal of Mountain Science, 10(1): 163-172.

Möller M, Volk M. 2015. Effective map scales for soil transport processes and related process domains — Statistical and spatial characterization of their scale-specific inaccuracies[J]. Geoderma, 247: 151-160.

Moore I D, Gessler P E, Nielsen G A E, et al. 1993. Soil attribute prediction using terrain analysis[J]. Soil Science Society of America Journal, 57(2): 443-452.

O'Callaghan J F, Mark D M. 1984. The extraction of drainage networks from digital elevation data[J]. Computer Vision, Graphics, and Image Processing, 28(3): 323-344.

Seibert J, Stendahl J, Sørensen R. 2007. Topographical influences on soil properties in boreal forests[J]. Geoderma, 141: 139-148.

Shary P A, Sharaya L S, Mitusov A V. 2017. Predictive modeling of slope deposits and comparisons of two small areas in Northern Germany[J]. Geomorphology, 290: 222-235.

Shi X, Girod L, Long R, et al. 2012. A comparison of LiDAR-based DEMs and USGS-sourced DEMs in terrain analysis for knowledge-based digital soil mapping[J]. Geoderma, 170: 217-226.

Smith M P, Zhu A, Burt J E, et al. 2006. The effects of DEM resolution and neighborhood size on digital soil survey[J]. Geoderma, 137(1-2): 58-69.

Tarboton D G. 1997. A new method for the determination of flow directions and upslope areas in grid digital elevation models[J]. Water Resources Research, 33(2): 309-319.

Tromp-van Meerveld H J, McDonnell J J. 2006. Threshold relations in subsurface stormflow: 1. A 147-storm analysis of the Panola hillslope[J]. Water Resources Research, 42, W02410.

Vaze J, Teng J, Spencer G. 2010. Impact of DEM accuracy and resolution on topographic indices[J]. Environmental Modelling & Software, 25(10): 1086-1098.

Weyman D R. 1973. Measurements of the downslope flow of water in a soil[J]. Journal of Hydrology, 20(3): 267-288.

Yang Q, Zhang F, Jiang Z, et al. 2014. Relationship between soil depth and terrain attributes in karst region in Southwest China[J]. Journal of Soils and Sediments, 14(9): 1568-1576.

Zhang W, Montgomery D R. 1994. Digital elevation model grid size, landscape representation, and hydrologic simulations[J]. Water Resources Research, 30(4): 1019-1028.

Zhu A. 2000. Mapping soil landscape as spatial continua: The neural network approach[J]. Water

Resources Research, 36(3): 663-677.

Ziadat F M. 2005. Analyzing digital terrain attributes to predict soil attributes for a relatively large area[J]. Soil Science Society of America Journal, 69(5): 1590-1599.

Zimmer M A, McGlynn B L. 2017. Ephemeral and intermittent runoff generation processes in a low relief, highly weathered catchment[J]. Water Resources Research, 53(8): 7055-7077.

第 6 章　山坡土壤厚度演化预测的理论及方法

在气候相近的小流域，如何深入挖掘地形、土壤及基岩特性等山坡结构特征信息，并在水文预测中定量反映，是解决无资料区水文预测的理论瓶颈。这其中，山坡土壤厚度决定了蓄量的大小，是重要的水文模型参数。然而，山坡地带的土壤厚度数据非常难于获得，其空间分布也难于预测。

为此，我们结合山坡关键带结构和过程的强化观测，引入地貌演化的理论方法，基于地貌演化动力学模型和地质构造稳定的有关假说，导出土壤厚度演化的非稳态解析解，从而得到山坡土壤厚度预测的简化方法。为克服土壤厚度演化模型参数难于测定的困难，基于局地土壤厚度稳定假设导出模型参数确定的方法，该方法可以依据局部有限采样来推求土壤厚度演化模型的参数。这一方法极大地推动了该理论面向区域尺度的实际应用，可为水文模型参数区域化提供一种新的思路。

6.1　研究背景和意义

6.1.1　土壤厚度在水文研究中的作用

土壤厚度(或者活动风化层的厚度)，即从土壤表面至腐泥土的垂直距离(Riebe et al., 2017; Han et al., 2016; Amundson et al., 2015; Lucà et al., 2014; Anderson et al., 2013)，在陆地水文过程及其他地表过程中发挥了关键作用(Shangguan et al., 2017; Liu et al., 2013; Pelletier and Rasmussen, 2009a)。早期研究表明，不同的土壤厚度空间分布模式在很大程度上影响降雨径流的比率，即径流系数(Hoover and Hursh,1943)。原因在于，土壤厚度和土壤中的孔隙决定了山坡土壤的蓄水能力(Tromp-van Meerveld and McDonnell, 2006)。因此，土壤厚度的空间分布在一定程度上决定了山坡的蓄水能力和水流的路径，能显著地影响水文连通性和径流的生成(Blume and van Meerveld, 2015; Tetzlaff et al., 2014; McGuire and McDonnell, 2010)。

显然，对于水文过程研究和水文模拟预测实践来说，准确估计的土壤厚度空间分布信息显得非常重要。例如，在广泛用于水文、水资源、生态和土地管理领域的分布式水文模型中，土壤厚度是关键的参数(Catani et al., 2010; Dahlke et al., 2009; Tesfa et al., 2009)。在很多有物理基础的水文模型，如 IHDM、DHSVM 和

HSDMs 中，土壤厚度都是一个很重要的变量(Troch et al., 2002; Fan and Bras, 1998; Wigmosta et al., 1994; Beven et al., 1987)。在一些概念性的水文模型(如 HBV 模型和新安江模型)中，土壤厚度也可用来导出或指示其中的重要参数，如土壤蓄水能力等(Zhao et al., 1980; Bergström and Forsman, 1973)。因而，水文研究和实践需要越来越高质量的土壤厚度制图。

6.1.2 土壤厚度的预测方法

到目前为止，水文学家在进行水文模拟和相关规划研究时很大程度上仍需依赖以往的土壤调查数据库，如美国农业部国家土壤数据库(包括 SSURGO 和 STATSGO)和中国土壤信息系统(SISChina)(史学正等, 2007; Smith et al., 2004)，来获取土壤厚度图。但是，标准的土壤调查不能提供高分辨率的土壤厚度图，这显然限制了分布式水文模型的有效运用。因此，土壤厚度的定量预测或者有效的测量方法对可靠准确的水文模拟来说至关重要。

研究者们利用现有数据集，尝试了很多改进的土壤厚度表征方法。例如，Shangguan 等(2017)使用全球土壤剖面汇编数据，利用空间随机预测模型绘制土壤厚度地图。事实上，为了研究和应用的需要，各种各样的土壤厚度预测模型得到发展。大体而言，模型可以分为两大类，即随机模型和有物理基础的模型。前者包括回归(多元或逐步回归)模型、地统计模型和神经网络模型等。例如，Moore 等(1993)建立了包含土壤和地形因素的线性回归模型，用以预测土壤性质(包括土壤厚度)。Ziadat(2010)也采用多元线性回归模型预测土壤厚度，并发现依据数字高程模型提取的因素(如坡度、地形曲率、地形指数)对土壤厚度空间分布的估算很有帮助。Tesfa 等(2009)利用广义可加性模型和随机森林统计技术，并选用其新建立的地形属性(如至山脊及河谷的非投影距离、垂向距离等)来预测土壤厚度。Catani 等(2010)则提出了一个经验性的地貌数学模型，用于预测土壤厚度，该模型将土壤厚度与山坡坡度、曲率及相对位置建立定量联系。

新兴发展起来的地理信息系统(GIS)地形分析技术和广泛可获得的数字高程模型(DEM)对随机模型起了辅助促进的作用。由于经验模型具有结构简单、参数较少的特点，其他一些形式的随机模型也常被用来建立地形因素和土壤属性(如土壤厚度)之间的定量关系，如地统计的协同克里金模型(Penížek and Borůvka, 2006)和神经网络模型(Zhu, 2000)。然而，所有这些随机模型的应用都需遵从一个基本的假设，就是采样地的土壤厚度和地形因素之间的经验关系可以被拓展去推测其他地区的土壤厚度属性，即采样地与目标预测区具有相似性。

此外，各种随机或经验模型还须面对一个基本问题，即如何选择和导出适用于建模的影响因素。Shary 等(2017)指出预测因子的选取和评估对模型的构建具有重要意义，并提供了地形属性的选择和推导方法。Han 等(2018)探讨了土壤厚度模拟中最优地形分辨率的问题，提出了一种土壤厚度预测的优化方法。此外，这些模型中的参数必须依赖大量的采样，以经验的方式确定。也就是说，采样工作应该覆盖各种地形，如山脊、边坡和谷底，兼顾山坡上相对平坦和陡峭的地区。这些都将增加野外采样的难度，极大地限制了其在缺乏采样资料流域的外推应用(Dietrich et al., 1995)。正是因为统计模型的经验性，使得这类模型仅适用于建模区，已严重限制了模型在无资料或者少资料流域的应用能力。

相对而言，有物理基础的模型(如地貌演化模型)，则侧重于描述地质年代尺度上的土壤生成、输移的过程，即土壤厚度演化的过程。例如，通过假设土壤输移的速率与坡度成正比，即假定土壤运动为简单的蠕动模型，Dietrich 等(1995)建立了基于栅格 DEM 的预测流域尺度土壤厚度的数值模型。Roering(2008)则进一步发展了 Dietrich 等(1995)的工作，他在已有的土壤厚度演化模型中引入三个线性、非线性土壤输移公式。但是，这些土壤厚度演化模型作为地貌演化动力学模型的一部分，其求解往往依赖于复杂且精确的求解技术。例如，需要考虑气候和构造作用力的共同影响，要构建复杂的地貌演化动力学方程，采用数值方法模拟地质时间尺度上的地貌演化(Pelletier et al., 2011; Saco et al., 2006)。

显然，在水文模拟中应用地貌演化数学模型是非常复杂的事情，其代价非常之大。因此，为了便于水文领域的应用，我们亟需一些简单而通用的土壤厚度表达式，这些表达式一般为地形的函数。基于这一认识，许多研究往往采用解析或者降低数值求解难度的简化方法。例如，在土壤生成和侵蚀的平衡态假设前提下，Bertoldi 等(2006)给出一个简单的土壤厚度预测的解析公式，其采用土壤蠕动模型来描述土壤的输移。Pelletier 和 Rasmussen (2009a)则延续了 Bertoldi 的平衡稳定方法，分别用三个非线性土壤输移方程来描述土壤颗粒运动。然而，平衡稳定状态只在满足特定条件下的地区有效，并非广泛适用。例如，在 Shale Hills 流域，土壤演化尚未达到稳定的状态(Ma et al., 2010)。应该说，迄今为止，我们尚缺乏一个被广泛采用的、基于地貌演化动力学理论的、简化的土壤厚度预测模型(Pelletier and Rasmussen, 2009a)。

6.1.3 土壤厚度预测模型的参数确定

有物理基础的地貌演化模型，理论上其参数可以通过现场测量或理论推导来确定。例如，土壤生成速率可以通过宇宙放射性核素(如来自基岩的 ^{26}Al、^{10}Be 浓度)测量来确定(Heimsath et al., 1997, 1999)。然而，提取和测量宇宙核素浓度需要专业的实验室和技术指导才能进行。已发表的土壤生成速率结果主要来自澳大利亚、北美和南美的少数实验地点(Heimsath, 2014; Stockmann et al., 2014)。此外，由于测量的浓度须在数百万到数十万年内取平均值，因而很难以此来量化土壤生成速率随时间的变化，而这本身也是此类模型的重要参数(Heimsath, 2014;

Hurst et al., 2012)。因此，在实际流域中应用这些模型仍然受到诸多限制，尤其是对于非地貌专业的人员。

为了便于参数估计和模型应用，基于局部稳定的假设，一些研究对地貌演化模型中的参数进行了理论推导。在大多数山坡地貌演化模型中，局部稳定假设是简单适用的，它也是使用宇宙放射性核素来估计土壤生成速率的一个基本假设(Yu and Hunt, 2017; Phillips, 2010)。例如，基于局部稳定假设，Hurst 等(2012)利用山脊曲率估算侵蚀率，Chiang 和 Hsu(2006)利用山脊土壤厚度数据来估算模型的参数。但这里面仍存在许多问题，如源头型山坡的土层厚度究竟应该在何处测量，应收集何种类型的土层厚度数据。

所以，在本研究中，我们将进一步发展 Chiang 和 Hsu(2006)的方法，采用两种土壤输移理论推导出一个参数确定的理论框架，即线性模型(Culling, 1963)和非线性模型(Pelletier and Rasmussen, 2009a)。我们的主要目标是通过有限的土壤厚度采样和现有的土壤生成速率数据库，为地貌演化模型的参数估计建立一个理论框架(Bonfatti et al., 2018; Stockmann et al., 2014)。在该框架下，模型参数将依据 DEM 的地形特征因子和源头型山坡土壤厚度的局部观测数据来确定。最后，对两种模型下的结果及影响因素进行讨论。本研究将为土壤厚度现场采样提供指导，将给出参数估计的理论方法，提高地貌演化类模型的适用性。

6.2　土壤厚度演化预测的模型理论基础

山坡上土壤厚度的演化受土壤生成(下伏基岩风化成土作用)和坡面沉积(或侵蚀)两者的平衡过程所控制。根据土壤生成和输移的质量守恒，Dietrich 等(1995)认为描述土壤厚度演化的连续性方程可以表示为

$$\frac{\partial h}{\partial t} = -\eta \frac{\partial z_b}{\partial t} - \nabla \cdot q \tag{6-1}$$

式中：h 是土壤的厚度；z_b 是基岩高程；q 是土壤输移通量；η 是岩石密度和土壤密度之比，即 $\eta = \rho_r / \rho_s$。方程(6-1)右边的第一项 $\partial z_b / \partial t$ 是土壤生成的速率，即基岩风化成土速度。根据 Heimsath 等(2000)的研究，土壤生成速率随土壤厚度的增加大致呈指数下降：

$$\frac{\partial z_b}{\partial t} = -P_0 \mathrm{e}^{-h/h_0} \tag{6-2}$$

式中：P_0 是裸露基岩上的土壤生成速率(即土壤厚度为零)；h_0 为特征风化深度，是一个经验性的参数。虽然这个指数关系被广泛应用于湿润地区，但是很大程度上不能反映土壤生成的全部复杂性。例如，在干旱和半干旱地区，描述土壤生成速率一般推荐采用所谓的驼峰函数(Pelletier and Rasmussen, 2009b)。

根据 McKean 等(1993)、Small 等(1999)及 Dietrich 等(1995)的研究，在许多湿润半湿润流域，坡度是土壤输移的主导因素，即土壤输移以蠕动为主。而且，基于这种线性输移法则构建的地貌演化动力方程更易于解析，从而得到简单实用的模型公式。因此，在此研究中，我们使用了两个被广泛运用的线性沉积物输移公式，即简单的土壤蠕动输移模型和径流侵蚀模型，故土壤输移通量由此两项组成

$$q = q_d + q_t \tag{6-3}$$

土壤蠕动 q_d 可以用一个线性蠕动函数表示：

$$q_d = -k_d \cdot \nabla z \tag{6-4}$$

式中：k_d 是扩散系数；z 是土壤表面高程。

根据 Willgoose 等(1991)和 Saco 等(2006)的研究，径流侵蚀驱动下的土壤输移 q_t 一般方程可写为

$$q_t = -k_t \cdot A^m \cdot (\nabla z)^n \tag{6-5}$$

式中：k_t 是沉积物输移系数；A 是集水面积；m 和 n 是指数常数。根据 Fagherazzi 等(2002)的定义，m 和 n 的值分别为 1.4 和 1.2。将方程(6-2)、方程(6-4)和方程(6-5)代入方程(6-1)，可以得到一个用来描述土壤厚度演化的土壤输移动力学方程：

$$\frac{\partial h}{\partial t} = c\mathrm{e}^{-h/h_0} + f \tag{6-6}$$

式中：$c = \eta P_0$，且有

$$f = -\nabla q_d - \nabla q_t \tag{6-7}$$

式中：f 是土壤蠕动和径流侵蚀作用下的山坡土壤输移通量。f 的计算需利用基于栅格 DEM 的数字水系网络，图 6-1 给出了计算土壤输移通量的示意图。根据式(6-4)，方程(6-7)中的 ∇q_d 可以表示为 $k_d \cdot \nabla^2 z$，其中 $\nabla^2 z$ 的值等于地形曲率 C。根据 Heimsath 等(1999)的方法，图 6-1(b)中栅格单元 i 的地形曲率 C_i 可计算如下：

$$C_i = \frac{2(z_1 + z_3 + z_5 + z_7) + (z_2 + z_4 + z_6 + z_8) - 12z_i}{4\Delta x^2} \tag{6-8}$$

式中：z_i 是栅格单元 i 的高程；$z_1 \sim z_8$ 是图 6-1(b)中栅格单元 i 周围八个栅格的高程；Δx 为栅格单元的尺寸。在方程(6-7)中，∇q_t 的值可以采用下式进行计算：

$$\begin{aligned} -\nabla q_t &= \frac{1}{\Delta x}\left(\sum_j \lambda_{in_j} q_{tn_j} - \sum_k \lambda_{io_k} q_{to_k} \right) \\ &= \frac{1}{\Delta x} \sum_j \lambda_{in_j} k_t A_j^m \left(\frac{z_j - z_i}{\Delta x} \right)^n - \frac{1}{\Delta x} \sum_k \lambda_{io_k} k_t A_i^m \left(\frac{z_i - z_k}{\Delta x} \right)^n \end{aligned} \tag{6-9}$$

式中：q_{tn_j} 和 q_{to_k} 分别是栅格单元 i 的土壤总入流和总出流通量；λ_{in_j}、λ_{io_k} 是依据 D∞算法(Tarboton, 1997)确定的出入流的比例系数。例如，出流的系数 λ_{io_1}、λ_{io_2} 可定义为

$$\lambda_{io_1} = \alpha_2 / (\alpha_1 + \alpha_2) \text{和} \lambda_{io_2} = \alpha_1 / (\alpha_1 + \alpha_2) \tag{6-10}$$

式中：α_1、α_2 对应的分别是图 6-1(c)中三角面水流方向 $\vec{io}$ 与对应的基准方向、对角线方向的夹角。

这里，我们采用 MacCormack 显式差分格式(MacCormack, 1971)来求解微分方程(6-6)和方程(6-7)，并用于评价以下给出的解析解的计算结果。

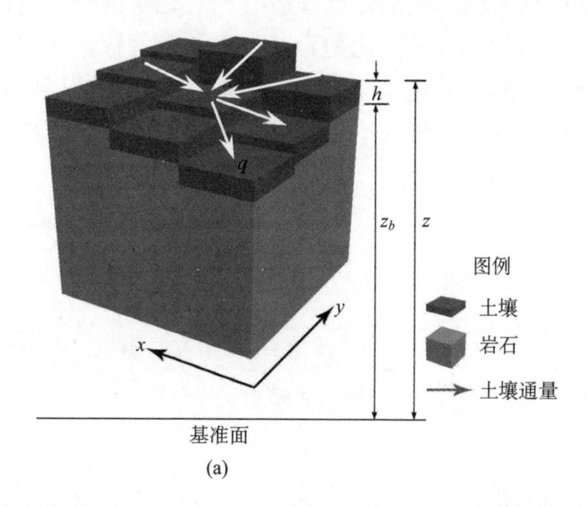

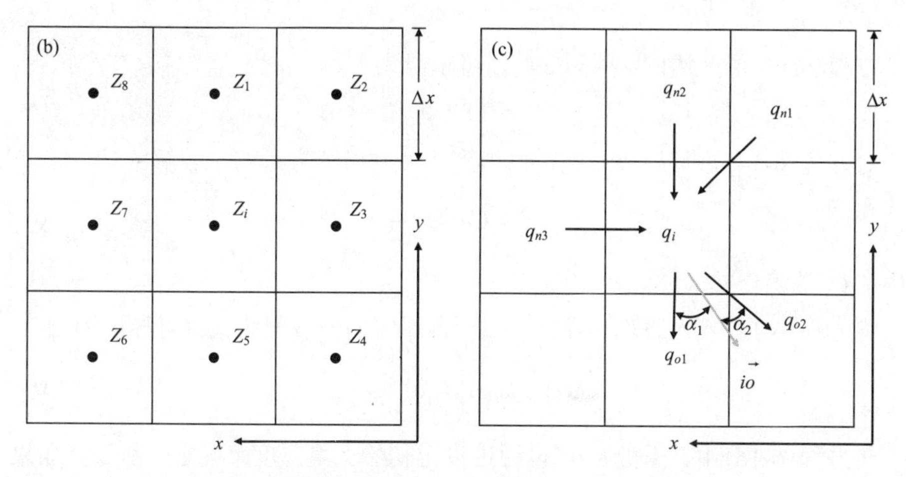

图 6-1　土壤输移演算的栅格单元(3 行×3 列)

(a)栅格单元三维地形及土壤厚度分布示意图；(b)曲率计算示意图；(c)土壤输移通量 f 的计算网格，q 代表土壤输移通量，灰色箭头代表栅格单元 i 对应的三角面水流方向 $\vec{io}$，α_1、α_2 分别是 $\vec{io}$ 和基准方向以及对角方向的夹角

6.3 非稳态解析解的推导及应用

6.3.1 理论推导

为了便于解析，我们引入两个合理的假设，以进一步简化前面介绍的土壤厚度演化动力学方程。这两个假设分别是：首先，我们假定研究的对象仅限于湿润和半湿润的地区，这里壤中流较为丰富，是径流的主要成分，且下垫面基岩机械强度高(Dietrich et al., 1995)；其次，假设在相对较短(如 10～15 ka)的地质年代尺度内，地表地形在土壤厚度演化过程中是相对稳定或稳态变化的。因此，可以推定地形特征要素(如曲率)的演化受岩石风化和土壤输移作用的共同驱动，且认为其速率比土壤厚度演化的速率慢得多。这样，方程(6-6)可以看作是一个一阶非线性非齐次常微分方程。方程的一般解可以通过以下步骤导出。

首先，将方程(6-6)改写为

$$\frac{1}{Z}(-c+h_0Z')=f \tag{6-11}$$

其中：

$$Z=\mathrm{e}^{h/h_0} \tag{6-12}$$

之后，可将其改写成一个线性常微分方程：

$$Z'=aZ+b \tag{6-13}$$

其中：$a=\dfrac{f}{h_0}$; $b=\dfrac{c}{h_0}$。

方程(6-13)的两边同时乘以 e^{-at}，可重组为

$$(Z\mathrm{e}^{-at})'=b\mathrm{e}^{-at} \tag{6-14}$$

对方程(6-14)进行积分，就可以得到线性常微分方程的一般解：

$$Z=C_1\mathrm{e}^{at}-\frac{b}{a} \tag{6-15}$$

式中：C_1 是积分常量。

将方程(6-12)代入方程(6-15)中，土壤厚度的一般表达式就可导出为

$$h(t)=h_0\ln\left(C_1\mathrm{e}^{at}-\frac{b}{a}\right) \tag{6-16}$$

在方程(6-16)中，系数 C_1 可以通过设定初始土壤厚度来确定。所以，如果初始土壤厚度假设为

$$h(0)=hi \tag{6-17}$$

那么积分常量 C_1 导出为

$$C_1 = \mathrm{e}^{hi/h_0} + \frac{b}{a} \tag{6-18}$$

将方程(6-18)代入方程(6-16)，得

$$h(t) = h_0 \ln\left[\frac{(f\mathrm{e}^{hi/h_0} + c)\mathrm{e}^{ft/h_0} - c}{f}\right] \tag{6-19}$$

方程(6-19)是土壤厚度演化预测模型的一般形式，根据 Dietrich 等(1995)的建议，土壤厚度演化模型对初始土壤厚度的敏感度不高，所以初始土壤厚度可以假定为

$$h(0) = 0 \tag{6-20}$$

那么常数 C_1 为

$$C_1 = 1 + \frac{b}{a} \tag{6-21}$$

从而，方程(6-16)可改写成一个更简化的表达形式，如下：

$$h(t) = h_0 \ln\left[\frac{(f + c)\mathrm{e}^{ft/h_0} - c}{f}\right] \tag{6-22}$$

式中：h_0 和 c 是土壤生成参数(其值可根据它们的物理意义而初始给定)；f 是山坡土壤综合输移通量，可以根据方程(6-7)确定。

在流域地势低洼的地方，由于土壤厚度一般会随之增大，根据式(6-2)，土壤生成速率可以近似为零。那么方程(6-6)重写成

$$\frac{\partial h}{\partial t} = f \tag{6-23}$$

对方程(6-23)积分，积分时间从 t_s 到 t，土壤厚度从 h_s 到 h，我们得到

$$h(t) = h_s + f(t - t_s) \tag{6-24}$$

式中：t_s 是土壤生成速率近似为零的时间；h_s 是时刻 t_s 对应的土壤厚度。

在此解析模型中，土壤生成方程(6-2)中的参数可以根据放射性同位素来测量[如 Ma 等(2010)采用的铀系同位素方法]。尽管方程(6-4)和方程(6-5)中的扩散系数(如 k_d)在土壤输移公式中带有经验的特性，但理论上也可根据现场实验来确定，例如，根据河道河床输沙速率来简单估算(Culling, 1963)。此外，根据 Chiang 和 Hsu(2006)对已有研究的总结，参数 k_d 的范围介于 10^{-5}～10^{-2} m²/a。

6.3.2 理想山坡的应用评价

6.3.2.1 九个理想山坡

我们采用九个基本的理想山坡(图 6-2)来评价所推导的解析解模型。这里，我们假定所有的山坡均构建于一个平滑的基岩表面之上，研究中采用双变量二次方程作为此基岩表面的高程函数(Evans, 1980)，公式如下：

$$z(x,y)=E+H\left(1-\frac{x}{L}\right)^{\gamma}+\omega y^{2} \tag{6-25}$$

式中：z 为地表高程；x 是山坡流线方向上的坐标；y 是宽度方向的坐标；E 是山坡表面的最小高程；H 为最大高程差；L 是整个山坡的长度；γ 是一个代表剖面曲率的参数；ω 是代表平面曲率的参数。

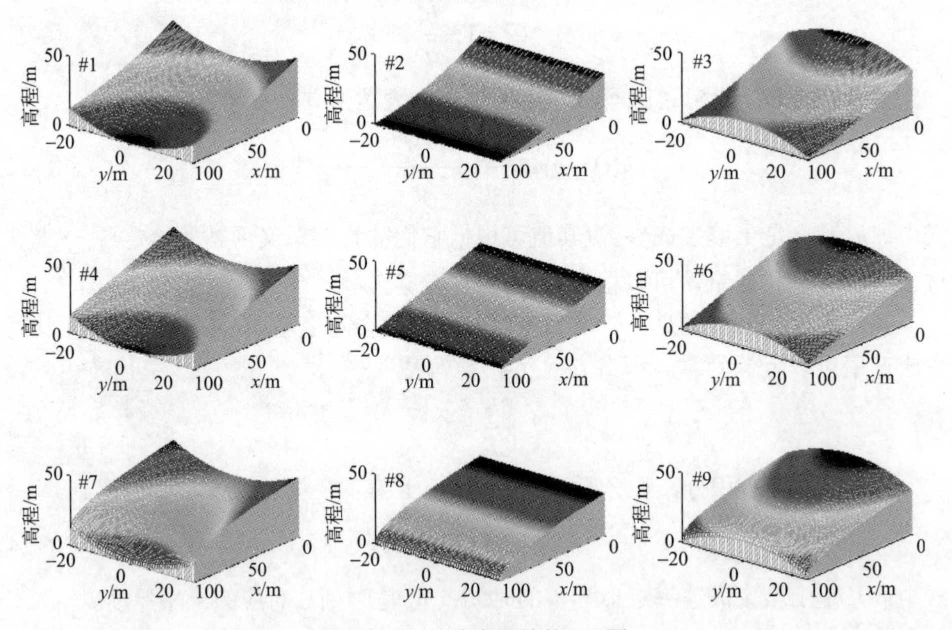

图 6-2 九种基本山坡的 3D 图

#1，收敛-凹坡；#2，平行-凹坡；#3，发散-凹坡；#4，收敛-直坡；#5，平行-直坡；#6 发散-直坡；#7，收敛-凸坡；#8，平行-凸坡；#9，发散-凸坡

如表 6-1 所示，通过调整参数 γ、ω 的值，可获得图 6-2 中九个基本的山坡地形。研究中，我们将所有山坡的最大高程差、长度和平均坡度设成一样，即 H=30 m，L=100 m，E=100 m，平均坡度均为 30%。九个基本山坡的形状由纵向的凹、直、凸和横向的收敛、平行、发散形状组合而成，从而代表了大部分的自然山坡

类型，这样使得模型的应用具有了广泛现实的意义。为了生成便于解析解应用的栅格数字高程模型，我们将连续的山坡表面划分为水平分辨率为 *hr*（在此研究中 *hr*=1 m）的 nrows × ncols 的 DEM 栅格单元（nrows 和 ncols 分别代表行数和列数）。研究中，所有九种山坡的 DEM 大小和分辨率均相同。

表 6-1　九种理想山坡的形状参数

山坡编号	剖面曲率	平面曲率	γ	ω/ ($\times10^{-2}$ m^{-1})
#1	凹	收敛	1.5	2
#2	凹	平行	1.5	0
#3	凹	发散	1.5	–2
#4	平直	收敛	1.0	2
#5	平直	平行	1.0	0
#6	平直	发散	1.0	–2
#7	凸	收敛	0.5	2
#8	凸	平行	0.5	0
#9	凸	发散	0.5	–2

6.3.2.2　评价

模拟结果采用均方根误差（RMSE）和均方误差（MSE）来评价：

均方根误差为

$$\text{RMSE}=\sqrt{\frac{1}{n}\sum_{i=1}^{n}(h_{\text{N}i}-h_{\text{A}i})^2} \tag{6-26}$$

均方误差为

$$\text{MSE}=\sqrt{\frac{1}{n}\sum_{i=1}^{n}(h_{\text{A}i}-\overline{h_{\text{A}}})^2} \tag{6-27}$$

式中：n 表示数据系列长度；h_{N} 是数值解预测出的土壤厚度；h_{A} 是解析解预测出的土壤厚度；$\overline{h_{\text{A}}}$ 是解析解预测出的土壤厚度的平均值。

研究中，我们比较了解析解和数值解模型运行一万年模拟得出的土壤厚度结果。在两个模型中，九个理想山坡均被赋予相同的土壤生成和输移参数（图 6-3），即 $P_0=10^{-5}\text{m/a}$，$h_0=0.50\text{m}$，$\eta=2$，$k_d=10^{-4}\text{m}^2/\text{a}$，$k_t=10^{-7}\text{m}^2/\text{a}$ 。此外，在模拟开始前，所有山坡的初始土壤厚度都设为零。如图 6-4 所示，在九个山坡中，两种模型模拟出来的土壤平均厚度时间系列的 RMSE 都有随时间而增加的趋势。最终的 RMSE 值（表 6-2 中的第二列）显示，九种山坡所有时间步长内的最大误差均

低于 1.50×10^{-6} m，也就意味着解析解和数值解匹配较好。在图 6-4 中，我们可以很容易地根据 RMSE 的模拟值，将所有的山坡划分为三组。第一组，RMSE 的平均值最大，包括山坡#3、#6、#9，均属于发散型的山坡；第二组，包括所有的收敛型山坡(即#1、#4、#7)；第三组，具有最低的 RMSE 值，代表平行的山坡(即#2、#5、#8)。所以，解析解模型在发散山坡上的模拟误差要大于收敛和平行山坡。这里，可能的原因在于，在发散型山坡的栅格单元上，D∞算法倾向于将土壤通量分散到两个不同的下游栅格单元里，这增加了重复计算的量，从而更有可能累积并增大误差。

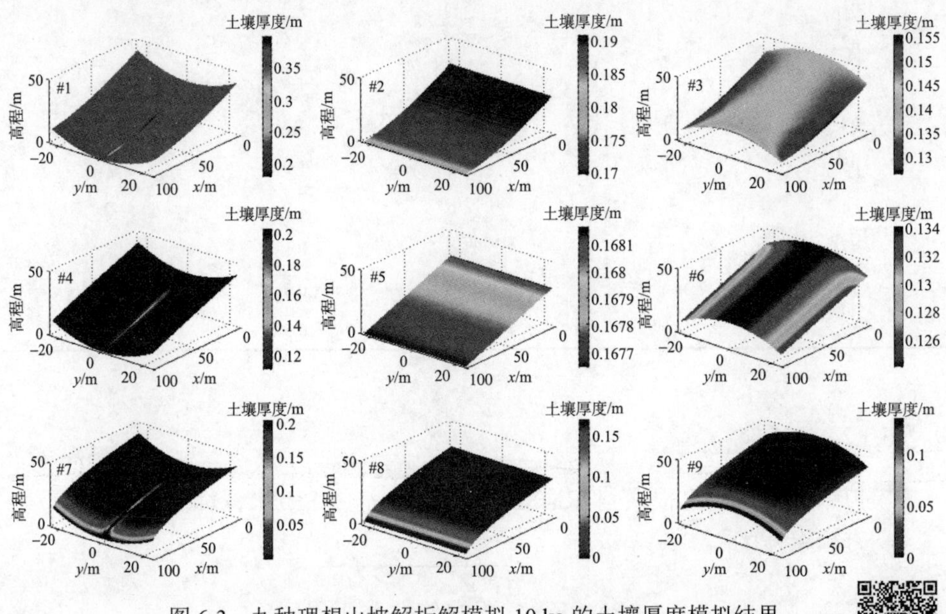

图 6-3　九种理想山坡解析解模拟 10 ka 的土壤厚度模拟结果

表 6-2　九种理想山坡土壤厚度模拟的最终结果(模拟时间为 10 ka)

山坡编号	RMSE /($\times10^{-6}$ m)	MSE /($\times10^{-3}$ m)	模拟的土壤厚度/m		
			最大值	均值	最小值
#1	1.05	8.44	0.39	0.21	0.18
#2	0.95	3.03	0.19	0.17	0.17
#3	0.99	3.72	0.16	0.14	0.13
#4	0.96	7.59	0.20	0.20	0.11
#5	0.82	0.13	0.17	0.17	0.17
#6	1.11	2.77	0.13	0.13	0.12
#7	1.03	37.7	0.20	0.19	0
#8	0.68	34.8	0.17	0.15	0
#9	1.06	24.8	0.13	0.12	0

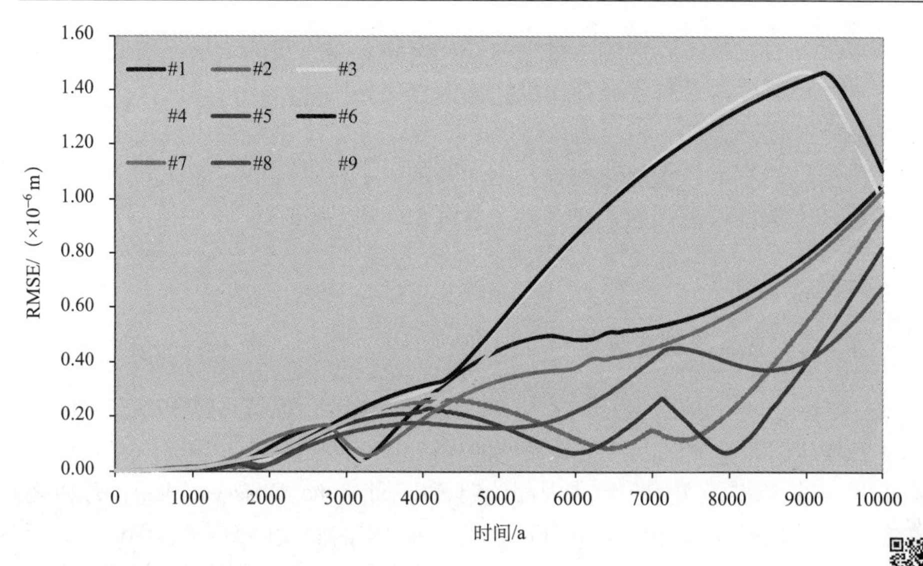

图 6-4　九种山坡解析解与数值解模拟 10 ka 的土壤厚度 RMSE 变化曲线

此外，我们还发现在不同地形起伏和形状下，尽管外部驱动条件(如土壤生成和输移)均相同，山坡土壤的厚度分布却各异。我们注意到，受地形起伏和形状的影响，这九种山坡的土壤厚度空间分布差异非常大。如图 6-3 所示，土壤颗粒倾向于在收敛和凹的部位上汇集，而在凸的、发散的山坡上侵蚀流失。表 6-2 列出了九种山坡的模拟结果统计，从中可以看出，收敛的凹型山坡上的最大、平均、最小的土壤厚度均大于发散的凸型山坡。举个例子，收敛山坡#1、#4、#7 的平均土壤厚度分别为 0.21 m、0.20 m、0.19 m，大于发散山坡#3、#6、#9 的 0.14 m、0.13 m、0.12 m。类似的趋势在凹的和凸的山坡上同样可以看出来，其中凹型山坡#1、#2、#3 的土壤厚度模拟值分别为 0.21 m、0.17 m、0.14 m，而凸型山坡的土壤厚度则分别为 0.19 m、0.15 m、0.12 m。这些山坡模拟出的最大、最小土壤厚度有着和平均厚度相似的分布模式。特别的，在三个凸型山坡#7、#8、#9 上的最小土壤厚度几乎为零。这种现象是由凸型山坡下边缘坡度越加陡峭造成的，在那里土壤侵蚀流失逐渐加剧。与此相反，因为相对平坦稳定的地形，凹型山坡下方边缘的土壤厚度要更厚一点。

在每个山坡中，土壤厚度的分布仍受局地地形的影响。例如，在表 6-2 中，凸型山坡#7、#8、#9 的均方误差 MSE 分别为 37.7×10^{-3} m、34.8×10^{-3} m、24.8×10^{-3} m，远大于凹的和平的山坡。这意味着凸型山坡的土壤厚度值的变化范围在所有山坡中是最大的，有些地区甚至无土壤覆盖。山坡#4 的 MSE 值相比其余的两个直型山坡#5、#6 要大，这是因为#4 中部有一个明显区别于周围土壤厚度的沟谷，这种沟谷结构是上游来水汇集和侵蚀能力增强的地方。然而，在收敛型山坡上，沟谷中的土壤厚度分布也是不一样的。对于#4、#7 来说，沟谷里的土壤厚度明显低于周围地区的平均厚度，这种差异在山坡较低部位更趋明显，因为这两个山坡的坡度从上游到下游逐渐增加。相反地，对于山坡#1 来说，土壤侵蚀主要发生在上游地区，因为那里的集水面积急速增长，这无疑加重了侵蚀强度，而在其下方，由于坡度变缓，土壤颗粒则倾向于在下游沟谷沉积聚集(图 6-3)。

6.3.3 实际流域应用

6.3.3.1 研究区及数据资料

选取美国宾夕法尼亚州中部的 Shale Hills 流域(40°39′52.39″N，77°54′24.23″W)作为研究区，该实验流域面积 7.9 hm^2[图 6-5(a)和图 6-5(b)]。Shale Hills 实验流域是美国关键带观测计划(Critical Zone Observatories)的站点之一。在地质上，此流域构造稳定，充分符合我们研究中的假设(Jin et al., 2010)。此流域是 Susquehanna 河流的一级支流子流域，以相对陡峭的地形而著称，山坡和脊上分布有落叶林，谷底有松林。流域高程范围是从出口断面处的海拔 256 m 到最高点的海拔 310 m，高度落差超过 50 m。流域年平均气温是 10 ℃，年均降水量为 1070 mm。

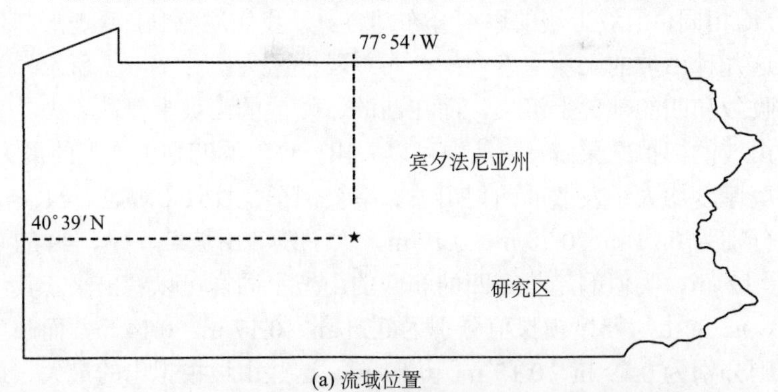

(a) 流域位置

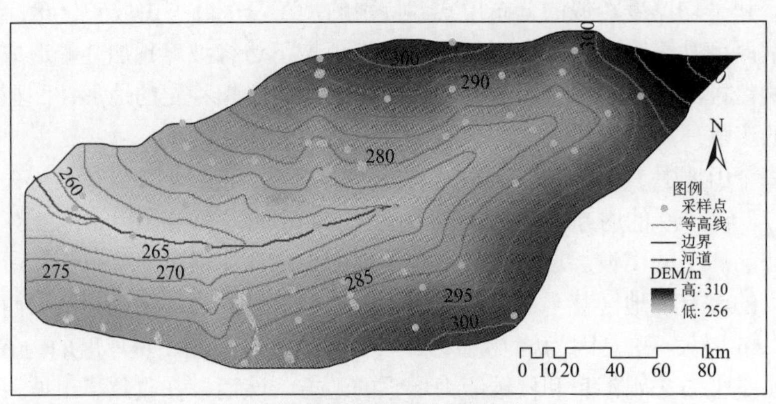

(b) 土壤厚度采样点分布和地形图

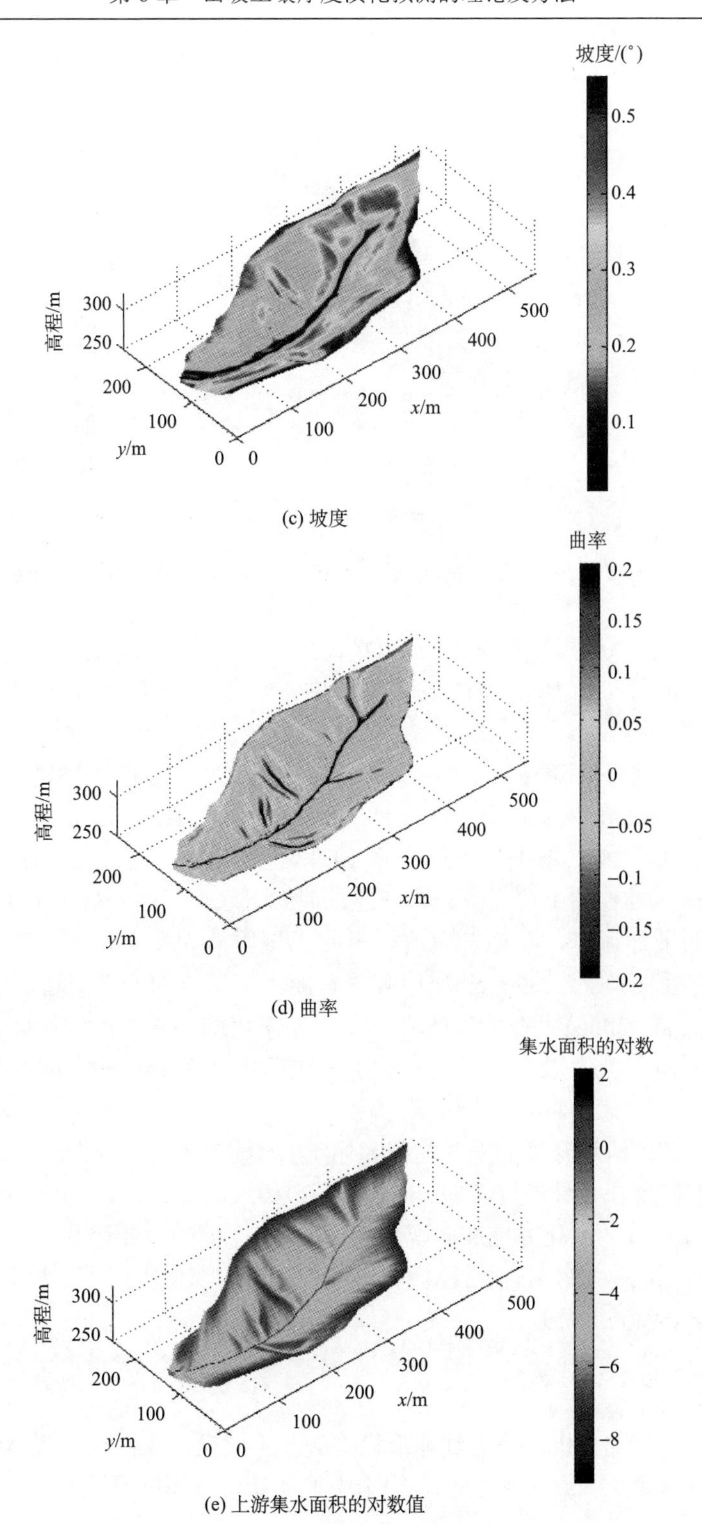

(c) 坡度

(d) 曲率

(e) 上游集水面积的对数值

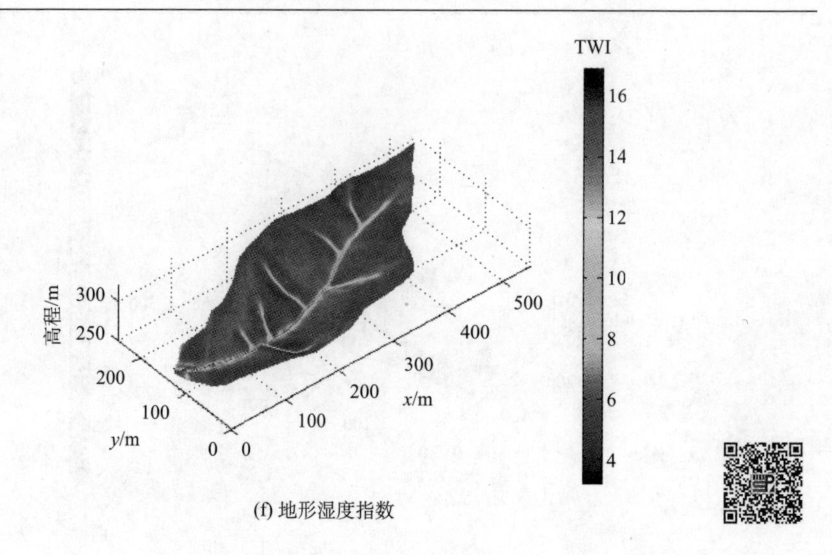

(f) 地形湿度指数

图 6-5　美国宾夕法尼亚州中部 Shale Hills 流域的采样点、高程、地形特征图

研究中，流域地形数据是采用 LiDAR 技术测绘得到的，并生成分辨率为 1 m 的 DEM。如图 6-5 所示，在该小流域中，山坡两侧共计分布着七个洼地区[图 6-5(c)～(f)]。

通过野外调查，流域中已经确认了五种土壤类型，按照土壤发生分类，分别为 Weikert、Berks、Rushtown、Blairton 和 Ernest，其中前三种是始成土，后两者则为淋溶土(Lin et al., 2006)。Weikert 和 Berks 主要分布在边坡上并且比较浅薄(厚度小于 1 m)，其他的土壤类型分布在洼地或者谷底，厚度一般大于 1 m。对五种土壤系列的采样调查，我们发现流域里的土壤质地大致上属于粉砂壤土，流域的土壤干容重平均为 1.39 g/cm^3，但其值有随土壤深度的增加而增加的趋势(Lin, 2006; Lin et al., 2006)。在此项研究中，我们采用的 106 个土壤厚度数据来自于宾夕法尼亚州立大学水文土壤学实验室，这些数据为流域面上的原位采样数据[图 6-5(b)]。

此外，在该流域开展的地球物理和化学实验分析显示，流域在 15 ka 前刚好处于冰缘期向现代条件的过渡期(Jin et al., 2010; Gardner et al., 1991)。此后，在 14 ka 前，冰川开始融化并完成向现代暖期的过渡。因此，距今最近的一次流域地貌塑造运动完成于 13 ka，此后地貌和土壤进入新的演化周期，这也是本项模拟研究的起始点(Watts, 1979)。

6.3.3.2　模型的校验

根据上一节的分析，考虑到地形稳定的基本假设，我们将土壤厚度演化模拟的时间长度定为 13 ka。在模拟中，模型中的初始土壤厚度设置为零。模型的地球物理、化学参数，即土壤生成和土壤输移参数都是已知的。在模型模拟中，根据 Ma 等(2010)的测定，土壤生成速率可采用以下的公式来描述：

$$P = 100.8\mathrm{e}^{-0.0279h} \tag{6-28}$$

根据式(6-2)，式(6-28)中 $P_0 = 100.8\ \mathrm{m/Ma}, h_0 = 1/2.79\ \mathrm{m}$。在此流域中，土壤厚度大于 2 m 时，土壤生成速率可以假定为零。此外，根据 Lin(2006)和 Jin 等(2010)的研究成果，基岩-土壤密度比 η 为 1.87。在模型中，其他地形相关的参数，如坡度、曲率和上游集水面积，则通过栅格 DEM 数据计算得到[图 6-5(c)～(e)]。

唯一两个需要校验的参数是土壤扩散系数 k_d 和沉积物输移系数 k_t。这两个参数具有一定的物理意义，然而两者都带有一定的经验属性，所以很难从现场试验中测量。为了简化校验，我们定义了另外一个参数，即 k_d 和 k_t 的比值：

$$\kappa = k_t / k_d \tag{6-29}$$

式中：κ 代表两种土壤输移作用的相对大小。输入不同的 k_d 和 κ 组合，我们可以利用模型计算得到一个预测误差场的分布图。显然，模型中唯一需要率定的参数就是 k_d，根据已有的研究结果(Chiang and Hsu, 2006)，它的取值范围是 $10^{-5} \sim 10^{-2}\ \mathrm{m^2/a}$。因此，到此为止，我们已对所有的模型参数进行了赋值和范围的界定。

通过多次的计算实验，我们发现，不管时间步长取多少，100 年或更短，我们的模型都给出了较为稳定一致的模拟结果。因此，为了提高模拟速度，模型模拟的时间步长取为 100 年，即 $\Delta t = 100$ a。我们还发现，在研究流域中，不管 k_d 如何取值，κ 的值都应小于 $10^{-2.1}$。否则，会导致数值模拟的溢出，模拟的土壤厚度将失去它的物理意义。如图 6-6 所示，在不同参数组合方案中，大体上 RMSE 最高值在 1.1 m，较低的值则小于 0.4 m。k_d 的取值对 RMSE 的分布有较大的影响。从图 6-6 中可以看出，存在一条狭长而窄的低误差的走廊(蓝色部分)，其平行于横轴，垂直于纵轴。从预测结果来看，k_d 的影响要比 k_t 大些。然而，随着 κ 值(等效于增大 k_t)的增大，k_t 的影响越来越明显(图 6-6 的右半部分)。参数分析的结果表明，地形起伏和形状引起的土壤蠕动主导着流域内的土壤形成过程，随着 k_t 的增大，沉积物侵蚀在土壤演化中的作用也更加明显。

在图 6-6 中，在 $\kappa = 10^{-2.8}$、$k_d = 10^{-2.6}$ 这一点上对应的 RMSE 值最小(为 0.394 m)，即 $k_d = 2.51\times10^{-3}\ \mathrm{m^2/a}$、$k_t = 3.98\times10^{-6}\ \mathrm{m^2/a}$，根据这组数据，我们预测了 Shale Hills 流域的土壤厚度分布图，如图 6-7 所示。图 6-8 给出了土壤厚度预测值和实测值对比的散点分布图。我们可以看到两者是呈线性关系的($y = 0.80x + 0.19$)，$R^2 = 0.74$。线性拟合的斜率是 0.80，这意味着预测的土壤厚度低估了实测值，最大的正误差(预测值减实测值)是 1.36 m，最大负误差是 –2.25 m。在 106 个实测样点中，53%预测过高，平均绝对误差和累计误差分别是

0.18 m 和–2.20 m，实测点有 70%的绝对误差小于 0.10 m。整体而言，模型预测的结果与实际条件大体上是符合的。接下来，将详细讨论由于地形因素引起的误差。

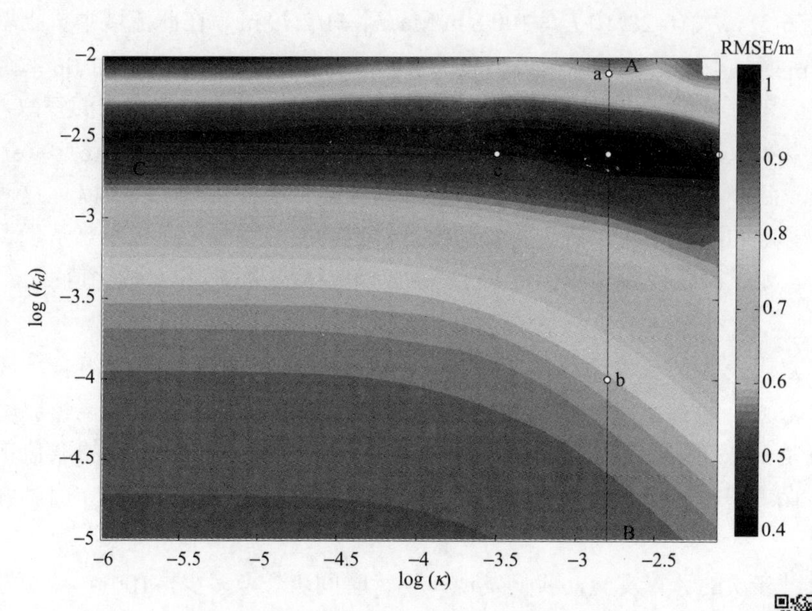

图 6-6　解析解模拟的土壤厚度的 RMSE 场

在图中，x 轴和 y 轴分别代表 κ 和 k_d，为了方便对比，将它们的值分别取对数

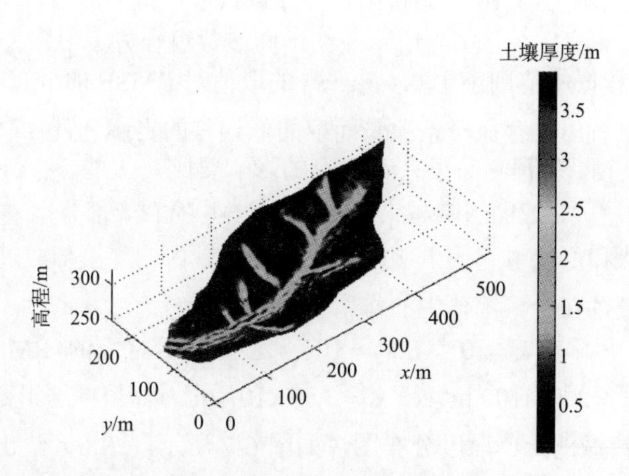

图 6-7　最优化参数情景下 Shale Hills 流域模拟 13 ka 以来的土壤厚度空间分布

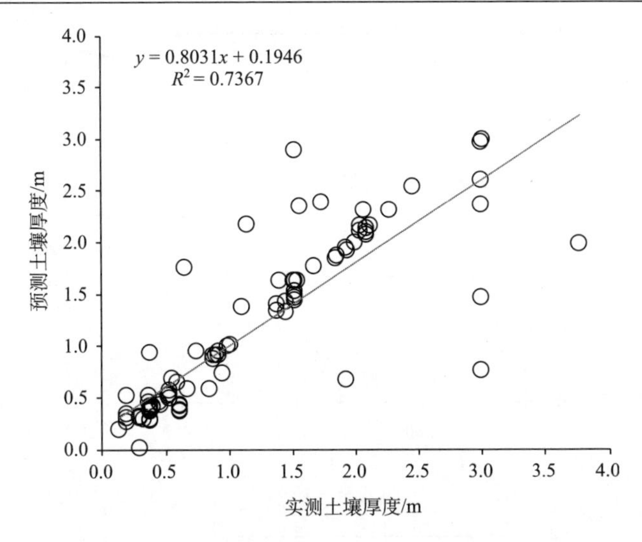

图 6-8　Shale Hills 流域 106 个采样点土壤厚度实测值与预测值的散点图

6.3.4　讨论

6.3.4.1　土壤演化趋势和初始条件的影响

首先，我们采用所率定的最优化参数来评价土壤演化的动力学过程。我们发现，自冰缘期以来，流域的土壤平均厚度在持续增加。但是，其增加的速率在 5 ka 前后逐步下降[图 6-9(a)]。在 13 ka 的模拟期内，土壤平均厚度为 0.80 m，经过 20 ka 的演化，土壤平均厚度增加至 0.98 m。模拟结果表明，在现今或者不远的将来(如 t = 20 ka)土壤演化的平衡期将很难达到。这意味着在 Shale Hills 流域，土壤稳定演化的假设是无效的。如图 6-9(b)所示，最好的优化模拟结果在 t = 13 ka，模拟和实测之间的 RMSE 也相对最小。

通过设定 hi=0 cm、5 cm、10 cm 三种情景，我们讨论了初始条件对土壤演化模拟的影响。研究中，我们发现三种情景中的模拟偏差从初始时的 10 cm 明显地降到 t=13 ka 的 1.4 cm(即平均土壤厚度的 1.8%)，后面又进一步降到 t=20 ka 时的 1.0 cm(即平均土壤厚度的 1.0%)。显然，随着时间的推移，土壤初始条件的影响逐渐降低。图 6-9(b)给出了不同的初始土壤厚度对 RMSE 的影响结果，图中 t = 13 ka 时，三种情景的 RMSE 值分别为 0.394 m、0.394 m、0.393 m。因此，对于 Shale Hills 流域，在 13 ka 模拟期内，初始条件的影响相对较小，可以忽略不计。

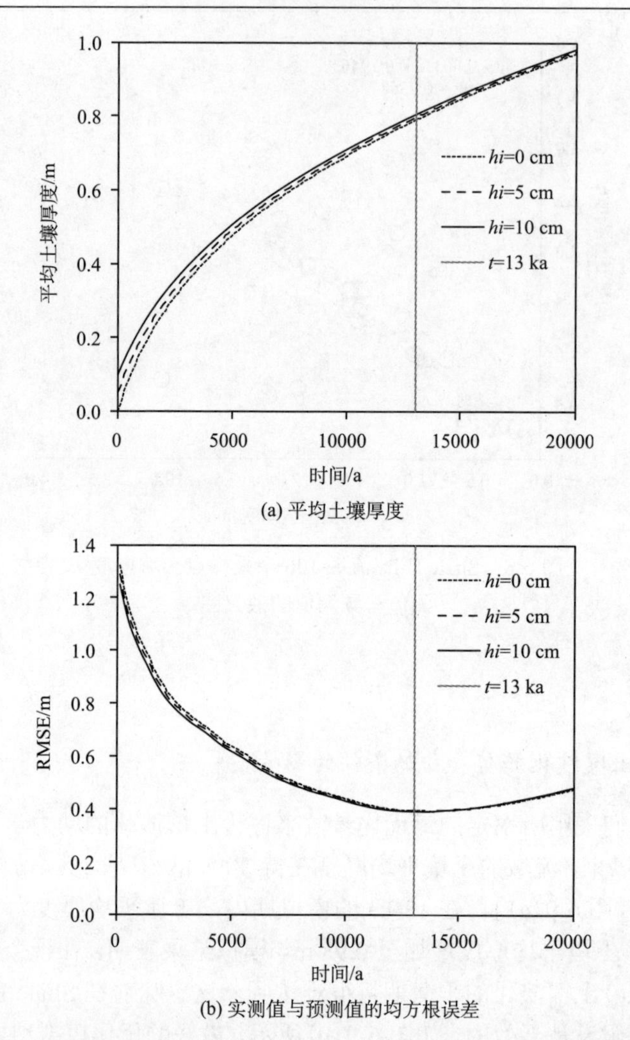

(a) 平均土壤厚度

(b) 实测值与预测值的均方根误差

图 6-9　不同初始条件(如 hi=0 cm，5 cm，10 cm)下 20 ka 模拟的结果

6.3.4.2　土壤输移对土壤厚度演化的影响

上述，我们部分评价了所导出的模型的预测能力。在图 6-10 中，我们发现在土壤厚度演化过程中，土壤蠕动和沉积物侵蚀的作用差异明显。如果这组优化后的参数(即 $\kappa = 10^{-2.8}$ 和 $k_d = 10^{-2.6}$)中的一个保持不变，通过改变另一个参数，图 6-6 中 AB 和 CD 线上的 RMSE 值的变化曲线就类似一个反抛物线形(图 6-10)。然而，由于这两个参数的范围接近，图 6-10(a)中的 AB 线上 RMSE 的变化比图 6-10(b)中 CD 线上的略大。这意味着，对土壤厚度演化来说，大体上土壤蠕动的作用比沉积物侵蚀的作用更大。

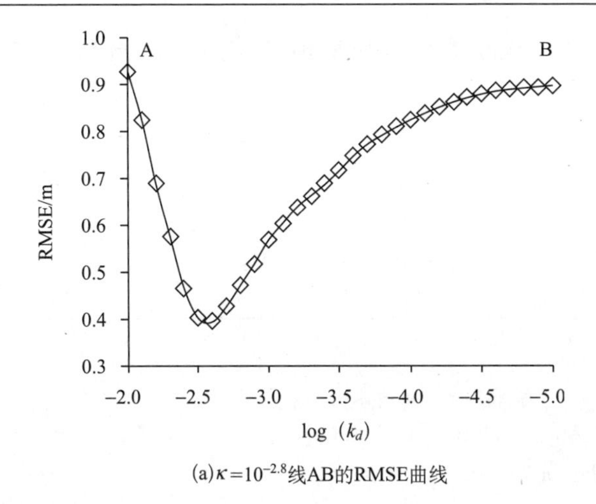

(a) $\kappa=10^{-2.8}$线AB的RMSE曲线

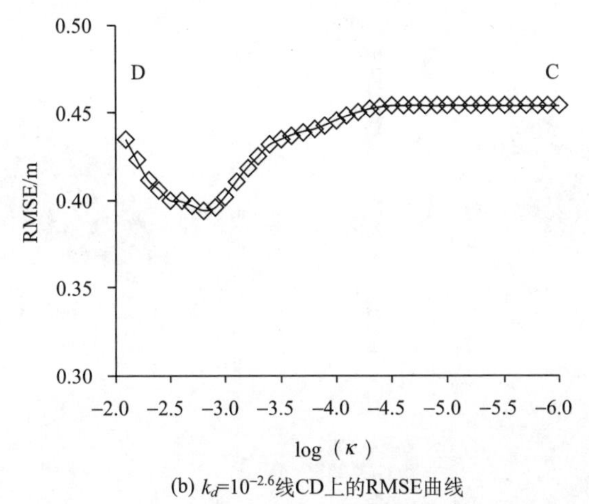

(b) k_d=$10^{-2.6}$线CD上的RMSE曲线

图 6-10　图 6-6 中线 AB、CD 上的 RMSE 曲线

我们进一步分析两组情景，即每组情景分别取 AB 和 CD 上的两个点，这两个点对应的 RMSE 值相等。例如，在 AB 上的 a 和 b 两点，RMSE 都为 0.82 m，CD 上的 c 和 d 两点的 RMSE 值则均为 0.43 m。研究中，将此四种情景下的土壤厚度模拟结果与最优情景 o 相比较，这五种情景(a、b、c、d、o)及它们的坐标都列在表 6-3 中。将情景 a、b、c、d 下模拟的土壤厚度 h_{sc} 减去最优情景 o 下模拟的土壤厚度 h_{op} 可以得到两者的误差场(图 6-11)。在这几组情景中，土壤厚度分布和土壤形成有极大的不同(甚至相反)。例如，在情景 a 下，土壤蠕动或沉积物侵蚀的作用主导了很大一部分地区，土壤就像在山坡上“崩塌”了一样，并于洼地和谷底沉积(图 6-11 情景 a)，从而造成土壤厚度空间分布的最大差异，情景 a 下的 MSE 高达 1.15 m(表 6-3)。虽然情景 a 和 b 有相同的 RMSE 值，后者有更小的土壤蠕动扩散系数，导致土壤颗粒在边坡沉积。与情景 a 相比，情景 b 中的土

表 6-3 Shale Hills 流域五种情景(细节见图 6-6)下的土壤厚度模拟结果

情景*	$\log(\kappa)$	$\log(k_d)$	MSE**/cm	ASD***/cm	MCB****/cm
a	−2.8	−2.1	115	95.9	16.8
b	−2.8	−4.0	7.96	73.8	−5.20
c	−2.1	−2.6	65.2	80.2	1.15
d	−3.5	−2.6	44.6	78.6	−0.44
o	−2.8	−2.6	50.0	79.0	0

*情景 a,b,c,d,o 在图 6-6 中是相互联系的五个点，它们的坐标列在表中的第二和第三列；

**MSE 表示均方差；

***ASD 表示不同情景下预测的土壤厚度均值；

****MCB 是平均累积误差，$\mathrm{MCB}=\sum(h_{sc}-h_{op})/n$，其中 h_{sc} 表示情景 a～d 下土壤厚度预测值，h_{op} 是最优情景下的土壤厚度预测值，n 是流域栅格单元数量。

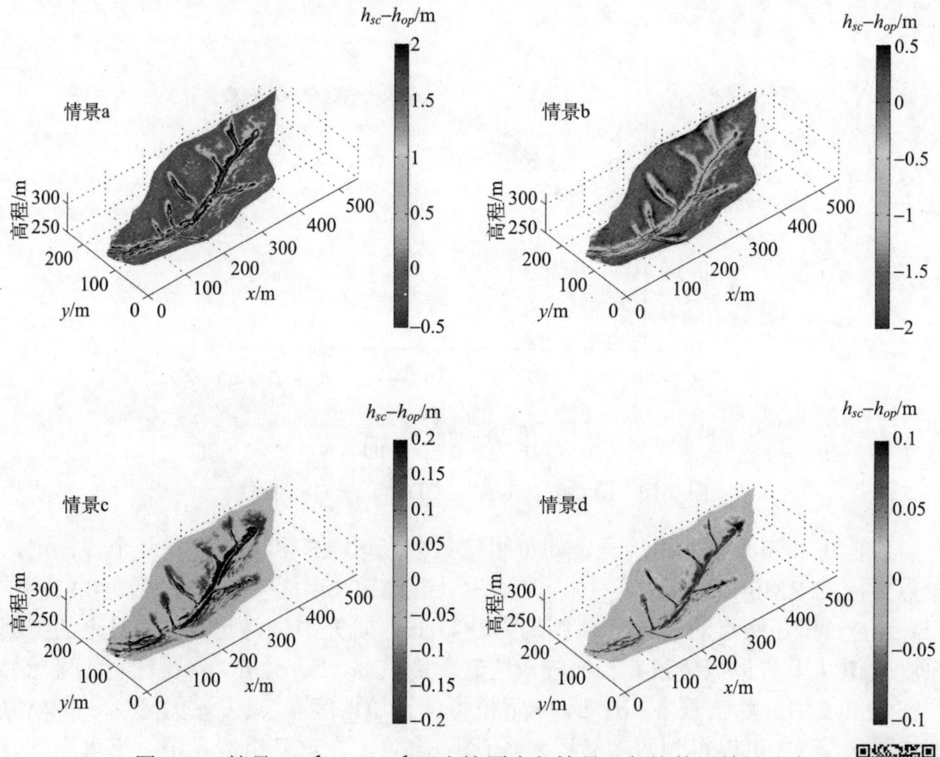

图 6-11 情景 a、b、c、d 下土壤厚度与情景 o 相比的误差场分布

$h_{sc}-h_{op}$ 表示情景 a、b、c、d 与 o 的土壤厚度之差，其中 h_{sc} 表示情景 a～d 下土壤厚度预测值，h_{op} 是最优情景(即 o)下土壤厚度预测值

壤厚度倾向于更均匀的分布，其 MSE 值最小，为 0.08 m。很明显，情景 a 下的土壤生成和运动更加活跃，其平均土壤厚度(ASD)和平均累积误差(MCB)都比情景 b 下的大(表 6-3)。在情景 c 和 d 中，发现了和情景 a、b 相类似的分布模式。与情景 a、b 相比，情景 c 和 d 的土壤厚度变化量相对于最优结果(图 6-7)情景 o 显得很小，MCB 小到只有约 1 cm，MSE 和 ASD 都非常接近情景 o 的值(表 6-3)。

6.3.4.3　地形因素对土壤厚度演化的影响

在 6.3.2 节的分析中，理想山坡土壤厚度的空间分布很大程度上取决于地形起伏和形状。那么，在自然流域中，地形是如何影响土壤厚度空间分布的呢？接下来，我们选取四种常用的地形因素，即坡度[图 6-5(c)]、曲率[图 6-5(d)]、上游集水面积[图 6-5(e)]和地形湿度指数[图 6-5(f)]进行分析，以更好地理解它们的作用。在图 6-12 中，将地形因素与观测(106 个点)的、最优模拟的土壤厚度值点绘成相关图。正如预期的那样，所有的因素都对土壤厚度有一定程度的影响。从总体上看，收敛或地势低平区域的土壤厚度较大，而集水面积和 TWI 较大时土壤也较厚。从每一种地形因素与土壤厚度的相对关系来看，曲率与土壤厚度的相关程度最大，坡度影响则是最弱的。我们发现尽管点是分散的，地形因素与预测的、实测的土壤厚度有着相似的分布趋势，这也进一步检验了导出模型的预测结果的可行性。例如，在图 6-12(a)和图 6-12(b)中，预测曲线和观测曲线都可用对数曲线来描述，其余两个[图 6-12(c)和图 6-12(d)]则呈微弱的线性关系。我们还发现，局地坡度和上游集水面积对土壤厚度演化的影响相对较弱，如图 6-12(b)和图 6-12(c)。也就是说，有着相似坡度的地区(边缘相对平坦的地区或者洼地)不一定拥有相近的土壤厚度分布。此外，地形位置也很重要，因为它决定了上游集水面积。另外，在集水面积相对较大的地区，如果坡度很陡峭的话，也可能没有大量的土壤沉积。因此，综合来说，TWI 对土壤厚度的影响更重要[图 6-12(d)]。最后，反映地形起伏和形状的曲率要素对土壤厚度演化的影响最大。总之，土壤厚度演化是一个复杂的过程，简单地采用单一地形因素和土壤厚度的经验关系很难将其表述清楚。

6.3.4.4　地形因素对预测误差的影响

在这里，我们进一步分析 Shale Hills 流域中地形因素对预测误差的影响。首先，对 106 个采样点按照预测和实测土壤厚度的绝对误差降序排列。之后，可以画出土壤厚度和地形因素的关系曲线(图 6-13)。曲线走向表明，随着地形因素值的降低，预测误差值也相应下降。这表明，在曲率、集水面积和 TWI 值很大的洼地和山谷地区，预测误差也比较大。因为在这些地势相对平坦的区域，土壤厚度微小的改变就很有可能影响地表地形起伏和径流走向，从而影响土壤蠕动和沉积物侵蚀的强度。但是，20～30 cm 的土壤厚度的增加或减少则很难改变陡峭地区(如边坡)的径流走向及地形起伏状态。这就部分解释了为什么较大的误差容易发生在收敛型区域(如洼地、谷底)。但是，对于一个给定的坡度，我们不能确定具体的位置或者山坡的形状，而这些都是决定土壤厚度分布的重要因素。因此，如图 6-13(c)所示，与曲率、上游集水面积、TWI 相比，坡度对土壤厚度空间分布的影响最小。

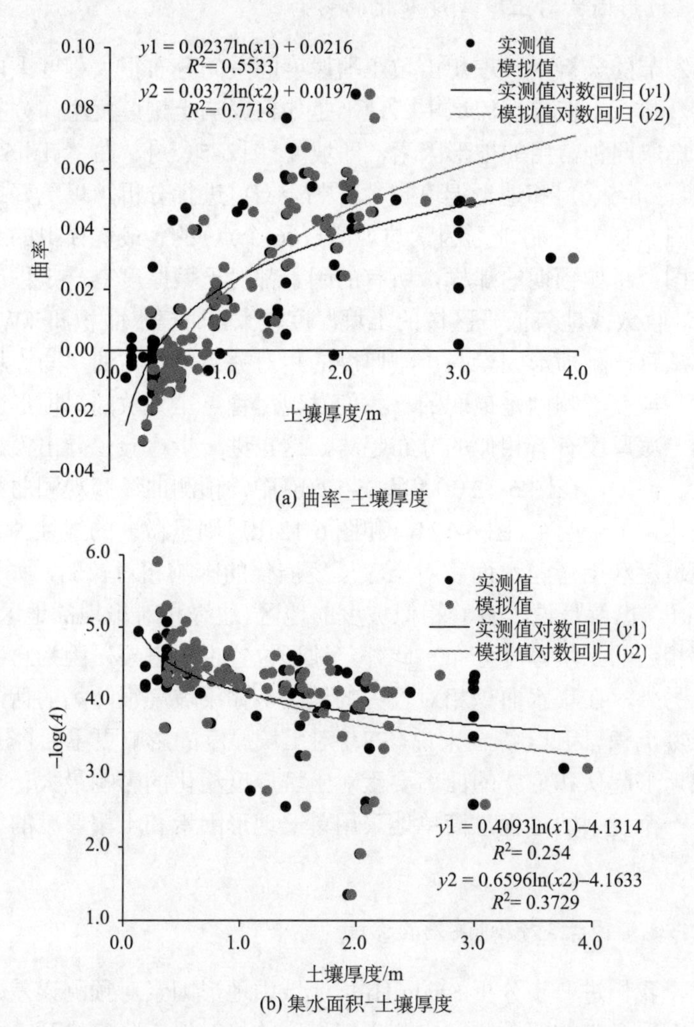

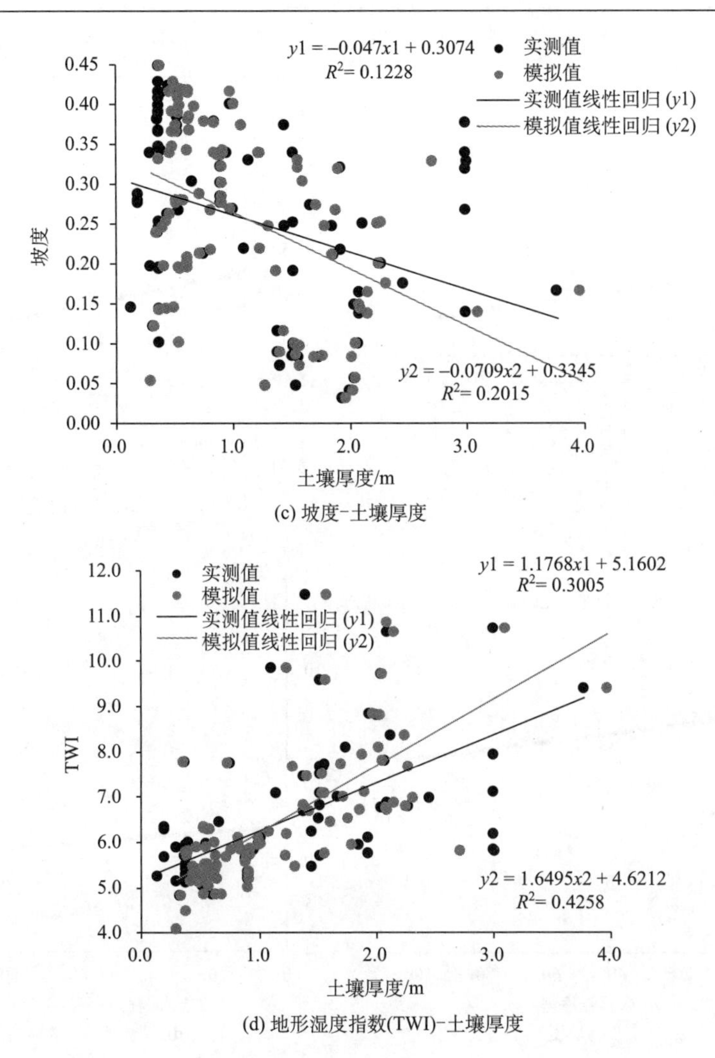

(c) 坡度-土壤厚度

(d) 地形湿度指数(TWI)-土壤厚度

图 6-12　实测和预测的土壤厚度与各种地形属性的关系

6.3.5　小结

在此研究中，基于地貌演化动力学理论，我们导出了一个简单的土壤厚度演化的非稳态解析解，用于预测流域土壤厚度的空间分布。研究中，我们将其与数值模型进行对比，并应用于九种基本理想山坡和美国关键带观测计划的 Shale Hills 流域。通过在 Shale Hills 流域的应用评价，表明我们的模型可为相似流域提供合理可行的土壤厚度空间分布预测。因而，可为水文学家，尤其是分布式水文模型的研发者提供有力的工具，以获取土壤厚度信息并用于模型参数化。

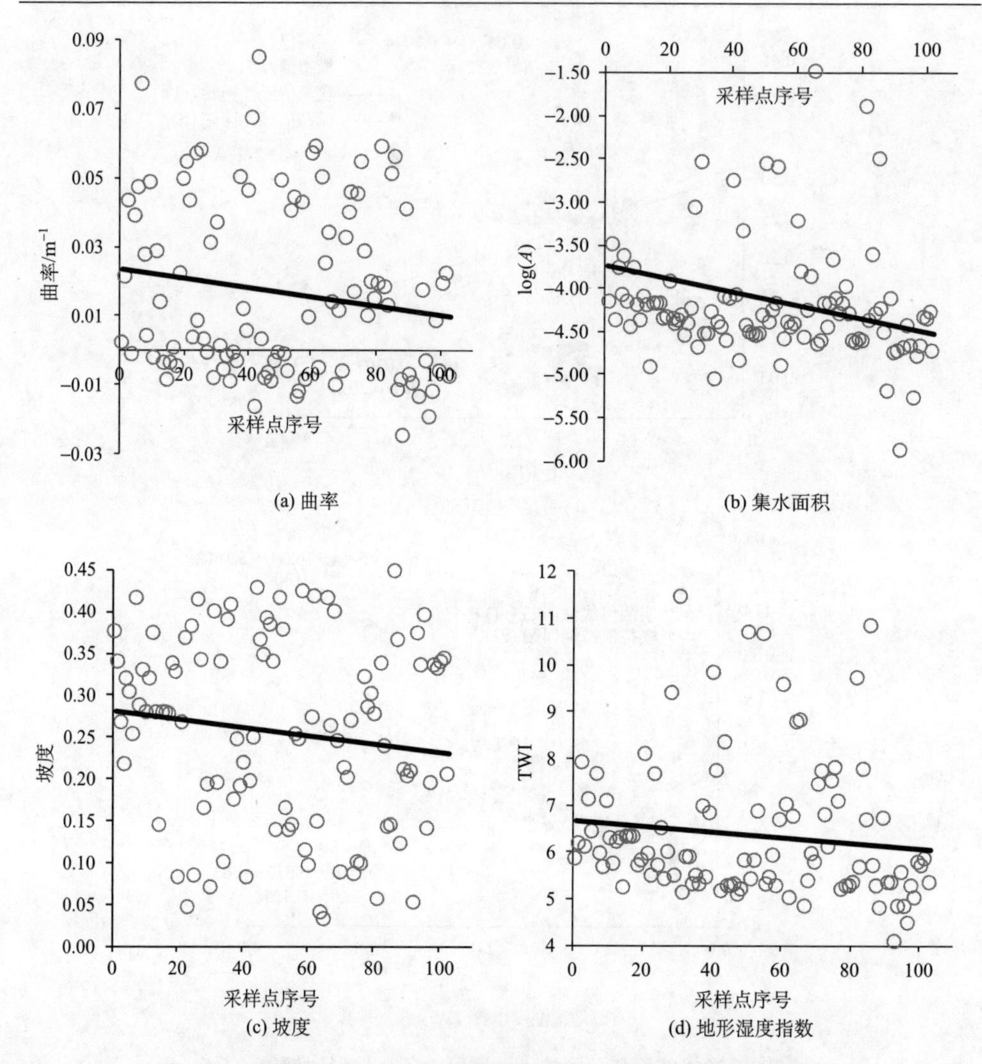

图 6-13　地形因素的系列点图(预测和实测土壤厚度误差降序排列)

此外，我们发现在 Shale Hills 流域过去 13 ka 的土壤厚度演化进程中，土壤蠕动起主导作用。原因可能在于，在湿润地区流域的山坡上，通常壤中径流非常丰富，而坡面径流则较少出现。局地的地形曲率及其位置，而非坡度，对土壤厚度分布有较强的影响。流域内不同地区的预测误差受到地形因素的影响(例如，较大误差往往出现在收敛和相对平缓的地区，如洼地和谷底)。这是因为随着这些地区的土壤加厚，相比于陡峭的地区，当地地形起伏和径流走向都容易发生改变(不适用于我们的第二假设)。因此，最重要的一点，在将我们的模型应用到水文建模之前，需要注意研究对象是否符合本模型的基本假设。

6.4　土壤厚度预测模型的参数估算方法

6.4.1　理论背景

这里，仍然采用式(6-1)作为描述山坡土壤厚度演化的连续方程。土壤的输移方程则分别采用线性和非线性模型理论来表达。在有土壤覆盖的山坡上，土壤输移受局部摩擦力、重力及各种扰动(如生物活动)的共同作用控制。不同力对输移过程的综合影响取决于地形因素(如坡度)。例如，在坡度较为缓和的山坡地带(如山脊)，Roering 等(1999, 2001)认为土壤输移通量随着坡度呈线性的变化，当坡度到达一个临界值时则呈非线性变化。在湿润地区，沿分水岭向下，随着距离的增加，地形的轮廓通常由凸状转变为平直状，且坡度越来越陡，然后一般在陡峭的边坡上坡面趋近于平面状(Roering et al., 1999; Gilbert, 1909)。根据 Roering 等(2008, 2001, 1999)和 Dietrich 等(1995)的研究工作，土壤输移至少应包括以下两种不同的过程类型。

(1)在坡度相对缓和的地带(如山脊)，土壤蠕动是控制土壤通量的主要因素。土壤的蠕动输移可以近似为与坡度呈线性相关，即可用线性模型来表达(Culling, 1963)：

$$q = -D\nabla z \tag{6-30}$$

式中：D 是扩散系数[等同于式(6-4)中的 k_d]；z 是土壤表面高程。

(2)在超过临界倾斜角的陡峭地带[如 Roering 等(2008, 1999)的研究表明，该临界角大约为 20°]，输移速率随局部坡度的增大呈非线性增长。基于对土壤厚度和原位土壤生成速率的广泛测量，Heimsath 等(2005)认为以深度为因变量的输移定律适用范围更广。因此，本节采用综合考虑深度及坡度为因变量的非线性输移模型(以下简称非线性模型)来预测陡峭平坡上的土壤厚度(Pelletier and Rasmussen, 2009a)。非线性模型假设土壤输移速率与土壤厚度成正比，具体如下：

$$q = -K\frac{h\nabla z}{1-\left(\left|\nabla z\right|/S_c\right)^2} \tag{6-31}$$

式中：K 是扩散系数；S_c 是临界坡度。在实际应用中，Roering 等(1999)建议 S_c 可取自然流域中有土覆盖山坡的最大坡度。接着，分别将式(6-2)、式(6-30)和式(6-31)代入方程(6-1)，可以得出两种用于预测土壤厚度演化的非稳定方程，形式如下：

$$\frac{\partial h}{\partial t} = \eta P_0 \cdot \mathrm{e}^{-h/h_0} + D\nabla^2 z \tag{6-32}$$

$$\frac{\partial h}{\partial t} = \eta P_0 \cdot \mathrm{e}^{-h/h_0} + K\nabla\left[\frac{h\nabla z}{1-\left(\left|\nabla z\right|/S_c\right)^2}\right] \tag{6-33}$$

方程(6-32)和方程(6-33)可以通过 MacCormack 显式差分法(MacCormack, 1971)来求解。上述公式中的所有参数如表 6-4 所示。由于土壤厚度演化模型对初始土壤厚度并不敏感(Liu et al., 2013; Dietrich et al., 1995)，可将初始土厚设为 0。如果假设地形保持稳定状态，便可使用现代地形数据(如 DEM)进行土壤厚度的预测(如 Liu et al., 2013; Pelletier and Rasmussen, 2009a; Roering, 2008; Dietrich et al., 1995)。

表 6-4　模型参数

类别	符号	描述	值或范围	单位
I*	η	岩石密度与土壤密度之比，也就是 $\eta=\rho_r/\rho_s$，其中 ρ_r 和 ρ_s 分别表示岩石和土壤密度	2.01	—
	S_c	临界梯度	1.70	m/m
	L_r	与脊宽(x_b)有关的几何参数	$>-x_b$	m
II**	h_0	特征风化深度	0～0.50	m
	$\frac{D}{P_0}$	线性模型扩散系数与裸露基岩的土壤生成速率的比值	0.20	m
	$\frac{K}{P_0}$	非线性模型扩散系数和裸露基岩的土壤生成速率的比值	3.13	—
III***	P_0	裸露基岩的土壤生成速率	50～250	mm/ka
	t	模拟时间	10^1～10^2	ka

* I 中的参数直接在野外测量或利用 GIS 工具通过地貌分析确定;
** II 中的参数可通过本研究提出的方法推导;
*** III中的参数必须通过模型校准来确定。

6.4.2　参数估算的方法

在大部分山坡土壤厚度演化模型理论(Phillips, 2010)中，稳态假定是简单适用的，故这里也采用该假定。如果假设局部土壤生成和侵蚀之间是长期平衡的，就可建立山坡土壤生成速率与输移散度的平衡关系(图 6-14)，则土壤厚度的分布和变化与时间无关，即 $\partial h/\partial t=0$，并且有

$$\eta\frac{\partial z_b}{\partial t} + \nabla\cdot q = 0 \tag{6-34}$$

采用不同的输移模型，我们可以进一步改写此等式，以估计土壤厚度演化模

型的参数。

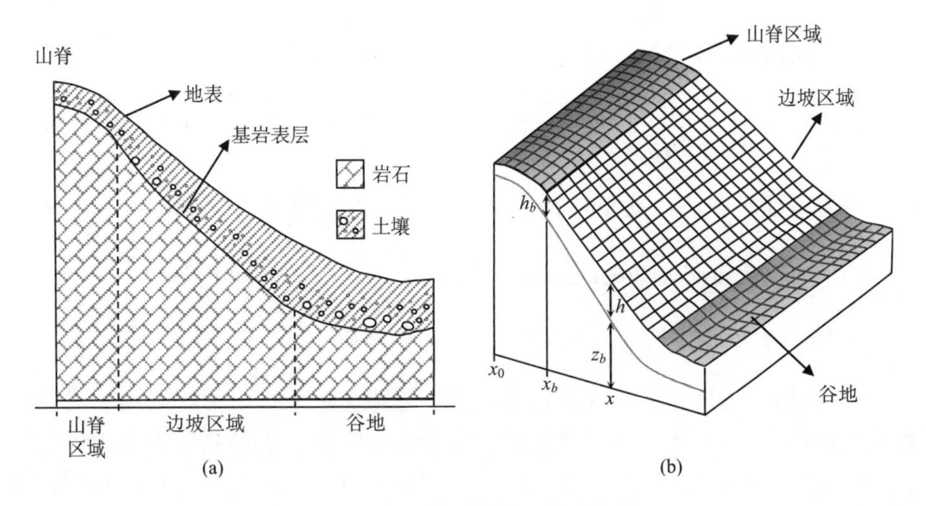

图 6-14　有土壤覆盖的山坡示意图

(a)山坡各部位组成，即山脊、边坡和谷地；(b)边坡范围(白色网格区域)的定义，其中 x_b 为边坡区域的上缘，且其土壤厚度为 h_b，也是山脊区域(灰色阴影)的下缘

6.4.2.1　基于线性输移理论的参数估算方法

首先，将线性模型用于描述坡度缓和区域(如脊部)的土壤蠕动过程。显然，山脉的脊部不受上游单元沉积物输入的影响(Gabet et al., 2015)。因此，正如 Dietrich 等(1995)指出的，在相对漫长的地质时期中，山脊上的土壤生成速率和输移速率能够相对快速地达到平衡。

将式(6-2)和式(6-30)代入式(6-34)中，得到一个描述脊部土壤厚度分布的稳态方程：

$$\eta P_0 \cdot \mathrm{e}^{-h/h_0} = -D\nabla^2 z \tag{6-35}$$

式中：$\nabla^2 z$ 项是局部曲率，可以根据 Heimsath 等(1999)的方法计算得出。

然后，参照 Chiang 和 Hsu(2006)的方法，采用线性输移模型来推导模型参数估算的理论公式。对方程(6-35)的两边取对数，可以得到不随时间变化的土壤厚度的稳态解：

$$h = k_0 + k_1 \ln\left(-\nabla^2 z\right) \tag{6-36}$$

其中，$k_1 = -h_0$，并且

$$k_0 = k_1 \ln\left(\frac{D}{\eta P_0}\right) \tag{6-37}$$

需要注意的是，采用式(6-36)预测土壤厚度时，仅适用于山脊等发散型凸坡地带，这里 $\nabla^2 z < 0$ 。依据式(6-36)，可以绘制出关于土壤厚度 h 和曲率对数 $\ln\left(-\nabla^2 z\right)$ 之间的线性关系。由此，可以确定 k_0 和 k_1 两个系数的值，然后进一步推得式(6-37)中的比值 $\dfrac{D}{\eta P_0}$ 。我们已经知道，η 的值已通过野外测试确定，所以 h_0 和 $\dfrac{D}{P_0}$ 的值可计算得出。这里，根据文献回顾，采用放射性同位素测定的 P_0 值一般介于 0.1～600 mm/ka(Stockmann et al., 2014)。

6.4.2.2　基于非线性输移理论的参数估算方法

对于陡峭的边坡区域，通常离山脊越远地形会越平坦，故可采用非线性模型[参见式(6-31)]描述土壤的输移过程。如果边坡区域土壤输移与生成达到平衡，则将式(6-2)、式(6-31)代入式(6-34)，可得到描述边坡土层厚度分布的稳态方程：

$$\eta P_0 \cdot \mathrm{e}^{-h/h_0} + K\nabla\left[\frac{h\nabla z}{1-\left(\left|\nabla z\right|/S_c\right)^2}\right] = 0 \tag{6-38}$$

此外，在一个陡峭的平直状山坡上，其曲率相对较小，这时可以将其坡度假定为一个常数，即 $\overline{S}$ ，则方程(6-38)可以改写为

$$\eta P_0 \cdot \mathrm{e}^{-h/h_0} - K\frac{\mathrm{d}h}{\mathrm{d}x}\cdot\frac{\overline{S}}{1-\left(\overline{S}/S_c\right)^2} = 0 \tag{6-39}$$

在式(6-39)中，我们默认向下为正，则重新改写上式，如下：

$$\frac{\mathrm{d}\left(-h/h_0\right)}{\mathrm{d}x} + \alpha\mathrm{e}^{-h/h_0} = 0 \tag{6-40}$$

其中，$\alpha = \dfrac{1-\left(\overline{S}/S_c\right)^2}{\overline{S}}\dfrac{\eta P_0}{K h_0}$ 。如果我们定义一个变量 v，如下：

$$v = -h / h_0 \tag{6-41}$$

则有

$$\frac{\mathrm{d}v}{\mathrm{e}^v} = -\alpha \cdot \mathrm{d}x \tag{6-42}$$

将式(6-42)两边进行积分，我们得到下式：

$$\mathrm{e}^{-v} = \alpha \cdot x + C_1 \tag{6-43}$$

式中：$C_1 = \mathrm{e}^{\overline{h}_b/h_0} - \alpha \cdot \overline{x}_b$ ，$\overline{h}_b$ 代表边坡上缘边界的平均土壤厚度，如图 6-14(b)所示。因此，$\left|\overline{x}_b - x_0\right|$ 可以代表此一维山坡剖面的平均山脊宽度。为了方便起见，

图 6-14(b) 中的 x_0 被定义为本次研究的基准点，故 $\overline{x}_b$ 的值可以表示山脊的平均宽度。

将方程(6-41)代入式(6-43)，得

$$e^{h/h_0}=\alpha\left(x+\frac{C_1}{\alpha}\right) \tag{6-44}$$

通过取两边的对数，方程求解为

$$h=h_0\ln(\alpha)+h_0\ln\left(x+\frac{C_1}{\alpha}\right) \tag{6-45}$$

我们定义 $\frac{C_1}{\alpha}=L_r$，则有

$$L_r=\frac{C_1}{\alpha}=\frac{Kh_0\overline{S}}{1-\left(\overline{S}/S_c\right)^2}\frac{1}{\eta P_0e^{-\overline{h}_b/h_0}}-\overline{x}_b=\frac{\overline{q}}{P\left(\overline{x}_b\right)}-\overline{x}_b \tag{6-46}$$

式中：$\overline{q}=\frac{Kh_0\overline{S}}{1-\left(\overline{S}/S_c\right)^2}$，$P\left(\overline{x}_b\right)=\eta P_0e^{-\overline{h}_b/h_0}$。这里可以将 $\overline{q}$ 和 $P\left(\overline{x}_b\right)$ 分别视作边坡上缘边界区域的平均土壤通量和土壤生成速率。设 $L_{rb}=\frac{\overline{q}}{P\left(\overline{x}_b\right)}$，式(6-46)可以改写成 $L_r=L_{rb}-\overline{x}_b$，其中 L_{rb} 是一个参考宽度，为 $\overline{x}_b$ 位置处的平均土壤通量与土壤生成速率之比。

事实上，一些参数[如式(6-46)中的土壤生成速率]须预先给定，地貌参数(如 $\overline{x}_b$)则不能设为固定值，原因在于不同山坡的山脊宽度不同。因此，精确估计 L_r 的值十分困难。但是，由于 L_{rb} 和 $\overline{x}_b$ 均大于 0，且 $L_r>-\overline{x}_b$，为了方便模型的应用，可以将 L_r 初始设为 0。

将式(6-46)代入式(6-45)，再将式(6-45)进一步改写，得到一个稳态的土壤厚度分布函数：

$$h=l_0-l_1\ln\left(x+L_r\right) \tag{6-47}$$

式中：$l_0=-l_1\ln\left(\alpha\right)$，且 $l_1=-h_0$。类似于式(6-36)，我们可以进一步绘制出式(6-47)中土壤厚度 h 和位置项 $\ln(x+L_r)$ 之间的线性关系。由此，可以确定 l_0、l_1 这两个参数，随后可以确定 $\frac{K}{P_0}$ 的值。

6.4.2.3　最佳模拟时间的推导

由于宇宙核素的测定需要专业实验室，大多数地区仍然缺乏有关土壤生成速率的数据。因此，我们提供了一种估算最佳模拟时间的解析方法。根据式(6-22)，可以得到一个基于线性模型[式(6-32)]的土壤厚度分布预测的解析解。

$$h(t) = h_0 \ln\left[\left(1+\frac{c}{f}\right)e^{ft/h_0} - \frac{c}{f}\right] \tag{6-48}$$

式中：$c=\eta P_0$，而 $f=D\nabla^2 z$。因此有

$$\frac{c}{f} = \frac{\eta}{\nabla^2 z} \bigg/ \frac{D}{P_0} \tag{6-49}$$

式中：η和$\nabla^2 z$对于某个山坡而言可以认为是恒定的。根据 6.4.2.1 节中给出的步骤，h_0和$\frac{D}{P_0}$也是不变的，且均可通过实地探测土壤厚度来确定。因此，山坡每个位置上的$\frac{c}{f}$为常数。也就是说，在式(6-48)中，$\frac{D}{P_0}$的取值决定了最优化的土壤厚度模拟结果，扩散系数D控制了最佳模拟时间。换言之，对于给定的$\frac{c}{f}$，在不同的D值下，$h(t)$均能收敛到同一个最优化的预测结果。在式(6-48)中，为了获得最佳模拟结果，ft_{op}/h_0必须是常数。因此

$$t_{op} = \frac{C}{D} \tag{6-50}$$

式中：C是一个常数，最佳模拟时间 t_{op} 是扩散系数D的幂函数。通过对式(6-48)的重新整理，假设x处的土层厚度的实值为h_x，可以进一步确定最佳模拟时间，并得到下式：

$$t_{op}(x) = \frac{h_0}{f}\ln\left(\frac{e^{h_x/h_0} + \frac{c}{f}}{1+\frac{c}{f}}\right) \tag{6-51}$$

式中：$t_{op}(x)$是位置x处(其土壤厚度等于h_x)的最佳模拟时间。式(6-51)提供了一种用于估计线性模型的最优模拟时间的方法。在该公式中，如果给出位置x处的地形曲率和土壤厚度值，则可以确定x处的最优模拟时间。由此可以获得所有样本点的平均时间，这可以视为整个坡地的最佳模拟时间。

6.4.2.4　理论方法的应用步骤

将以上方法应用于实际流域山坡，可以分为三个步骤。首先，在山脊或者边坡上探测土壤厚度。分别利用提出的两种模型理论，通过有限数量的、局部的土壤厚度测量和地形分析，即可确定土壤厚度演化预测模型的参数。例如，如果采用线性模型理论的方法估算参数，则需要在山脊地带探测土壤厚度，而采用非线

性模型的方法需要在边坡上探测土壤厚度。其次，使用 6.4.2.1 和 6.4.2.2 节中提出的方法估计参数。为估算模型参数，需绘制已测量的土壤厚度及对应地形因素(如曲率或位置)的相关散点图。需要注意的是，我们估算的是一个合成参数，即最大土壤生成速率与扩散系数之间的比值，如线性模型中的 $\frac{D}{P_0}$ 和非线性模型中的 $\frac{K}{P_0}$。这时，如果给定任意一个参数的值(如 P_0)，则 D 或 K 的值可以确定。因此，可以得到一系列不同的 P_0 和 D(或 K)组合(本研究中选取了 15 个)情境下的模拟结果，并为进一步研究确定最佳模拟时间。最后，使用线性或非线性模型预测整个山坡的土壤厚度。

6.4.3　方法在源头型山坡上的应用

6.4.3.1　研究地点

以和睦桥实验站的零级子流域(图 6-15)为研究对象，该流域山坡(以下简称 H1)面积为 0.31 hm^2。在 H1 上，布设了地下水观测井和土壤含水量 TDR 探头，并且在出口处观测地表和壤中径流[图 6-15(b)]。研究中，采用 70 mm 直径的汽油钻头收集了不同位置的土壤厚度数据。利用所测得的高精度 DEM 数据(详见第 3 章)对和睦桥流域进行地形分析，确定 S_c=1.7。

接下来，通过水流路径分析，得到山坡地形剖面形状的信息。首先，利用 Liu 等(2012)给出的算法，通过空间分析确定山脊到山谷的水流路径长度。总的来说，平均的水流路径长度约为 24 m。此外，我们还估算了水流路径上的任意网格的其他地形属性。在每条起始于山脊线网格的水流路径上，我们绘制了每个栅格单元的地形属性，即高程和坡度，随后将每个水流路径的地形属性曲线整合到图 6-16 上。此外，为了比较不同水流路径上的地形属性，对 x 轴和 y 轴做归一化处理。如图 6-16(a)所示，H1 的剖面形态在山脊地带($0.0 < x < 0.2$)呈微凸状，并且在边坡上逐渐变得平坦($0.2 < x < 0.8$)。从图 6-16(b)中可以明显看出，随着与脊线距离的增大，边坡区域的坡度急剧增大，边坡区域整体平均坡度约为 0.60，然后在谷底地势又变得相对平坦。

在 H1 山坡上，土壤层上部(0～40 cm)的质地一般为粉质土，随着深度的增加，逐渐变为粉质壤土。土壤干密度随着深度增加不断增大，整个山坡的平均值为 1.23 g/cm^3。下垫面基岩主要为凝灰岩，平均密度为 2.48 g/cm^3。

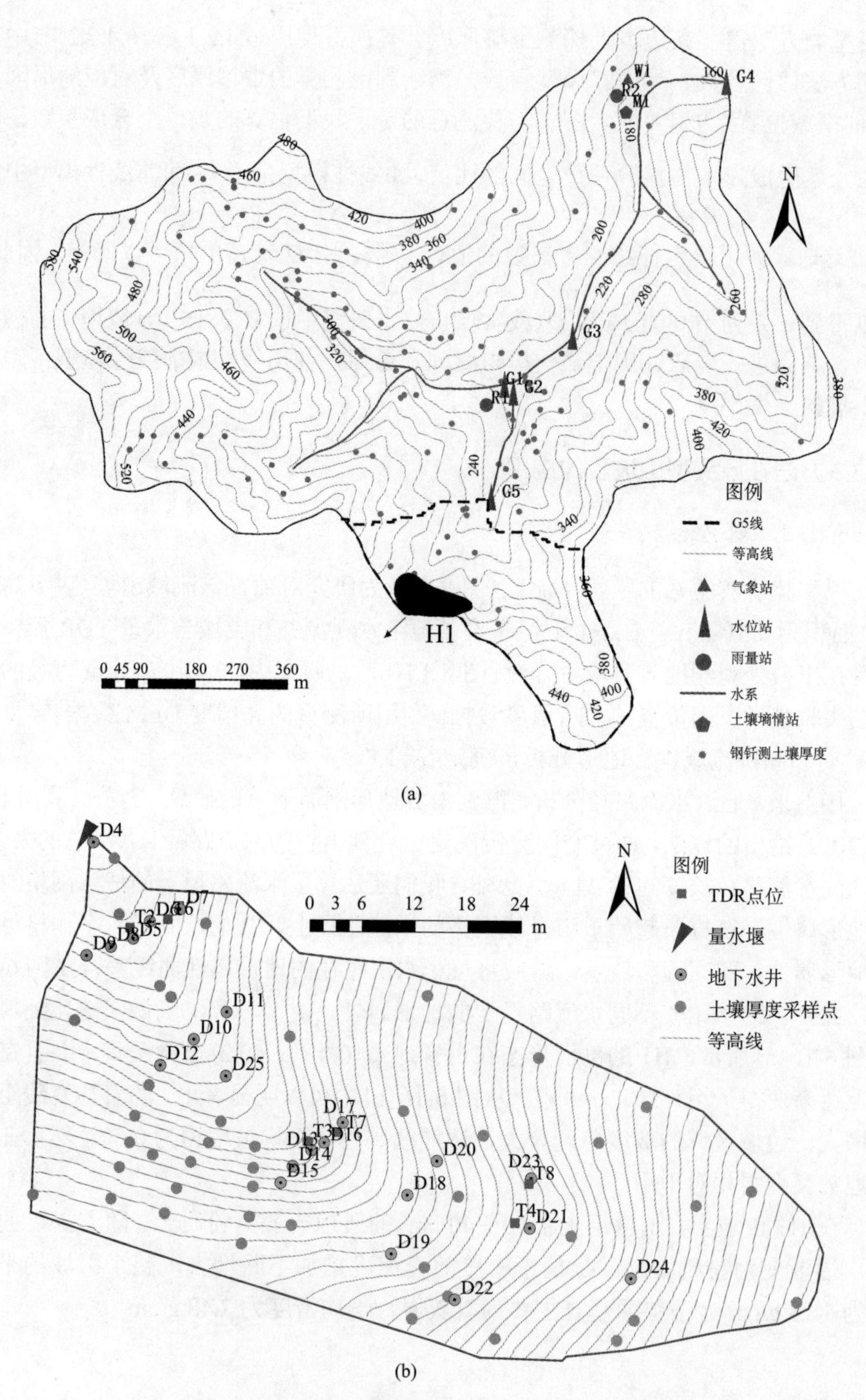

图 6-15　和睦桥流域 H1 山坡位置(a)、H1 山坡及土壤厚度采样点(b)

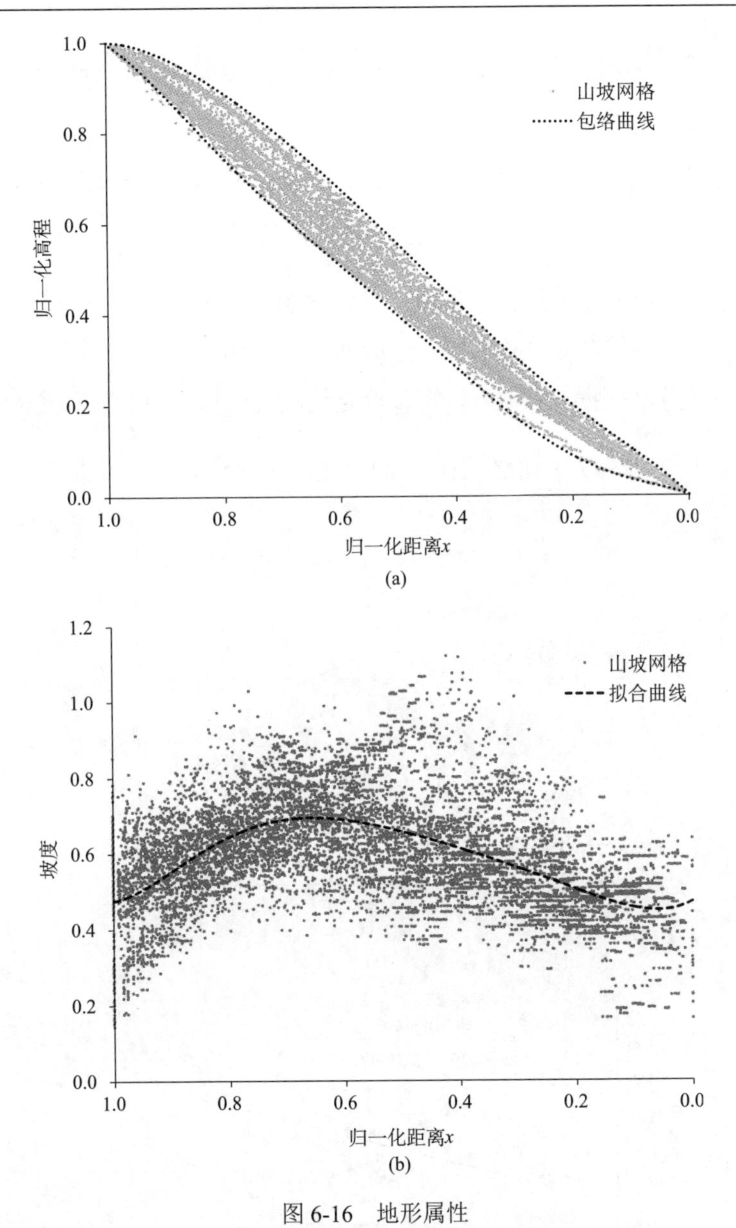

图6-16 地形属性

(a)归一化的高程；(b)坡度，从H1脊部单元(x=0)起始的水流路径上的每个栅格单元的高程和坡度用点标出，且用黑色虚线绘制出包络线和拟合线

6.4.3.2 参数的推求

基于稳态假定和前面给出的理论方法[式(6-36)和式(6-47)]，参数h_0和$\frac{D}{P_0}$或

$\dfrac{K}{P_0}$可以通过测量的土壤厚度数据估计。图 6-17(a)显示，在山脊地带测量的土壤厚度随曲率(对数值)呈稳步增大趋势。基于最佳拟合线[$y=-0.1534x+0.3501$，这里的 x、y 表示图 6-17(a)中的 x 坐标和 y 坐标]，可以确定脊线处的特征风化深度参数 h_0 为 0.153 m。此后，根据式(6-37)，可以确定$\dfrac{D}{P_0}$的比值为 0.204 m。图 6-17(b)则显示了边坡地带土壤厚度随该点到脊线距离(对数值)呈线性增加的趋势。基于最佳拟合线[$y=0.2255x+0.2964$，这里的 x、y 表示图 6-17(b)中的 x 坐标和 y 坐标]，根据式(6-47)，可以确定边坡处的参数 h_0 为 0.226 m，$\dfrac{K}{P_0}$为 3.130 m。这里，因为 L_r 的值在正负之间变化，所以将其直接设为 0。

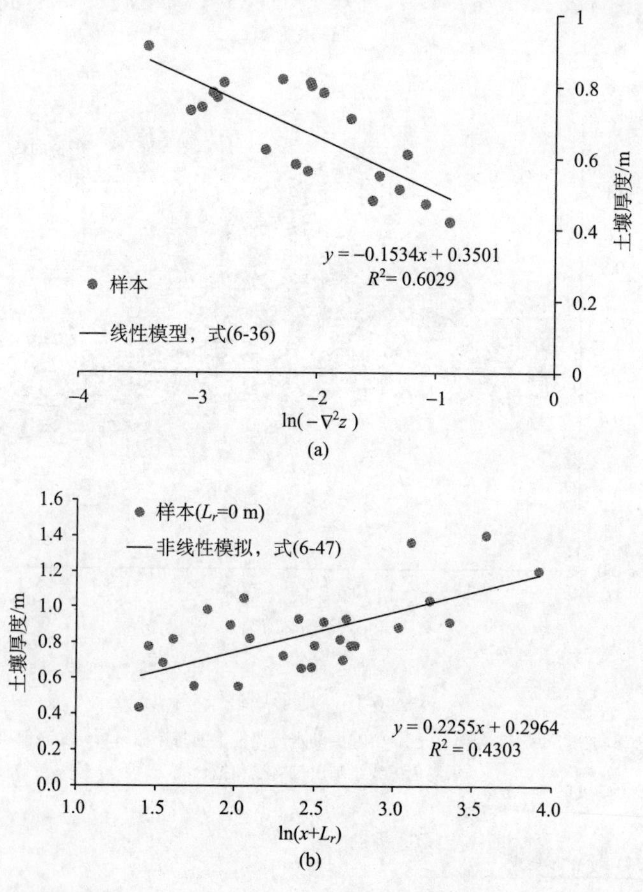

图 6-17　实测土壤厚度与脊部曲率(a)、边坡上的位置(b)关系图及其线性拟合线

根据式(6-36)，(a)图中线性拟合公式为 $y=-0.1534x+0.3501$，其中 h_0=0.153 m；根据式(6-47)，(b)图中线性拟合公式为 $y=0.2255x+0.2964$，其中 h_0=0.226 m

根据上述步骤，可以确定出 P_0 和 D 或 K 的一系列参数组合。然而，由于缺乏地球物理和地球化学的有关测试(如 ^{26}Al 或 ^{10}Be 浓度测量)及实地证据来确定总的土壤厚度演变的时间，故不能直接获得 P_0 和 D 或 K 的精确值。因此，这里 H1 中的参数 P_0 初始是依据全球原位地球化学核素法测得的土壤生成速率数据汇编来确定的(Stockmann et al., 2014)。根据他们的数据库，P_0 在不同的气候带中显著不同，在湿润地区其值通常约为 50 mm/a 和 250 mm/ka。

6.4.3.3　预测结果

如表 6-5 所列，在给定 $\frac{D}{P_0}$=0.204 m 和 $\frac{K}{P_0}$=3.130 m 后，可以很方便地给出 P_0 和 D 或 K 的不同组合。根据已有的文献刊载，D 值应在 10^{-5}～10^{-2} m^2/a(Martin, 2000)。可以发现，我们所推得的扩散速率系数 D 值相对较低，但其取值仍在正常区间范围内。研究中，我们模拟了 15 种情景，P_0 从 $10^{2.4}$mm/ka 降低到 $10^{1.7}$ mm/ka，其指数空间步长为 0.05。图 6-18 给出了实测与预测土壤厚度均方根误差(RMSE)随模拟时间的变化图。

表 6-5　$\frac{D}{P_0}$=0.204 m 和 $\frac{K}{P_0}$=3.130 m 时模型参数 P_0 和 D 或 K 的不同组合

编号	P_0/(mm/ka)	D/(10^{-5} m^2/ka)	K/(10^{-4} m/ka)
1	$10^{1.70}$	1.023	1.568
2	$10^{1.75}$	1.148	1.760
3	$10^{1.80}$	1.288	1.975
4	$10^{1.85}$	1.445	2.215
5	$10^{1.90}$	1.621	2.486
6	$10^{1.95}$	1.819	2.789
7	$10^{2.00}$	2.041	3.130
8	$10^{2.05}$	2.290	3.511
9	$10^{2.10}$	2.569	3.940
10	$10^{2.15}$	2.883	4.421
11	$10^{2.20}$	3.235	4.960
12	$10^{2.25}$	3.629	5.565
13	$10^{2.30}$	4.072	6.244
14	$10^{2.35}$	4.569	7.006
15	$10^{2.40}$	5.127	7.861

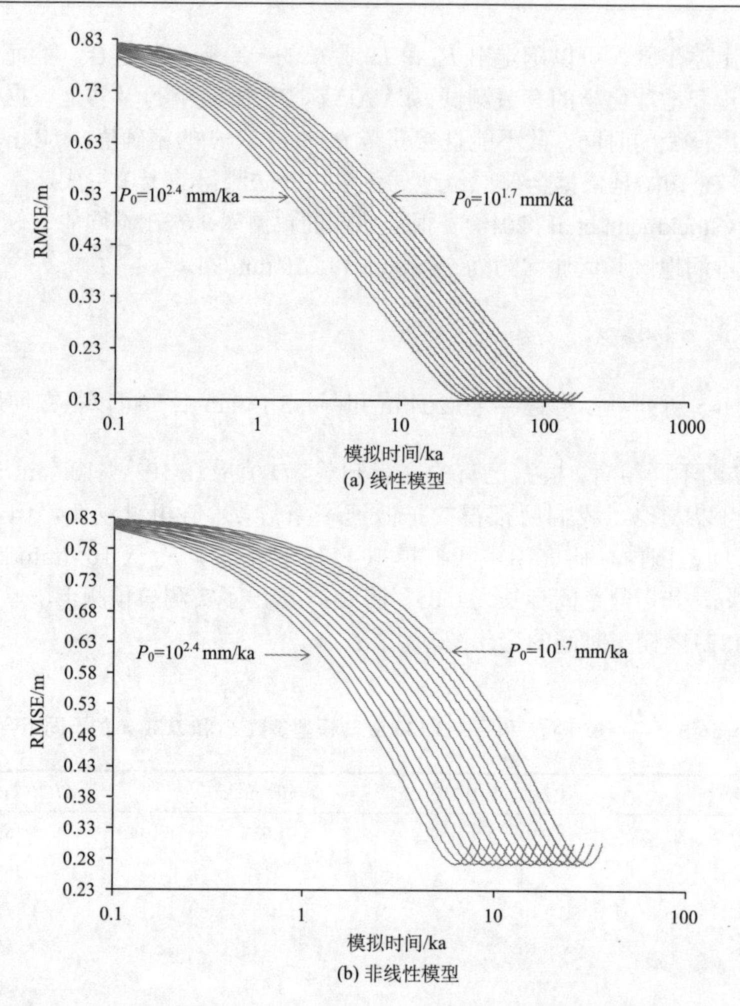

(a) 线性模型

(b) 非线性模型

图 6-18　线性模型与非线性模型模拟的土壤厚度与实测值的均方根误差

在图 6-18 中，可以发现对于 P_0 和 D 或 K 的所有组合，即不同情景中的最优预测结果(RMSE 最小)是相同的。例如，由线性模型和非线性模型预测的最小 RMSE 分别为 0.132 m、0.273 m。也就是说，当 P_0 和 D 或 K 之间的比值固定时，预测结果可以收敛到同一点。如图 6-18 所示，模拟时间对土壤厚度预测精度有显著影响，最小 RMSE 对应的最优模拟时间似乎与所使用参数的不同组合有很强的相关性，下文将进一步讨论。

此外，在两种模型中，15 种情景模拟的土壤厚度空间分布均相同。例如，线性模型模拟的最小、最大和平均土壤厚度分别为 0.24 m、1.84 m 和 0.73 m，所有情况的标准差均为 0.17 m。在非线性模型中，最小、最大和平均土壤厚度分别为 0.09 m、5.76 m 和 0.48 m。采用非线性模型时，模拟的土壤厚度空间变异(标准差约为 0.22 m)略大于线性模型模拟的土壤厚度空间变化。

如上所述，在给定的最大土壤生成速率与扩散系数的比值下，各模型的优化模拟结果均相同。分析还显示，15 种情景下模拟的土壤厚度分布也是相同的。因此，图 6-19 只提供了一种情景的模拟结果。在图 6-19(a)和图 6-19(b)中，土层较厚的区域(如大于 1.0 m)主要分布在谷底沿线。从图 6-19 中可以看出，除了凹/收敛(洼地或坑)地带的土壤厚度较大外，土壤厚度在其他部位都表现为均匀分布。这其中，图 6-19(a)的土壤空间分布的标准差(0.17 m)小于图 6-19(b)的标准差(0.22 m)，显然其土壤厚度分布也比图 6-19(b)中的更趋均匀。

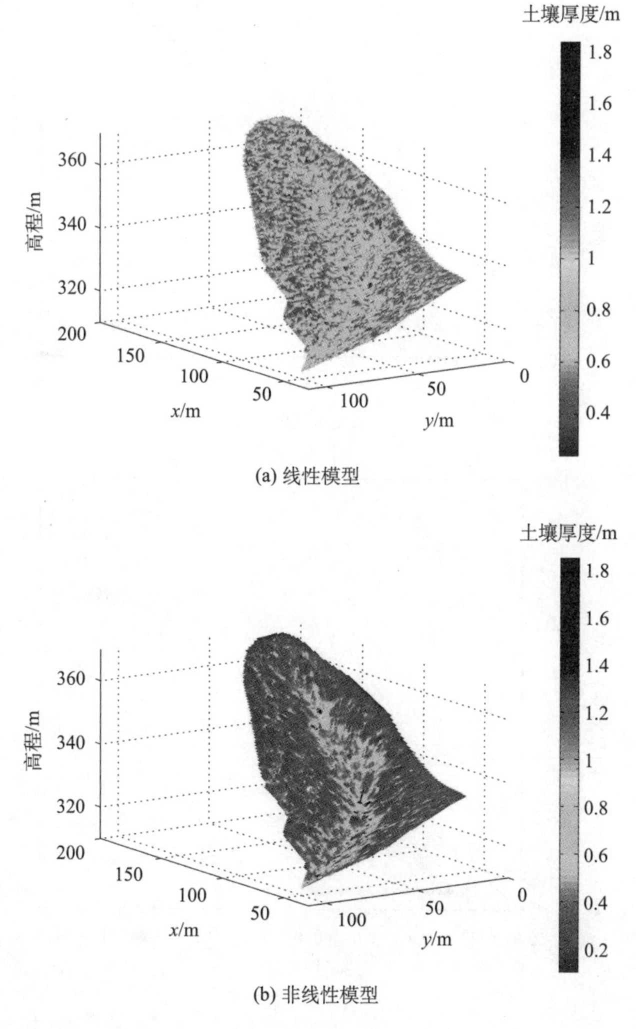

(a) 线性模型

(b) 非线性模型

图 6-19　线性模型与非线性模型模拟得到的 H1 土壤厚度空间分布

在图 6-20 中，将所有样本点位置上的实测土壤厚度与两个模型模拟的预测土壤厚度进行比较。总的来说，线性模型的模拟结果优于非线性模型。如表 6-6 所示，在所有采样点中，线性模型的模拟误差 RMSE = 0.132 m，远小于非线性模型(L_r= 0.0 m)的 RMSE= 0.273 m。此外，线性模型的确定系数(R^2)等于 0.79，也优于非线性模型的 R^2=0.57。线性回归分析显示，其方程的斜率分别为 0.754 和 0.863，表明两个模型的预测结果较真实的土壤厚度偏低。在图 6-20 和表 6-6 中，还给出

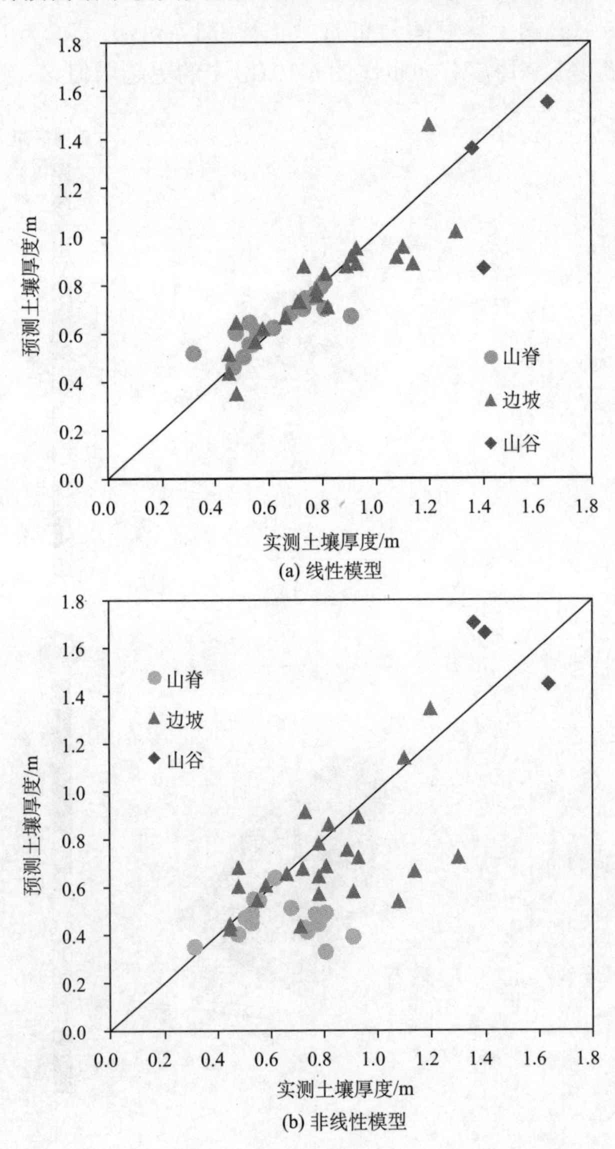

图 6-20　H1 采样点处实测和预测土壤厚度关系散点图

表 6-6　模型模拟的土壤厚度分别与山脊、边坡和全坡面实测土壤厚度的偏差统计

模型	时间* /ka	h_0 /m	D/P_0 或 K/P_0	山脊			边坡			H1		
				RMSE/m	R^2	LRFs**	RMSE/m	R^2	LRFs	RMSE/m	R^2	LRFs
线性	91	0.153	0.204	0.089	0.70	y=0.552 x+0.289	0.128	0.75	y=0.799 x+0.144	0.132	0.79	y=0.754 x+0.170
非线性（L_r=0.0 m）	193	0.226	3.13	0.281	0.01	y=−0.039 x+0.485	0.240	0.37	y=0.495 x+0.308	0.273	0.57	y=0.863 x−0.010
非线性（L_r=10.0 m）	82	0.414	18.5	0.419	0	y=0.002 x+0.269	0.358	0.21	y=0.548 x+0.132	0.382	0.50	y=0.903 x−0.206
非线性（L_r=−2.0 m）	484	0.177	1.10	0.200	0.15	y=0.148 x+0.415	0.201	0.38	y=0.503 x+0.342	0.202	0.62	y=0.759 x+0.100
非线性（L_r=−2.5 m）	675	0.162	0.724	0.180	0.27	y=0.194 x+0.405	0.194	0.40	y=0.466 x+0.370	0.189	0.65	y=0.741 x+0.122
非线性（L_r=−3.0 m）	1064	0.146	0.413	0.159	0.41	y=0.246 x+0.393	0.189	0.40	y=0.435 x+0.409	0.178	0.66	y=0.720 x+0.154
非线性（L_r=−3.5 m）	2150	0.127	0.177	0.136	0.51	y=0.300 x+0.386	0.186	0.40	y=0.444 x+0.423	0.166	0.68	y=0.707 x+0.187
非线性（L_r=−4.0 m）	13130	0.096	0.022	0.110	0.58	y=0.394 x+0.366	0.183	0.41	y=0.423 x+0.436	0.157	0.71	y=0.650 x+0.241

*这里列出的时间表示各种情景下的最优模拟时间，即 $P_0=10^{1.9}$ mm/ka；

**LRFs 表示线性回归函数。

了局部(如山脊和边坡上)土壤厚度的模拟误差和线性回归分析结果。例如，在图 6-20 中，圆形、菱形和三角形点分别表示山脊、山谷和边坡上的采样点。在表 6-6 中，线性模型在山脊区域的 RMSE 为 0.089 m，其值远小于非线性模型(L_r=0.0 m)的 0.281 m。通过对模拟结果的分析，我们发现无论是在边坡区域还是在山脊区域，线性模型的模拟结果都优于非线性模型。原因可能在于，在非线性模型中，我们随意设定了 L_r 的值(为 0.0 m)，这可能会对结果产生比较大的影响。下一节将对此做进一步的讨论。

6.4.4 讨论

6.4.4.1 模拟时间及其影响因素的关系

在上一节中，我们发现如果给定 $\frac{D}{P_0}$ 或者 $\frac{K}{P_0}$ 的比值，两个模型所模拟的土壤厚度空间分布以及所有采样点的实测与预测土壤厚度的均方根误差都是相同的。那么，我们如何理解这种土壤生成和土壤输移的协同影响？土壤厚度到底需要多长时间才能演化到目前的厚度？

这里，使用 6.4.2.3 节中推导的解析解技术以加深我们对土壤厚度演化复杂行为的理解。如图 6-21(a)所示，进一步验证了最优模拟时间与扩散系数之间的幂函数关系[式(6-50)]。通过参数率定，我们发现最优模拟时间是关于扩散系数 D 的严格的幂函数(R^2 =1)，其中 C=147.5×10^{-5} m^2。

图 6-21(b)为不同 P_0 值下各情景的最优模拟时间。总的来说，最优模拟时间随 P_0 值增大呈指数递减。例如，在这两个模型中，率定的最优模拟时间均为 P_0 的幂函数，且最优拟合曲线 R^2=1。图 6-21(b)中还显示了由式(6-51)估计的最优时间。可以看出，式(6-51)估计的最优模拟时间的趋势线与线性模型率定得到的最优模拟时间的拟合曲线完全平行，两者之间存在约 15%的系统偏差。这种系统偏差可能是由两种估计方法的优化目标不同造成的。对于线性模型，优化的目标是使得所有采样点的 RMSE 最小。然而，采用式(6-51)提供的方法，则可依据实测土壤厚度直接估算出每一个采样点的最优模拟时间。因此，可以累积单个采样点的最优模拟时间来推求整个山坡的平均最优模拟时间。这就可以解释为什么两种方法之间存在系统性的偏差。

6.4.4.2 参数 L_r 对模拟结果的影响

在非线性模型中，L_r 是非常重要的参数，因为它决定了非线性模型中 h_0 和 $\frac{K}{P_0}$ 的值。前文已经提到，它是参考宽度和平均脊宽($\overline{x}_b$)之间的差，而且它的值大于

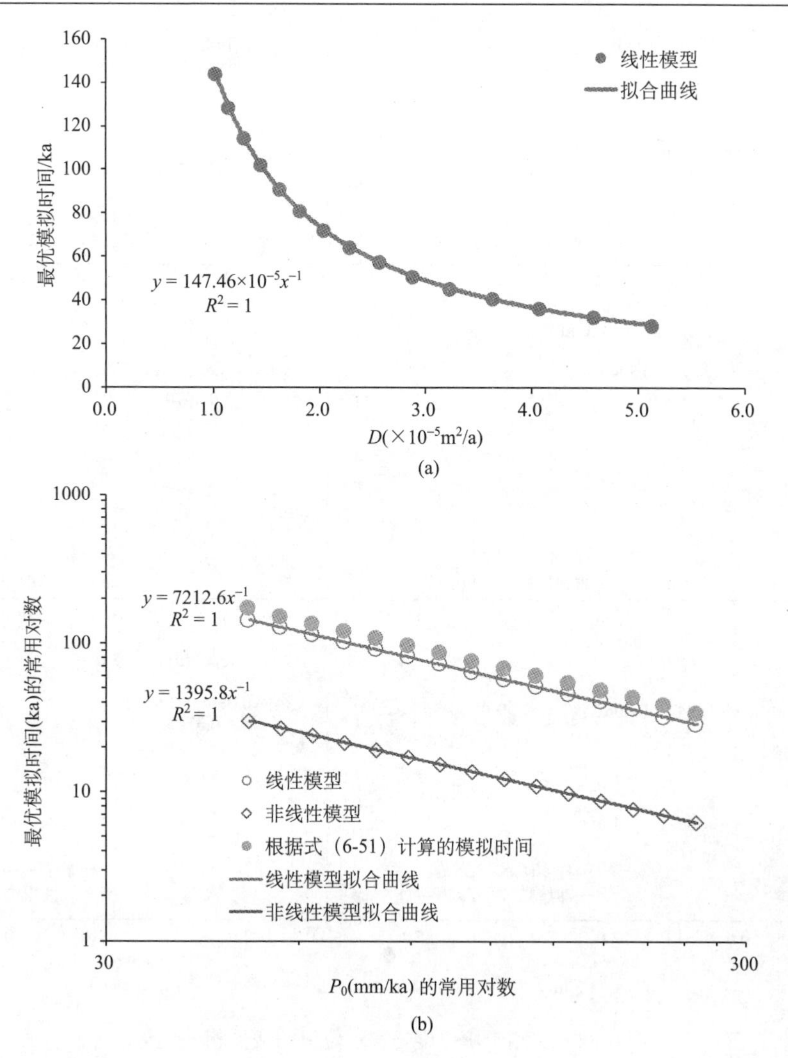

图 6-21　最优模拟时间与扩散系数 D(a) 和裸岩土壤生成速率 P_0(b) 之间的函数关系

$-\overline{x}_b$。在 6.4.2.2 节中，我们将它的初始值设为 0。但是，目前仍然不清楚其对模拟结果的影响如何，以及土壤生成速率、扩散系数和几何参数(L_r)之间的关系是怎样的。

这一节中，通过设置不同的取值(L_r =10 m, 0 m, –2.0 m, –2.5 m, –3.0 m, –3.5 m 和–4.0 m)，参数 h_0 和 $\dfrac{K}{P_0}$ 可以通过实测土层厚度与所处位置的经验关系进行估算[式(6-47)]，图 6-22 给出了此线性相关图。可以看处，如果 L_r 值不同，式(6-47)的线性表达式斜率也有所差异。对于 L_r =10.0 m 的情况，此线性关系具有最大的

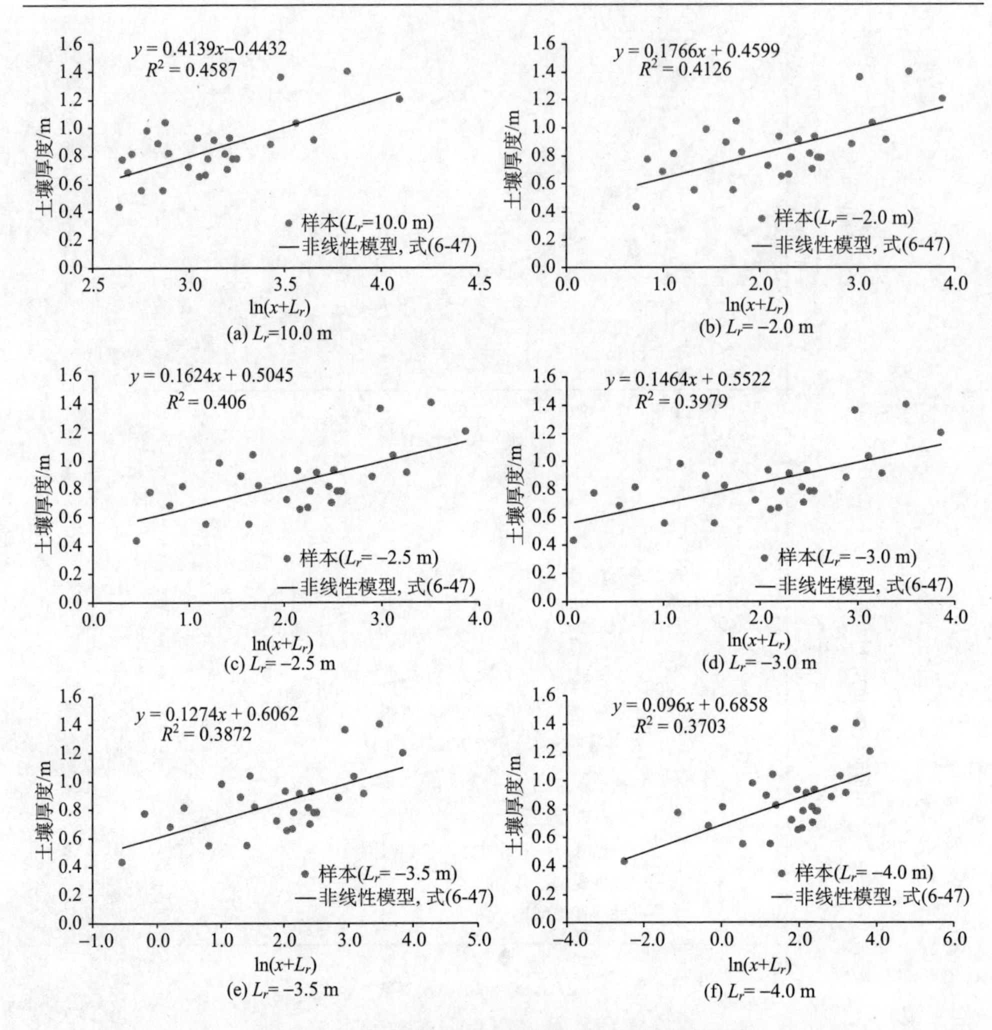

图 6-22　实测土壤厚度与测点位置的线性相关趋势

直线斜率，可以推得特征风化深度 h_0=0.414 m，相应的$\frac{K}{P_0}$值为 18.5（表 6-6）。显然，在所有的模拟情景中，比值$\frac{K}{P_0}$最大表示在给定的 P_0 下其土壤扩散效应最强。然而，对于 L_r =–4.0 m 的情况，线性关系具有最小直线斜率，即最小特征风化深度 h_0= 0.096 m，并且相应的$\frac{K}{P_0}$减小到 0.022，这意味着在此种情况下的土壤扩散效应最弱。在所有情况中，特征风化深度和$\frac{K}{P_0}$的比值随着 L_r 值的减小而显著减小。我们知道，最佳模拟精度由$\dfrac{K}{P_0}$的比值决定，而不是 P_0 或 K，故在模拟中首先任意给定一个 P_0 值($10^{1.9}$ mm/ka)(表 6-6)。

表 6-6 统计了实测土壤厚度与非线性模型预测土壤厚度的误差和线性回归分析结果。图 6-23 则给出了每一种情景下的实测土壤厚度与预测土壤厚度的散点

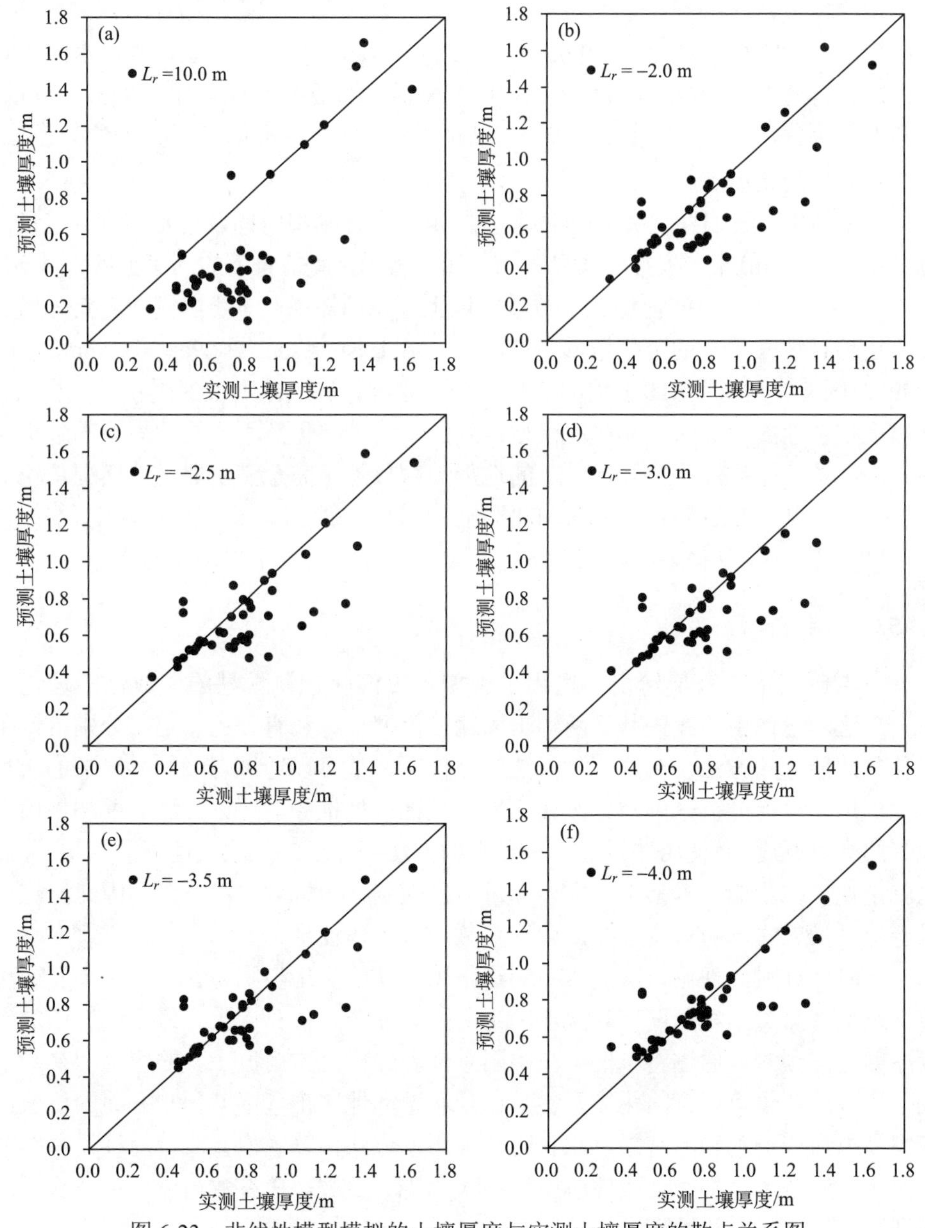

图 6-23　非线性模型模拟的土壤厚度与实测土壤厚度的散点关系图

图。可以看出，当 L_r =10.0 m 时，预测的土层厚度被显著低估了，特别是在脊部和边坡地带。当 L_r 从 10.0 m 降低到–4.0 m 时，模拟时间呈指数级增长。例如，L_r =10.0 m 的模拟时间为 82 ka，L_r =–4.0 m 的时间为 13130 ka。与此同时，山脊(或边坡)乃至整个 H1 的模拟精度均有显著提高。例如，对于整个 H1，随着 L_r 从 10.0 m 减小到–4.0 m，RMSE 从 0.382 m 减小到 0.157 m。特别地，在脊部，非线性模型的模拟精度得到了很大的提高，当 L_r =–4.0 m 时，得到了最优的模拟结果，RMSE 由 L_r =10.0 m 时的 0.419 m 下降到 L_r =–4.0 m 时的 0.110 m。通过水流路径分析，我们知道 H1 脊线与边坡上土壤厚度采样点的最小距离约为 4.07 m，接近边坡的上限位置，L_r 值不能小于–4.0 m。也就是说，这两个量(L_r 和 $\overline{x}_b$)的值越接近，非线性模型的精度就越高。

在本节中，我们发现 L_r 的不同取值决定了最优模拟时间及模拟精度。在最优方案(L_r = –4.0 m)下，模拟时间显著增加了，其中，此情景下的土壤扩散系数(K)比 L_r = 10.0 m 情景中的值低三个数量级以上。我们知道，非线性模型主要适用于边坡较长且坡面平直的陡峭地形(Pelletier and Rasmussen, 2009a; Roering et al., 1999)。因此，考虑到 H1 山坡的坡长较短且脊部、谷底地形较为缓和，较小的 K 值似乎是合理的。然而，非线性模型得到的最优结果仍然不如线性模型的最优结果。造成这一结果的原因在于，H1 的地形地貌显然不完全满足非线性模型理论的基本假定。根据 Dietrich 等(1995)的报告，在这类山坡上，土壤蠕动模型(即线性模型)更适用，与其他地区相比，这里的土壤厚度更接近于局部稳态。

6.4.5　小结

在本研究中，我们给出了适用于土壤厚度演化预测模型的参数化的理论方法。在这一理论中，我们基于两种土壤输移模型理论和有关的假定，分别给出了两种参数估计的方法。在这两种方法中，模型参数可以通过有限的、局部的土壤厚度测量和地形分析来确定。例如，采用线性模型推导的理论方法需要测量山脊地带的土壤厚度，而使用非线性模型导出的方法则需要测量边坡地带的土壤厚度。也就是说，在我们的框架下，实地测量可以限制在山脊或边坡位置。因此，这可以避免大量无序、随机的取样，可有效减少野外作业量。

同时，针对此理论方法，本节还给出了具体的实施步骤。首先，在山脊或边坡上选点并测量土壤厚度；其次，采用所推导的公式估算参数；最后，对山坡土壤厚度进行预测。通过将该框架在中国东部和睦桥流域山坡 H1 的应用，初步证实了该方法在土壤厚度演化模型参数估计和湿润地区土壤厚度预测方面的价值。模型模拟与现场观测的结果对比表明，采用本方法估算模型参数，两种模型均能获得令人满意的结果，且线性模型更适用于 H1 山坡，在参数估计效率和应用的便利性上均优于非线性模型。

最后，应当指出的是，在应用这一框架时，我们参考了许多现有关于同一气候下土壤生成速率的数据库(Stockmann et al., 2014)。显然，如果将土壤厚度预测的参数估计框架应用于未知流域，除了必要的土壤厚度测量，仍然需要初步界定模型参数的取值范围(如相似区域的 P_0 值)。

参 考 文 献

史学正, 于东升, 高鹏, 等. 2007. 中国土壤信息系统(SISChina)及其应用基础研究[J]. 土壤, 39(3): 329-333.

Amundson R, Heimsath A, Owen J, et al. 2015. Hillslope soils and vegetation[J]. Geomorphology, 234: 122-132.

Anderson R S, Anderson S P, Tucker G E. 2013. Rock damage and regolith transport by frost: An example of climate modulation of geomorphology of the critical zone[J]. Earth Surface Processes and Landforms, 38(3): 299-316.

Bergström S, Forsman A. 1973. Development of a conceptual deterministic rainfall-runoff model[J]. Nordic Hydrology, 4: 170-174.

Bertoldi G, Rigon R, Over T M. 2006. Impact of watershed geomorphic characteristicson the energy and water budgets[J]. Journal of Hydrometeorology, 7(3): 389-403.

Beven K J, Calver A, Morris E M. 1987. The Institute of Hydrology Distributed Model[R]. Rep. 98, Wallingford U K: Institute of Hydrology.

Blume T, van Meerveld H J. 2015. From hillslope to stream: Methods to investigate subsurface connectivity[J]. WIREs Water, 2: 177-198.

Bonfatti B R, Hartemink A E, Vanwalleghem T, et al. 2018. A mechanistic model to predict soil thickness in a valley area of Rio Grande Do Sul, Brazil[J]. Geoderma, 309: 17-31.

Catani F, Segoni S, Falorni G. 2010. An empirical geomorphology-based approach to the spatial prediction of soil thickness at catchment scale[J]. Water Resources Research, 46: W05508.

Chiang S H, Hsu M L. 2006. Parameter calibration in a process-based soil depth estimation model assuming local steady state[J]. Journal of Geographical Sciences, 44: 23-38.

Culling W E H. 1963. Soil creep and the development of hillside slopes[J]. Journal of Geology, 71: 127-161.

Dahlke H E, Behrens T, Seibert J, et al. 2009. Test of statistical means for the extrapolation of soil depth point information using overlays of spatial environmental data and bootstrapping techniques[J]. Hydrological Processes, 23: 3017-3029.

Dietrich W E, Reiss R, Hsu M L, et al. 1995. A process-based model for colluvial soil depth and shallow landsliding using digital elevation data[J]. Hydrological Processes, 9(3-4): 383-400.

Evans I S. 1980. An integrated system of terrain analysis and slope mapping[J]. Zeitschrift für Geomorphologie, Supplement band, 36: 274-295.

Fagherazzi S, Howard A D, Wiberg P L. 2002. An implicit finite difference method for drainage basin evolution[J]. Water Resources Research, 38(7): 1116.

Fan Y, Bras R L. 1998. Analytical solutions to hillslope subsurface storm flow and saturation overland flow[J]. Water Resources Research, 34: 921-927.

Gabet E J, Mudd S M, Milodowski D T, et al. 2015. Local topography and erosion rate control regolith thickness along a ridgeline in the Sierra Nevada, California[J]. Earth Surface Processes and Landforms, 40(13): 1779-1790.

Gardner T W, Ritter J B, Shuman C A, et al. 1991. A periglacial stratfied slope deposit in the valley and ridge province of central Pennsylvania, USA: Sedimentology, stratigraphy, and geomorphic evolution[J]. Permafrost and Periglacial Processes, 2: 141-162.

Gilbert G K. 1909. The convexity of hilltops[J]. Journal of Geology, 17: 344-350.

Han X L, Liu J T, Mitrac S, et al. 2018. Selection of optimal scales for soil depth prediction on headwater hillslopes: A modeling approach[J]. Catena, 163: 257-275.

Han X L, Liu J T, Zhang J, et al. 2016. Identifying soil structure along headwater hillslopes using ground penetrating radar based technique[J]. Journal of Mountain Science, 13(3): 405-415.

Heimsath A M. 2014. Limits of soil production?[J]. Science, 343: 617-618.

Heimsath A M, Chappell J, Dietrich W E, et al. 2000. Soil production on a retreating escarpment in southeastern Australia[J]. Geology, 28: 787-790.

Heimsath A M, Dietrich W E, Nishiizumi K, et al. 1997. The soil production function and landscape equilibrium[J]. Nature, 388 (6640): 358-361.

Heimsath A M, Dietrich W E, Nishiizumi K, et al. 1999. Cosmogenic nuclides, topography, and the spatial variation of soil depth[J]. Geomorphology, 27(1-2): 151-172.

Heimsath A M, Furbish D J, Dietrich W E. 2005. The illusion of diffusion: Field evidence for depth-dependent sediment transport[J]. Geology, 33(12): 949-952.

Hoover M D, Hursh C R. 1943. Influence of topography and soil depth on runoff from forest land[J]. Transactions, American Geophysical Union, 24(2): 693-698.

Hurst M D, Mudd S M, Walcott R, et al. 2012. Using hilltop curvature toderive the spatial distribution of erosion rates[J]. Journal of Geophysical Research, 117: F02017.

Jin L X, Ravella R, Ketchum B, et al. 2010. Mineral weathering and elemental transport during hillslope evolution at the Susquehanna/Shale Hills Critical Zone Observatory[J]. Geochimica et Cosmochimica Acta, 74: 3669-3691.

Lin H S. 2006. Temporal stability of soil moisture spatial pattern and subsurface preferential flow pathways in the Shale Hills Catchment[J]. Vadose Zone Journal, 5: 317-340.

Lin H S, Kogelmann W, Walker C, et al. 2006. Soil moisture patterns in a forested catchment: A hydropedological perspective[J]. Geoderma, 131: 345-368.

Liu J T, Chen X, Lin H, et al. 2013. A simple geomorphic-based analytical model for predicting the spatial distribution of soil thickness in headwater hillslopes and catchments[J]. Water Resources Research, 49 (11): 7733-7746.

Liu J T, Chen X B Zhang X, et al. 2012. Grid digital elevation model based algorithms for determination of hillslope width functions through flow distance transforms[J]. Water Resources Research, 48 (4), W04532.

Lucà F, Buttafuoco G, Robustelli G, et al. 2014. Spatial modelling and uncertainty assessment of pyroclastic cover thickness in the Sorrento peninsula[J]. Environmental Earth Sciences, 72 (9):

3353-3367.

Ma L, Chabaux F, Pelt E, et al. 2010. Regolith production rates calculated with uranium-series isotopes at Susquehanna/Shale Hills Critical Zone Observatory[J]. Environmental Earth Sciences Letters, 297: 211-225.

MacCormack R W. 1971. Numerical solution of the interaction of a shock wave with a laminar boundary layer[J]. Lecture Notes in Physics, 8: 151-163.

Martin Y. 2000. Modelling hillslope evolution: Linear and nonlinear transport relations[J]. Geomorphology, 34 (1): 1-21.

McGuire K J, McDonnell J J. 2010. Hydrological connectivity of hillslopes and streams: Characteristic time scales and nonlinearities[J]. Water Resources Research, 46 (10): W10543.

McKean J A, Dietrich W E, Finkel R C, et al. 1993. Quantification of soil production and downslope creep rates from cosmogenic ^{10}Be accumulations on a hillslope profile[J]. Geology, 21: 343-346.

Moore I D, Gessler P E, Nielsen G A, et al. 1993. Soil attribute prediction using terrain analysis[J]. Soil Science Society of America Journal, 57: 443-452.

Pelletier J D, Mcguire L A, Ash J L, et al. 2011. Calibration and testing of upland hillslope evolution models in a dated landscape: Banco Bonito, New Mexico[J]. Journal of Geophysical Research, 116: F04004.

Pelletier J D, Rasmussen C. 2009a. Geomorphically based predictive mapping of soil thickness in upland watersheds[J]. Water Resources Research, 45(9): W09417.

Pelletier J D, Rasmussen C. 2009b. Quantifying the climatic and tectonic controls on hillslope steepness and erosion rate[J]. Lithosphere, 1(2): 73-80.

Penížek V, Borůvka L. 2006. Soil depth prediction supported by primary terrain attributes: A comparison of methods[J]. Plant Soil and Environment, 52: 424-430.

Phillips J D. 2010. The convenient fiction of steady-state soil thickness[J]. Geoderma, 156: 389-398.

Riebe C S, Hahm W J, Brantley S L. 2017. Controls on deep critical zone architecture: A historical review and four testable hypotheses[J]. Earth Surface Processes and Landforms, 42: 128-156.

Roering J J. 2008. How well can hillslope evolution models "explain" topography?[J]. Geological Society of America Bulletin, 120: 1248-1262.

Roering J J, Kirchner J W, Dietrich W E. 1999. Evidence for a non-linear, diffusive sediment transport on hillslopes and implications for landscape evolution[J]. Water Resources Research, 35: 853-870.

Roering J J, Kirchner J W, Dietrich W E. 2001. Hillslope evolution by nonlinear, slope-dependent transport: Steady state morphology and equilibrium adjustment timescales[J]. Journal of Geophysical Research, 106(B8): 16499-16513.

Saco P M, Willgoose G R, Hancock G R. 2006. Spatial organization of soil depths using a landform evolution model[J]. Journal of Geophysical Research, 111: F02016.

Shangguan W, Hengl T, Mendes de Jesus J, et al. 2017. Mapping the global depth to bedrock for land surface modeling[J]. Journal of Advances in Modeling Earth Systems, 9 (1): 65-88.

Shary P A, Sharaya L S, Mitusov A V. 2017. Predictive modeling of slope deposits and comparisons of two small areas in northern Germany[J]. Geomorphology, 290: 222-235.

Small E E, Anderson R S, Hancock G S, et al. 1999. Estimates of the rate of regolith production from ^{10}Be and ^{26}Al from an alpine hillslope[J]. Geomorphology, 27(1-2): 131-150.

Smith M, Seo D J, Koren V I, et al. 2004. The distributed model intercomparison project (DMIP): Motivation and experiment design[J]. Journal of Hydrology, 298: 4-26.

Stockmann U, Minasny B, McBratney A B. 2014. How fast does soil grow?[J] Geoderma, 216: 48-61.

Tarboton D G. 1997. A new method for the determination of flow directions and upslope areas in grid digital elevation models[J]. Water Resources Research, 33: 309-319.

Tesfa T K, Tarboton D G, Chandler D G, et al. 2009. Modeling soil depth from topographic and land cover attributes[J]. Water Resources Research, 45: W10438.

Tetzlaff D, Birkel C, Dick J, et al. 2014. Storage dynamics in hydropedological units control hillslope connectivity, runoff generation, and the evolution of catchment transit time distributions[J]. Water Resources Research, 50(2): 969-985.

Troch P A, van Loon E, Hilberts A. 2002. Analytical solutions to a hillslope-storage kinematic wave equations for subsurface flow[J]. Advances in Water Resources, 25: 637-649.

Tromp-van Meerveld H J, McDonnell J J. 2006. Threshold relations in subsurface stormflow: 1. A 147-storm analysis of the Panola hillslope[J]. Water Resources Research, 42: W02410.

Watts W A. 1979. Late quaternary vegetation of central Appalachia and the New Jersey Coastal Plain[J]. Ecological Monographs, 49: 427-469.

Wigmosta M S, Vail L W, Lettenmaier D P. 1994. A distributed hydrology vegetation model for complex terrain[J]. Water Resources Research, 30: 1665-1679.

Willgoose G, Bras R L, Rodriguez-Iturbe I. 1991. A physical explanation of an observed link area-slope relationship[J]. Water Resources Research, 27: 1697-1702.

Yu F, Hunt A G. 2017. An examination of the steady-state assumption in soil development models with application to landscape evolution[J]. Earth Surface Processes and Landforms, 42: 2599-2610.

Zhao R J, Zhuang Y L, Fang L R, et al. 1980. The Xinanjiang model[C]. Hydrological Forecasting Proceedings of the Oxford Symposium. Wallingford: IAHS, 129: 351-356.

Zhu A X. 2000. Mapping soil landscape as spatial continua: The neural network approach[J]. Water Resources Research, 36: 663-677.

Ziadat F M. 2010. Prediction of soil depth from digital terrain data by integrating statistical and visual approaches[J]. Pedosphere, 20: 361-367.

第 7 章　山坡水文连通性与水文过程

7.1 引　　言

山坡、沟谷与间歇性河道(hillslope-riparian-stream, HRS)的水文连通性提供了坡地与水生环境的基本联系(Jencso et al., 2009; Ali and Roy, 2009; Bracken et al., 2013)。这种连通有助于山坡向河道输送水分(Jencso et al., 2010; van Meerveld et al., 2015)及营养物质(Gerritse et al., 1995; Ocampo et al., 2006; McGuire and McDonnell, 2010)。山坡、沟谷与间歇性河道的水文连通可以通过超渗产流或者饱和坡面流的形式产生(Horton, 1933; Dunne and Black, 1970)，也可以通过壤中流(Hursh, 1944; Hewlett and Hibbert, 1967; Mosley, 1979)或者土壤大孔隙流的方式产生(Wilson et al., 2017)，且连通性在时间和空间上是不断变化的(Covino, 2017)。虽然目前众多研究已经达成共识，认为壤中流是湿润山丘区的主要产流方式(Tromp-van Meerveld and McDonnell, 2006a; McGuire and McDonnell, 2010)，但壤中流的连通相较于地表连通依然较难监测和分析(Blume and van Meerveld, 2015)。

在另外一个层面上，壤中流可以产生于不同位置的相对不透水层之间，如土壤-基岩界面(Tromp-van Meerveld and McDonnell, 2006b; Kim, 2009; Hopp and McDonnell, 2009)、A/B 层土壤界面(Zimmer and McGlynn, 2017)、B/C 层土壤界面(Weyman, 1973; Detty and McGuire, 2010)、有机质层与下覆矿物土壤等(Gerke et al., 2015)。此外，在相对不透水层上，瞬态的饱和水流(上层滞水)可能导致山坡、沟谷与间歇性河道连通的形成，使出流量急剧增加，甚至导致山洪暴发(van Meerveld et al., 2015)。但正如 Klaus 和 Jackson(2018)所指出的，上层滞水对径流的产生机制及对水文连通性的作用尚不清楚。

近年来，地形、土壤等关键带结构如何影响 HRS 的水文连通性一直是山坡水文学研究的热点问题(Troch et al., 2002; Devito et al., 2005; Fujimoto et al., 2008; Hopp and McDonnell, 2009; Kim, 2009; Sen et al., 2010; Jencso and McGlynn, 2011; Nippgen et al., 2015; Zimmer and McGlynn, 2017; Zimmer and Gannon, 2018)。例如，Jencso 等(2009)及 Detty 和 McGuire(2010)强调地形对 HRS 水文连通性的重要性，并发现 HRS 连通的持续时间与上游集水面积的大小呈正相关。Jencso 和 McGlynn(2011)进一步研究发现，在融雪径流的过程中，与植被或者地质这些因

素相比，地形是水分再分配及水文连通性最大的影响因素。Devito 等(2005)则提出了不同的观点,他们认为土壤厚度及土壤类型又是比地形更为重要的影响因素。实际上，山坡土壤厚度的分布格局对径流量有着显著的影响，已有大量的研究均揭示了土壤性质对水文过程的重要作用(Sidle et al., 2000, 2001; Zimmer and Gannon, 2018; Bernatek-Jakiel and Poesen, 2018)。例如，Bernatek-Jakiel 和 Poesen(2018)研究了土壤管道(soil pipe)的发育过程，得出土壤管道出流可以占山坡总出流量的 70%。Klaus 和 Jackson(2018)的研究报告指出，在到达沟谷之前，山坡上特定土壤层间的上层滞水通常已经下渗到了深层土壤(或其他相对不透水层)，即土壤层间上层滞水的传播距离通常较短。

实际上，山坡、沟谷及间歇性河道的水文连通性不仅与山坡结构有关，而且与集水区的干湿状态(前期土壤含水量)及降雨类型(季节性降雨)有关(Blume and van Meerveld, 2015; Wilson et al., 2017)。在一些全年降雨均匀分布的流域，山坡出口处壤中流的出流很大程度上取决于季节性的蒸散发量和强度(Zimmer and McGlynn, 2017; Kim, 2009)。然而，对于全年雨量分配不均匀的流域，如日本的 Tatsunokuchi-yama 实验流域(Tani, 1997)，降雨的季节性变化对 HRS 连通性的分布范围、建立连通性所需要的时间及连通持续的时间等都有显著的影响。此外，研究人员还发现，水文连通具有很强的时空变化性，如山坡与河道的连通可能仅发生在特定季节(McGuire and McDonnell, 2010; Nippgen et al., 2015)或者特定的降雨事件(Sen et al., 2010; van Meerveld et al., 2015)；某些山坡可以全年与河道连通，但其他山坡可能只是间歇性地与河道连通(Detty and McGuire, 2010; Covino, 2017)。然而，目前还缺乏综合考虑山坡结构(地形、土壤等)及降水特征对 HRS 连通性的研究。

因此，本章重点探究山坡结构及降雨特征对山坡、沟谷和间歇性河道水文连通性的作用。研究选取和睦桥实验站右支一个零级流域 H1(收敛型山坡)为研究对象，前文已对该山坡的地形、土壤等结构要素进行了详细勘测。研究的主要内容包括以下几点：①土壤特性(如土壤导水率的垂向分布)如何影响 HRS 连通性的建立？②土壤层间的上层滞水是否能对产流有重要贡献？③降雨特征(如前期土壤含水量、降雨强度及持续时间)是否会显著影响 HRS 水文连通性的建立(如缓慢连通或快速连通)？④水文连通性的季节性变化规律？

7.2 材料与方法

7.2.1 研究区

以和睦桥实验站 H1 山坡为研究对象，研究区受东亚季风的影响，在不同季节表现出不同的降雨特征。夏季，东亚季风将潮湿的空气从印度洋和太平洋输送到东亚，气候湿润炎热，且夏季降雨强度大；冬季，受西伯利亚高压的影响，气候干燥寒冷，降雨强度低(Ding and Chan, 2005)。该区域年均气温为 14.6 ℃，年均水面蒸散发为 805 mm，年均降雨量为 1580 mm。

H1 山坡由两侧较陡的边坡和中部略缓的谷地组成，分水线处短而平，坡面相对平直，坡脚凹而短，山谷部位较为平坦，山坡的位置见图 5-16，山坡的形状如图 5-21(a)所示，具体地形信息可见 5.3.1.2 节。

7.2.2　土壤性质调查

H1 山坡土壤厚度分布不均，山谷处土壤厚度大(110～180 cm)，边坡及山脊处土壤厚度小(40～70 cm)，土壤厚度在边坡到谷地的过渡带陡增，有关 H1 山坡土壤厚度探测及分布的详细内容可见 5.3.1.1 节。

在 H1 山坡 8 个 TDR 测坑中每隔 10 cm 取环刀样本，测试土壤饱和导水率、土壤容重及粒径(方法见第 5 章 5.1 节)。按照探头布设的深度(表 4-1)，将 8 个测坑土壤性质的数据整理于表 7-1。图 7-1 以 T1、T4 和 T7 为例绘制了饱和导水率的垂向变化，包括土壤-基岩界面的位置。从 K_s 值的垂向分布来看，在近河道及山谷等土壤厚度较厚的区域(T1 和 T4)，饱和导水率随采样深度的增加呈指数型递减，且在表层 40 cm 左右饱和导水率随深度变化较大。这是因为 40 cm 一般为表层(A 层)和淀积层(B 层)的分界面，A、B 两层土壤的粒径及容重均有显著差异，导致此处的土壤饱和导水率随深度出现较大变化。但是，在边坡位置(T7)，饱和导水率随深度的指数型递减规律并不明显，一个重要的原因是边坡处土壤厚度较薄(40～70 cm)，土壤层次变化不明显，因此很难反映不同土壤层位与 K_s 值的变化。此外，研究还发现表层土壤(0～40 cm)的导水率比中层土壤(40～80 cm)的导水率高一个数量级，比深层(100 cm 左右)土壤则高出近两个数量级，如图 7-1 中的 T1 和 T4。

表 7-1　H1 八处测坑土壤性质汇总

编号	采样深度/cm	粒径/%			容重 /(g/cm^3)	饱和导水率 K_s^* /(mm/30 min)
		砂粒	粉粒	黏粒		
T1	0～10	19.1	72.6	8.4	1.3	49.1
	10～40	9.7	80.3	10.0	1.3	50.2
	40～70	5.6	82.2	12.2	1.5	3.2
	70～110	1.5	86.1	12.4	1.4	3.1
	110～160	1.5	84.2	14.4	1.4	0.2

续表

编号	采样深度/cm	粒径/%			容重 /(g/cm³)	饱和导水率 K_s^* /(mm/30 min)
		砂粒	粉粒	黏粒		
T2	0～10	61.2	36.2	2.6	1.2	198.6
	10～40	32.0	62.4	5.6	1.3	6.0
	40～70	50.0	45.3	4.7	1.3	26.3
	70～100	24.3	66.0	9.7	1.6	15.4
T3	0～10	57.4	39.0	3.6	1.3	—
	10～40	43.4	51.0	5.5	1.4	40.4
	40～70	28.9	64.8	6.3	1.3	76.8
	70～110	29.6	64.1	6.4	1.2	16.6
	110～160	7.8	55.5	36.7	1.5	8.9
T4	0～10	44.5	51.3	4.2	1.2	57.8
	10～40	34.2	61.2	4.5	1.2	24.7
	40～70	9.5	79.1	11.4	1.6	2.5
	70～110	9.1	78.9	12.0	1.7	2.8
T5	0～10	49.5	47.5	3.1	1.2	43.0
	10～40	44.2	51.0	4.8	1.2	20.4
	40～70	41.7	52.3	6.0	1.2	62.9
	70～110	31.7	60.1	8.2	1.4	3.2
	110～160	23.8	64.5	11.7	1.5	12.9
T6	0～10	20.4	71.9	7.7	1.1	52.9
	10～40	3.1	82.8	14.1	1.1	74.3
	40～70	6.0	80.9	13.1	1.0	50.9
T7	0～10	33.3	59.6	7.0	0.9	37.2
	10～40	12.1	70.9	17.0	1.1	14.3
	40～70	4.4	72.8	22.8	1.1	8.9
T8	0～10	33.9	60.8	5.2	1.2	35.9
	10～40	20.2	73.2	6.6	1.2	45.1
	40～70	24.5	66.8	8.7	1.3	3.8

*此处为便于与峰值雨强作对比，将饱和导水率的单位转化为 mm/30 min。

7.2.3　水文连通性及水文过程监测

在 H1 山坡，水文过程监测项目包括土壤水、地下水、气象要素及流量等，具体监测方法可见第 4 章 4.3 节。本小节主要介绍 H1 山坡土壤含水量监测(8 个测坑共计 30 个探头，见 4.3.1 节)、地下水(见 4.3.2 节)及流量监测的部分结果，探究山坡、沟谷及间歇性河道水文连通机制。H1 土壤含水量及地下水监测时段为 2016.07～2017.11，在此期间一共收集到 45 场降雨，降雨具有明显的季节性变化规律，夏季雨强要远大于冬季，如图 7-2 所示。

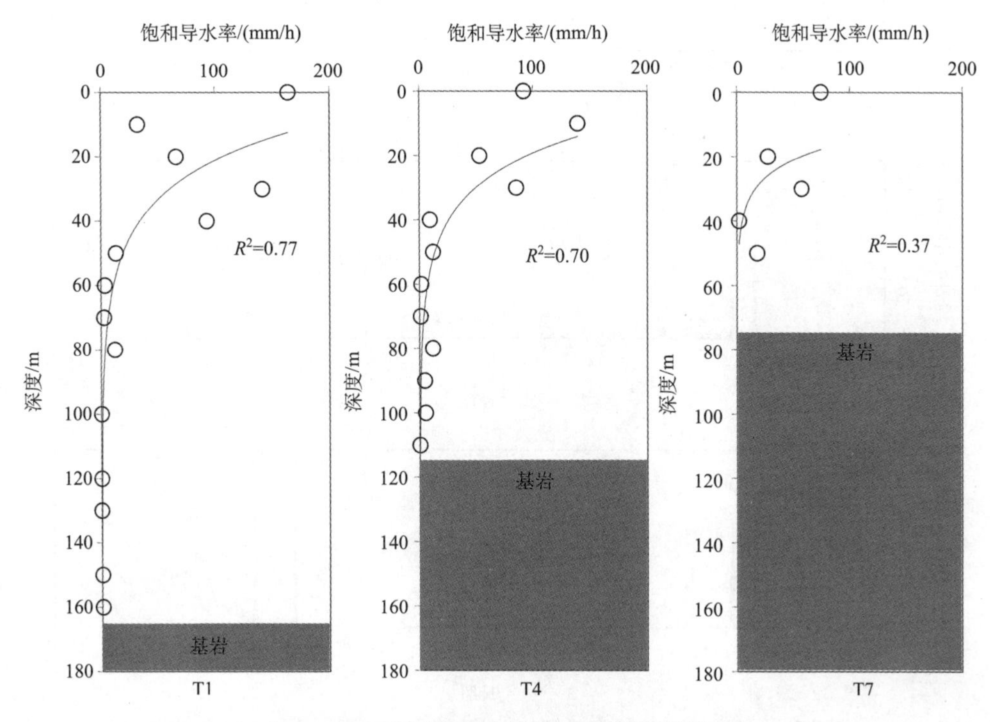

图 7-1　H1 典型剖面垂向饱和导水率变化特征

对于每一个降雨事件，我们计算了峰值雨强(30 min)、降雨持续时间、前期土壤含水量(antecedent soil moisture index, ASI)、地表径流和壤中流径流深等，如表 7-2 所示。ASI 代表了土壤剖面初始含水量的累积值，其值依据 TDR 探头的监测数据计算。

利用土壤含水量等野外观测资料，我们研究了 H1 山坡不同的水文连通方式。水文连通的形成意味着山坡内部有自由水的流动，而山坡出口处的地表或壤中出流则是水文连通的显著标志，这也作为本次研究统计连通时间的重要依据。接下来，研究分析了水文连通所需要的时间与降雨强度及连通性形成时的累积降雨量的关系。此外，研究还分析了不同降雨条件下上层滞水出现的垂向深度特征及其在 H1 山坡水平空间上的分布范围。

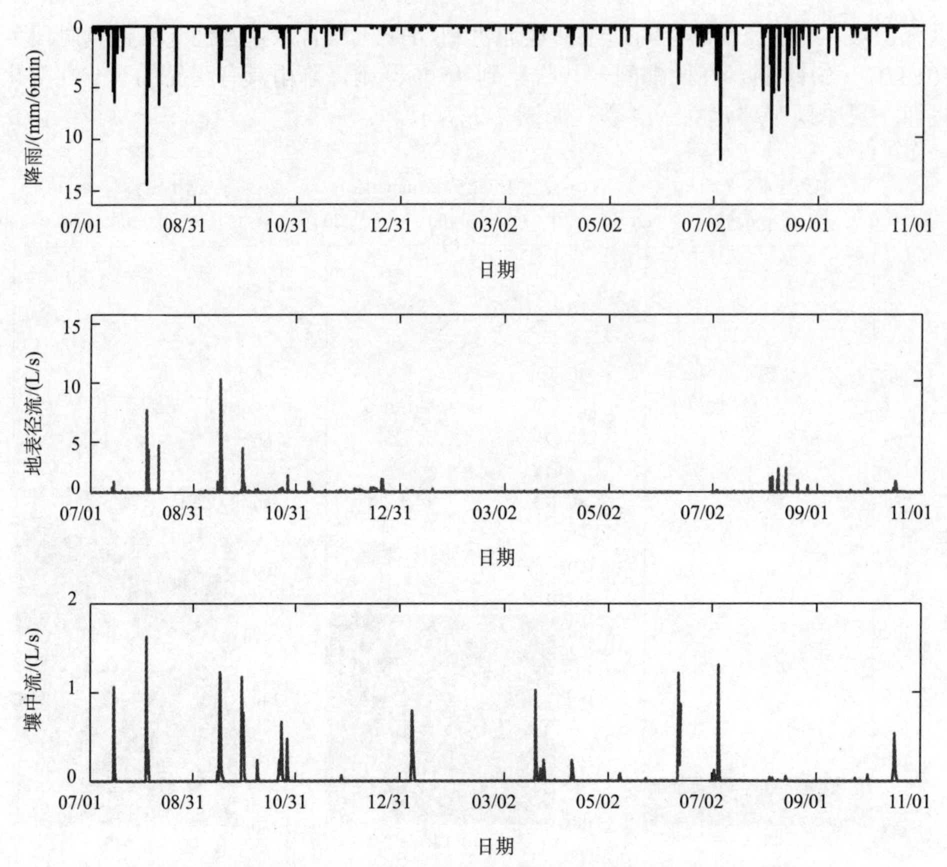

图 7-2 研究时段(2016.07～2017.11)内降雨、地表径流及壤中流过程

表 7-2 45 场降雨-径流事件统计

编号	日期	降雨/mm	峰值雨强/(mm/30 min)	降雨历时/h	地表径流			壤中流			ASI***/mm
					径流深*/mm	百分比**/%	峰值流量/(L/s)	径流深/mm	百分比/%	峰值流量/(L/s)	
1	2016.07.09	20	11	35	0	0	0.1	0	0	0	207
2	2016.07.13	58	23	65	3	4	1.0	13	22	1.1	214
3	2016.08.02	149	50	50	88	59	7.4	25	17	1.6	195
4	2016.08.09	25	14	9	2	7	3.7	0	0	0	181
5	2016.09.06	26	4	22	0	1	0.2	0	0	0	153
6	2016.09.11	8	1	23	0	0	0	0	0	0	149
7	2016.09.13	210	15	94	149	71	10.2	30	15	1.2	208
8	2016.09.27	133	13	81	47	36	4.0	32	24	1.2	167
9	2016.10.02	9	4	3	0	1	0.1	0	0	0	193
10	2016.10.05	34	5	54	2	5	0.3	3	10	0.2	190
11	2016.10.19	71	6	111	10	14	0.4	17	23	0.7	186

续表

编号	日期	降雨/mm	峰值雨强/(mm/30 min)	降雨历时/h	地表径流			壤中流			ASI***/mm
					径流深*/mm	百分比**/%	峰值流量/(L/s)	径流深/mm	百分比/%	峰值流量/(L/s)	
12	2016.10.25	2	15	57	6	18	1.5	6	18	0.5	209
13	2016.11.16	7	3	17	0	1	0.2	0	0	0	181
14	2016.11.20	21	2	90	0	1	0.1	0	0	0	182
15	2016.11.25	16	4	18	0	2	0.2	1	6	0.1	190
16	2016.12.24	19	1	56	0	0	0	0	0	0	185
17	2017.01.04	48	2	69	1	3	0.1	19	41	0.8	182
18	2017.01.11	9	1	63	0	1	0	0	0	0	188
19	2017.02.07	16	2	22	0	0	0	0	0	0	173
20	2017.03.12	44	3	34	0	1	0.1	0	0	0	212
21	2017.03.19	48	6	52	2	4	0.2	12	25	1.0	194
22	2017.03.21	21	2	47	0	0	0	2	11	0.1	201
23	2017.03.24	22	2	25	0	0	0	4	20	0.2	203
24	2017.03.30	24	2	21	0	0	0	0	0	0	187
25	2017.04.06	12	3	15	0	0	0	0	0	0	185
26	2017.04.08	43	5	55	0	0	0	4	10	0.2	196
27	2017.04.16	8	4	7	0	0	0	0	0	0	186
28	2017.04.25	9	2	11	0	0	0	0	0	0	176
29	2017.05.01	14	2	36	0	0	0	0	0	0	183
30	2017.05.07	29	8	22	0	0	0	1	4	0.1	196
31	2017.05.11	13	3	20	0	0	0	0	0	0	193
32	2017.05.23	43	6	30	0	0	0	0	0	0	171
33	2017.06.05	30	6	19	0	0	0	0	0	0	171
34	2017.07.14	9	6	1	0	0	0.1	0	0	0	178
35	2017.07.30	9	9	1	0	0	0.1	0	0	0	151
36	2017.08.03	6	6	1	0	0	0	0	0	0	163
37	2017.08.08	30	18	20	1	2	1.6	0	0	0	187
38	2017.08.13	24	18	30	0	2	2.2	1	3	0.1	188
39	2017.08.20	11	7	6	0	1	1.0	0	0	0	187
40	2017.08.25	16	9	14	0	1	0.6	0	0	0	189
41	2017.09.06	9	6	7	0	0	0	0	0	0	180
42	2017.09.11	9	5	18	0	0	0	0	0	0	176
43	2017.09.22	21	3	33	0	0	0	0	1	0	206
44	2017.09.30	15	9	5	0	1	0.3	1	5	0.1	206
45	2017.10.14	58	2	64	9	16	0.5	13	22	0.5	202

*地表径流或壤中流径流深表示地表径流或壤中流径流总量除以流域面积；

**百分比代表总降雨转化为地表径流及壤中流的比例；

***ASI 为 antecedent soil moisture index，前期土壤含水量。

7.2.4 水文连通空间分布及季节性变化分析方法

为研究山坡、沟谷及间歇性河道间水文连通的季节性变化规律，研究选择了四个时段，每个时段持续一个月(兼顾四季降雨特征及 TDR 探头数据质量)，分别代表夏季(2016.07.12～2016.08.10)、冬季(2016.12.01～2016.12.30)、春季(2017.03.01～2017.03.30)、秋季(2017.10.01～2017.10.30)，如图 7-3 所示。在这四个时段，降雨具有明显的季节性差异，夏季的降雨量和雨强都要高于其他时段，而冬季雨强和降雨量通常都较低，春季和秋季不如夏季雨强大，但通常持续时间较长。与降雨相对应，我们利用 TDR 系统统计了四季土壤水分含量的平均值($\bar{X}$)、变异系数(coefficient of variation，CV)及土壤达到饱和的时间占总时间(一个月)的百分比(fraction of time，FOT)。

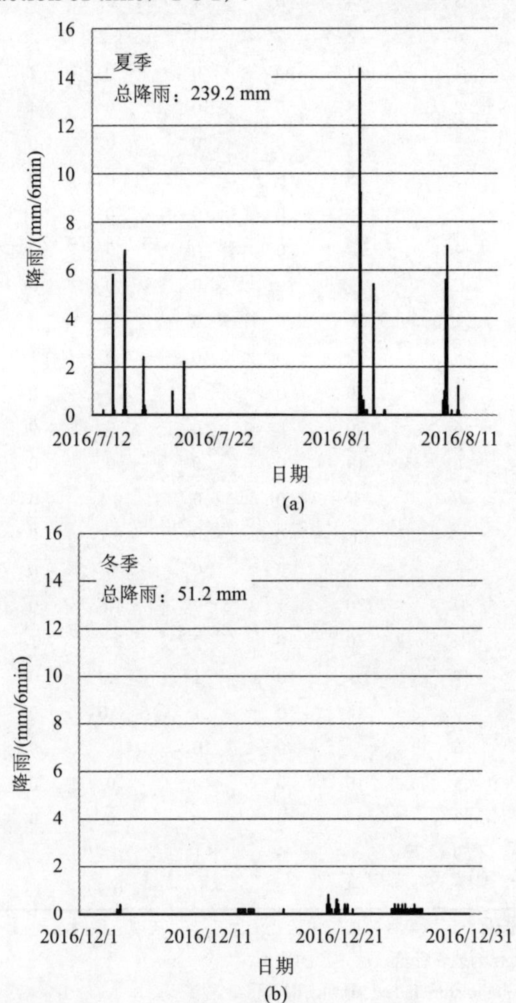

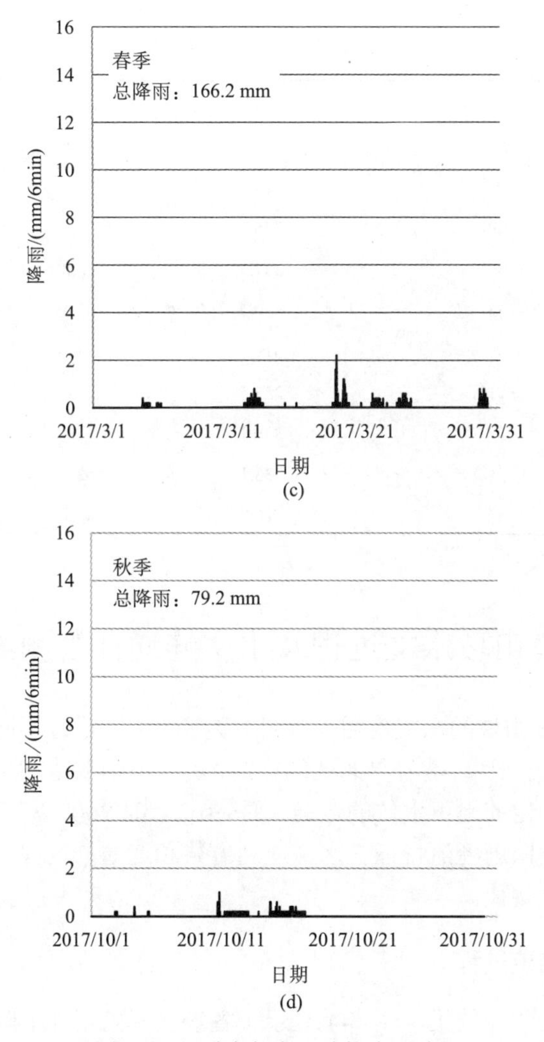

图 7-3　四季中代表月份的降雨过程

TDR 系统仅涵盖山坡 8 个特征点位。因此，为了使连通空间分布规律及季节变化研究结果更具说服力，本研究还利用观测井分析了山坡不同位置地下水的变化规律。我们仍然选择图 7-3 中给定的四个时段。所选的观测井为第 4 章图 4-8 中 3、5、13、19、15、8、18、20、16 和 9 号，共 10 个观测井。这 10 个观测井覆盖了山谷、坡脚、边坡等不同位置，且在四个时段内数据完整性均较好，观测井的信息如表 7-3 所示。

表 7-3 10 个观测井信息

编号	安装深度/cm	高程/m	坡度/(°)	位置
3	123	312.7	14.0	近河道处
5	157	318.9	20.7	底部山谷
13	160	325.9	24.9	中部山谷
19	162	337.7	24.8	上部山谷
15	53	330.7	43.5	中部坡脚
8	89	319.5	27.2	底部坡脚
18	61	333.5	35.8	边坡
20	57	339.1	31.4	边坡
16	54	333.1	42.2	边坡
9	62	320.7	27.7	边坡

7.3 山坡水文过程及水文连通性观测结果

总体上说，H1 山坡的水文连通大致可分为两类：①通过不同土壤层间上层滞水的连通，②起始于土壤-基岩界面处的连通，就是所谓的饱和土壤连通(即土壤-基岩界面之上有稳定的地下水位的连通，Jencso et al., 2009)。接下来，我们将详细阐释 H1 山坡的降雨径流特征、水文连通方式和连通的过程，并探讨其水文连通性的季节性变化规律。

7.3.1 山坡降雨径流过程

根据表 7-2 的统计结果，图 7-4 显示了各场次降雨事件中降水量和前期土壤含水量之和(*P*+ASI)与地表径流、壤中流和总径流量之间的关系。其中，深色点径流深小于 2 mm，浅色点径流深大于 2 mm。结果表明，*P*+ASI 与地表径流、壤中流及总径流深之间有明显的阈值关系(约 220 mm)。对于降雨量特别大的事件(表 7-2 中的第 3、7 和 8 场)，饱和坡面流(地表径流)是洪峰的主要贡献。以降雨事件 7 为例[45 场降雨中雨量最大的事件，图 4-11(c2)事件]，地表径流出流量是壤中流出流量的 5 倍，地表径流洪峰流量是壤中流洪峰流量的 8.5 倍(表 7-2 中 7 号场次)。

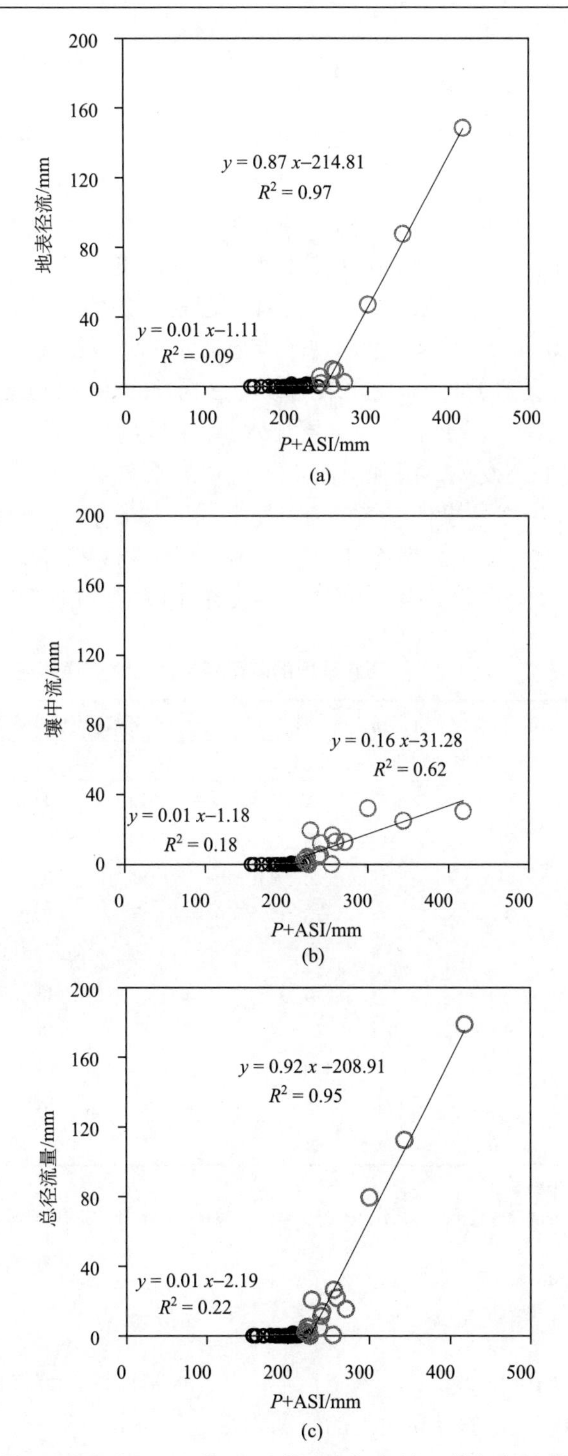

图 7-4　降雨量与前期土壤含水量之和(*P*+ASI)与地表径流(a)、壤中流(b)和总径流量(c)的关系

7.3.2　水文连通方式及连通过程结果

表 7-4 的结果表明，在 45 个降雨事件中，有 10 场出现土壤层间滞水现象(为了与发生在土壤-基岩界面处土壤饱和带相区分，将其命名为上层滞水)。分析显示，上层滞水的持续时间为 6～30 min，峰值雨强小于 3 mm/30 min 的事件无法形成上层滞水。此外，雨强还决定了上层滞水的垂向深度，例如，在表 7-4 中第 2 号和第 3 号降雨中，由于雨强较大，上层滞水出现在多个土壤层位，如 2 号降雨 T3 测坑中 40～110 cm 均不同程度出现了上层滞水(即 40 cm、70 cm、110 cm 处土壤达到饱和，但底部 160 cm 处并未饱和)，3 号降雨 8～70 cm 出现上层滞水，而其他事件通常只有一层土壤出现上层滞水(即土壤剖面只有一个土壤含水量探头达到饱和)。我们还发现，雨强也决定了上层滞水在整个山坡上的空间分布范围。例如，表 7-4 中 2 号事件在 T1、T3 处出现上层滞水；3 号事件在 T1、T2、T3 和 T4 处出现上层滞水。然而其他事件由于雨强相对较小，上层滞水仅出现在局部某一点位，如表 7-4 中 4～44 号事件仅在 T3 处观测到上层滞水。

表 7-4　出现上层滞水现象的降雨事件的水文连通特征

编号*	日期	峰值雨强 /(mm/30 min)	连通所需时间/h	是否连通	上层滞水深度（cm）/ 持续时间（min）				
					T1	T2	T3	T4	T5～T8
2	2016.07.13	23	0.3	■	40 / 18**	8 / 12	40～110 / 6***	○	○
3	2016.08.02	50	0.6	■	40 / 12	8 / 12	8～70 / 30	40 / 6	○
4	2016.08.09	14	/	□	○	○	70 / 6	○	○
20	2017.03.12	3	/	□	○	○	40 / 24	○	○
21	2017.03.19	6	19.6	■	○	○	40～70 / 12	○	○
26	2017.04.08	5	30.5	■	○	○	40 / 6	○	○
35	2017.07.30	9	/	□	○	○	40 / 6	○	○
42	2017.09.11	5	/	□	○	○	70 / 6	○	○
43	2017.09.22	3	17.6	■	○	○	70 / 6	○	○
44	2017.09.30	9	6.7	■	○	○	70 / 12	○	○

*此处编号与表 7-2 中编号一致；

**40/ 18 表示在 40 cm 探头处出现上层滞水(上部 8 cm 与下部 70 cm 处探头均未出现上层滞水)，上层滞水持续时间为 18 min；

***40～110/ 6 表示 40～110 cm 出现上层滞水，上层滞水持续时间为 6 min；

注：是：■；否：□；没有出现上层滞水：○。

此外，在 45 场降雨事件中，有 21 场形成了水文连通，连通的方式可以分为以下两种类型：①土壤-基岩界面处的饱和土壤连通(第 7、8、…、45 场，表 7-5)，连通形成所需时间较长(4.6～67.4 h)；②土壤层间上层滞水的连通，连通所需时间短(< 1 h)，如表 7-5 中第 2、3 场。

表 7-5　出现水文连通的降雨事件统计

编号*	日期	峰值雨强/(mm/30 min)	连通所需时间/h	连通方式
2	2016.07.13	23	0.3	●
3	2016.08.02	50	0.6	●
7	2016.09.13	15	12.4	○
8	2016.09.27	13	24.6	○
10	2016.10.05	5	51	○
11	2016.10.19	6	45.6	○
12	2016.10.25	15	—	—
15	2016.11.25	4	21.3	○
16	2016.12.24	1	67.4	○
17	2017.01.04	2	37.4	○
21	2017.03.19	6	19.6	○
22	2017.03.21	2	18.6	○
23	2017.03.24	2	—	—
24	2017.03.30	2	30.1	○
26	2017.04.08	5	30.5	○
30	2017.05.07	8	12.3	○
32	2017.05.23	6	18.5	○
38	2017.08.13	18	4.6	○
43	2017.09.22	3	17.6	○
44	2017.09.30	9	6.7	○
45	2017.10.14	2	23.3	○

*此处编号与表 7-2 中编号一致；

注：上层滞水连通：●，土壤-基岩界面土壤饱和连通：○。

研究发现，影响水文连通方式的主要因素为雨强。当雨强逐渐增大时，连通性所需时间呈指数下降(R^2=0.67)，如图 7-5(a)所示。然而，连通形成所需时间和累积降雨量并无明显的关系(R^2=0.03)，如图 7-5(b)所示。

下面以表 7-2 中 3 号和 17 号降雨事件为例，详细说明两种不同的连通方式。其中，17 号事件发生在冬季，雨强小，前期土壤含水量较低；3 号事件发生在夏季，降雨强度较大，前期土壤含水量也较低。为了便于理解后面的图表结果，图 7-6 解释了土壤剖面某处 TDR 探头饱和/非饱和的表示方法，图中蓝色方块表示该处探头土壤达到饱和，白色方块表示该处探头未达到饱和，饱和可以始于土壤-基岩界面[图 7-6(a)和(b)]，也可以上层滞水的方式达到饱和[图 7-6(c)和(d)]。

图 7-6(b)同时给出了降雨-径流过程线，其中粉色点代表了图示的时刻。

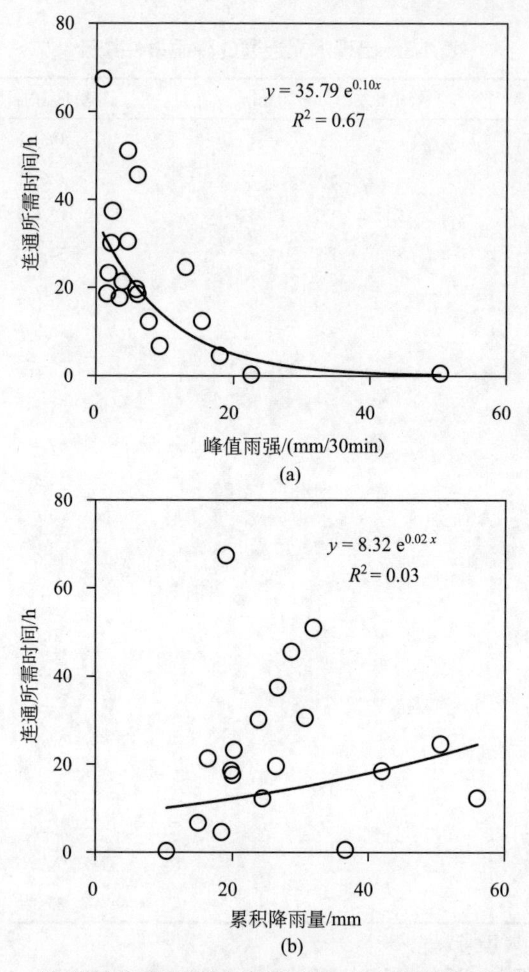

图 7-5　连通所需时间和(a)峰值雨强、(b)累积降雨量的关系

图 7-7 给出了 17 号降雨事件的连通过程(17 号事件详见表 7-2)。这次降雨从 1 月 4 日 21:00 开始，于 1 月 7 日 17:48 停止。土壤饱和带首先出现在临时性河道 T1 土壤-基岩界面处[图 7-7(a)]，随着降雨的持续，土壤饱和带逐渐由临时性河道 T1 处扩张到山谷底部 T3 处[图 7-7(b)和(c)]，并在图 7-7(d)时刻扩展到山谷 T4 中部位置。同时，土壤饱和带逐渐由土壤-基岩界面向表层土壤扩张，如图 7-7(b)～(d)中 T1、T2 和 T3 位置所示。值得注意的是，虽然此次降雨事件土壤饱和带扩展到了山谷中部位置(T4)，但是边坡(T6、T7 和 T8)及顶部山谷(T5)土壤均未达到饱和，且山坡与临时性河道建立连通耗时较长[从降雨开始耗时 37.4 h，至图 7-7(b)时刻达到连通]。

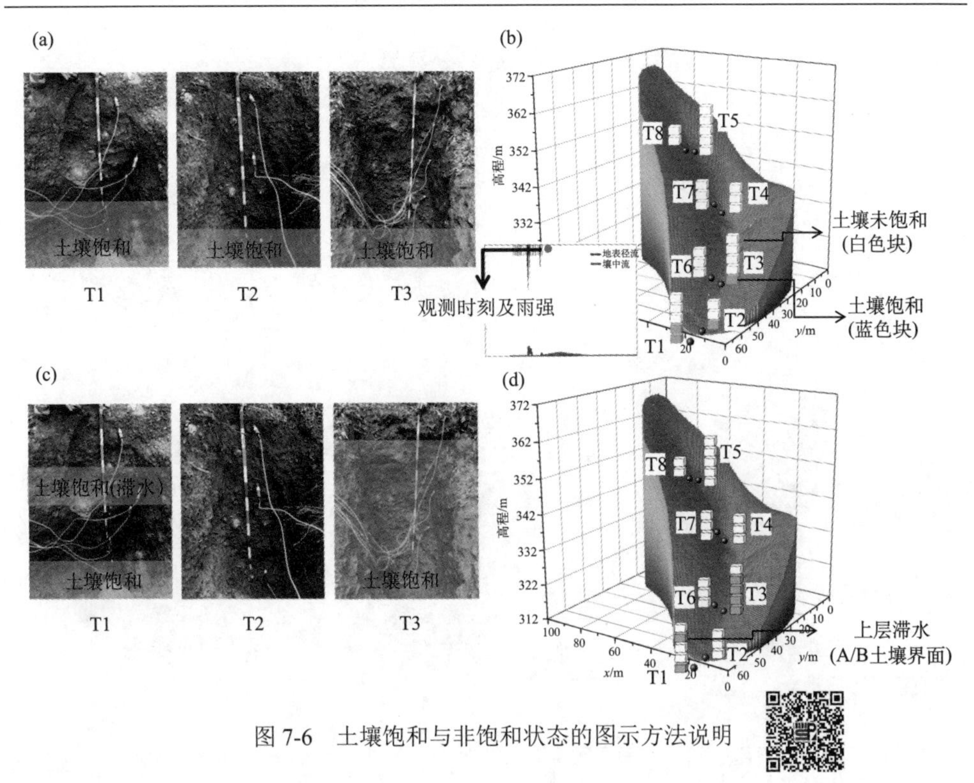

图 7-6　土壤饱和与非饱和状态的图示方法说明

图 7-8 给出了 3 号降雨事件的连通过程(3 号事件详见表 7-2)。在总共 45 个降雨事件中，3 号事件雨强最大，峰值雨强高达 50 mm/30 min，有 59%的降雨转化为地表径流，17%的降雨转化为壤中流(表 7-2)。本事件共包含两个强降雨阶段，如图 7-8(t)所示，两个强降雨时间间隔约为 2 h。由于本场降雨的雨强较大，我们观测到了上层滞水现象，如图 7-8(b)和(c)滨河带(T2 位置)的 O/A 层土壤界面(T2 处 8 cm 探头达到饱和)，以及图 7-8(c)和(d)临时性河道(T1 处)A/B 层土壤界面(T1 处 40 cm 探头达到饱和)。我们还观测到，在 20:12[图 7-8(k)]至 20:42[图 7-8(l)]时间段内，几乎整个山坡都达到了饱和。

图 7-8(m)～(r)代表连通逐渐消退的过程，可以看出土壤饱和带从边坡处开始消退[图 7-8(m)和(n)]，T6 和 T7 处)，然后山谷顶部(T5 处)也开始消退[图 7-8(n)～(o)]，随后从山谷中部(T4 处)、山谷底部(T3 处)及滨河带(T2 处)依次消退[图 7-8(o)～(r)]。本降雨事件与前文 17 号降雨事件连通过程有所不同，连通所需时间较短，仅用 0.6 h 就以上层滞水的方式达到连通(表 7-5)，并且几乎整个山坡(除了 T8)在 2 个小时内以土壤蓄满饱和的形式达到连通[图 7-8(k)]。因此，对比 3 号和 17 号降雨事件不难发现，雨强是决定连通形成快慢的主要因素。

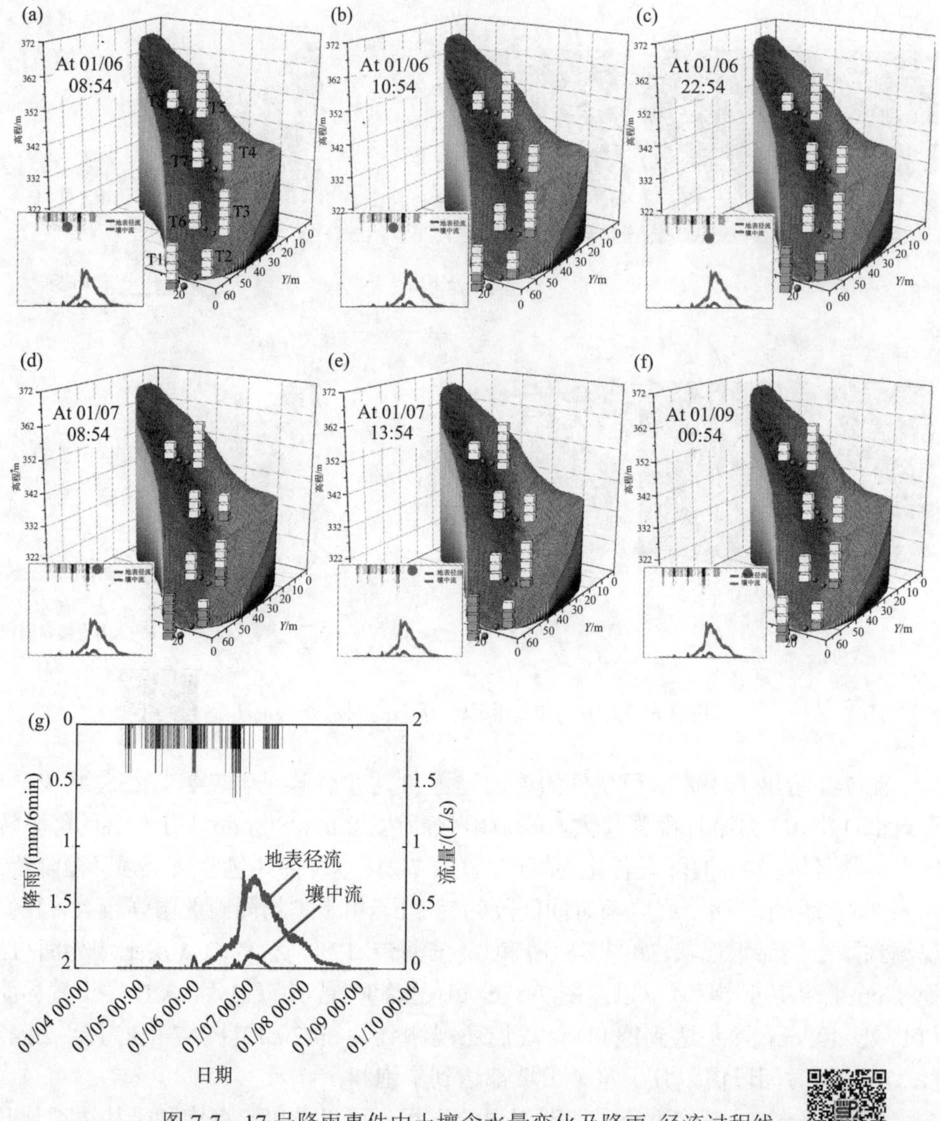

图 7-7　17 号降雨事件中土壤含水量变化及降雨-径流过程线

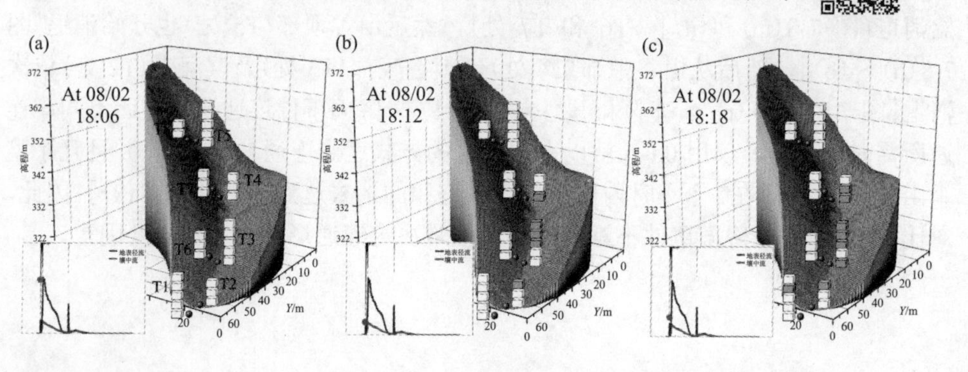

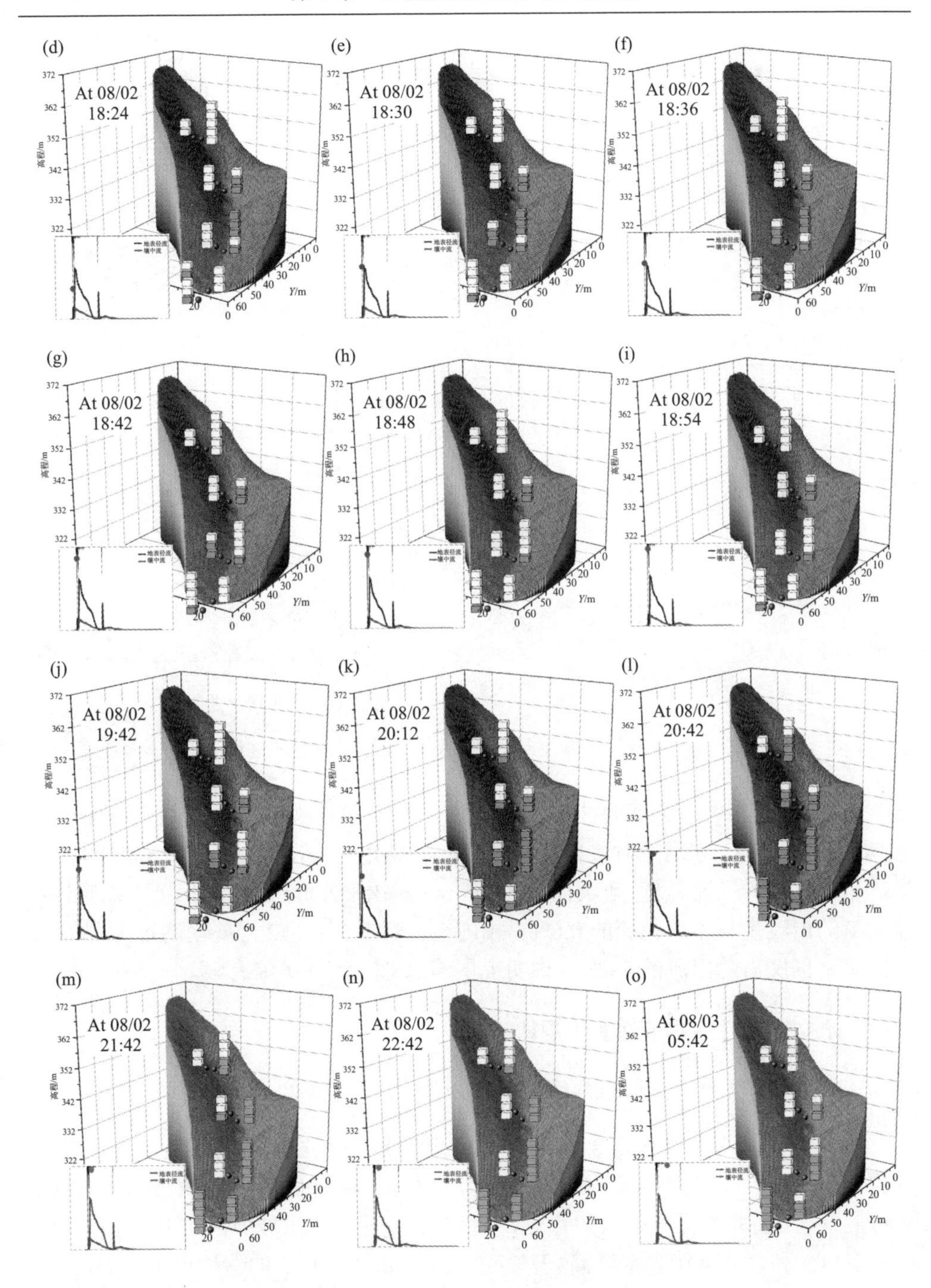
(d)
At 08/02
18:24
(e)
At 08/02
18:30
(f)
At 08/02
18:36
(g)
At 08/02
18:42
(h)
At 08/02
18:48
(i)
At 08/02
18:54
(j)
At 08/02
19:42
(k)
At 08/02
20:12
(l)
At 08/02
20:42
(m)
At 08/02
21:42
(n)
At 08/02
22:42
(o)
At 08/03
05:42
高程/m
Y/m
地表径流
壤中流

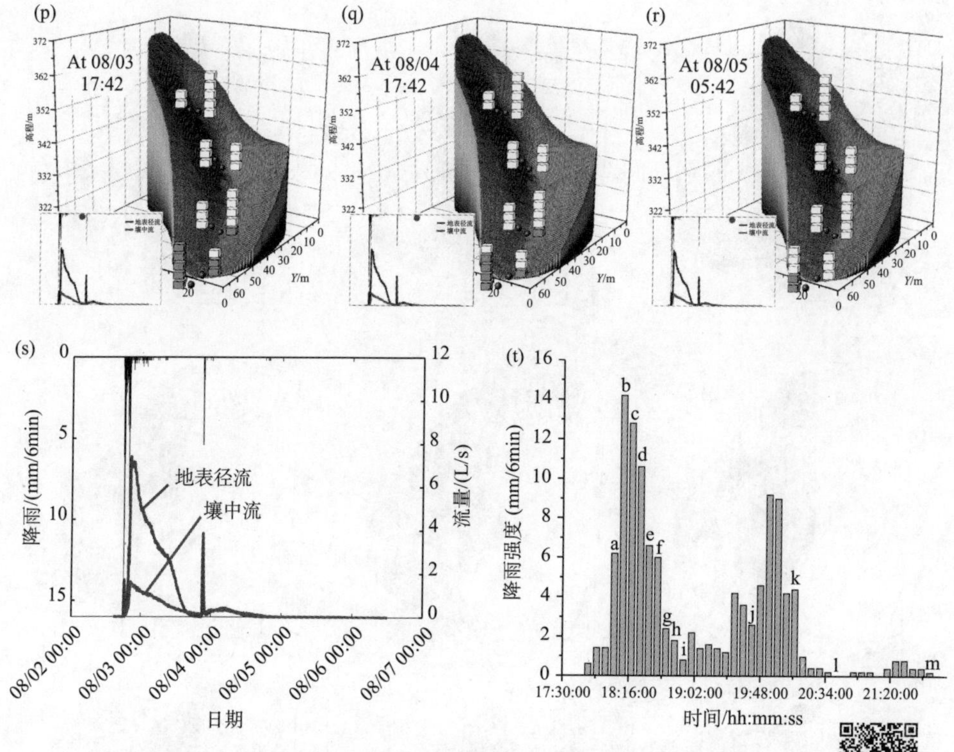

图 7-8　3 号降雨事件土壤含水量变化及降雨-径流过程线

此外，在 3 号降雨事件中，土壤层间上层滞水出现于 18:12[图 7-8(b)]至 18:36[图 7-8(f)]。在这个时段内，在出口量水堰处一共收集到了 0.71 mm 的径流量，与本事件的径流总量(地表径流 88 mm，壤中流 25 mm)相比，由上层滞水现象贡献的出流量只占总径流的 0.6%。相同地，表 7-5 中的 2 号降雨通过上层滞水的出流量也仅占总出流的 3.0%，说明上层滞水对产流的贡献有限。

7.3.3　水文连通性的季节性变化规律

7.3.3.1　土壤含水量监测系统的结果分析

表 7-6～表 7-8 分别代表 8 个测坑中 30 个 TDR 探头在所选时间段内土壤含水量的平均值($\bar{X}$)、变异系数(CV)及饱和时间占总时间的百分比(FOT)。从空间分布上看，上游集水面积较大的点位，如 T1～T3 通常比山坡中部(T4 和 T7)及山坡上部(T5 和 T8)土壤含水量高(表 7-6)。而集水面积较小的边坡点位(如 T7 和 T8)，CV 值通常比近河道处(T1～T2)及山谷处(T3～T5)要高。研究还发现，上游集水面积较大的区域 FOT 的值通常比上游集水面积小的区域要大。

表 7-6　土壤含水量平均值

项目	深度/cm	TDR 测点							
		T1	T2	T3	T4	T5	T6	T7	T8
夏季 2016.07.12~2016.08.10									
$\bar{X}^{**}$ /%	8	31.61	27.86	30.98	21.81	28.22	29.46	23.28	21.00
	40	36.40	30.70	29.56	31.32	27.76	37.74	26.76	24.88
	70	29.99		25.48	30.22	25.24	33.14	25.55	
	110	38.78	36.32	28.65		30.63			
	160	38.55		36.63		32.02			
冬季 2016.12.01~2016.12.30									
$\bar{X}$ /%	8	29.65	29.04	30.83	19.29	26.66	28.12	23.27	20.00
	40	31.46	28.16	29.31	28.56	26.96	37.11	25.11	25.79
	70	28.68		24.24	28.21	24.29	32.68	22.55	
	110	37.92	35.25	27.16		29.19			
	160	38.12		35.90		31.62			
春季 2017.03.01~2017.03.30									
$\bar{X}$ /%	8	29.54	28.64	30.47	18.16	—*	27.82	21.89	19.87
	40	32.91	29.12	30.30	29.00	26.34	36.90	24.53	23.37
	70	30.24		25.21	29.21	24.35	32.81	22.35	
	110	39.38	36.39	27.95		29.36			
	160	39.54		37.25		31.80			
秋季 2017.10.01~2017.10.30									
$\bar{X}$ /%	8	31.61	30.90	28.72	17.82	—*	28.16	25.65	20.90
	40	31.22	28.23	30.29	29.19	26.33	36.85	26.44	23.34
	70	29.25		24.99	29.40	23.99	32.73	24.62	
	110	38.19	35.67	27.30		28.76			
	160	38.23		36.45		31.64			

*春秋季 T5 表层探头土壤含水量数据缺失；

** $\bar{X}$ 代表土壤含水量平均值，单位按百分比计算。

从单个测坑垂向土壤含水量分布上看，深层土壤(尤其是位于土壤-基岩界面处，如 T1 和 T3 测坑 160 cm 处及 T2 测坑 100 cm 处)的土壤含水量均值高于浅层土(如 8 cm 深土壤)，但 CV 值小于表层土，深层土壤的 FOT 值要明显的大于浅层土。对比表层和深层土壤还可以发现，70 cm 深度的土壤含水量平均值比表层(8～40 cm)和深层(110～160 cm)土壤都要小(如 T1、T3 和 T5 点位)，这是因为部分事件降雨量较小，雨水只能湿润表层土壤而无法达到 70 cm 深处，使得表层土壤的含水量要高于 70 cm 处；从另一方面讲，土壤-基岩界面是重要的输水通道，即使在较小雨强的降雨事件(如图 7-7 所示降雨事件)，部分上游集水面积较大的区域土壤-基岩界面处也可以达到饱和，且深部蒸散发损失较小，这些均使得深部土壤的含水量高于 70 cm 处。

表 7-7 土壤含水量变异系数

项目	深度/cm	TDR 测点							
		T1	T2	T3	T4	T5	T6	T7	T8
夏季 2016.07.12~2016.08.10									
CV**	8	0.17	0.12	0.11	0.18	0.11	0.10	0.24	0.16
	40	0.10	0.14	0.09	0.10	0.08	0.09	0.17	0.29
	70	0.10		0.13	0.07	0.05	0.08	0.14	
	110	0.07	0.06	0.13		0.03			
	160	0.05		0.05		0.02			
冬季 2016.12.01~2016.12.30									
CV	8	0.05	0.05	0.04	0.08	0.05	0.03	0.06	0.07
	40	0.02	0.01	0.03	0.03	0.04	0.06	0.06	0.07
	70	0.01		0.03	0.03	0.03	0.05	0.07	
	110	0.03	0.03	0.01		0.01			
	160	0.03		0.02		0.01			
春季 2017.03.01~2017.03.30									
CV	8	0.16	0.08	0.10	0.14	—*	0.07	0.14	0.15
	40	0.14	0.15	0.10	0.11	0.09	0.10	0.13	0.19
	70	0.12		0.12	0.08	0.05	0.08	0.12	
	110	0.08	0.08	0.11		0.03			
	160	0.06		0.08		0.02			
秋季 2017.10.01~2017.10.30									
CV	8	0.11	0.07	0.09	0.08	—*	0.04	0.05	0.08
	40	0.13	0.15	0.06	0.08	0.03	0.06	0.05	0.09
	70	0.11		0.11	0.05	0.02	0.05	0.04	
	110	0.07	0.07	0.11		0.01			
	160	0.05		0.07		0.01			

*春秋季 T5 表层探头土壤含水量数据缺失；

**CV 为变异系数。

从季节上讲，夏季土壤含水量的平均值通常高于其他季节，尤其是冬季。然而，夏季土壤含水量的 CV 值也较高，这是因为夏季的降雨事件通常为短历时的暴雨(如台风雨)[图 7-3(a)]，并且两场强降雨之间往往有较长时间的无雨期。夏季土壤饱和带可以从河道及山坡谷地位置(T1、T2 和 T3)扩展到山谷的中上部(T4 和 T5)及边坡位置(T6 和 T7)。然而在其他三个节季，饱和带从未扩张到边坡(T6、T7 和 T8)及山谷上部(T5)。在间歇性河道及 H1 山谷底部(T1～T3)，深层土壤春

表 7-8　土壤含水量饱和时间占总时间百分比

项目	深度/cm	TDR 测点							
		T1	T2	T3	T4	T5	T6	T7	T8
夏季 2016.07.12~2016.08.10									
FOT**/%	8	7.22	0.34	0.77	0.47	0.00	0.00	0.00	0.00
	40	9.90	7.39	1.20	3.92	0.00	0.65	0.17	0.00
	70	11.36		2.96	7.23	0.15	0.42	0.63	
	110	13.76	12.01	5.11		0.26			
	160	20.31		10.07		0.77			
冬季 2016.12.01~2016.12.30									
FOT/%	8	0.00	0.00	0.00	0.00	0.00	0.00	0.00	0.00
	40	0.00	0.00	0.00	0.00	0.00	0.00	0.00	0.00
	70	0.00		0.00	0.00	0.00	0.00	0.00	
	110	2.59	1.28	0.00		0.00			
	160	5.50		1.17		0.00			
春季 2017.03.01~2017.03.30									
FOT/%	8	4.71	0.00	0.00	0.00	—*	0.00	0.00	0.00
	40	8.54	4.30	0.23	1.46	0.00	0.00	0.00	0.00
	70	12.08		1.50	4.56	0.00	0.00	0.00	0.00
	110	19.77	16.27	2.55		0.00			
	160	29.10		18.59		0.00			
秋季 2017.10.01~2017.10.30									
FOT/%	8	5.14	0.00	0.00	0.00	—*	0.00	0.00	0.00
	40	7.63	4.16	0.05	1.84	0.00	0.00	0.00	0.00
	70	9.56		1.20	2.95	0.00	0.00	0.00	0.00
	110	11.97	11.15	2.64		0.00			
	160	14.82		12.42		0.00			

*春秋季 T5 表层探头土壤含水量数据缺失；

**FOT 代表饱和时间占总时间百分比。

季的 FOT 值要高于夏季(如 T1 位置 70～160 cm 处、T2 位置 110 cm 处及 T3 位置 160 cm 处)。这是因为夏季多短历时暴雨，而春季虽降雨强度不如夏季大，但降雨持续时间久，为山坡、沟谷及间歇性河道连通提供了更持久的水源；但正因为春季雨强(及雨量)不如夏季大，故浅层土壤较难达到饱和，因此 T1～T3 中浅层土壤的春季 FOT 值(如 T1 位置 8～40 cm 处、T2 位置 8～40 cm 处和 T3 位置 8～110 cm 处)要小于夏季的值。

7.3.3.2 地下水井观测结果

图 7-9 给出了四季地下水水井对降雨的响应结果。这里，地下水水位值表示土壤-基岩界面之上水位的高度。例如，水位值为 100 cm 说明水井水位距离土壤-基岩界面为 100 cm。对比图 7-9 中四季的水位变化，可以看出饱和带的扩张具有十分明显的季节性，如夏季饱和带可以扩张到上部山谷(19 号)及边坡处(18、20、16、9 号)。例如，在 2016 年 8 月 2 日的降雨事件中，峰值雨强为 50 mm/30 min(表 7-2 中 3 号降雨)，几乎所有的观测井都对降雨有响应。而冬季观测井水位值的变化不大，只有少部分位于间歇性河道及山谷底部的水井(3、5 和 13 号)略有响应，且水位的抬升不超过 5 cm，这是因为这一时期的雨量偏少且雨强较低。春季和秋季则表现出相近的特征，河道附近及山谷底部(3、5 和 13 号)对降雨有非常明显的响应，水位可以上升到 100 cm 附近，如图 7-9(c)和(d)中 3 号水井所示。

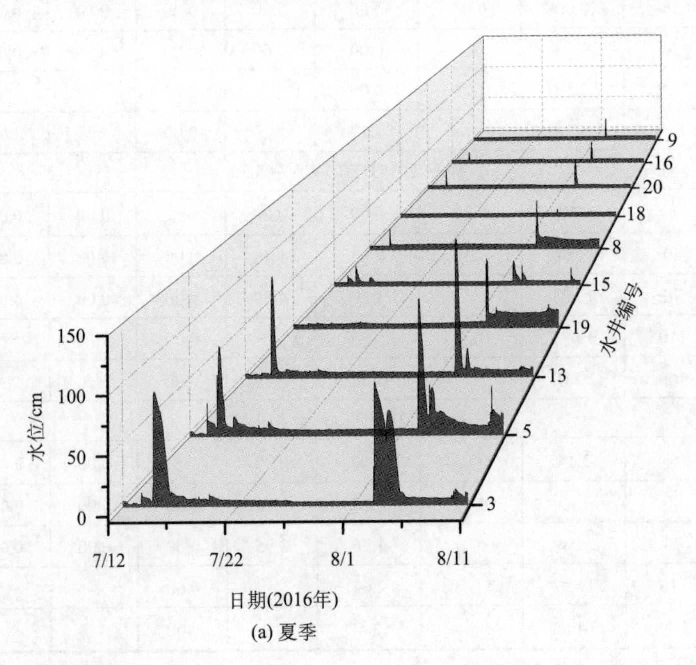

(a) 夏季

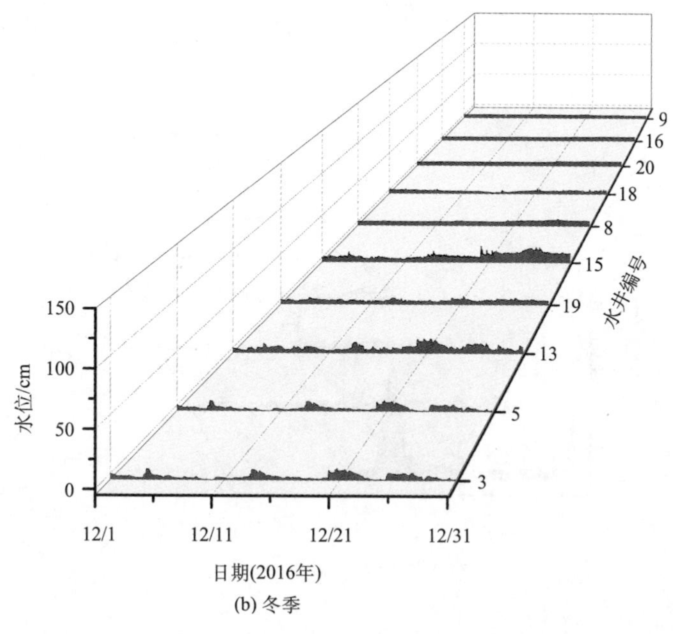
150
100
50
0
水位/cm
12/1
12/11
12/21
12/31
日期(2016年)
9
16
20
18
8
15
19
13
5
3
水井编号

(b) 冬季

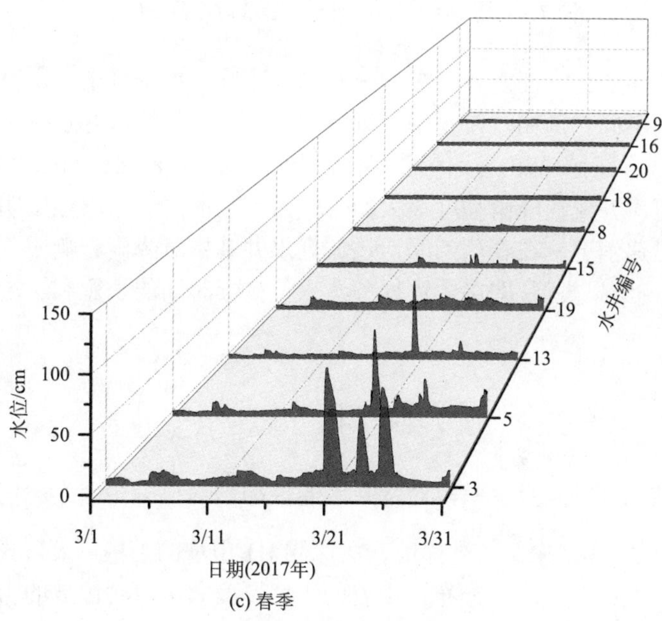
150
100
50
0
水位/cm
3/1
3/11
3/21
3/31
日期(2017年)
9
16
20
18
8
15
19
13
5
3
水井编号

(c) 春季

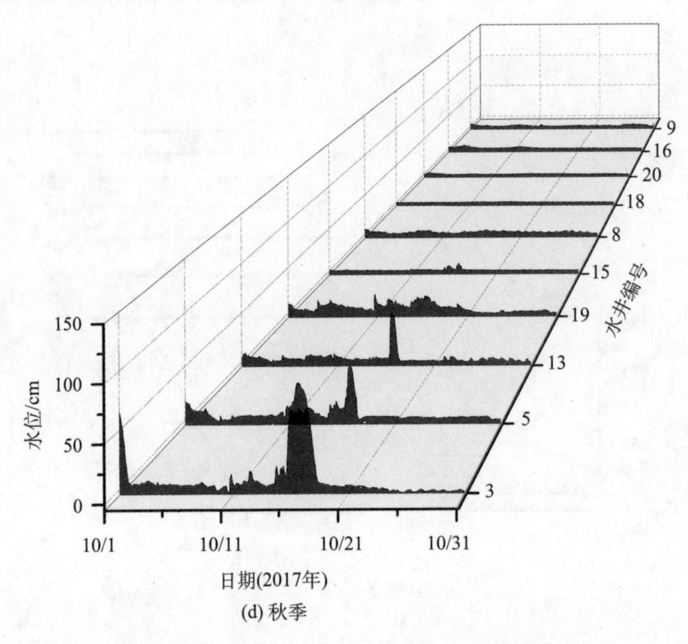

(d) 秋季

图 7-9 壤中流地下水在不同季节对降雨的响应

除了季节性变化特征之外，在同一个季节不同山坡位置水井水位对降雨的响应也有明显的不同。例如，在夏季，近河道及山谷底部的水井水位持续的时间长(3、5 和 13 号)，而中部山谷(19 号)及边坡处的水井(18、20、16 和 9 号)的持续时间大大缩短，并仅在降雨强度最大的时段内有响应，当降雨强度明显减小时，地下水水位迅速消退。在春秋两季，边坡处水井基本对降雨无响应。这些研究结果与 TDR 系统结果类似，即壤中流地下水水位持续时间的长短和上游集水面积有显著关系。

7.4 讨 论

7.4.1 山坡结构(地形、土壤等)对水文连通性的影响

在第 3 章 3.3.3 节中，通过探地雷达探测 H1 山坡的土壤厚度，我们发现土壤厚度在 H1 山坡中并非均匀分布，山谷的土壤厚度大，两侧边坡的土壤厚度小，并且在边坡-谷地交界处，土壤厚度有明显的增大现象，表明地形对土壤厚度的分布起到了决定性的作用。这种地形对土壤厚度的分布影响与 McKenzie 和 Ryan(1999)的研究结果类似。通过对 7.2.2 节土壤性质的分析发现，地形对土壤导水率的分布也有影响。例如，土壤饱和导水率垂向指数递减规律在边坡等土厚较薄处不明显，而在间歇性河道及山谷等土厚较厚处较为明显。这也就解释了为

什么仅在间歇性河道和沟谷处(T1～T4)观测到了上层滞水现象(表 7-4)，而在边坡处未能观测到上层滞水(其上下层土壤导水率差异不够大)。

目前，湿润山丘区大部分研究依然强调土壤-基岩界面对产流(尤其是侧向壤中流)形成的重要作用(Tromp-van Meerveld and McDonnell, 2006b; Kim, 2009; Hopp and McDonnell, 2009)。在其他一些研究中，如 Zimmer 和 McGlynn(2017)、Weyman(1973)、Detty 和 McGuire(2010)、Gerke 等(2015)和 Du 等(2016)虽然发现有上层滞水的存在，但是上层滞水对产流的贡献依然不是很清楚。在本研究中，我们发现连通性可以通过土壤层间上层滞水的方式形成，但是上层滞水仅能持续较短的时间，原因有两点：①高强度的降雨持续时间相对较短(<1 h)，②由竹根、虫洞及砾石空隙形成的大孔隙加速了下渗过程(见第 5 章 5.2 节染色实验)，使得上层滞水的持续时间变短，并且使上层滞水对产流的贡献较低(0.6%～3.0%)。但也应意识到，我们的观测资料只有 17 个月，在更强的暴雨之下，上层滞水对产流的贡献可能更高。

山坡、沟谷与间歇性河道的连通性受多方面因素的影响，如前期土壤含水量、土壤性质及地表和基岩地形。在较陡的山坡，地形往往被认为是影响水文连通的主导因素；在地形较缓的山坡，如 Devito 等(2005)的报告指出，地形可能不再是主要影响因素，径流形成主要受土壤性质的影响。我们的研究认为，地形影响了土壤性质的分布(如土壤厚度等)，而地形与土壤性质又共同影响径流的形成过程。Wilson 等(2017)近期的研究指出，目前对水文连通性的研究多采用土壤含水量或者地下水井监测等手段，如果在不同点位(离散点)均观测到上层滞水或稳定的壤中流地下水位，那么可认为山坡已连通。然而，Wilson 等(2017)同时指出了这种离散点观测的不足，认为即使山坡不同位置均发现土壤饱和或者稳定的地下水位，也并不意味着不同山坡处存在水分移动和连通。根据我们的结果，可以推断这种情况在一些地形起伏较缓的区域确实有可能发生，即上层滞水或者地下水虽已在山坡不同位置形成，但并无水分运动；而在坡度较陡的山丘区(如 H1 山坡，平均坡度为 31°)，山坡与河道间强水力梯度会导致上层滞水或者地下水以较快速度从山坡流入河道。

在本研究中，还可看出土壤-基岩界面对山坡、沟谷与间歇性河道连通形成的重要作用。尤其是在春、秋、冬三个季节，降雨强度较小，山坡往往仅能通过土壤-基岩界面与河道连通。例如，图 7-7 降雨事件(表 7-2 中 17 号)代表了低雨强事件，即使在前期土壤含水量较小的情况下也收集了 19 mm 的壤中流，占总降雨量的 41%。

7.4.2　降雨特征对水文连通性的影响

受东亚季风的影响，和睦桥实验站的降雨年内分布不均(图 7-2)。研究发现雨强在决定 HRS 连通所需时间及连通方式上起到了关键的作用。在冬季低雨强降雨事件中，土壤饱和带从间歇性河道处缓慢扩张到山谷中部位置；而在夏季大雨强的降雨事件中，几乎整个山坡都与间歇性河道快速连通(图 7-8)。van Meerveld 等(2015)在美国 Panola 实验流域利用 26 口地下水井研究 HRS 的连通性，他们发

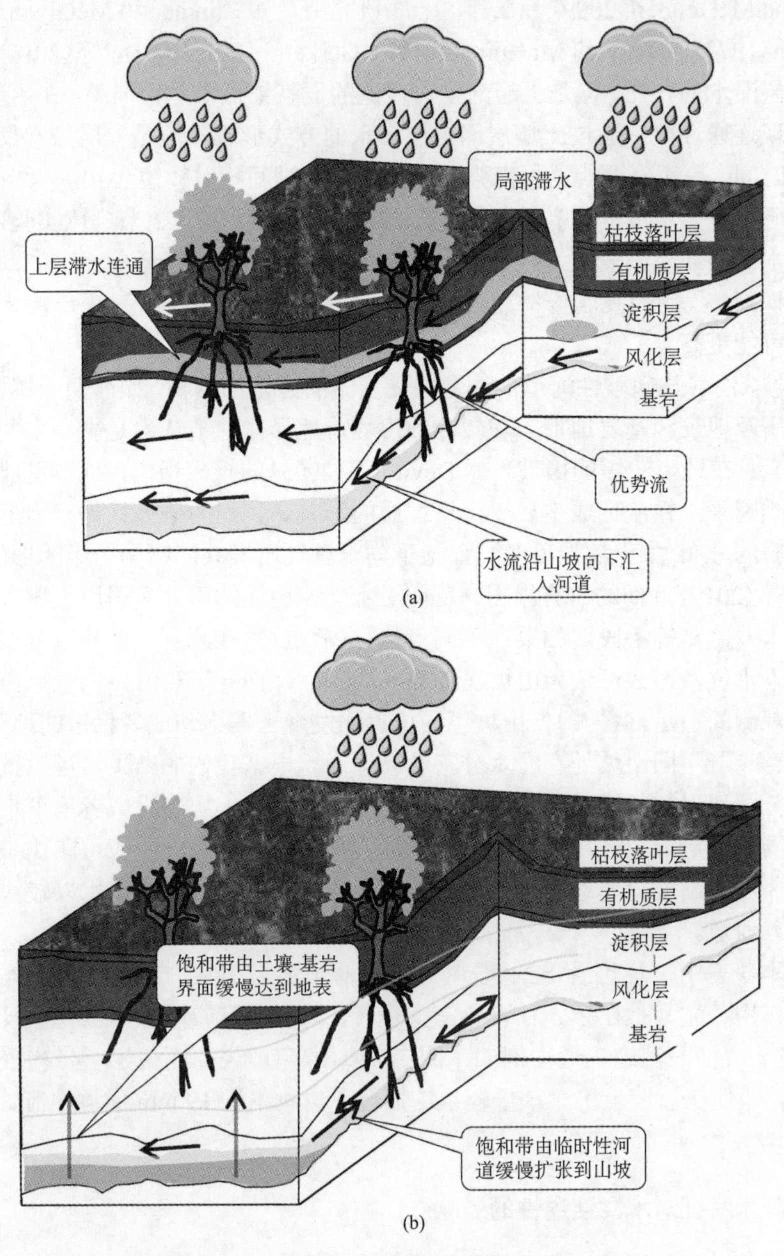

图 7-10　降雨特征与山坡水文连通形成示意图

现要么整个山坡与河道连通，要么不连通(all or nothing)。这种要么全连通，要么不连通的现象与图 7-8 中 3 号大雨强降雨事件极为相似(仅用 2 h 就达到了全山坡性连通)。但这与图 7-7 中的连通方式不同，换句话说，饱和带的缓慢扩张也是山坡水文连通形成的另一种方式。此外，Wilson 等(2017)研究发现，上层滞水或土壤管流(pipeflow)与雨强之间并不存在关系。我们的研究结果与之相反，连通形成所需时间与峰值雨强存在较强的指数关系(R^2=0.67)，但是与累积降雨量并不存在明显的关系(R^2=0.03)。

为了总结上述研究结果，我们给出了降雨特征与山坡水文连通性形成的概念图(图 7-10)，以表示在不同降雨条件下水文连通性形成的不同方式。其中，图 7-10(a)代表大雨强事件的连通特征，图 7-10(b)则反映了小雨强事件的连通特点。在雨强较大的事件中，径流从山坡上部向河道处汇集，并且主要沿着土壤-基岩界面流动。此时，不同土壤层间可形成上层滞水，但受根系、虫洞等大孔隙所引发的优势流影响，上层滞水存在的时间相对较短。由于局部的上层滞水[图 7-10(a)]范围较小，山坡与河道并不能形成连通(如表 7-4 中 4～44 号降雨)。当雨量进一步增大时，土壤饱和带从土壤-基岩界面处逐步上升到地表(白色箭头)，此时山坡可以通过壤中流和饱和坡面流与河道连通。另一种情况，在雨强较小的降雨事件中，土壤饱和带从间歇性河道处逐渐向山坡及地表扩展(图 7-7 连通过程)，但是连通所需时间较长。

7.5　小　　结

本章选取源头型山坡 H1 为研究区域，通过高强度的土壤含水量监测、地下水观测及壤中流和地表径流观测等，分析了山坡、沟谷与间歇性河道水文连通机制。研究发现，水文连通性可以从土壤-基岩界面处缓慢建立，也可以通过上层滞水的方式快速形成(表 7-5)。上层滞水的形成是由不同土壤层间饱和导水率的差异导致的，但是上层滞水仅能持续较短的时间。原因在于，一方面高强度的降雨持续时间相对较短(<1 h)，另一方面竹根、虫洞及砾石空隙等形成的大孔隙加速了下渗过程，使得上层滞水的持续时间变短，并且使上层滞水对产流的贡献较低。

降雨强度是决定山坡、沟谷及间歇性河道水文连通建立快慢的决定性因素，而雨强表现出明显的季节性变化规律，因此山坡水文连通也具有鲜明的季节性特征。此外，雨强也决定了上层滞水发生的垂向深度、上层滞水发生的空间范围及土壤饱和带(具有稳定地下水水位)扩张的范围。如夏季暴雨期间土壤饱和带从间歇性河道及山坡底部向上扩展到边坡位置，但其他三个季节饱和带则较难扩展到边坡区域。研究还揭示了土壤-基岩界面对山坡水文连通形成的重要作用，尤其是在雨强较小的季节，此时土壤-基岩界面为连通的形成提供了唯一通道。

参 考 文 献

Ali G A, Roy A G. 2009. Revisiting hydrologic sampling strategies for an accurate assessment of hydrologic connectivity in humid temperate systems[J]. Geography Compass, 3(1): 350-374.

Bernatek-Jakiel A, Poesen J. 2018. Subsurface erosion by soil piping: Significance and research needs[J]. Earth-Science Reviews, 185: 1107-1128.

Blume T, van Meerveld H J. 2015. From hillslope to stream: Methods to investigate subsurface connectivity[J]. Wires Water, 2(3): 177-198.

Bracken L J, Wainwright J, Ali G A, et al. 2013. Concepts of hydrological connectivity: Research approaches, pathways and future agendas[J]. Earth-Science Reviews, 119: 17-34.

Covino T. 2017. Hydrologic connectivity as a framework for understanding biogeochemical flux through watersheds and along fluvial networks[J]. Geomorphology, 277: 133-144.

Detty J M, McGuire K J. 2010. Topographic controls on shallow groundwater dynamics: Implications of hydrologic connectivity between hillslopes and riparian zones in a till mantled catchment[J]. Hydrological Processes, 24(16): 2222-2236.

Devito K, Creed I, Gan T, et al. 2005. A framework for broad - scale classification of hydrologic response units on the Boreal Plain: Is topography the last thing to consider?[J]. Hydrological Processes, 19(8): 1705-1714.

Ding Y, Chan J C L. 2005. The east Asian summer monsoon: An overview[J]. Meteorology and Atmospheric Physics, 89(1-4): 117-142.

Du E, Jackson C R, Klaus J, et al. 2016. Interflow dynamics on a low relief forested hillslope: Lots of fill, little spill[J]. Journal of Hydrology, 534: 648-658.

Dunne T, Black R D. 1970. Partial area contributions to storm runoff in a small New England watershed[J]. Water Resources Research, 6(5): 1296-1311.

Fujimoto M, Ohte N, Tani M. 2008. Effects of hillslope topography on hydrological responses in a weathered granite mountain, Japan: Comparison of the runoff response between the valley-head and the side slope[J]. Hydrological Processes, 22(14): 2581-2594.

Gerke K M, Sidle R C, Mallants D. 2015. Preferential flow mechanisms identified from staining experiments in forested hillslopes[J]. Hydrological Processes, 29(21): 4562-4578.

Gerritse R G, Adeney J A, Hosking J. 1995. Nitrogen losses from a domestic septic tank system on the Darling Plateau in Western Australia[J]. Water Research, 29(9): 2055-2058.

Hewlett J D, Hibbert A R. 1967. Factors Affecting the Response of Small Watersheds to Precipitation in Humid Areas[M]//Forest Hydrology, New York: Pergamon Press: 275-290.

Hopp L, McDonnell J J. 2009. Connectivity at the hillslope scale: Identifying interactions between storm size, bedrock permeability, slope angle and soil depth[J]. Journal of Hydrology, 376(3-4): 378-391.

Horton R E. 1933. The role of infiltration in the hydrologic cycle[J]. Transactions, American Geophysical Union, 14(1): 446-460.

Hursh C R. 1944. Appendix B—Report of sub-committee on subsurface-flow[J]. Transactions,

American Geophysical Union, 25(5): 743-746.

Jencso K G, McGlynn B L. 2011. Hierarchical controls on runoff generation: Topographically driven hydrologic connectivity, geology, and vegetation[J]. Water Resources Research, 47(11): W11527.

Jencso K G, McGlynn B L, Gooseff M N, et al. 2009. Hydrologic connectivity between landscapes and streams: Transferring reach- and plot-scale understanding to the catchment scale[J]. Water Resources Research, 45(4): 262-275.

Jencso K G, McGlynn B L, Gooseff M N, et al. 2010. Hillslope hydrologic connectivity controls riparian groundwater turnover: Implications of catchment structure for riparian buffering and stream water sources[J]. Water Resources Research, 46(10):W10524.

Kim S. 2009. Characterization of soil moisture responses on a hillslope to sequential rainfall events during late autumn and spring[J]. Water Resources Research, 45(9): W09425.

Klaus J, Jackson C R. 2018. Interflow is not binary: A continuous shallow perched layer does not imply continuous connectivity[J]. Water Resources Research, 54(9): 5921-5932.

McGuire K J, McDonnell J J. 2010. Hydrological connectivity of hillslopes and streams: Characteristic time scales and nonlinearities[J]. Water Resources Research, 46(10): W10543.

McKenzie N J, Ryan P J. 1999. Spatial prediction of soil properties using environmental correlation[J]. Geoderma, 89(1): 67-94.

Mosley M P. 1979. Streamflow generation in a forested watershed, New Zealand[J]. Water Resources Research, 15(4): 795-806.

Nippgen F, McGlynn B L, Emanuel R E. 2015. The spatial and temporal evolution of contributing areas[J]. Water Resources Research, 51(6): 4550-4573.

Ocampo C J, Sivapalan M, Oldham C. 2006. Hydrological connectivity of upland-riparian zones in agricultural catchments: Implications for runoff generation and nitrate transport[J]. Journal of Hydrology, 331(3-4): 643-658.

Sen S, Srivastava P, Dane J H, et al. 2010. Spatial-temporal variability and hydrologic connectivity of runoff generation areas in a North Alabama pasture—Implications for phosphorus transport[J]. Hydrological Processes, 24(3): 342-356.

Sidle R C, Noguchi S, Tsuboyama Y, et al. 2001. A conceptual model of preferential flow systems in forested hillslopes: Evidence of self-organization[J]. Hydrological Processes, 15(10): 1675-1692.

Sidle R C, Tsuboyama Y, Noguchi S, et al. 2000. Stormflow generation in steep forested headwaters: A linked hydrogeomorphic paradigm[J]. Hydrological Processes, 14(3): 369-385.

Tani M. 1997. Runoff generation processes estimated from hydrological observations on a steep forested hillslope with a thin soil layer[J]. Journal of Hydrology, 200(1-4): 84-109.

Troch P, van Loon E, Hilberts A. 2002. Analytical solutions to a hillslope-storage kinematic wave equation for subsurface flow[J]. Advances in Water Resources, 25(6): 637-649.

Tromp-van Meerveld H J, McDonnell J J. 2006a. Threshold relations in subsurface stormflow: 2. The fill and spill hypothesis[J]. Water Resources Research, 420(2): W02411.

Tromp-van Meerveld H J, McDonnell J J. 2006b. Threshold relations in subsurface stormflow: 1. A

147-storm analysis of the Panola hillslope[J]. Water Resources Research, 42(2): W02410.

van Meerveld H J, Seibert J, Peters N E. 2015. Hillslope-riparian-stream connectivity and flow directions at the Panola Mountain Research Watershed[J]. Hydrological Processes, 29(16): 3556-3574.

Weyman D R. 1973. Measurements of the downslope flow of water in a soil[J]. Journal of Hydrology, 20(3): 267-288.

Wilson G V, Nieber J L, Fox G A, et al. 2017. Hydrologic connectivity and threshold behavior of hillslopes with fragipans and soil pipe networks[J]. Hydrological Processes, 31: 2477-2496.

Zimmer M A, Gannon J P. 2018. Run-off processes from mountains to foothills: The role of soil stratigraphy and structure in influencing run-off characteristics across high to low relief landscapes[J]. Hydrological Processes, 32(11): 1546-1560.

Zimmer M A, McGlynn B L. 2017. Ephemeral and intermittent runoff generation processes in a low relief, highly weathered catchment[J]. Water Resources Research, 53(8): 7055-7077.

第 8 章　山坡关键带地貌特征函数的构建

山坡是流域的基本组成要素，由河道网络连通各个山坡就组成了流域(Troch, et.al., 2007)。研究人员对山坡水文过程的理解和概化已经取得了很大进展，这大大提高了我们对降雨径流机制的理解，并为水文模拟提供了理论基础(Sivapalan, 2003)。通过考虑山坡的几何特征，相关学者研发了一些运用代表性山坡方案进行水文模拟的模型，诸如 IHDM(Beven et al., 1987)、KINEROS(Woolhiser et al., 1990)、WEPP 的山坡版本(Flanagan and Nearing, 1995)、CATFLOW(Maurer, 1997)和 WASA(Güntner, 2002)等模型。

尽管以自然山坡为基本单元的水文过程模拟是非常重要的，但此类模型需要对烦琐而复杂的地形数据进行再处理，这是一个不容忽视的难题(Bogaart and Troch, 2006; Bronstert, 1999)。例如，一般来说，要生成精确的代表性山坡单元，很多时候仍然需要通过屏幕以手动或半手动数字化的方式来实现(Francke, 2005)。此外，与常规的栅格型水文模型相比，水文领域仍然缺乏针对不规则地形特征(如单元形状)进行离散的理论和方法。因而，这种水文理论和技术上的缺失实际限制了基于自然山坡单元的水文模型的实现。

山坡蓄量动力学模型(hillslope storage dynamics models, HSDMs)采用低维近似方程来描述自然山坡系统的水文过程(Troch et al., 2003, 2002; Fan and Bras, 1998)。与 IHDM 或 CATFLOW 模型相比，HSDMs 采用了山坡宽度函数，从而以一种简单、优雅的方式清晰地描述了三维复杂的天然山坡形状。正如它的理论名称所揭示的，HSDMs 使用山坡宽度函数 $w(x)$ 表示土壤蓄水量 S，具体公式如下：

$$S(x) = w(x)h(x)\mu \tag{8-1}$$

式中：x 是山坡至河道的距离；h 是壤中流地下水水位；μ 是土壤自由水孔隙度。在山坡地带，HSDMs 中的流量与蓄水量 S 的关系可以通过运动波近似方程来表达，或者采用更为通用的达西公式来描述。该模型将山坡风化带土壤的三维结构降至一维孔隙剖面，将土壤水的三维动力学问题转化为一维水流的运动问题。

然而，多数时候，HSDMs 模型仍然主要应用于理论案例的分析，其模拟的山坡多具有高度理想化的几何结构。例如，Troch 等(2004, 2002)用山坡指数宽度函数在 9 种基本坡型上应用了山坡蓄量运动波模型(hsKW)和山坡蓄量 Boussinesq 模型(hsB)。HSDMs 模型以巧妙的方式融合了复杂的山坡几何特征，极大地推动了流域水文模拟理论和方法的发展。但是，当 HSDMs 模型被应用于自然流域时，常使用屏幕数字化技术以手动或半手动的方式进行山坡单元的划分。例如，Fan 和 Bras(1998) 首先在流域范围内应用了 hsKW 模型，并提出了将流域划分为山坡单元的屏幕数字化方法。Matonse 和 Kroll(2009) 则进一步将 hsKW 和 hsB 模型应用于 Maimai 流域的源头部分，其借助的也是屏幕数字化的技术方法，以提取山坡单元和地貌特征参数。这种半手动的数字化方法耗时长，且难以生成所需的山坡几何特征(如宽度函数)，极大地限制了 HSDMs 在现实地形中的应用。

本研究以山坡蓄量动力学理论为指导，主要任务是提取并生成其所需的山坡几何特征函数。研究的目的是在栅格型数字高程模型(digital elevation models, DEMs)的基础上，依据水流路径长度推导出 HSDMs 模型所需的山坡宽度函数。本次提出的新算法包括三部分：①水流路径长度的提取与变换，②天然山坡单元的提取，③山坡宽度函数的导出。8.1 节介绍有关山坡宽度函数的定义和提取方法的研究进展。8.2～8.4 节则给出此新算法的理论和具体的实施步骤。最后，8.5 节将算法在理想山坡上进行应用评价，8.6 节则将此算法应用于自然流域，并研究了实际流域山坡宽度函数的特征，8.7 节为本章小结。

8.1 研究的背景

据 Fan 和 Bras(1998) 以及 Paik 和 Kumar(2008) 的定义，山坡宽度通常指的是等高线的长度。正如 Paik 和 Kumar(2008) 所指出的，这个定义之下隐含着两个假设：①可以采用流线表示地表水流动路径的单一方向，②流线方向与等高线正交。只要这些假设得到满足，等高线长度可以视为等效的山坡宽度。根据这个定义，对于理想或实验径流场山坡等小尺度的研究对象，采用屏幕数字化技术以手动或半手动的方式推求山坡宽度是较为直接和方便的。然而，对于实际流域来说，基于等高线手动提取山坡宽度则要困难得多。

在处理实际地形时，由于尺度较大，往往需要能够自动推求山坡宽度的方法。这种自动推求的方法可以基于容易获取的地形数据(如数字高程模型 DEM)来开发。例如，在地貌瞬时单位线(GIUH)理论中，我们将河网的宽度定义为交汇节点的数量及其距流域出口的距离的函数(Moussa, 2008)。这里，河网宽度函数可以从河道水系的拓扑结构及其形态属性中自动提取。然而，GIUH 理论框架忽略了单个山坡的地形几何特征的水文作用，故主要适用于河道水流过程占主导地位的大型流域(Aryal et al., 2002)。

Bogaart 和 Troch(2006) 认为，流域内任意栅格单元至其出口单元的水流路径长度的频率分布对应的是 HSDMs 的山坡宽度函数。利用水流路径长度的概率密度分布曲线是导出山坡发散或收敛特征的一个非常好的替代方案。事实上，这个有关山坡宽度的定义接近于 GIUH 的河网宽度函数的定义，它们都使用一定距离处的面积(或多个节点)的频率来表示山坡(河网)的宽度函数。与上面提到的依据等高线长度确定宽度函数的半手动方法相比，这里给出的两个定义都是确定宽度函数的间接方法，并且使用栅格型 DEM 可以轻松实现自动提取。

尽管水流路径长度的概率密度分布为推求山坡宽度函数提供了一种替代方法，但仍需要更详细的程序步骤来完善以利于实际应用。首先，在自然流域中应用 HSDMs 理论时，需要将水流路径长度的概率密度分布曲线转换为山坡宽度函数。其次，现有的构建于规则网格上水流方向的算法(D8、D∞)总是存在高估水流路径长度的问题，即不能在任意位置准确代表流线的方向，故需要校准。其中，D8 流向算法(O′ Callaghan and Mark, 1984)采用最陡坡降法定义上下游单元的水流方向，而 D∞算法(Tarboton, 1997)则将流向定义为两个下游山坡单元所组成的一个最陡的三角面上。尽管许多其他因素也会导致不同类型水流路径距离的估计误差，但我们将重点放在前者，并在 8.2 节中讨论减少趋势误差的步骤。

D8 算法能够提供单一的方向来模拟流线的流向。由于其容易被 GIS 工具所实现，并且每个单元只需要保存一个流向数，从而节省了计算机的存储空间，该算法已在流域水文模型中被广泛应用。然而，D8 方法的缺点也非常明显，它只能采用 8 个可能的正交方向(彼此间隔 $\pi/4$)中的 1 个作为最终方向(Tarboton, 1997; Fairfield and Leymarie, 1991)，这会引发实际水流路径信息的丢失，并导致水流路径长度的偏差。为了使误差最小化，Butt 和 Maragos(1998)和 de Smith(2004)提出了一种用于校正 D8 算法误差的距离变换方法(在本研究中命名为 TD8)。在他们的方法中，所有 8 个可能方向上的流动距离，即正交方向上的一个单位栅格长度和对角线方向上的 $\sqrt{2}$ 倍的单位栅格长度，均需要乘以系数 0.96194。变换后的水流路径距离场代表了真实场的平均近似情况，其不考虑单个栅格内 D8 方向与流线之间的特定偏差。

众所周知，由于 D8 算法应用于发散型山坡时表现尤为不佳，因此提出了许多的多流向算法(Bogaart and Troch, 2006)。D∞算法可以提取出更合理的流向场，其可以近似与流线一致。基于 D∞方法，Bogaart 和 Troch(2006)开发了改进的水流路径长度生成算法，该算法依据下游两个山坡单元之间的水流比例确定水流路径的长度。然而，在这种方法中，长度或水流距离计算的系统误差并没有减小。在本项研究中，我们提出了基于 D∞方法的水流路径长度校正的程序步骤，以用于估算山坡宽度函数，研究中将其与 D8、D∞和 TD8 算法进行了对比分析。

8.2　山坡单元自动剖分算法

Fan 和 Bras(1998)描绘了将流域划分为山坡单元的方法，他们的方法包括三个步骤：①河网水系的定义，②山脊线的提取，③每个河流源头集水区的划定。将上述三个图层与流域边界叠加，就可以划分出自然山坡单元。这是一种直接面向计算机屏幕数字化的方法，它适用于在等高线图上手动划分山坡单元的操作方式。正如 Bogaart 和 Troch(2006)所报道的那样，将流域划分为山坡还是一项艰巨的任务，需要更为详细的程序步骤。

本研究开发了基于栅格 DEM 的改进算法，该算法保留了 Fan 和 Bras(1998)的部分步骤(步骤①和③)，然后根据 Bogaart 和 Troch(2006)的定义，将所有的山坡进一步划分为源头型山坡和边坡型山坡(以下简称为边坡)。

首先，定义河网水系。将河网中河段的交点定义为河道节点，其中上游无河段汇入的定义为源头河段，其上游节点则为源头节点。研究中，将河道的源头节点编号为 0，出口节点编号为 2，其余中间节点编号为 1，以区分不同类型的节点和河段(图 8-1)。也就是说，源头型河段发源于源头节点，其他河段则被定义为中间河段，它是位于两个中间节点间或中间节点与出口节点之间的河段。在图 8-1 中，流域中所有节点和河段均在 DEM 栅格网络系统中以离散的形式来表示。然后，搜索所有水流汇入同一河段单元的流域面上的栅格单元，并组成一个子流域，定义汇入源头节点的区域为源头型山坡。需要注意的是，中间河段总被两个边坡包围，而源头型河段被三个山坡单元包围。因此，中间河段将子流域划分成两个边坡，源头型河段将子流域划分成一个源头型山坡和两个边坡，共三个山坡单元(图 8-2)。下面给出了从子流域中区分源头型山坡以及左岸、右岸边坡的具体步骤。

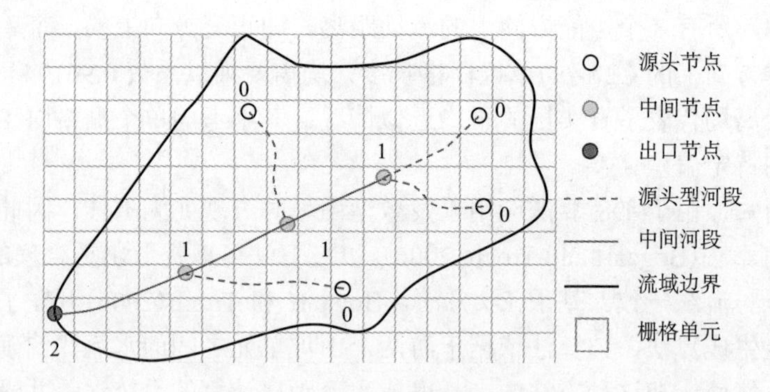

图 8-1　河流节点和河段的定义

为了将子流域进一步细分为不同类型的山坡单元，这里采用基于 DEM 的栅格流向数据。首先，需要搜索源头节点的汇入单元，以得到属于源头型山坡的所有单元(图 8-2)。然后，识别河道上的下游单元[如图 8-3(a)中的(i, j)]以区分其他与河道紧邻的边坡单元(即非河道单元)。判断单元(i, j)周围所有 8 个单元的流向，以确定它们是否属于边坡。采用一种与 Martz 和 Garbrecht(1992)算法相同的步骤，以定义子流域的左岸和右岸单元。在该算法中，选取任意河道单元(i, j)和其紧邻的上游河道单元$(i+1, j)$，如果将前者的方向向顺时针方向转动，直到上下游的方向线段能重叠，则其夹角为α[图 8-3(b)]。该角度(α)内的所有单元都属于右岸边坡；否则，它们属于左岸边坡。一旦完成对河段单元所有周边边坡单元的搜寻计算，算法将逐层递进地搜索上游边坡单元，这个过程一直重复直到完成对区域内所有单元的搜索判断。以上程序步骤可以采用 Tarboton(1997)开发的递归程序进行编程计算。图 8-2 展示了一个算法示例，说明了围绕一个河段，其源头型、左右边坡定义的结果。在该图中，用蓝色突出显示的单元表示河段，黄色填充的单元属于左岸边坡，橙色填充的单元属于右岸边坡。

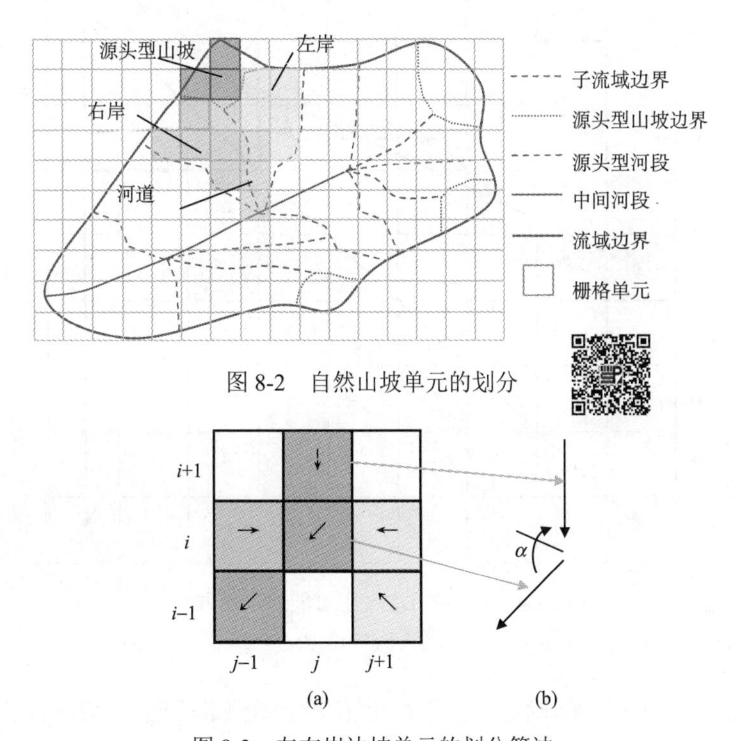

图 8-2　自然山坡单元的划分

图 8-3　左右岸边坡单元的划分算法

(a)左岸和右岸边坡单元的划分示意；(b)用于确定左岸和右岸边坡单元的算法，角度 α 介于上游流向和下游流向之间

8.3　水流路径长度校正算法

在每个山坡内，水流路径可以采用流向算法获取，并借此计算路径长度。目

前，主流的流向算法有单一流向的 D8 算法（O'Callaghan and Mark, 1984）和多流向的 D∞算法（Tarboton, 1997）。受限于栅格数字高程模型的格式，平滑流线必须通过网格系统上的锯齿形路径来近似描述（Paz et al., 2008）。如图 8-4 所示，如果流线的方向刚好与正交方向（A9→I9）和对角线方向（A9→I1）重合，则可以完美地通过栅格上的折线结构来近似。对于非正交或非对角线的流线方向，如流线方向 A9→E1，在使用 D8 算法时的可能路径为 A9→A8→C6→C4→E2→E1。如果栅格数据长度设置为 1 个单位，则线段 A9→E1 的实际长度为 8.944 个单位，曲折路径的近似值为 9.657 个单位，二者之间存在约 8%的偏差。

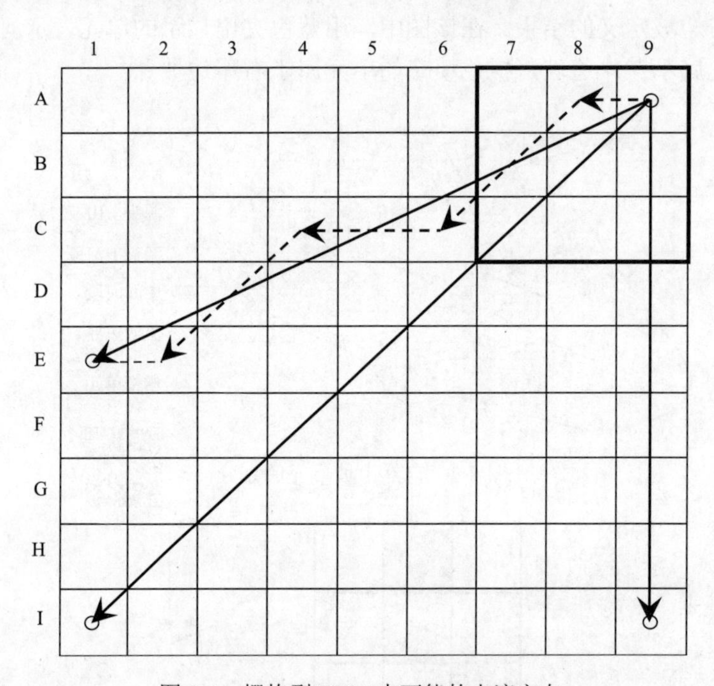

图 8-4 栅格型 DEM 中可能的水流方向

正交方向（A9→I9）、对角方向（A9→I1）和任意方向（A9→E1）及一个近似方向（A9 →A8→C6→C4→E2→E1）

很明显，水流路径的确定很大程度上依赖于如何准确确定水流方向。这里我们假设流线（图 8-5 中的 $\overrightarrow{P_1P_3}$）的方向可以用 D∞算法给出的水流方向（图 8-5 中的 $\overrightarrow{P_1M_1}$）代替。对于每个单元，通过将栅格中 D8 流向的流动距离线段投影到 D∞流向的方向，可以实现对 D8 算法高估的流动距离的转换和校正。由于任意流线（$\overrightarrow{P_1P_3}$）的方向可以通过 D∞方法（如图 8-5 中的 $\overrightarrow{P_1M_1}$ 和 $\overrightarrow{P_2M_2}$）来近似，因此 D8 和 D∞的方向之间的角度（如图 8-5 中的 $\overrightarrow{P_1P_2}$ 和 $\overrightarrow{P_1M_1}$ 的夹角 θ_1）可以用来近似 D8 流向和流线方向之间的夹角（如图 8-5 中的 $\overrightarrow{P_1P_2}$ 和 $\overrightarrow{P_1P_3}$ 的夹角）。由于 $\overrightarrow{P_2M_2}$ 近似平

行于 $\overrightarrow{P_1P_3}$，图 8-5 中 θ_2 约等于 θ_3。因此，获得以下水流路径长度的变换方程：

$$P_1P_3 = P_1M_1 + P_2M_2 = P_1P_2\cos\theta_1 + P_2P_3\cos\theta_2 \tag{8-2}$$

式中：P_1P_3 是流线的实际水流路径长度；P_1P_2 和 P_2P_3 是 D8 方法的正交和对角距离；P_1M_1 和 P_2M_2 是 P_1P_2 和 P_2P_3 沿 D∞算法方向的投影距离。

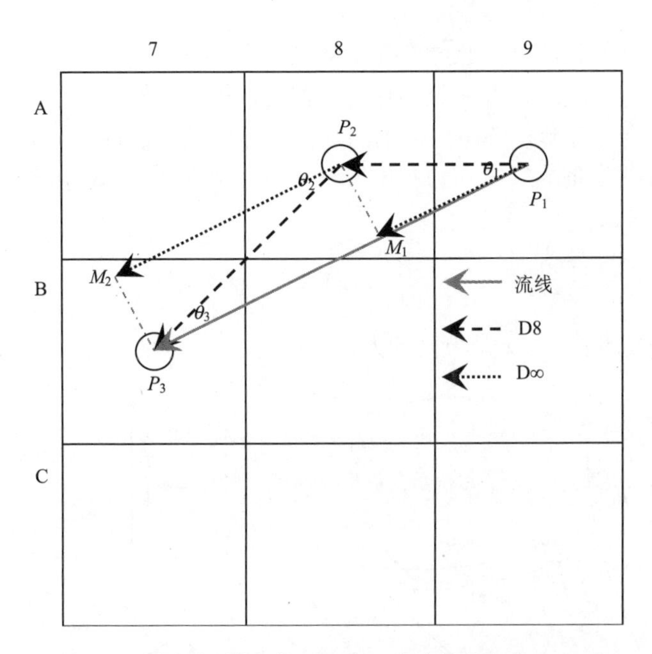

图 8-5　对图 8-4 放大的 3×3 窗口和流线方向（A9→B7）

这种水流路径长度的校正算法可以被命名为 TD∞，与 Bogaart 和 Troch（2006）基于 D∞方法给出的水流路径长度算法有很大不同。对于后者，即依据 D∞方法得到的水流路径长度，其三角面的水流方向（如图 8-5 中的 $\overrightarrow{P_1M_1}$）被分解到三角面边缘上的基方向和对角方向。因此，在这种算法中，每个单元内至少有两条水流路径指向下游单元，直至进入河道网络，并且每条流动路径都是锯齿状的，这和 D8 方法相同。对于任意栅格单元，其到河段或者流域出口的距离实际上是多个路径的加权平均值。然而，对于每条水流路径，依据 D∞估计的流动距离与 D8 方法一样是被高估的。因此，导致每个单元至河段或者出口的水流距离被高估，而 TD∞方法则可对其进行校正。

8.4　山坡宽度函数提取算法

与其他采取直接方式提取宽度函数的方法相比较，我们开发了一种基于水流路径长度频率分布法提取宽度函数的方法，这实际是一种间接的方法。研究中，我们导出了山坡宽度转换函数(HWTF)，目的是为了将频率分布曲线转化为山坡宽度函数曲线。在得到栅格单元的水流路径长度场之后，水流路径长度的概率密度函数(probability density function, PDF)就确定了。这里，采用此PDF来导出真实的山坡宽度函数，具体程序如下。

对于每一个单元，可以通过追踪栅格流向来获取水流路径，并计算水流路径的长度，进而得到等距离带[图 8-6(a)]。首先，根据栅格单元与河道的距离对其进行排序，然后计算落在等距离带上的栅格单元的数量以得出PDF，即水流路径长度的概率密度分布函数为 $p(x)$ [图 8-6(a)和图 8-6(b)]。对 $p(x)$ 积分，则值等于1，如下式所示：

$$\int_0^L p(x)\mathrm{d}x = 1 \tag{8-3}$$

式中：L 是山坡的长度；x 是坡向的方向。

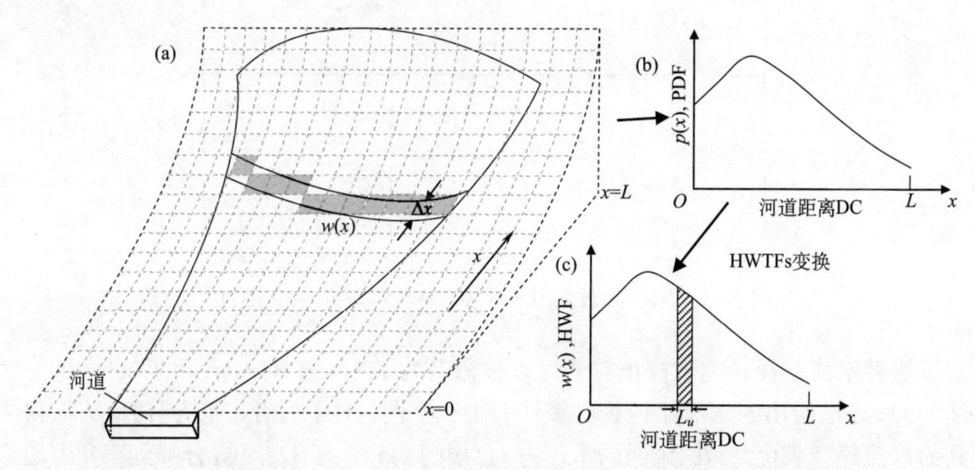

图 8-6 山坡水流路径长度的概率密度分布和山坡宽度函数(HWF)的提取方法

(a)确定等距离带；(b)导出PDF；(c)将PDF转换成山坡宽度函数(HWF)

如果将山坡宽度函数(hillslope width function, HWF)表示为 $w(x)$，可以使用 $w(x)$ 的积分获得山坡面积，即

$$\int_0^L w(x)\mathrm{d}x = \sum_{k=1}^{n} w(x)\mathrm{d}x_k = S \tag{8-4}$$

式中：w 是HWF；S 是山坡的面积；n 是等距离带的数量；k 是步长为 Δx 的等距离带的序号。

为了使水流路径长度的PDF和HWF可进行比较，使用 w_r 代表山坡宽度将PDF转换为HWF，如下所示：

$$w(x)\mathrm{d}x = w_r p(x) \tag{8-5}$$

将方程(8-5)代入方程(8-4)，可以得到

$$w_r \int_0^L p(x)\mathrm{d}x = S \tag{8-6}$$

于是

$$w_r = S \Big/ \int_0^L p(x)\mathrm{d}x \tag{8-7}$$

因为$\int_0^L p(x)\mathrm{d}x = 1$，可以推出

$$w_r = S \tag{8-8}$$

由于 $w(x)$ 也可以定义为

$$w(x) = \frac{Sp(x)}{L_u} \tag{8-9}$$

式中：L_u (=1)是沿 x方向的单位长度[图 8-6(c)]。因此，w_r 的物理意义可以解释为单位长度 L_u 的山坡面积，即令整个坡面区域以长度 L_u 排成一行。这里，我们又可定义 $w_r\left(=\frac{S}{L_u}\right)$ 为山坡宽度传递函数(hillslope width transfer function, HWTF)[图 8-6(c)]。

此外，需要对 $w(x)$ 的一般分布模式作一些解释。对于源头型山坡，理论上它会收敛到一个点，所以下面的公式是有效的：

$$w(x)=0, x = 0 \tag{8-10}$$

对于自然山坡，在源头型山坡或边坡上总存在离河道最大距离的一个点(通常在山峰处)，并将此最大距离定义为坡面长度 L。于是，对于任何类型的山坡，可以方便的假设：

$$w(x)=0, x = L \tag{8-11}$$

需要注意的是，对于边坡，在 x=0 处，$w(x)$ 通常不等于 0，因为来自边坡单元的水并非汇聚于一点，而是分散汇聚于整个河段。

上述算法已在 DigitalHydro 软件包(刘金涛，数字水系自动提取软件 DigitalHydro V2.0，登记号 2017SR019089，中国，2017)中实现。该软件包是一个 GIS 工具，已用于许多科学研究和工程项目。DigitalHydro 最初是为定义栅格流向和数字化河道而开发的，目前已增加许多新开发的功能，例如，降水或高程插值、曲率和地形指数的计算等。栅格水流方向的推求是此软件的基本功能，在最初的版本中我们采用 D8 算法计算单元流向，而在最新版本中 Tarboton(1997)的 D∞算法也被纳入其中。

8.5 算法在理想山坡上的应用评价

8.5.1 理想山坡

我们首先在 5 个理想山坡上应用并评价以上所提出的算法。5 个理想山坡分别是发散型凸坡(#1)、发散型凹坡(#2)、平直型山坡(#3)、收敛型凸坡(#4)和收敛型凹坡(#5)(图 8-7)。这些理想山坡代表了自然界山坡的一些基本形状，其山坡高程及宽度函数见表 8-1。在确定具体的高程函数时，我们同时参考 Pan 等(2004)和 Kanamaru(1961)的经验和建议。此外，为了便于比较，将所有 5 个山坡的平均坡度设置为相同值。为了评价算法，首先对理想山坡的高程面进行投影，从而得到 5 个大小为 nrows×ncols(nrows 为行数，ncols 为列数)，且水平分辨率为 hr 的 DEM 文件，相应 DEM 的坐标系定义如下：

$$
\begin{aligned}
&x=\left[j-\frac{1}{2}\text{ncols}-1\right]\cdot\text{hr},\ j=1,2,\cdots,\text{ncols}\\
&y=[\text{nrows}-i]\cdot\text{hr},\ i=1,2,\cdots,\text{nrows}
\end{aligned}
\tag{8-12}
$$

式中，i 和 j 分别为单元(i,j)行列的编号；x 和 y 则为经度和纬度方向的投影坐标。

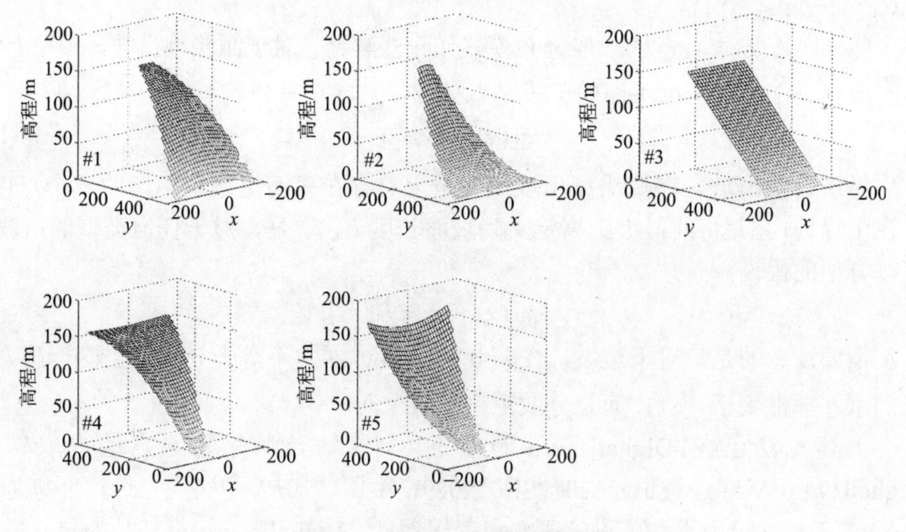

图 8-7 理想山坡三维结构图

表 8-1　理想山坡基本地形地貌参数

编号	类型	高程函数	理论长度 T_l /m	宽度函数*	投影面积/m^2	平均坡度
#1	发散型凸坡	$\left(74.02-\dfrac{x^2+y^2}{1764}\right)+83.32$	394.6	0.6435 $(R–t)$	76863	0.34
#2	发散型凹坡	$-\left[73.48-0.000577\times(\sqrt{x^2+y^2}-600)^2\right]+83.32$	394.6	0.6435 $(R–t)$	76863	0.34
#3	平直型山坡	$187.21\times\left(1-\dfrac{y}{545}\right)$	400	202	80800	0.34
#4	收敛型凸坡	$\left[73.48-0.000577\times(\sqrt{x^2+y^2}-600)^2\right]+83.32$	394.6	0.6435 $(r+t)$	76863	0.34
#5	收敛型凹坡	$-\left(74.02-\dfrac{x^2+y^2}{1764}\right)+83.32$	394.6	0.6435 $(r+t)$	76863	0.34

*R、r 分别为下游出口弧段对应的外径和内径，t 是坡面上任一点沿极坐标方向至出口弧段的距离。

8.5.2　应用评价

我们将 D8、D∞、TD8 和 TD∞四种方法分别应用于 5 个理想山坡，评价其计算结果。研究中，DEM 分辨率设为 hr=2m，nrows 和 ncols 均设为 201。采用均方根误差(RMSE)来评价所提取的山坡宽度函数与理论宽度函数的偏差。

$$\mathrm{RMSE}=\sqrt{\frac{1}{n}\sum_{i=1}^{n}(w_{\mathrm{T}i}-w_{\mathrm{E}i})^2} \tag{8-13}$$

式中：n 为数据系列的长度；w_{T} 是理论的宽度函数；w_{E} 是提取的山坡宽度函数。

表 8-2 列出了在 5 种山坡上采用不同算法提取的宽度和理论宽度之间的均方根误差(RMSE)。对于 D8 和 D∞算法，提取的水流路径长度被显著高估了。TD8 算法则改进了收敛型山坡(如表 8-2 中#4、#5)水流路径长度的提取效果，但对于发散型和平直型山坡(如表 8-2 中#1、#2 和#3)来说，水流路径长度的提取效果

表 8-2　提取的和理论的山坡长度(D_l、T_l)以及对应的相对偏差(R_e)

编号	T_l/m	D_l/m				R_e/%			
		D8	D∞	TD8	TD∞	D8	D∞	TD8	TD∞
#1	394.6	396.0	424.3	380.9	392.8	0.35	7.5	–3.5	–0.45
#2	394.6	396.0	424.3	380.9	392.9	0.35	7.5	–3.5	–0.43
#3	400	400.0	400.0	380.9	400.0	0	0	–4.8	0
#4	394.6	423.4	427.5	407.2	411.0	7.3	8.3	3.2	4.2
#5	394.6	423.4	427.3	407.2	411.2	7.3	8.3	3.2	4.2

未得到进一步的改进。与 D∞算法相比，TD∞算法显著改进了提取的山坡长度。算法应用于#1 和#2 山坡时，D∞方法提取的山坡长度与理论值的相对偏差(R_e)为 7.5%，而 TD∞的 R_e 则分别降为–0.45%和–0.43%。在应用于#4 和#5 山坡时，D∞的 R_e 为 8.3%，而 TD∞的 R_e 则降为 4.2%。

对于收敛型山坡(如表 8-2 中#4、#5)，尽管 TD8 算法较 TD∞在山坡长度提取方面略为精确，但前者给出了一个不合理的曲折型的宽度分布曲线(图 8-8)。此外，当 TD8 算法被应用于平直型山坡(如表 8-2 中#3)，它会不可避免的低估水流路径长度。原因在于，该算法本身不能判别所提取的流向是否与流线方向存在偏差，在无(或小)偏差的地方仍然进行同样的校正。例如，对于#3 山坡，D8、D∞和 TD∞算法提取的山坡长度的相对偏差 R_e 均为 0，而 TD8 的为–4.8%。因此，总体上讲，我们研发的 TD∞算法在所有类型山坡上均能明显提高山坡长度的提取精度。

图 8-8 对比了各算法在不同类型山坡上提取的山坡宽度函数与理论宽度函数的曲线，两者之间的 RMSE 列于表 8-3。在不同类型的山坡中，算法的表现存在一定的差异性。例如，与山坡长度提取结果类似，除 TD8 算法外，各算法在平直山坡上的 RMSE 均接近于 0，发散型山坡(表 8-3 中#1 和#2)的 RMSE 则较为适中，较大的误差存在于收敛型山坡(表 8-3 中#4 和#5)中。对于所有的收敛型山坡

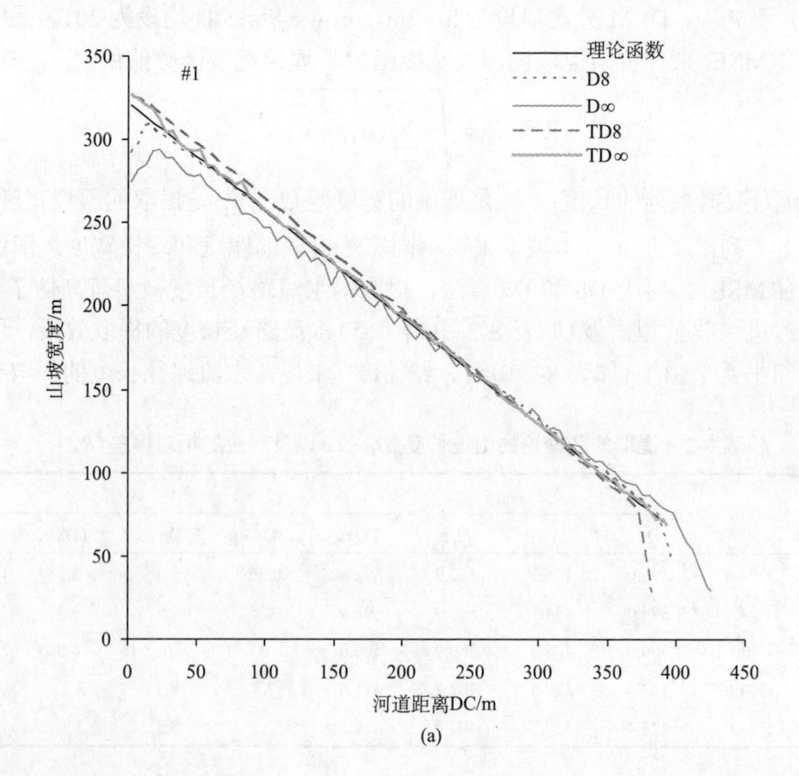

(a)

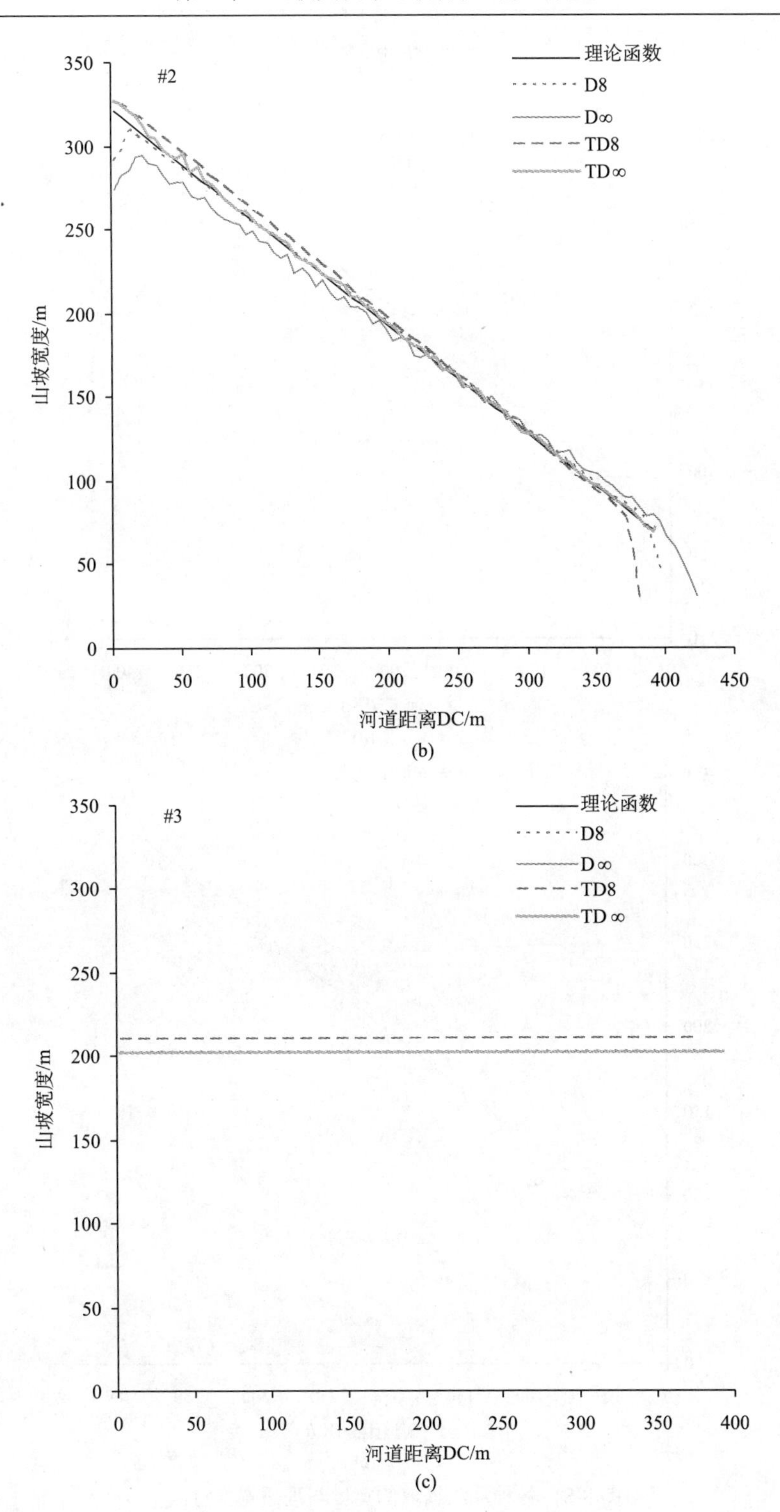
#2
理论函数
D8
D∞
TD8
TD∞
山坡宽度/m
河道距离DC/m
0
50
100
150
200
250
300
350
400
450
(b)

#3
理论函数
D8
D∞
TD8
TD∞
山坡宽度/m
河道距离DC/m
0
50
100
150
200
250
300
350
400
(c)

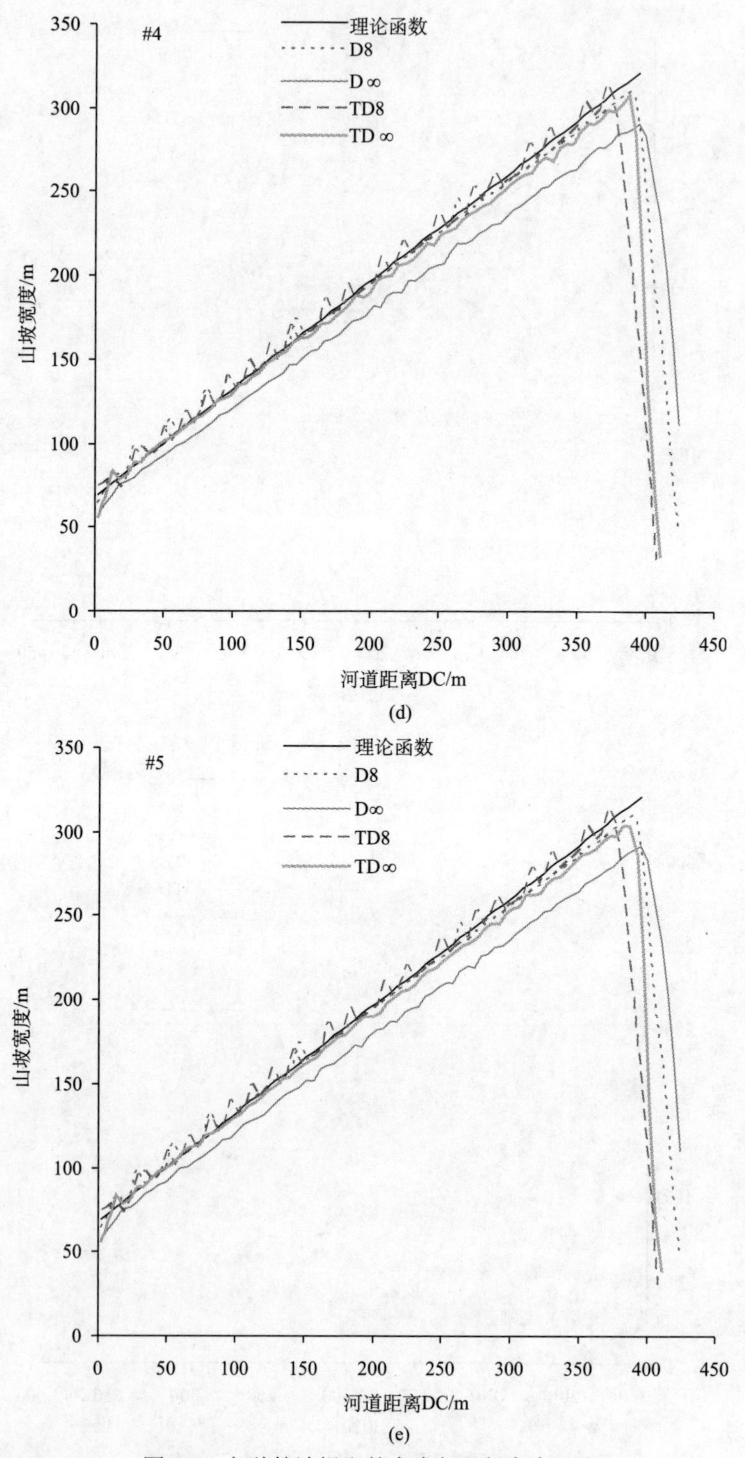

图 8-8 各种算法提取的宽度与理想宽度对比

[图 8-8(d)和图 8-8(e)]，四种算法均高估了其山坡长度(DC)，即山坡均被拉长了。由于山坡面积是保持不变的，依据式(8-4)，故提取的宽度函数较理论值必然小一些(图 8-8)，以补偿由于被拉长增加的部分。为了进一步揭示算法提取的宽度与理论值间的巨大差异，我们采用#5 山坡做进一步的评价(图 8-9)。很明显，在偏离中心线(图 8-9 中的 *l-l'*)后，所提取的水流路径长度偏差将会激增。相反的，当在中心线附近时，所提取的水流路径长度偏差则很小(TD8 方法除外)，原因在于中心线附近可以近似为平直地形。由于未能解决山坡长度提取上存在的较大偏差，TD8 方法在中心线附近仍会带来较大的误差(表 8-2)。

表 8-3　各种算法提取的宽度与理想宽度的均方根误差(RMSE)　(单位：m)

算法	#1	#2	#3	#4	#5
D8	5.4	5.4	0.04	10.2	10.2
D∞	10.7	10.6	0.04	17.8	17.7
TD8	8.4	8.4	8.0	27.5	27.5
TD∞	2.4	2.6	0.04	7.2	7.1

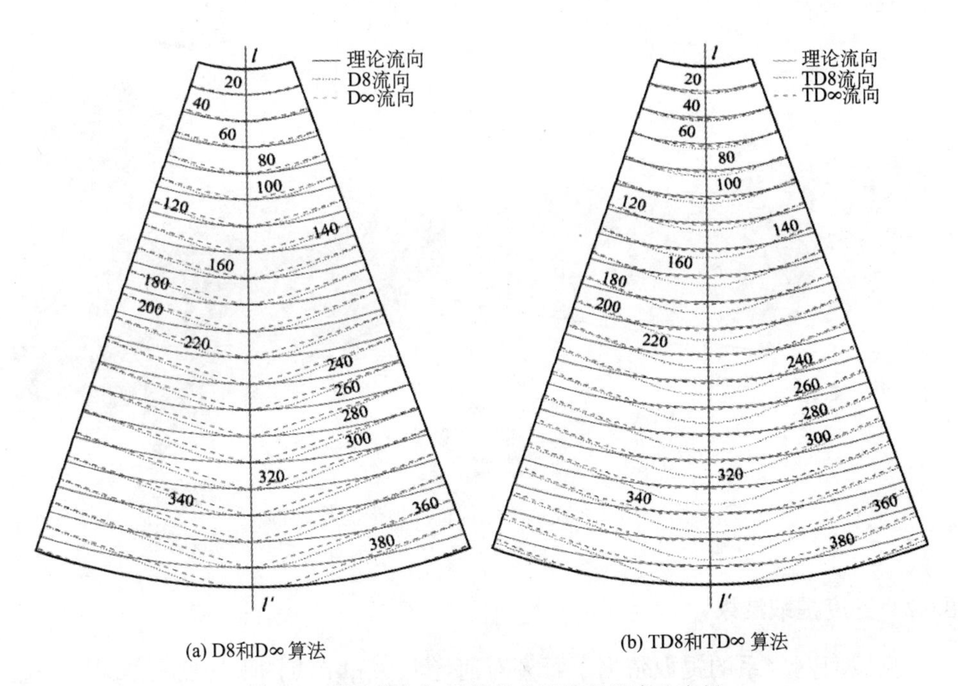

(a) D8和D∞ 算法　(b) TD8和TD∞ 算法

图 8-9　算法提取与理论的水流路径长度分布场

如表 8-3 和图 8-8 所示，我们开发的 TD∞算法可以显著改进山坡宽度的提取精度。尽管 TD8 方法能减小山坡长度的提取误差(如表 8-2 中#1、#2、#4 和#5 山坡)，但其山坡宽度函数的提取精度并未得到相应提高，这主要是其提取的波浪状的宽度函数与理论宽度函数不相符造成的(图 8-8)。此外，在图 8-8 中，提取的山坡宽度函数总有一个急剧下降的尾部。原因在于，受算法误差的限制，所提取的山坡往往被拉长了，而被拉长部分的面积相对较小，因而造成这个距离上的宽度急剧下降(如图 8-9 中 400 m 等高线附近区域)。

8.6 实际流域的应用研究

8.6.1 研究流域及材料

本研究选择和睦桥流域(119°48′ E，30°35′ N)作为研究区(图 8-10)。和睦桥流域的特点是山坡坡度陡峭，大多为 25°～45°。流域西南部的海拔高达 500～600 m，而在和睦桥水文站出口处海拔则降至 150 m。流域内植被以竹林为主，约占整个地区的 95%，其余为民房和农田。研究中，通过对 1∶10000 地形图进行数字化，得到 10 m 分辨率 DEM。

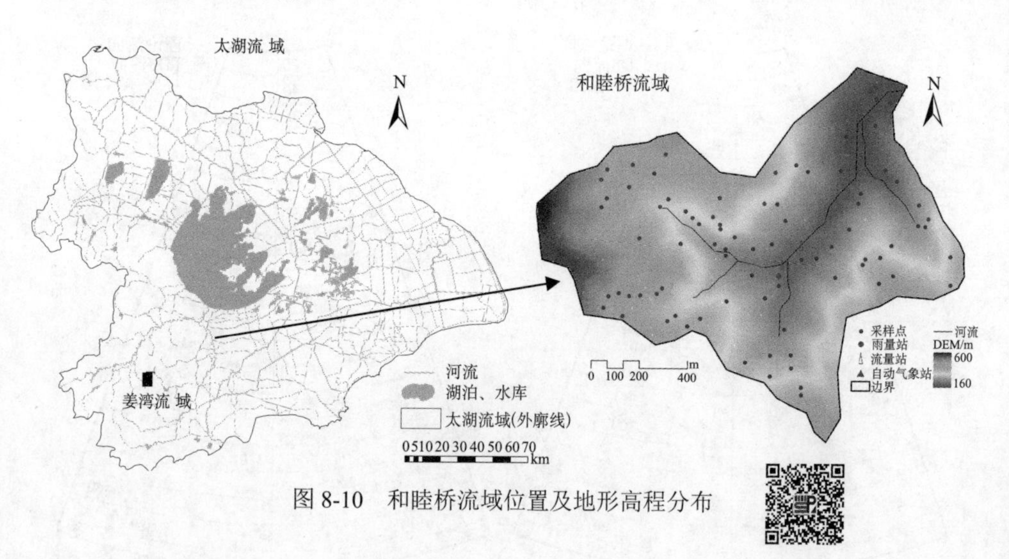

图 8-10 和睦桥流域位置及地形高程分布

8.6.2 宽度提取结果

流域河网水系的提取依据了野外对河道源头和节点的现场勘察结果。经统计，整个流域河道被标记了 8 个节点，包括 4 个源头型河道节点、3 个中间节点和 1 个出口节点，并且得到 7 个河段(图 8-11)。随后，整个流域又被划分为 18 个山坡，其中包括 4 个源头型山坡和根据 7 个河道段划分的 7 对边坡(表 8-4)。

在图 8-11 和表 8-4 中，每个河段对应至少两个边坡，而一个源头型山坡(如表 8-4 中列出的河段 2、4、6 和 7)则对应一个源头型的河段。在表 8-4 中，山坡编号的第一个数字代表所处河道的编号，它与第二个数相关联，表示山坡的类型，其中“1”代表河段的左岸边坡，“2”代表河段的右岸边坡，“3”代表源头型山坡。在和睦桥流域，整个 1.35 km^2 的面积包括 0.47 km^2 的左岸边坡、0.37 km^2 的右岸边坡和 0.51 km^2 的源头型山坡。对于每个山坡，表 8-4 中还计算了山坡的长度和平均坡度。

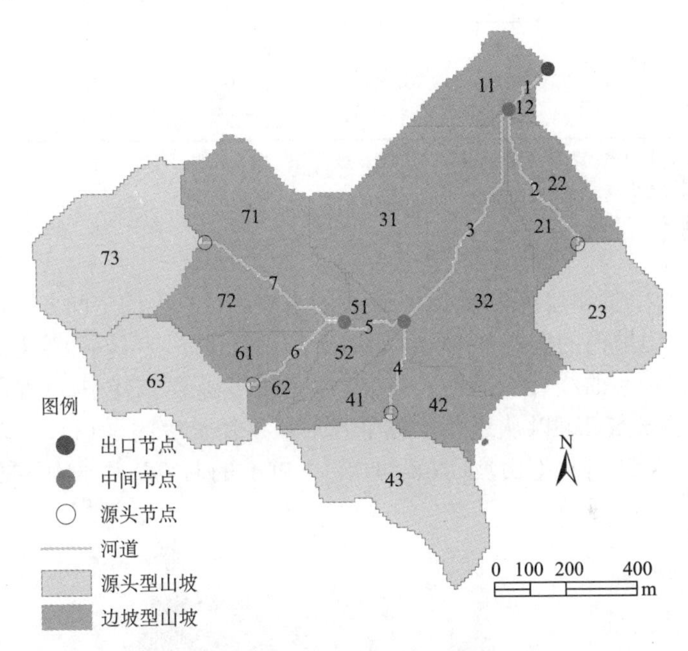

图 8-11　和睦桥流域山坡划分

表 8-4　和睦桥流域的山坡几何特征

河段编号	山坡编号*	面积/km^2	山坡长度/m	平均坡度/(°)	C_c**/×10^{-3}
1	11	0.0519	361.4	0.40	1.47
	12	0.0052	119.0	0.48	14.62
2	21	0.0294	304.6	0.52	0.48
	22	0.0445	179.0	0.56	5.44
	23	0.1009	458.7	0.60	0.00
3	31	0.1788	523.8	0.54	2.98
	32	0.1430	498.7	0.56	1.64
4	41	0.0398	375.6	0.48	3.49
	42	0.0508	370.4	0.53	0.91
	43	0.1322	607.7	0.47	–1.31

续表

河段编号	山坡编号*	面积/km^2	山坡长度/m	平均坡度/(°)	C_c**/×10^{-3}
5	51	0.0100	185.6	0.49	8.65
	52	0.0272	302.8	0.48	1.58
6	61	0.0308	250.0	0.65	3.82
	62	0.0232	189.0	0.63	1.37
	63	0.1051	592.8	0.55	−1.36
7	71	0.1162	433.8	0.58	1.99
	72	0.0680	388.0	0.65	2.78
	73	0.1513	568.7	0.60	−1.63

*此列中的第一个数字代表河段编号，第二个代表山坡类型："1"代表河段左岸的边坡，"2"代表右岸的边坡，"3"代表源头型山坡；

**平均平面曲率。

图 8-12 给出了和睦桥流域 18 个山坡的水流路径长度的空间分布。对于每个山坡，通过对山坡内的所有单元与河道的距离进行排序，可以计算得到其水流路径长度的累积频率曲线(图 8-13)。其中，概率密度函数 PDF 作为所有山坡单元与河段距离的函数，可以从这些山坡单元水流路径长度的累积频率曲线推导出来(图 8-14)。对于源头型山坡[图 8-14(a)]，PDF 的曲线从几乎为零的数值增加

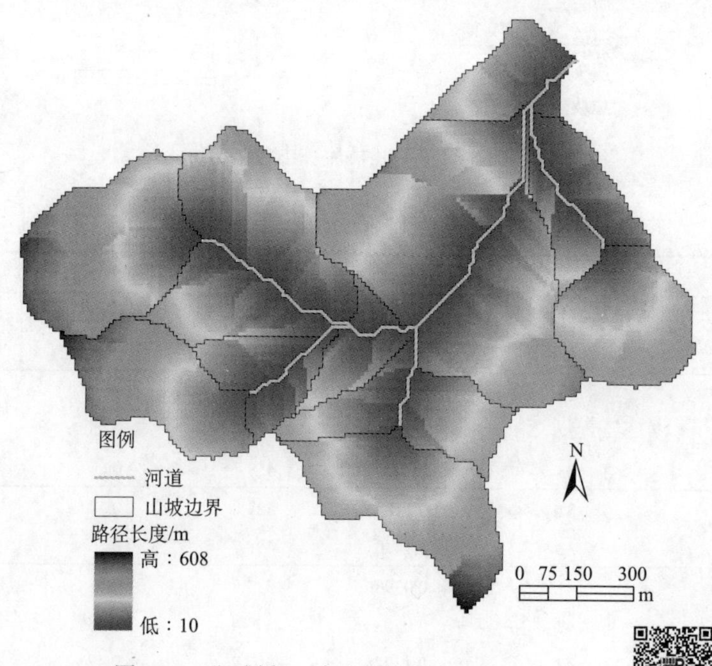

图 8-12　和睦桥 18 个山坡的水流路径长度分布

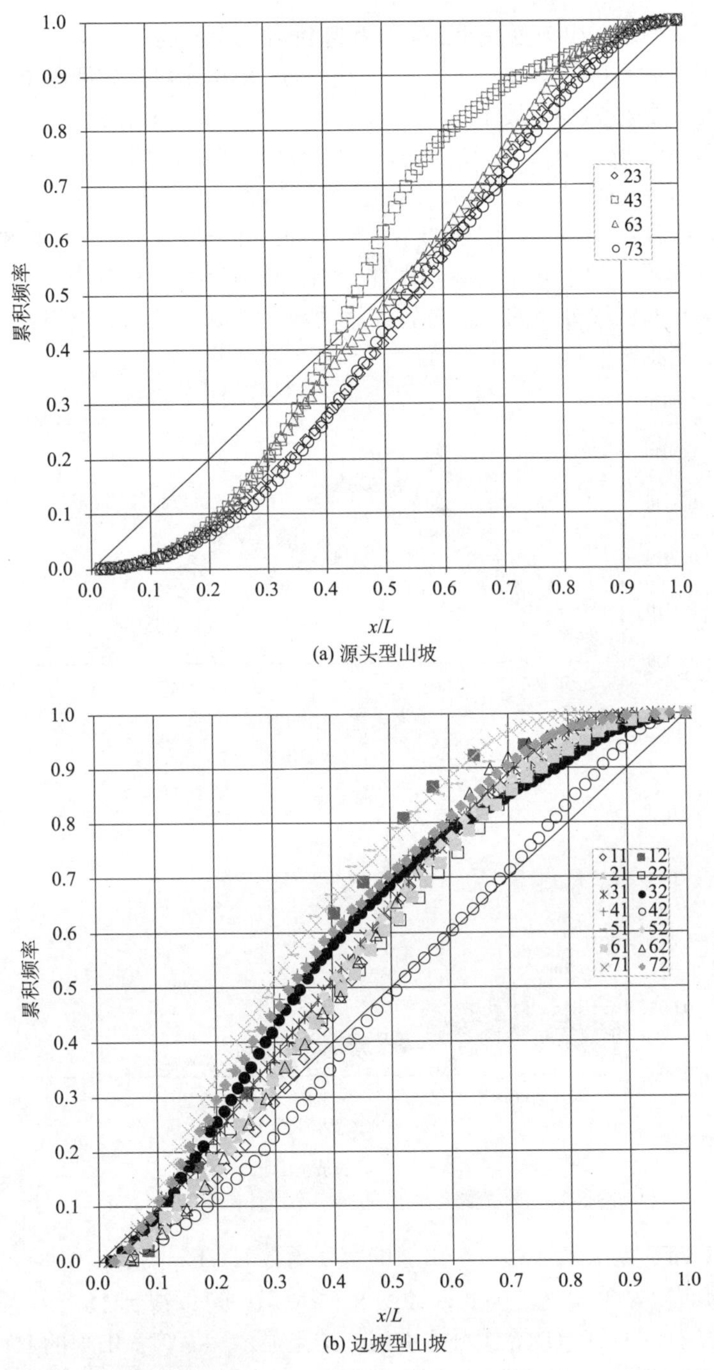

(a) 源头型山坡

(b) 边坡型山坡

图 8-13　和睦桥流域源头型山坡和边坡的水流路径长度的累积频率曲线

到一个峰值，然后在出口处减小到零。和睦桥流域内的四个源头型山坡的 PDF 峰值范围介于 2.92×10^{-3}～4.20×10^{-3}。对于边坡[图 8-14(b)]，有两种 PDF 的分布模式。对于大多数边坡(如山坡 11、21 和 52 等)，PDF 在河道附近迅速增加然后再减小；对于其他边坡，PDF 曲线的两端(靠近河道和山顶)分布更趋均匀(如山坡 42)。在这 14 个边坡中，PDF 峰值范围介于 3.06×10^{-3}～1.79×10^{-2}，平均峰值为 7.05×10^{-3}。统计结果显示，边坡的累积频率曲线全部聚集在大于 45°线的象限，源头型山坡的累计频率分布曲线则大体于 45°线附近呈对称分布。这说明，边坡山坡宽度函数的概率分布的峰值位置靠近河段，而源头型山坡宽度的平均值离河道源头节点则相对较远。

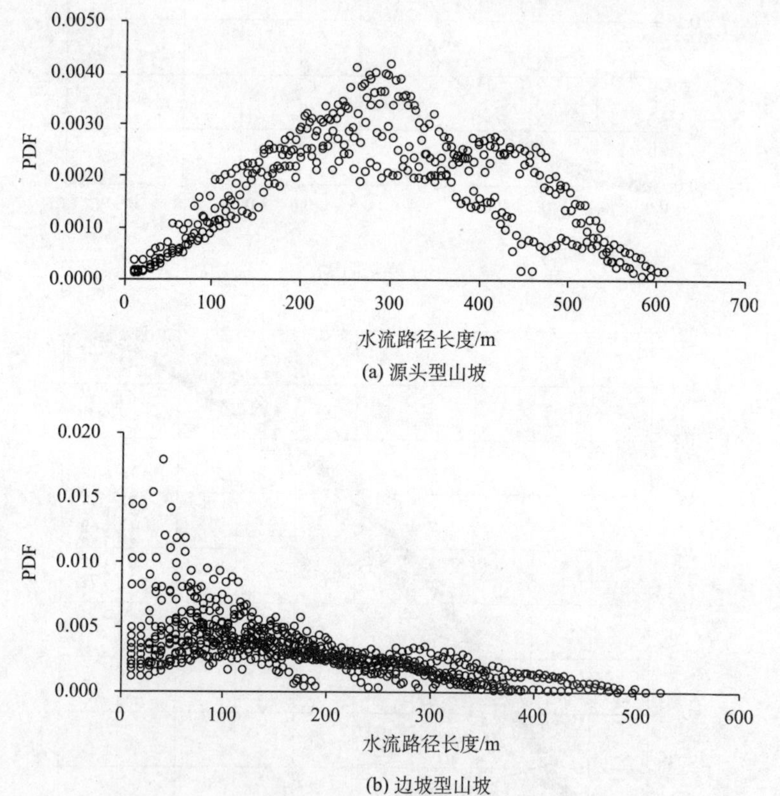

(a) 源头型山坡

(b) 边坡型山坡

图 8-14　水流路径长度的概率密度函数(PDF)分布

使用 HWTF 算法来计算每个山坡的宽度函数 HWF。根据式(8-8)，w_r 的值可以通过坡面面积 S 来定义。因此，如图 8-15 所示，可以得到 18 个山坡的山坡宽度随其距离河道的长度(DC)的分布曲线。结果显示，尽管各山坡的 HWF 曲线分布各异，但仍可发现一些普遍的特征。例如，所有的源头型山坡的分布曲线大致符合式(8-10)和式(8-11)的关系，并且 HWF 基本符合正态分布。也就是说，源头型山坡总是起源于山顶，并最终汇集在一个点上，即源头型河段的源头节点。

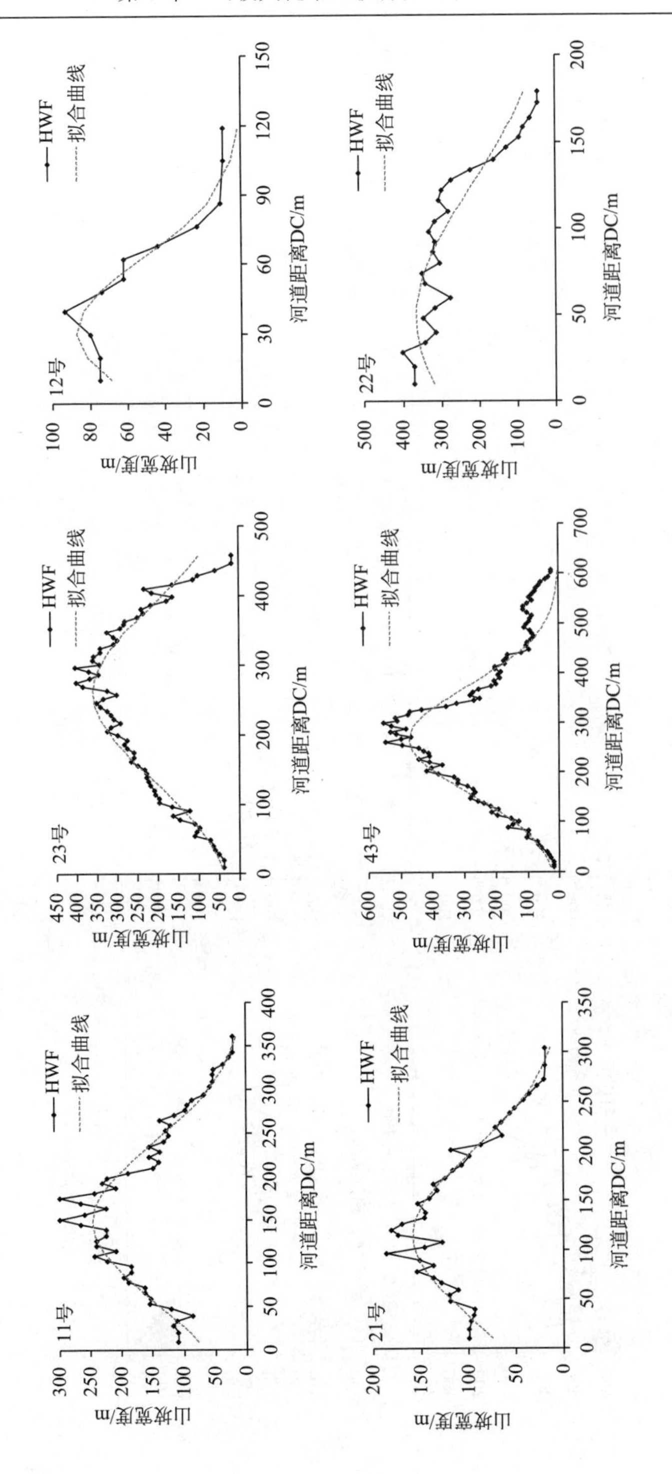

12号
HWF
拟合曲线
山坡宽度/m
河道距离DC/m
22号
HWF
拟合曲线
山坡宽度/m
河道距离DC/m
23号
HWF
拟合曲线
山坡宽度/m
河道距离DC/m
43号
HWF
拟合曲线
山坡宽度/m
河道距离DC/m
11号
HWF
拟合曲线
山坡宽度/m
河道距离DC/m
21号
HWF
拟合曲线
山坡宽度/m
河道距离DC/m

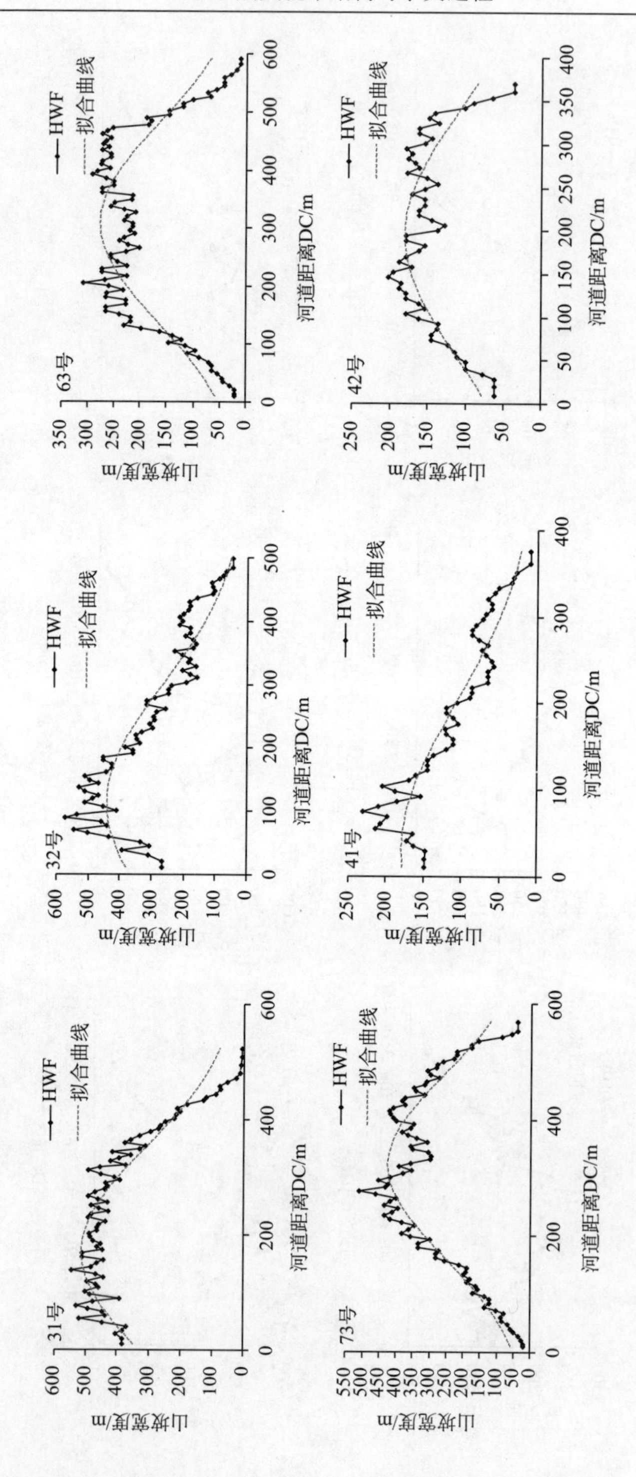
31号
32号
63号
73号
41号
42号
HWF
拟合曲线
山坡宽度/m
河道距离DC/m

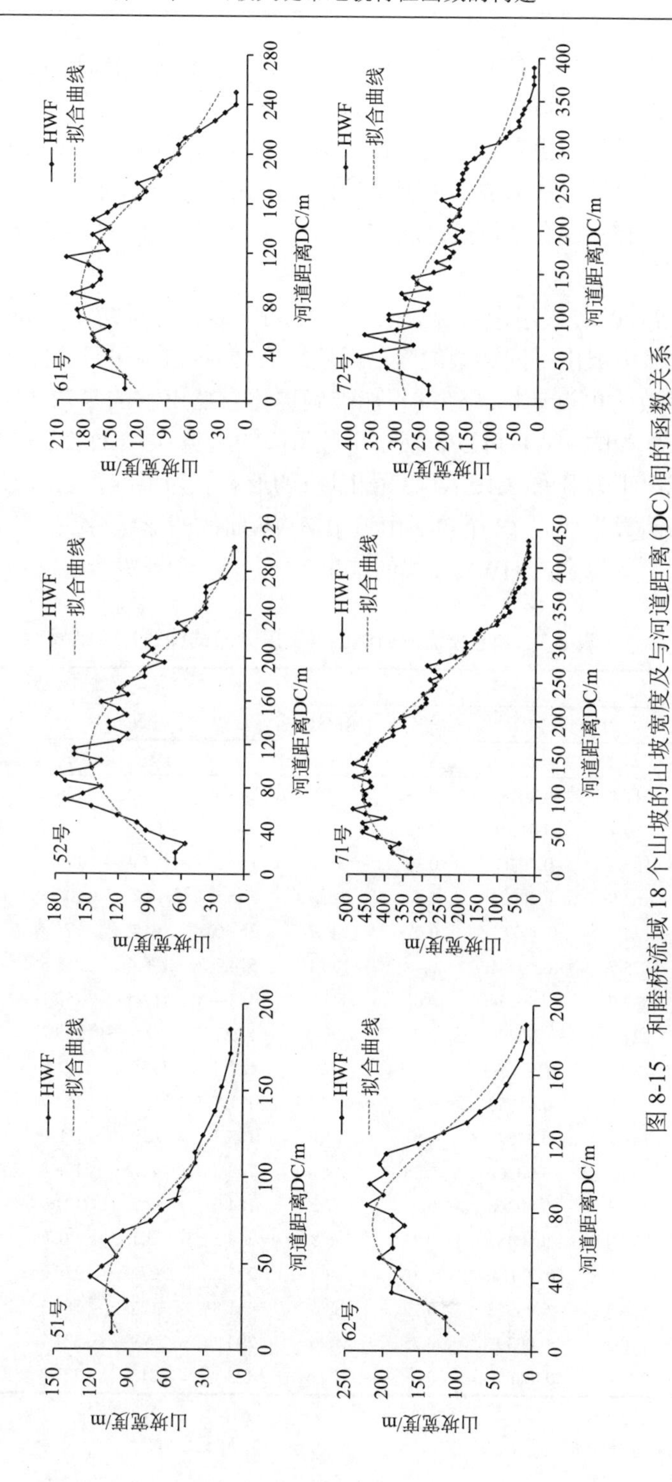

图 8-15　和睦桥流域 18 个山坡的山坡宽度及与河道距离 (DC) 间的函数关系

一般而言，边坡的 HWF 曲线尽管在河段附近有小幅增加，但随后连续下降，整体形状与源头型山坡相反，呈发散状。这是因为大多数边坡由几个平行的沟谷组成，靠近河段的水更有可能就近排入沟谷而非汇入河道中，因此减少了直接汇入河道的单元数量，故造成靠近河道的山坡单元与边坡中部单元相比出现的频率略低。如图 8-15 所示，所有边坡的 HWF 大致符合式(8-11)，其分布曲线近似服从正态分布。

Troch 等(2004)采用指数函数来表达 HWF，以推导理想山坡 hsB 方程的解析解。由于自然山坡由不同类型的简单山坡组成(如收敛、平行或发散型的山坡)，因此指数函数的单调递增或递减不能准确描述自然山坡的复杂结构。在图 8-15 中，自然流域中的 HWF 可以表现出指数下降的趋势(如 12、22 和 51 号山坡)，也可以呈现出正态分布(如 23、43 号山坡)的形态。为了准确表达 HWF 函数，我们采用高斯函数来代表 18 个自然山坡中 HWF 曲线的形状特征。图 8-15 和表 8-5 是采用高斯函数拟合的 HWF 曲线的结果。

表 8-5 和睦桥流域自然山坡宽度分布的曲线拟合结果

山坡编号	指数函数*				高斯函数**				
	参数		R^{2***}	RMSE/m	参数			R^2	RMSE/m
	a_1	b_1			a_2	b_2	c_2		
11	211.1	–0.00180	0.18	67.2	245.8	147.9	128.2	0.92	20.8
12	110.4	–0.01396	0.69	18.1	87.2	31.4	43.5	0.95	7.4
21	155.8	–0.00267	0.33	38.4	158.3	114.4	120.3	0.93	12.2
22	462.5	–0.00631	0.66	65.7	365.5	48.7	106.5	0.85	44.6
23	194.0	0.00077	0.07	101.2	359.0	261.2	173.3	0.92	30.2
31	575.7	–0.00181	0.49	106.1	514.7	170.4	255.8	0.89	50.0
32	537.7	–0.00254	0.65	83.5	442.4	112.5	263.1	0.83	57.1
41	224.4	–0.00409	0.78	26.4	179.3	29.5	239.2	0.86	21.1
42	139.5	0.00013	0.003	40.5	180.7	195.3	203.0	0.66	23.9
43	268.9	–0.00058	0.03	156.5	471.9	266.4	152.7	0.92	45.3
51	144.6	–0.01042	0.81	17.1	108.3	32.9	74.4	0.95	8.9
52	143.8	–0.00262	0.28	39.1	148.2	112.2	118.8	0.86	17.2
61	207.3	–0.00376	0.51	37.2	184.0	87.3	121.9	0.93	14.3
62	217.9	–0.00481	0.32	58.8	214.5	73.1	70.7	0.90	22.9
63	176.8	0.00014	0.003	88.9	277.2	307.9	239.7	0.74	45.7
71	566.4	–0.00353	0.70	88.6	461.8	112.6	183.2	0.98	22.0
72	376.2	–0.00392	0.75	48.6	294.7	56.9	221.7	0.88	34.6
73	220.6	0.00073	0.09	124.4	425.7	321.5	221.8	0.86	48.3

*$f(x) = a_1 \times \exp(b_1 \times x)$;

**$f(x) = a_2 \times \exp\{[(x-b_2)/c_2]^2\}$;

***R^2 是确定性系数。

如表 8-5 和图 8-15 所示，大多数自然山坡的 HWF 可以为高斯函数很好地拟合，而指数函数的拟合效果则很差。对于绝大多数山坡而言，采用高斯函数拟合 HWF 的确定性系数(R^2)基本大于 0.80。在和睦桥流域内，通过调整参数值，高斯函数适用于拟合所有自然山坡的 HWF。在高斯函数中，参数 b_2 反映了 HWF 的峰值位置。表 8-5 中的结果表明，所有源头型山坡的 b_2 值远大于边坡的 b_2 值。此外，源头型山坡(图 8-15 中 23、43、63 和 73 号山坡)的 HWF 的形状比边坡型山坡(b_2 小于最长 DC 的一半)更为对称(b_2 约为最长 DC 的一半)。HWF 对称性的上升和下降表明，在出口附近，源头型山坡形状主要由收敛型地形(山坡宽度随着 DC 增加而减小)主导，并且它们在流域边界附近具有发散的平面形状(山坡宽度随 DC 的增加而增加)。然而，对于边坡，HWF 则主要由发散地形组成。特别是对于 12、22 和 51 号山坡而言，b_2 远小于最长 DC 的一半，表明这些山坡大多属于发散型。因此，不同参数值的高斯函数能够描述由不同类型的简单山坡组成的自然山坡。高斯函数中的另一个参数 c_2 控制了“钟形”曲线的宽度。此外，一些具有宽而平的曲线峰值表明这些自然山坡中包含部分平直型的坡地类型(如 31、42、61、62 和 63 号山坡)。因此，通过率定高斯函数的参数值，其能用于描述由不同类型简单山坡组成的天然山坡的形态结构。

8.6.3　山坡尺度对提取结果的影响分析

这里，根据预先设置好的阈值 ca(0.01 km^2, 0.03 km^2, …, 0.50 km^2, 1.35 km^2)，流域被划分为不同尺度的山坡单元(图 8-16)。图 8-17 给出了不同尺度下提取的山坡水流路径长度的概率密度函数(PDF)。上一节已经指出，山坡水流路径的 PDF 可以反映宽度函数的分布。由图 8-17 可以看出，山坡宽度函数曲线总体上是高斯型曲线分布。对于尺度在 0.01～1.35 km^2 的山坡来说，其峰值的概率密度值介于 0.0008～0.016，峰值有随阈值 ca 增加而下降的趋势。对于边坡型山坡，概率密度值

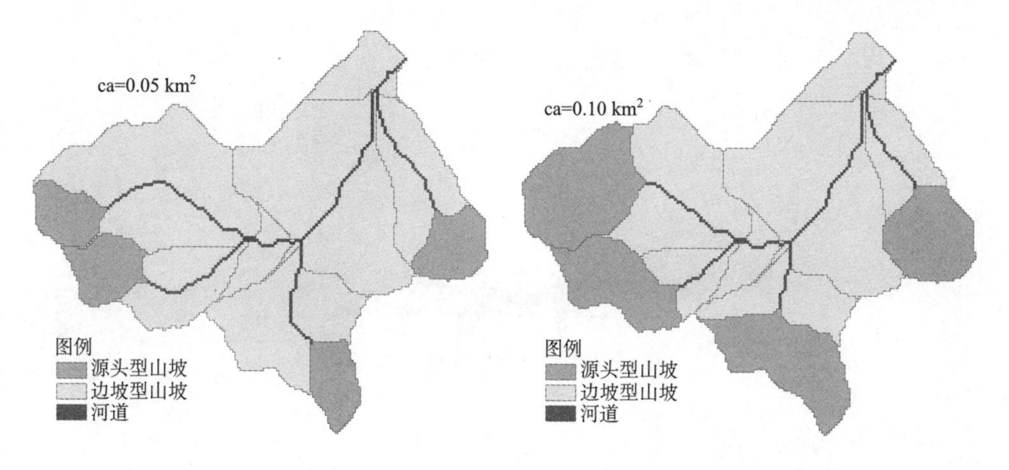

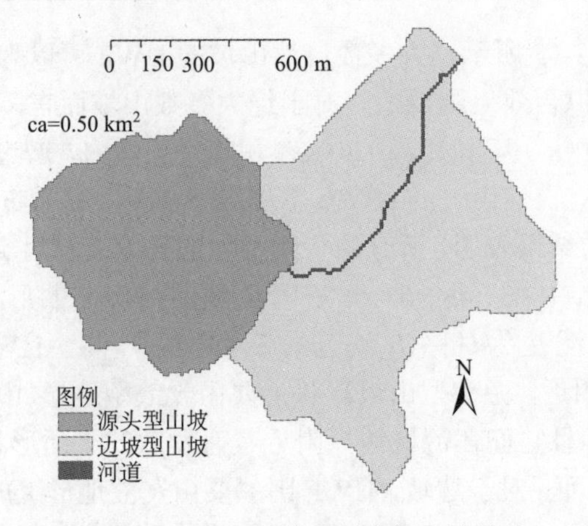

图 8-16　不同尺度山坡的提取结果

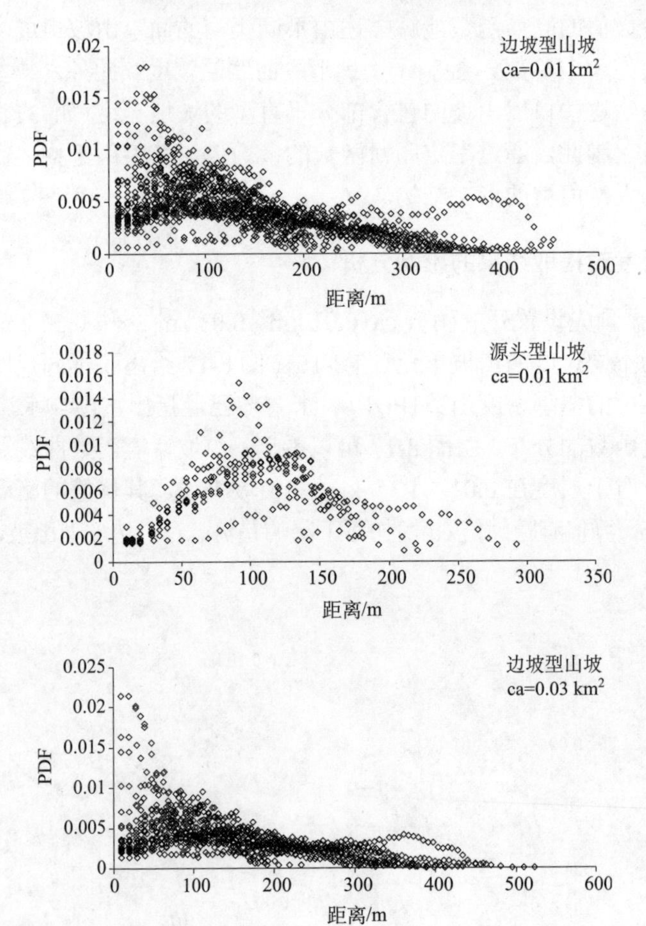

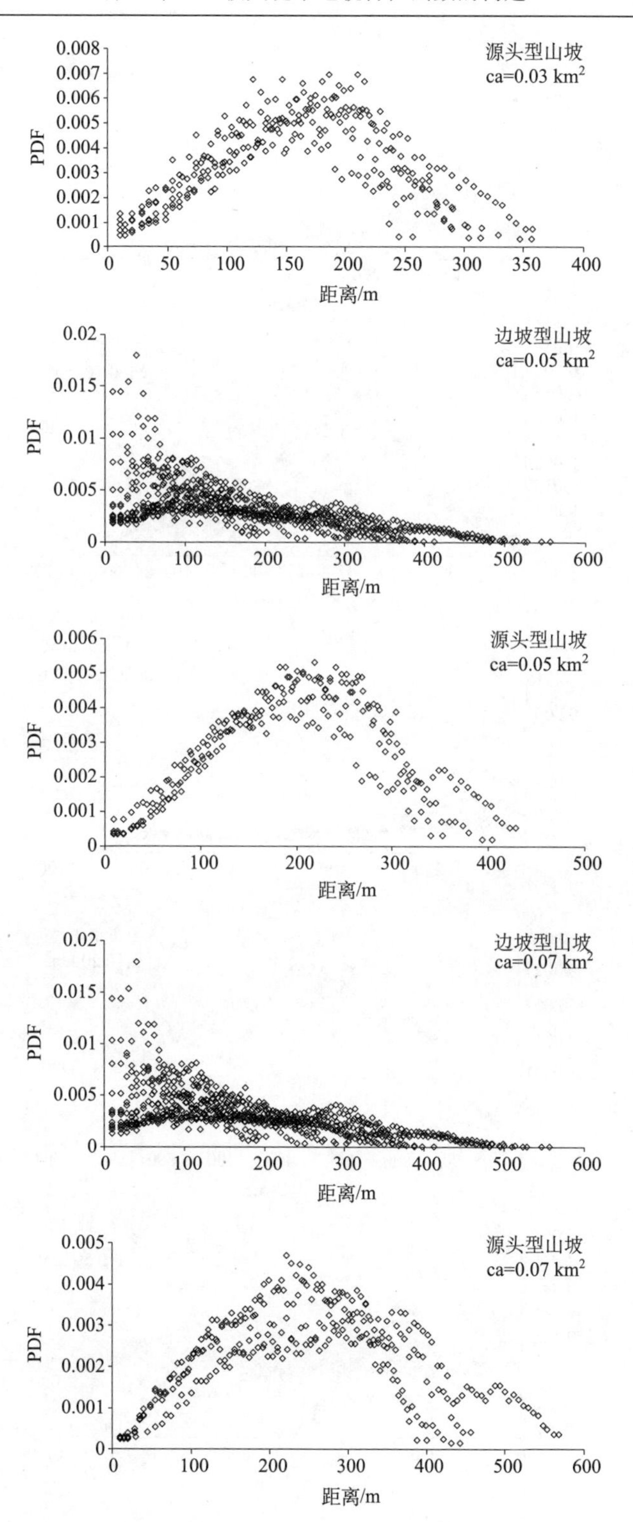

源头型山坡
ca=0.03 km²
PDF
距离/m
边坡型山坡
ca=0.05 km²
PDF
距离/m
源头型山坡
ca=0.05 km²
PDF
距离/m
边坡型山坡
ca=0.07 km²
PDF
距离/m
源头型山坡
ca=0.07 km²
PDF
距离/m

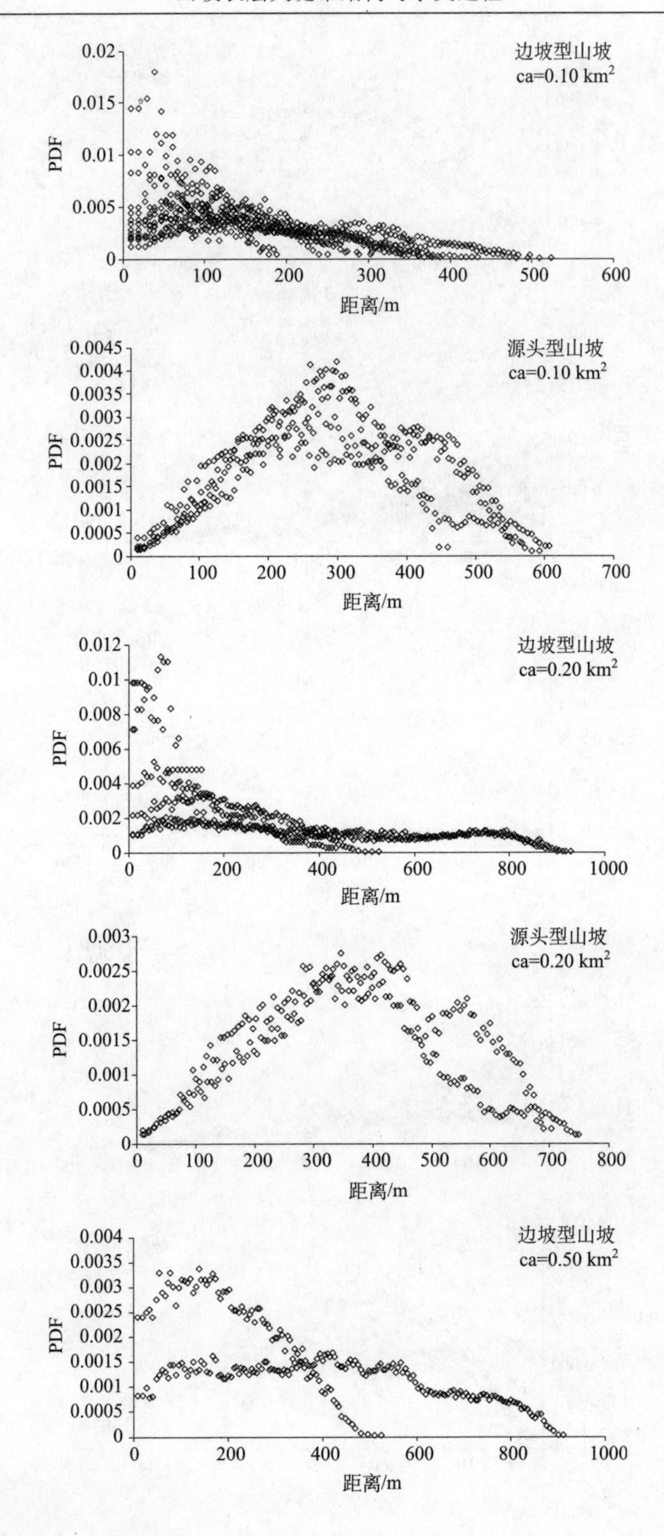
边坡型山坡
ca=0.10 km2
PDF
距离/m
源头型山坡
ca=0.10 km2
PDF
距离/m
边坡型山坡
ca=0.20 km2
PDF
距离/m
源头型山坡
ca=0.20 km2
PDF
距离/m
边坡型山坡
ca=0.50 km2
PDF
距离/m

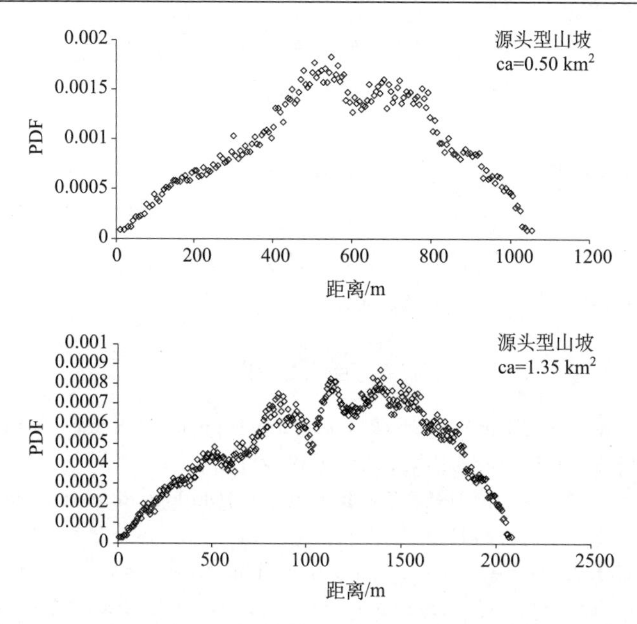

图 8-17　不同尺度山坡水流路径长度的概率密度函数(PDF)分布

在靠近河道附近往往较大，然后随距离的加大逐渐趋向于 0。例如，对于尺度在 0.01～1.35 km^2 的山坡来说，其峰值介于 0.0035～0.018，与源头型山坡一样，其峰值有随阈值 ca 增加而下降的趋势。

8.7　小　　结

基于栅格型 DEM，本章在 Fan 和 Bras(1998)方法的基础上给出了山坡单元自动提取的算法步骤。随后，又进一步给出了山坡宽度函数提取的算法。在本算法中，首先将整个流域划分为源头型山坡和边坡，而边坡又可分为左右岸两种类型。其次，在山坡单元划分的基础上，进一步给出了水流路径长度的校正算法 TD∞，从而得到校正过的栅格水流路径长度场，并统计出等距离带和水流路径长度的概率密度函数(PDF)。最后，基于此水流路径长度场，采用山坡宽度转换函数(HWTF)可以将水流路径长度的概率分布转换为山坡宽度的函数。

5 个理想山坡的应用结果显示，直接采用 D8 和 D∞算法推求的水流路径往往高估了其实际的长度，从而导致山坡宽度提取的误差。TD8 方法(de Smith, 2004; Butt and Maragos, 1998)可有效降低发散和收敛型山坡的水流路径长度提取误差，但是此方法应用在平直型山坡时会带来计算的误差。本研究提出的 TD∞可以改进各类山坡水流路径长度的提取精度，理想山坡和自然流域的应用表明其优于 D8、D∞和 TD8 算法。采用本章给出的宽度函数提取算法，我们还发现和睦桥流域的自然山坡形状由一系列简单的坡型(如收敛、平直和发散)复合而成。因此，单调性的指数型函数很难准确刻画自然山坡 HWF 的形态特征，建议可采用高斯型函数。

这里，我们给出了山坡及其地貌特征的提取算法，并研究了实际流域山坡宽度的分布规律，为山坡蓄量动力学理论应用到真实流域提供了技术支撑。特别地，本研究给出了改进的水流路径校正算法，该算法对于水系长度的计算、分布式水文模型建模等相关的水文研究和实践均具有重要意义。

参考文献

Aryal S K, O'Loughlin E M, Mein R G. 2002. A similarity approach to predict landscape saturation in catchments[J]. Water Resources Research, 38(10), W01208.

Beven K J, Calver A, Morris E M. 1987. The Institute of Hydrology distributed model[R]. Rep. 98, Wallingford, U K: Institute of Hydrology.

Bogaart P W, Troch P A. 2006. Curvature distribution within hillslopes and catchments and its effect on the hydrological response[J]. Hydrology and Earth System Sciences, 10: 925-936.

Bronstert A. 1999. Capabilities and limitations of detailed hillslope hydrological modeling[J]. Hydrological Processes, 13: 21-48.

Butt M A, Maragos P. 1998. Optimum design of chamfer distance transforms[J]. IEEE Transactions on Image Processing, 7: 1477-1484.

de Smith M J. 2004. Distance transforms as a new tool in spatial analysis, urban planning, and GIS[J]. Environment & Planning B Planning & Design, 31: 85-104.

Fairfield J, Leymarie P. 1991. Drainage networks from grid digital elevation models[J]. Water Resources Research, 27: 709-717.

Fan Y, Bras R L. 1998. Analytical solutions to hillslope subsurface storm flow and saturation overland flow[J]. Water Resources Research, 34: 921-927.

Flanagan D C, Nearing M A. 1995. USDA-Water Erosion Prediction Project (WEPP) Hillslope Profile and Watershed Model documentation[R]. NSERL Rep. 10, West Lafayette, Indiana: Department of Agriculture-Agricultural Research Service.

Francke T. 2005. Spatial Discretization in Semi-Distributed Hydrological Modelling with WASA Using the Landscape Unit Mapping Program (LUMP)[R]. Bonn, Germany: SESAM project, technical report, Deutsche Forschungsgemeinschaft.

Güntner A. 2002. Large-Scale Hydrological Modeling in the Semi-Arid North-East of Brazil[R]. PIK Rep. 77, Potsdam, Germany: Potsdam Inst. for Clim. Res.

Kanamaru A. 1961. On the simplification of the natural shape of hill side for runoff estimation[J]. Transactions of the Japan Society of Civil Engineers, 73: 7-12.

Martz L W, Garbrecht J. 1992. Numerical definition of drainage network and subcatchment areas from digital elevation models[J]. Computers & Geosciences, 18: 747-761.

Matonse A H, Kroll C. 2009. Simulating low streamflows with hillslope storage models[J]. Water Resources Research, 45: W01407.

Maurer T. 1997. Physikalisch begründete, zeitkontinuierliche Modellierung des Wassertransports in kleinen ländlichen Einzugsgebieten[D]. Karlsruhe, Germany: Inst. für Hydrol. und Wasserwirtsch., Univ. Karlsruhe.

Moussa R. 2008. What controls the width function shape, and can it be used for channel network comparison and regionalization?[J]. Water Resources Research, 44: W08456.

O'Callaghan J F, Mark D M. 1984. The extraction of drainage networks from digital elevation data[J]. Computer Vision, Graphics Image Process, 28: 328-344.

Paik K, Kumar P. 2008. Emergence of self-similar tree network organization[J]. Complexity, 13: 30-37.

Pan F, Peters-Lidard C D, Sale M J, et al. 2004. A comparison of geographical information systems-based algorithms for computing the TOPMODEL topographic index[J]. Water Resources Research, 40: W06303.

Paz A R, Collischonn W, Risso A, et al. 2008. Errors in river lengths derived from raster digital elevation models[J]. Computers and Geosciences, 34: 1584-1596.

Sivapalan M. 2003. Process complexity at hillslope scale, process simplicity at the watershed scale: Is there a connection?[J]. Hydrological Processes, 17: 1037-1041.

Tarboton D G. 1997. A new method for the determination of flow directions and upslope areas in grid digital elevation models[J]. Water Resources Research, 33: 309-319.

Troch P A, Dijksma R, van Lanen H A J, et al. 2007. Towards improved observations and modelling of catchment-scale hydrological processes: Bridging the gap between local knowledge and the global problem of ungauged catchments, in Predictions in Ungauged Basins: PUB Kick-off[C]. IAHS Publ., 309, Wallingford, UK: IAHS Press:173-185.

Troch P A, Paniconi C, van Loon E E. 2003. Hillslope storage Boussinesq model for subsurface flow and variable source areas along complex hillslopes: 1. Formulation and characteristic response[J]. Water Resources Research, 39(11): 1316.

Troch P A, van Loon A H, Hilberts A G J. 2004. Analytical solution of the linearized hillslope-storage Boussinesq equation for exponential hillslope width functions[J]. Water Resources Research, 40: W08601.

Troch P A, van Loon E, Hilberts A. 2002. Analytical solutions to a hillslope-storage kinematic wave equations for subsurface flow[J]. Advances in Water Resources, 25: 637-649.

Woolhiser D, Smith R, Goodrich D C. 1990. KINEROS: A kinematic runoff and erosion model: Documentation and user manual[R]. Report 77, Agricultural Research Service, United States Department of Agriculture.

第9章　山坡地形结构及其水文相似性分析

为数众多的中小河流分布广泛，大部分流域站网密度稀疏，监测手段缺乏，属于典型的无资料或缺资料流域。在气候及植被覆被条件相近的小流域，如何深入挖掘地形、土壤及基岩特性等山坡结构特征信息，并在水文预测中定量地反映，是水文研究的热点问题之一，也是国际水文科学协会“无测站流域水文预测计划”(PUB)所遭遇的理论瓶颈(刘苏峡等, 2010; Troch et al., 2009)。野外实验研究向人们展示了山坡结构特征的巨大变异性及其对降雨径流过程影响的复杂性，但目前对两者关系的描述多为经验性的或定性的(McDonnell et al., 2007)。由于缺乏简单易行的解析方法，使得现有实验成果难以在邻近的无资料流域外推(McDonnell and Woods, 2004)。

解决上述问题的一个公认可行方法就是依据流域下垫面结构特征构建水文相似因子，并对流域进行分类，在相似框架下完成观测成果从有测站向无(缺)测站流域的转化(McDonnell et al., 2007; Wagener et al., 2007; McDonnell and Woods, 2004)。因此，本章将首先引入水文相似的概念，并阐释驱动力(外部的能量和水分输入)、结构要素(植被、土壤、地形等)和水动力特征等构成水文相似的三要素，讨论水文相似研究的进展；其次，通过小流域关键带结构(地形、土壤等)的调查，分析山坡地形结构与水文要素空间分布的定性联系，并引入山坡水文相似因子定量指示山坡结构特征的水文效应。

9.1　水文相似理论与研究进展

9.1.1　水文相似概念的引出

相似是自然界中一种常见的现象，当事物存在某些相同的特征、属性或现象时则认为相似，相似涉及自然界的各个领域。早在18世纪，现代生物学分类命名的奠基人、著名生物学家Linnaeus就依据相似特性对生物进行分类，即以种为单位，亲缘相近的种集为属，相近的属集为科，科集为目，目集为纲，纲集为门，门集为界(Linnaeus, 1758)。生物分类对于人类认识生物间的亲缘关系和识别生物具有重要意义，是科学调查生物资源的前提(袁运开和顾明远, 1991)。在化学元素周期表中，处在同一族中的元素其化学性质表现出垂直相似的现象，这是由于元素的化学性质主要取决于价层电子构型，而同族元素最外层的电子数相同，核外电子构型相似，从而导致其化学性质相似(杨水彬等, 2002; Mendelejew, 1869)。在有机化学中，官能团的性质决定着化合物的性质，具有相同官能团的化合物也具有相似的化学性质，通过分析有机物结构上的相似及不同之处，更容易找出它们性质上的相似和差异之处(章亚东等, 2002)。在土壤学中，依据有严格限定的诊断层和诊断特性(相当于相似判别因子)，建立了一个全新的具有完整检索系统的谱系式土壤系统分类(龚子同等, 2007)。在工程领域，物理模型试验是通过对试验中主要因素进行独立控制，使得自然界(工程)中发生的现象在实验室中得以再现的一种常用方法，其指导理论即"相似理论"，如π定理(Buckingham, 1914)。物理模型试验中的相似理论结合了数学解析法和试验法的优点，所谓"相似"指组成模型的每个要素须与原型的对应要素相似，这些对应要素包括几何要素和物理要素。

作为水文学理论基础的流体力学领域中，若两种流动现象相似，一般应满足：几何相似、运动相似和动力相似(Langhaar, 1951)。此外，流体力学中常采用无量纲相似准数来描述流体的特征(表 9-1)。如水力学中的雷诺数用来判断层流和紊流，而弗劳德数作为明渠断面上水流动能对势能之比，可判别急流和缓流两种型态。通过这些相似准数，使得定量描述特定流体运动的特性及规律成为可能，正是这些无量纲相似准数的发展极大地推动了流体力学理论的发展。

表 9-1　流体力学中三个典型的无量纲相似准数

无量纲数	符号	意义	应用
雷诺数($Re=\frac{\rho vd}{\eta}$)	ρ: 流体密度; v: 流体速度; η: 流体动力黏度; d: 特征长度	表征流体惯性力和黏性力之比	对液体的流态按层流或紊流进行区分，实际雷诺数大于下临界雷诺数时就是紊流，小于下临界雷诺数时一定是层流(吴持恭, 2008a)
弗劳德数($Fr=\frac{v}{\sqrt{g\bar{h}}}$)	v: 断面平均流速; $\bar{h}$:断面平均水深; g: 重力加速度	表征流体惯性力和重力相对大小	以此判别明渠水流流态：急流(Fr>1)、临界流(Fr=1)、缓流(Fr<1)(吴持恭, 2008b)
马赫数($Ma=\frac{u}{c}$)	u: 特征速度; c: (流体中)声速	表征流场中某点的速度和该点的当地声速的比值	Ma<1 为亚声速流，Ma>1 为超音速流，Ma>5 为超高声速流(Prandtl, 1952)

参照物理模型试验及水力学的相关研究，水文相似可定义为研究流域间水文响应关系的科学，并用来定量指示流域间水文特性的区别与联系，是水文科学发展水平的标志。流域水文相似由驱动力、结构及动力三方面要素组成。具有相同或相似的下垫面结构特征、驱动力条件、水流动力特征等的山坡或流域，可以定义为水文相似的山坡或流域。水文相似的三要素是构成流域水文系统不可或缺的

三个组成部分(图 9-1)。流域水文系统中驱动力(外部的能量和水分输入)和结构要素(植被、土壤、地形等)决定了流域水文循环的动力学机制(图 9-1 中实箭头)。

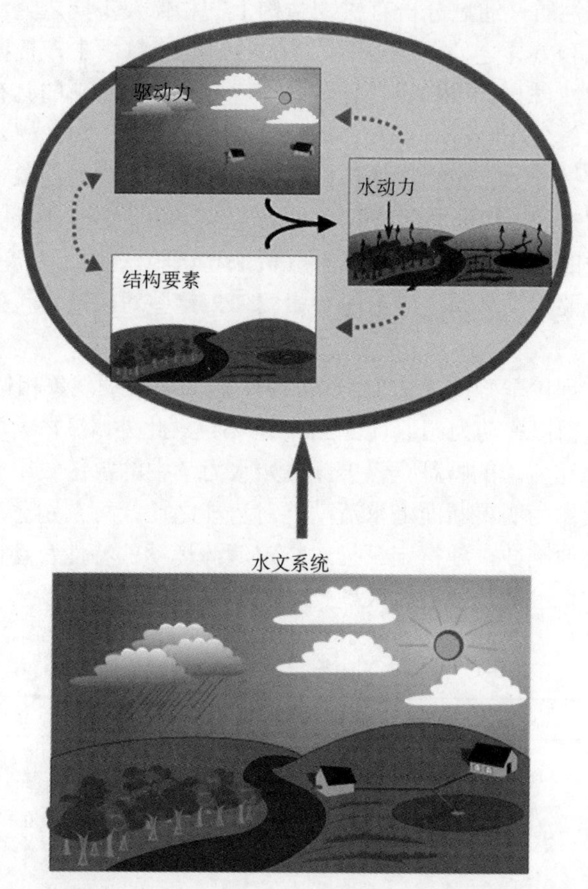

图 9-1　流域水文系统中水文相似性的三要素组成[修改并引自 Sivapalan(2011)]

当然,流域水文系统三个组成部分间的作用是相互的,如图 9-1 中虚线箭头。水流的动力学特征往往是流域结构与驱动力两者的综合反映,因此,从水循环过程的规律出发研究水文相似是很好的途径。然而,在较大的时间尺度上,水流的动力过程往往会深刻地改变流域地貌结构,而流域结构的不同则会改变驱动因素的输入,如地形增雨效应和阴阳坡对辐射的吸收等。在较大的空间尺度上,如整个长江或者黄河流域,由于其可能横跨多个气候带,水热等驱动力因素是影响水文循环的重要因素。而处于同一气候类型的中尺度流域,水热条件类似,这时下垫面流域结构将是决定水文循环的重要因子。如做洪水预报方案时,一般认为狭长型的流域洪水来得快,圆形的流域则洪水历时较长。因此,水文相似性研究与尺度密切相关，针对研究对象的具体问题可给出相应的解决方案。如仅仅考虑相邻或者相近流域的设计洪水外插或移用问题，则流域山坡结构要素是主要考虑的因子。因此，本节接下来将把问题的引出、理论进展述评等关注焦点置于小流域山坡水文相似性研究方向。

9.1.2　研究进展述评

目前，水文学中常采用依照气候、土地类型的分类方式，这些分类和相似研究往往是经验性或描述性的，很难深刻揭示和理解水文现象的本质(Beven, 2006; Robinson and Sivapalan, 1997; 陈守煜, 1993)。定量化的水文相似研究始于 20 世纪 50 年代，早期的科学家尝试将水力学中的物理模型实验(如 Langhaar, 1951)引入水文学研究中，但由于缺乏一套完备的相似理论体系，研究并未取得预期的成果(Aryal et al., 2002)。Rodríguez-Iturbe 和 Valdés(1979)开辟了水文相似性研究定量化的新途径，其通过所建立的地貌瞬时单位线(GIUH)将河流地貌特征转化为流域水文响应函数。GIUH 方法适合应用于河网水文过程占主导的大流域，而对于一级支流子流域或山坡(通常是野外原位观测的对象)，该方法未能捕捉到其水文响应的控制因子(Sivapalan et al., 1990)。然而，野外山坡或小流域观测结果如何外推到其他地区恰恰是当前水文相似性研究的关键问题之一。著名的 TOPMODEL 则采用地形指数 $\ln(\alpha/\tan\beta)$ 来模拟流域水文响应，流域内具有相同地形指数的点，其水文特性也相同(Beven and Kirkby, 1979)，具有相同地形指数频率分布的流域具有水文相似性(刘利峰和毕华兴，2008; 孔凡哲和芮孝芳，2003)。

近年来，在工程水文计算领域出现了一类水文相似流域筛选和评价的方法，该类方法通过人为设定流域特征指标，并采用相关评价方法(如模糊优选法、聚类分析法、投影寻踪分类法等)来进行相似流域分类或参证流域的选取(Sawicz et al., 2011; 戚晓明等, 2007; 张欣莉等, 2001; 陈守煜, 1993)。正如这些研究者自身所指出的，选取并设定流域特征指标的过程通常依赖研究者的经验，具有很大的不确定性(Sawicz et al., 2011; 戚晓明等, 2007)。

需要指出的是，上述的相似方法缺乏描述流域下垫面结构特征与水流动力过程的解析关系，即已有关系的建立没有上升至水流动力学理论层面，因而导致经验性的存在(Lyon and Troch, 2007; Aryal et al., 2002)。通过对 Boussinesq 方程的线性化，Brutsaert(1994)导出了平直山坡土壤水流解析解及其特征响应函数(CRF)，并给出了反映山坡尺寸(坡长和坡度)和水力特性的水文相似因子——山坡数(Hi)。Berne 等(2005)则研究了具有指数型山坡宽度函数的平坦山坡水流问题，其通过对山坡蓄量 Boussinesq 方程的线性化，导出了水流相似度参数——山坡 Péclet 数(Pe)，旨在表达山坡收敛或发散的形状特征与山坡水文响应的关系。

Harman 和 Sivapalan (2009) 给出了平直山坡的无因次数 $\overline{\eta}$，解析结果显示 $\overline{\eta}$ 是 *Hi* 和 *Pe* 的简化特例。此后，刘金涛等 (2012) 将 *Pe* 数应用于实际流域，表明现有的基于理想山坡推导的水文相似因子有助于我们理解山坡降雨径流与结构特征的关系，但其未能充分考虑实际流域山坡结构特征的非均一性，因而导致其实际应用效果并不理想。

事实上，水文学家对山坡结构是影响径流产生的重要控制因子已普遍达成共识 (Jencso and McGlynn, 2011; Nippgen et al., 2011; McDonnell et al., 2010; Jencso et al., 2009)。例如，Nippgen 等 (2011) 采用黑箱的转移函数模型 (近似于单位线) 来模拟水文响应时间，间接揭示了山坡结构的水文效应。但受实际流域地表地形、土壤结构和质地、土壤厚度、基岩特性 (基岩地形及其渗透性) 等山坡结构要素的空间变异及其协同影响，山坡结构与降雨径流的这种响应关系尚难定量表述，这加大了流域 (尤其是无资料流域) 洪水预测的难度 (Jencso and McGlynn, 2011; Lehmann et al., 2007)。近年发展起来的山坡蓄量动力学理论通过引入宽度函数和土壤厚度函数等，以土壤蓄水量取代水头高度，巧妙地考虑了山坡结构信息，从而提供了一种简化的、低维的描述山坡水文过程的方法 (Troch et al., 2002, 2003; Fan and Bras, 1998)。山坡蓄量动力学模型包括了 Boussinesq (hsB) 和运动波 (hsKW) 模型，其中 hsKW 模型是前者忽略扩散项的简化 (Troch et al., 2003)。在坡度不小于 5%的情况下，两者模拟的结果相差较小，且 hsKW 模拟精度随坡度的增加会有所提高 (Hilberts et al., 2004; Paniconi et al., 2003)。相比三维 Richard 方程，不论 hsKW 还是 hsB 模型方程均更易于解析，这使得显式地描述山坡结构与水文响应成为可能。然而，山坡蓄量动力学理论建立以来，其模型主要应用于高度概化的理想山坡，例如，山坡的宽度服从指数型函数分布且土壤厚度为常数等，这主要是方便理论分析，但限制了模型在实际流域的应用 (Matonse and Kroll, 2009)。实际流域山坡土壤厚度和宽度函数服从怎样的分布，不同的函数分布对蓄量动力学模型建模和解析的影响如何？因此，在构建适合实际流域的蓄量动力学模型，并应用其进行理论解析及发展水文相似理论前，需要探讨实际流域山坡结构特征自身的组织规律性。

应该说，过去 30 年，基于山坡结构特征及水流动力机理探求水文相似因子一直是水文科学研究的热点问题之一。水文学家建立了理想状态下反映特定水流过程的无因次相似因子 (如 *Pe* 等)，但与其他学科相比 (如水力学)，一方面，仍缺乏一整套连续地描述水文响应特征的相似因子及方法，理论体系并不完善；另一方面，受实际流域山坡结构要素高度空间变异的影响，现有研究仍停留在理论阶段，实际应用受到限制。

9.1.3　讨论及展望

相似及与之密切关联的分类研究是随着人们对事物规律认识的深入而逐步发展起来的。可以说，相似及分类学的出现及发展体现了科学发展的水平，是学科发展到特定阶段并走向成熟的必需环节，也为相关应用研究提供了定量标准。例如，在生物分类学中，根据生物的相似性和亲缘关系(形态、形状等)，将生物归入不同的类群(分类单元)，这样就有利于人们认识生物，了解各个生物类群之间的亲缘关系，从而掌握生物的生存和发展规律，为更广泛、更有效地保护和利用自然界丰富的生物资源提供方便。显然，水文学与生物学和化学等在学科研究方法、内容及基本理论上截然不同。作为自然地理学和地球物理学的分支，水文学相似理论的发展应当遵循本领域的内在规律，吸收、借鉴相近分支学科(如水力学)的研究方法，加以区分、发展水文相似理论。以下，将首先对比水文学与水力学的相近之处，从而规划出水文相似理论未来发展的可能途径；其次将区分水文学与水力学的不同点，指出水文相似研究在方法及理论上存在的可能创新和突破。

从概念上讲，水文学是研究水在自然界土壤、岩石等中的运动、变化和分布等的科学，而水力学则主要研究以水为代表的液体的宏观机械运动规律及其工程技术应用。事实上，水文学与水力学关系密切，两者具有共同的研究对象——水，前者研究水循环的整个过程，后者则着重于水体的动力过程。一般认为，河道测流属水文学研究内容，而明渠流的动力学等则属水力学的范畴(Biswas, 2007)。前面已给出流域水文相似的三要素组成，通过比较分析水文学及水力学的研究对象、内容等，我们发现水力学问题同样包含驱动力、几何结构和运动特性三个方面的要素，如表 9-2 所示。驱动力在水文学中主要表现为太阳辐射、重力及流域(区域)外的水分输送等。水力学中驱动力为作用在流体上相应位置处的各种力，如重力、压力、黏性力和弹性力等，如果两个流动现象所有作用力方向相同，且大小的比值相等，即认为它们动力相似。水文系统中的几何结构要素主要指流域或者区域下垫面植被、土壤、地形地貌和近地表岩石等。在水力学系统中，几何结构要素主要指河道、过水建筑物或者管道的尺寸(直径、长度)及粗糙度等，几何相似的物理模型(简称物模)与原型形状需相同，尺寸成比例。对于运动特性，水文学中比较复杂，表现为水在空气、土壤及岩石介质中运动的动力学特征，这其中水的存在形式也是多样的。水力学中水流现象的运动特性体现为水体中水质点水流方向、速度及加速度等。因此，水力学运动相似是指对不同的流动现象，在流场中的所有对应点的速度和加速度的方向一致，且比值相等。

表 9-2　水文学与水力学系统中相似要素条件比较

组成	系统要素		水力学中相似条件
	水文学	水力学	
驱动力	太阳辐射、重力、流域(区域)外部的水分(水汽)输入(芮孝芳, 2004)	作用在流体上相应位置处的各种力(如重力、压力、黏性力和弹性力等)(吴持恭, 2008 a)	动力相似：两个流动现象所有作用力方向相同，且大小的比值相等(徐挺, 1982)
几何结构	流域或者区域下垫面植被、土壤、地形地貌和近地表岩石等	河道、过水建筑物或者管道的尺寸(直径、长度)及粗糙度等	几何相似：物模与原型形状相同，尺寸成比例(左东启, 1984)
运动特性	水在空气、土壤及岩石介质中运动的动力学特征，其间水的存在状态有气、液和固态之分，在土壤中还分饱和、非饱和状态	水体中水质点水流方向、速度及加速度等	运动相似：两个质点沿着几何相似的轨迹运动，在互成一定比例的时间段内通过一段几何相似的路程(左东启, 1984)

表 9-2 中可以看出，水文学与水力学系统均由驱动力、几何结构和运动特性三方面要素组成，这表明水文相似研究可以吸收并借鉴部分水力学物理模型实验的相关理论和方法。但是，两者在构成这三要素的具体内容上相差较大。水文学更加关注水分在自然界大气、土壤及岩石等的赋存、运动及演变规律的研究，水力学则主要研究水质点在驱动力作用下的运动规律。可以说，前者偏重研究水在自然状态下的运动转化规律，后者偏向解决水利工程实际问题。此外，在水文学中，水的存在形式有气、液和固态之分，即便在土壤中也分饱和与非饱和状态；水存在的介质具有多样性，如大气、植被、土壤、岩石、河道等，这决定了水文相似研究较水力学相应研究更为复杂的特性。

表 9-3 中给出了两类可用于水文学相似研究的方法。在水文学中，现有的相似研究方法为数理解析法。所谓数理解析法，即采用数学方法(如积分变换)，对水文物理方程进行解析，推求出相似因子。目前，此类方法仅限于分析连续水流问题(如多孔介质水流问题)，对简化的地下水控制方程进行解析。例如，Brutsaert(1994)、Berne 等(2005)及 Harman 和 Sivapalan(2009)分别对各自建立的 Boussinesq 方程进行线性化和积分变换，导出了反映山坡结构和水力特性的水文相似因子，详见 9.1.2 节。但是，水文过程具有很强的时空变异性，存在的介质也是高度非均一的。例如，在土壤和地下水含水层中，除土壤基质流和地下水多孔介质流等连续水流问题外，由于根系、虫洞、岩石裂隙等的存在，土壤优先流和地下水裂隙流等也广泛存在。这使得建立统一的数学物理方程，并描述非均匀、不连续的水分运动过程变的很困难，进而限制了数理解析法的应用。

表 9-3　两类可用于水文学相似研究的方法

名称分类	方法描述	应用范围
数理解析法	对能建立微分方程的问题，可以采用数学方法，对方程进行解析，推求出相似因子。常用的分析方法有相似转换法、积分变换法，如 Brutsaert (1994) 的研究等	适合于连续水流问题，如土壤基质流、地下水多孔介质水流等，可以建立描述物理现象的方程，且能求出完整的解析解。如果存在优先流、裂隙流则不适合
量纲分析法	是在研究现象相似问题的过程中，对各种物理量的量纲进行考察时产生的(徐挺, 1982)	无法掌握足够的、成熟的物理定律，或是缺乏基本的微分方程的指导(柳晖, 2012)

量纲分析法则是工程技术领域物理模型实验所广泛采用的方法。量纲分析法的最大优点在于，当我们面对的某一现象无法采用微分方程来准确描述时，可选取其主要的影响因素进行分析，从而得到用于描述这一现象的相似准则。就水文学科而言，我们所要研究的降雨径流过程受制于多方面的因素，不但过程复杂，而且难于得到描述其内在关系的微分方程。但是，驱动力、下垫面结构及水动力这三者是我们熟知的主要影响因素。通过将量纲分析法应用于降雨径流过程的分析，达到对这一现象的简化，从而为水文相似研究提供新的理论指导。

然而，相对其他物理现象(过程)，水文过程具有独特性。仍以水力学作为比较对象，水文学中流域的下垫面结构异常复杂，自然界中几乎找不到两个形状、地形起伏完全相同的流域。此外，流域各处的土壤蓄水量、土壤结构及渗透性等高度变异，很难在水文物理实验中找到一种材料以充分模拟自然界中的全部土壤物理特征(如土壤基质结构、大孔隙分布等)，物理模型施工难度巨大。因此，在将物理模型实验方法应用于水文相似研究时，需要进一步发展物理模型实验的相关理论和方法。例如，如何确定物理模型尺寸和形状、填充材料的渗透性、表面粗糙度，如何建立原型、物模、数模三者的确定性关系，具体如下：首先，论证在无资料区水文预测和工程水文计算中引入物理模型的可行性。物理模型实验通常是水利工程建设采用的方法，在水文中鲜有采用。因此，需要相关物理模型实验方法、数学模型实验及水文相似模型理论的发展与创新。其次，开展水文相似模型实验方法研究，以给出水文物理模型中材料选取、结构尺寸及驱动因素的确定方法。再次，分析物模、原型、数模三者间的区别联系，从而检验、评价物理模型中材料、结构及驱动因素对模拟结果的影响。最终目标是发展一套水文相似及用于工程水文实验的理论和方法。

特别地，除原型和物模外，水文学中还存在众多的实验观测流域，这也是目前水文研究的重要手段。这些水文实验存在着较大的局限性，例如，受观测条件和时间的限制，实验常常只能得到部分要素之间的规律，难以发现或抓住现象的本质(全部)，从而无法向实验范围以外的其他流域推广。因此，如何有效利用这些现有观测成果，通过相似分析，建立实验流域及研究流域对应的相似因子与降雨径流响应特征(如洪峰流量)的定量转换关系，也将是水文相似研究走向实用的重要标志。这一理论的发展将保障依据山坡结构特征定量预测无资料流域洪水目标的实现。

总之，水文相似性研究将增进人们对水文现象的理解，提高水文研究的科学性，不断发展和完善水文科学。水文相似性研究是水文科学的前沿问题，此项研究的开展对于无资料小流域山洪预测、设计洪水计算、水土保持甚至滑坡灾害防治等都有一定指导意义。

9.2　山坡地形曲率分布特征及其水文效应分析

山坡地貌特征对水文过程的重要影响已为国内外所认识，在水文模型中也有不同程度的体现。例如，都金康等(2006)和 Abbott 等(1986)建立的模型均采用栅格型的空间离散方式，这是一种显式的考虑地形空间变化的方法；杨大文等在所建立的 GBHM 模型中根据汇流路径划分汇流网带，并将每一个汇流网带进一步等分为若干对称矩形坡面(Yang et al., 2002)；此外 TOPMODEL(Beven et al., 1984)采用坡度和汇水面积计算地形因子，并将其作为水文响应预测的相似因子。以上研究中，模型均采用显式或者隐式的方法考虑坡度、坡长等山坡的尺寸信息。这些信息实际是低阶(一阶)的山坡地貌特征，易于观测、测量和理解，因此在目前的水文研究中得到广泛的重视和采用。

与之对应的，山坡曲率即其收敛发散、凹凸等特征是高阶(二阶)的信息，相对难于测量和理解。目前关于山坡曲率的水文研究，多限于小范围的实验研究(Rieke-zapp and Nearing, 2005; Anderson and Burt, 1978; Dunne and Black, 1970)和理想山坡上的数学模拟(Rezzouga et al., 2005; Troch et al., 2003; Fan and Bras, 1998; Smith and Hebbert, 1983)。在流域水文模拟中，曲率因子未能得到有效反映，其自身空间分布特征以及对流域水文要素空间分布的影响等有待进一步研究。因此，本研究的主要目标就在于分析山坡地形曲率的空间分布特征，揭示其对实际流域中水文要素(土壤含水量)空间分布的影响，为流域水文模拟研究提供依据。研究中，以姜湾流域为研究对象，进行山坡曲率空间变异分析，选取其支流子流域——和睦桥流域为实验流域进行土壤含水量的野外采样观测和山坡曲率的水文效应分析。

9.2.1　材料与方法

姜湾实验站位于莫干山麓西南面，控制面积 20.9 km^2，属长江流域太湖区苕溪水系。实验站于 1956 年设立并观测，实验流域设有姜湾、古竹湾、和睦桥等流量站 3 个、雨量站 10 个，和睦桥水文气象观测场一处(图 9-2)。和睦桥子流域地处姜湾流域中下游，面积 1.35 km^2，高程在 150～600 m，流域内植被以竹子为主，山坡较陡处有野生的灌木丛。

收集了流域 1∶10000 地形图，采用 ArcGIS 软件对生成的离散点数据重采样，构建 10 m×10 m 栅格型数字高程模型(DEM)，对和睦桥流域 90 个采样点的土壤含水量进行了观测(图 9-2)。采样历时四天，期间及前期 20 日内无降雨过程，土壤含水量变幅微小，因此假定观测值能反映流域近似同一时间的土壤水分状态。

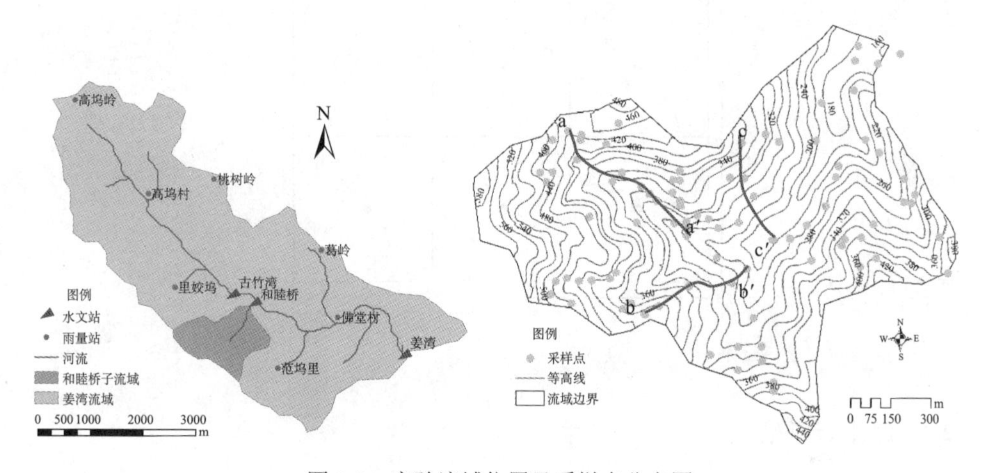

图 9-2　实验流域位置及采样点分布图

研究中，应用数字水文信息自动提取软件 DigitalHydro(刘金涛, 2009)提取流域相关地形信息。DigitalHydro 软件擅长基于栅格数字高程模型的流域数字水系信息提取，提取信息包括：水系、子流域、山坡单元等。此外，软件中也包含了本书采用的山坡曲率计算方法(Schmidt and Persson, 2003)，分别为剖面曲率和水平曲率，如下：

$$c_p = -\frac{f_{xx} f_x^2 + 2 f_{xy} f_x f_y + f_{yy} f_y^2}{(f_x^2 + f_y^2)(f_x^2 + f_y^2 + 1)^{3/2}} \tag{9-1}$$

$$c_c = -\frac{f_{xx} f_y^2 - 2 f_{xy} f_x f_y + f_{yy} f_x^2}{(f_x^2 + f_y^2)^{3/2}} \tag{9-2}$$

式中：f_x、f_y、f_{xx}、f_{yy}和f_{xy}分别为 x、y 和交互方向上高程函数 z=$f(x,y)$的一阶和二阶导数。由于 DEM 是地形曲面的离散化表达，实际计算中各阶导数的估算采用局部窗口(3×3 窗口，图 9-3)的曲面拟合方式进行，其中 $f_x=(z_3+z_6+z_9-z_1-z_4-z_7)/(6\Delta x)$；$f_y=(z_1+z_2+z_3-z_7-z_8-z_9)/(6\Delta y)$；$f_{xx}=(z_1+z_3+z_4+z_6+z_7+z_9)/(6\Delta x^2)-(z_2+z_5+z_8)/(3\Delta x^2)$；$f_{yy}=(z_1+z_2+z_3+z_7+z_8+z_9)/(6\Delta y^2)-(z_4+z_5+z_6)/(3\Delta y^2)$；$f_{xy}=(z_3+z_7-z_1-z_9)/(4\Delta x\Delta y)$，$z_1$～$z_9$ 为对

应单元的高程。式(9-1)和式(9-2)中，如果 c_p 为正值，山坡为凸形山坡，负值时为凹形山坡，c_c 为正值，山坡为发散型山坡，负值为收敛型山坡。

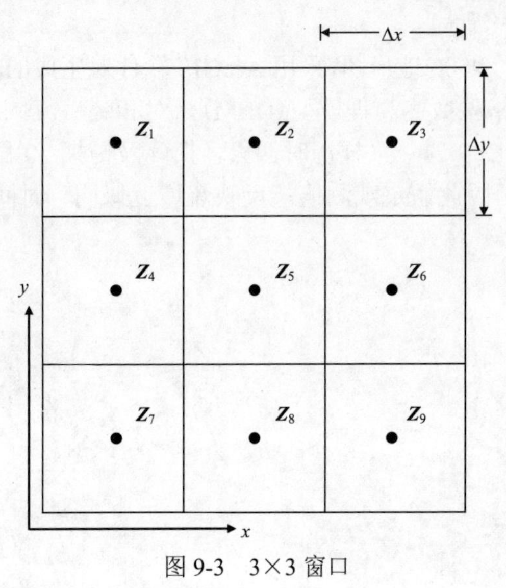

图 9-3　3×3 窗口

9.2.2　结果与讨论

9.2.2.1　地形曲率分布特征

图 9-4 给出了姜湾流域剖面及水平曲率概率密度分布。其中，图 9-4(a)为剖面曲率的概率密度分布情况，此概率密度函数曲线基本上是对称分布的，流域中多数 DEM 网格的曲率介于±0.05 之间，平均曲率为-4.62×10^{-4}，略小于 0，即流域多数山坡凹凸变化较为均匀，总体呈现出微凹的形状。图 9-4(b)给出了山坡水平曲率的概率密度分布情况，此概率密度函数曲线基本上是对称分布的，多数网格的水平曲率介于±0.10 之间，其平均值为 3.49×10^{-4}，略大于 0。以上分析表明，流域山坡的凹凸、收敛发散等形状整体上分布较为均匀，综合来看，流域略呈现出微凹、发散的形状特征。

以上给出了整个流域上的地形曲率分布情况。为了进一步揭示地形曲率在空间上的变化规律，研究了其在不同类型山坡单元上的分布情况。研究中，将所有山坡单元划分为两大类：源头型山坡，即山坡内所有单元的水流汇集到河道源头一点；边坡型山坡，即山坡内所有单元的水流均汇入到某一河段。通过对比 1∶50000 蓝线水系，确定水系提取的阈值为 0.5 km^2，将整个流域河道划分为 27 段。图 9-5 给出了提取的姜湾流域自然山坡单元分布图，图中深色的区域代表源

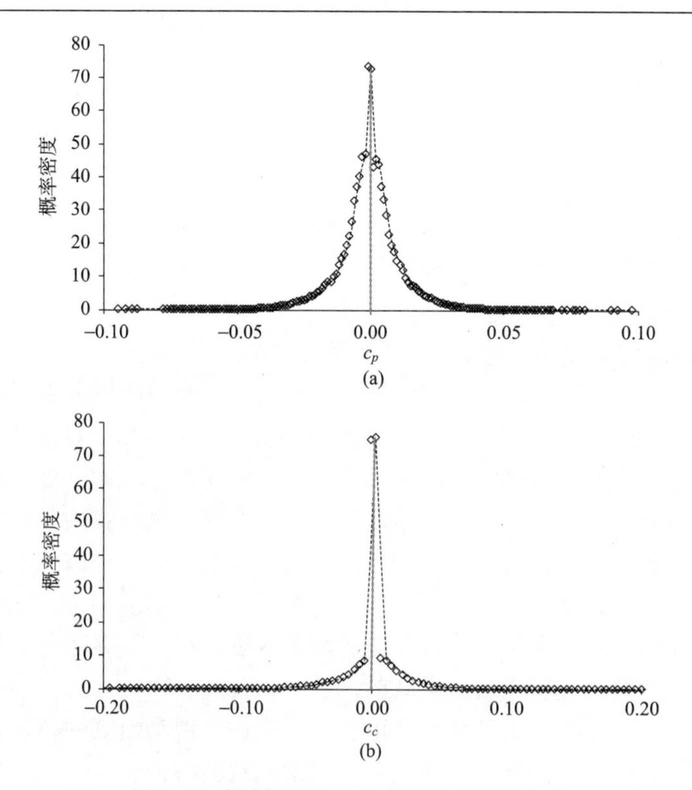

图 9-4　流域剖面及水平曲率概率密度分布

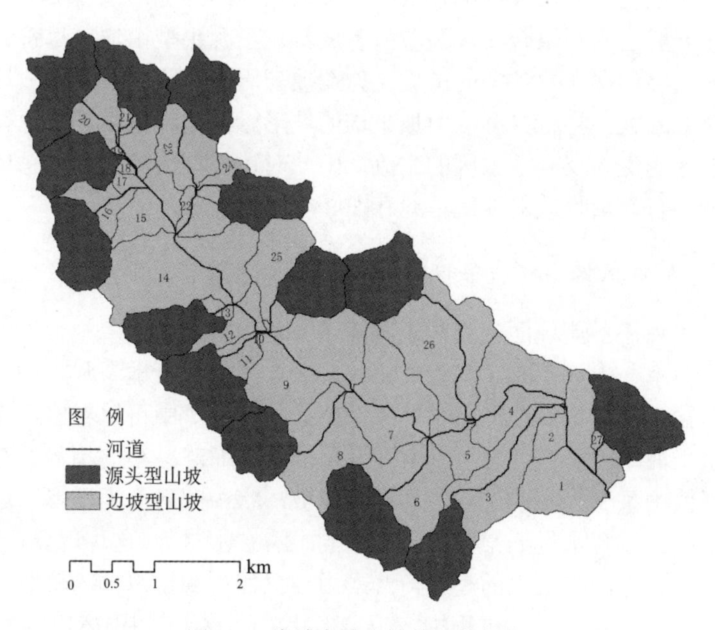

图 9-5　流域自然山坡单元的提取

头型山坡，浅色的区域则代表边坡型山坡。经统计，流域共划分为 14 个源头型山坡，总面积为 8.14 km^2，27 对边坡型山坡，总面积为 12.78 km^2，其中河道左岸面积为 5.35 km^2，右岸面积为 7.43 km^2。

以所提取的两类自然山坡为基本单元，分析地形曲率在其中的分布规律。图 9-6 给出了流域各山坡剖面及水平曲率概率密度分布的合成图。从图 9-6 中可以看出，源头型山坡剖面和水平曲率的概率密度函数峰值均小于边坡型山坡对应的值，且分布函数趋向于被坦化，这表明源头型山坡单元内各网格所属坡形类型相对丰富，而边坡型山坡则相对单一。源头型山坡单元平均的水平、剖面曲率分别为 -3.44×10^{-5}、-9.53×10^{-5}，而边坡型山坡的平均水平、剖面曲率分别为 2.79×10^{-3}、-8.57×10^{-4}。进一步分析显示，凹形山坡在两种类型山坡中均占较大比重，分别为 65%(源头型)和 94%(边坡型)。对于水平曲率，在 14 个源头型山坡中有 6 个山坡的平均水平曲率大于 0，剩余 8 个山坡曲率小于 0，可见总体收敛型山坡略多于发散型山坡。在边坡型山坡中，坡型则呈一边倒的现象，除两个山坡水平曲率小于 0 外，其余均大于 0，即多数属发散型山坡。显然，不论是源头型山坡还是边坡型山坡，其剖面形状总体上是凹的，且后者较前者更为显著。多数源头型山坡是收敛的，而绝大多数边坡型山坡是发散的，这符合直观认识。因为源头型山坡水流最后总汇聚于一点，即河道源头，所以总体上应该呈现为收敛的特征。同样，边坡水流分散地汇聚到河段上，总体上应表现出发散的特征。

以上分析表明，在山坡内部收敛、发散、凹和凸等地形地貌类型是同时存在的，即山坡一般由相互组合的各种坡型组成。对于源头型山坡，尽管其汇聚于一点，但其内部仍然存在发散型的山坡，如在坡脊周围等，发散或收敛坡形的多少及其对应曲率的大小将直接影响山坡平均的坡形。而边坡型山坡中也存在水流的汇聚，如平行的支沟及其汇水区的水流，因此对边坡型山坡来说，总体上呈发散的坡形，但仍有大量收敛的地貌单元存在。

9.2.2.2　实际流域山坡曲率的水文效应

根据在和睦桥子流域面上连续观测的 90 个点的土壤含水量数据，本节我们将分析地形曲率与山坡土壤含水量的相关关系。图 9-7 给出了和睦桥子流域山坡采样点土壤含水量与该点地形曲率的关系图。从图 9-7 中可以看出，不论是剖面曲率还是水平曲率，土壤含水量都有随其值的增大而略减小的趋势。对于剖面曲率来说，其值由负变为正的过程，意味着山坡形状由凹形变为凸形。这说明，凹形山坡对应的土壤含水量通常较凸形山坡的土壤含水量大。这种现象可以解释为：山坡土壤水分有向洼处汇聚的趋势，凸形山坡显然更利于水分的耗散。对于水平曲率，在其值由负变为正的过程中，山坡形状由收敛过渡为发散，结合图 9-7，显然收敛型山坡单元的土壤含水量要略大于发散型山坡对应的值。原因在于：收敛

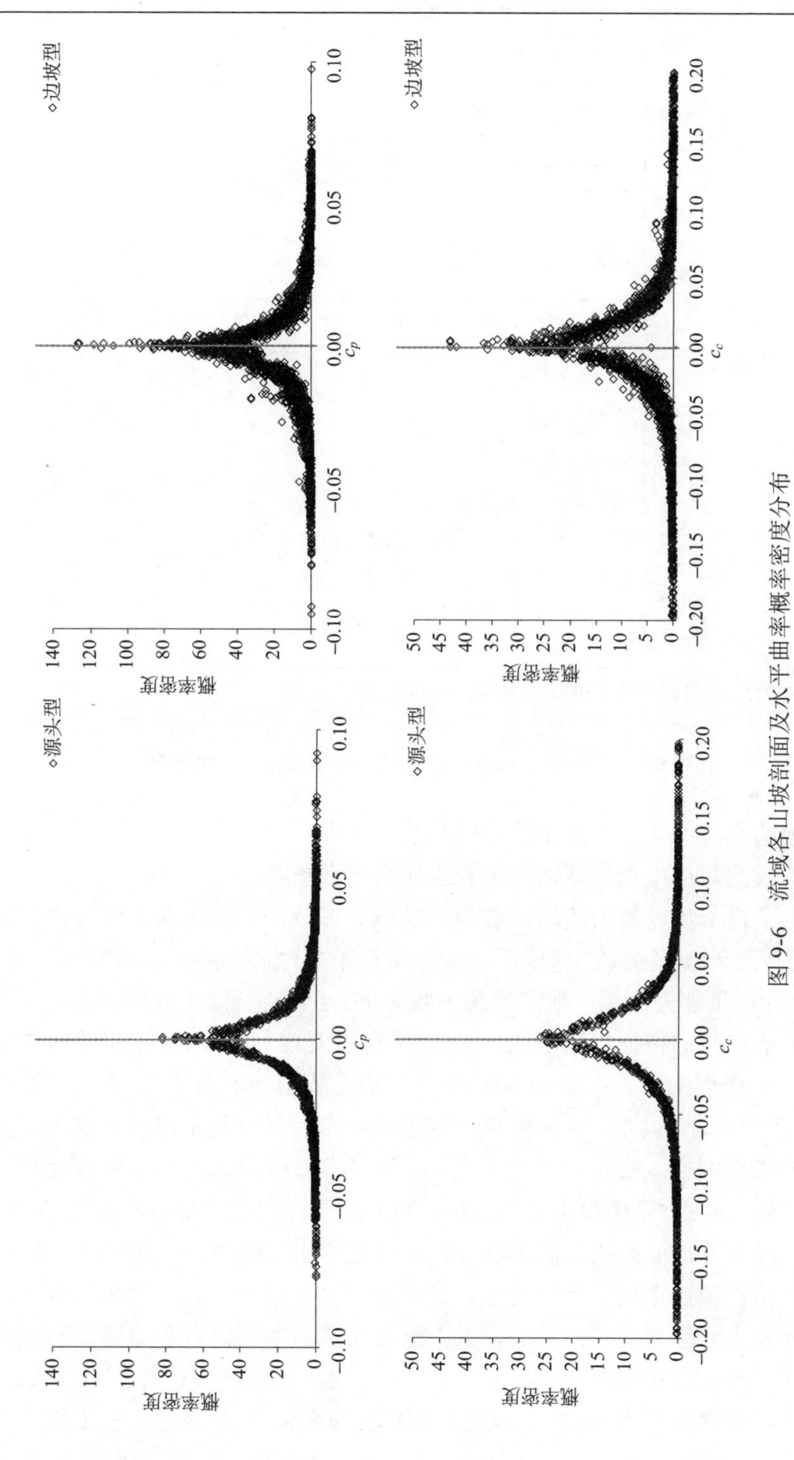

图 9-6　流域各山坡剖面及水平曲率概率密度分布

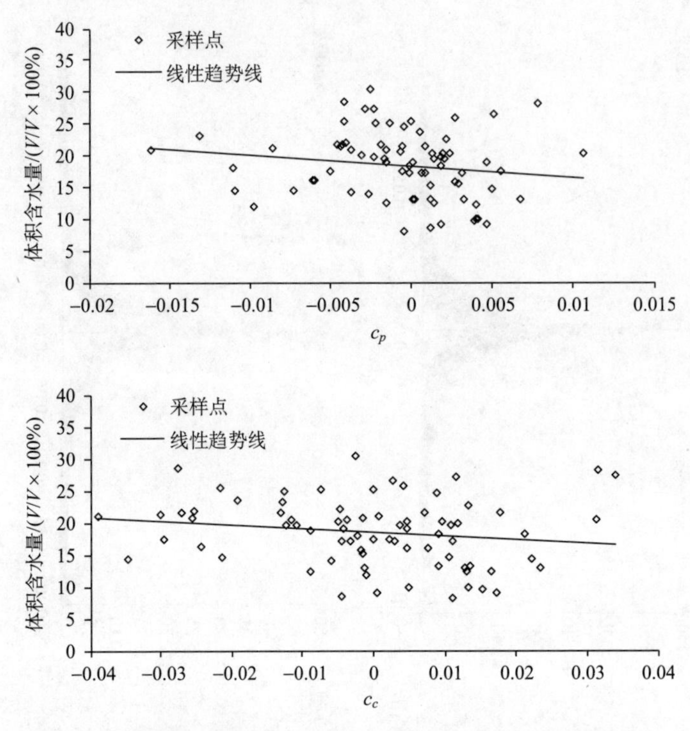

图 9-7　和睦桥子流域山坡采样点土壤含水量与地形曲率关系

型山坡的水流总体上表现出汇聚的趋势，而发散型山坡的水流则分散地汇至山坡下端，因此，造成收敛型山坡单元土壤含水量更高。

为了进一步分析山坡局部收敛或发散、凹或凸等特征对土壤含水量分布的影响，根据野外观测结果，选取了 3 条分析样带（分别为 a-a′、b-b′和 c-c′，见图 9-2），其中 a-a′样带邻近山坳，地形表现为收敛的、凹的特征，b-b′样带邻近山脊，表现为发散的和凸的特征，c-c′则处于较为平直的山坡上。图 9-8 给出了这 3 条分析样带上各采样点土壤含水量与其高程的关系。从图 9-8 中可以看出，不论是山坳（a-a′）还是山脊（b-b′），其采样点土壤含水量都有随高程下降而升高的趋势，即越靠近沟谷土壤含水量越大，对于较为平直的 c-c′样带，情况则刚好相反。原因在于：首先，c-c′样带所处山坡的 280～340 m 等高线部分植被覆盖为小竹，340 m 以上为灌木丛，植被冠层郁闭度高，土壤涵养水分能力强；其次，在 220～260 m 附近，植被覆盖主要以毛竹为主，植被冠层郁闭度低，且土壤中含有大量砾石，土壤涵养水分能力较差；最后，200 m 以下部分邻近河谷和道路，植被冠层郁闭度最低，因此，这些因素导致 c-c′样带中土壤含水量随高程降低而降低。a-a′样带的平均土壤含水量为 16.3%，b-b′样带的为 20.8%，显然这与之前土壤含水量与地形曲率之间的关系相矛盾。原因在于：b-b′样带的平均土壤厚度为 46.1 cm，大于

a-a′样带的 36.4 cm，且其坡向朝北，受太阳辐射要弱于 a-a′样带，显然更利于土壤含蓄水分。

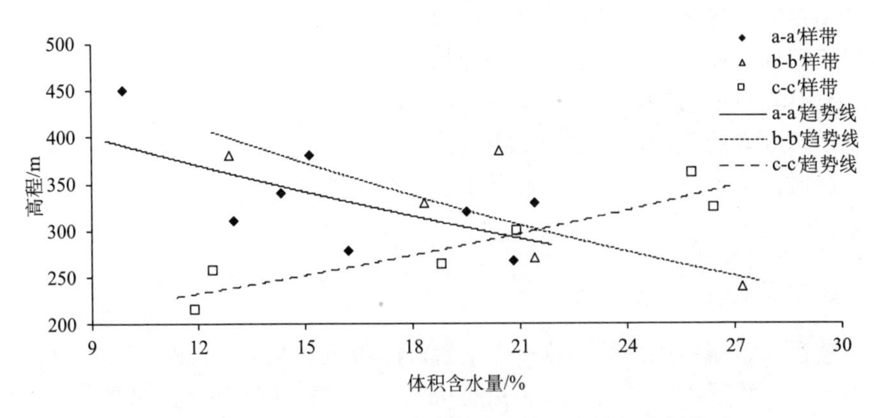

图 9-8　和睦桥子流域山坡采样带土壤含水量与高程关系

9.2.3　小结

本节探讨了山坡地形的高阶特征——剖面和水平曲率在流域内的空间分布特征。研究表明，所选取的实验流域山坡总体上呈现凹形的、发散的地貌特征，流域源头型山坡多是收敛的，而边坡型山坡多为发散的。在山坡内部，收敛、发散、凹和凸等地形地貌类型是同时存在的，即山坡一般由相互组合的各种坡型所组成。在野外土壤含水量采样观测的基础上，分析了和睦桥子流域 90 个采样点的土壤含水量及其与对应曲率的相互关系。总体上说，凹形山坡、收敛山坡对应的土壤含水量更高，而凸形和发散山坡对应的土壤含水量较低，但土壤含水量的这种分布特征并不显著。所选取的 3 条样带的分析表明，在收敛的凹坡和发散的凸坡内部，土壤含水量都有随高程降低而增加的趋势。

我们初步揭示了实际流域山坡地形曲率的空间变异特征及其水文效应，分析表明实际流域的观测结果与 Troch 等(2003)的理论成果并非严格吻合，实际山坡条件较为复杂。因此，作者认为：一方面，需要选取不同类型的山坡进一步开展野外定位观测；另一方面，需建立反映山坡曲率因子的土壤水动力解析模型，加强理论分析，以期全面解析山坡曲率的水文效应，并作为流域水文模拟中考虑曲率因子的先期研究基础。

9.3　应用 Péclet 数解析山坡结构特征的水文效应

Berne 等(2005)提出了复杂结构山坡壤中流相似因子，即山坡 Péclet 数(Pe)，旨在表达山坡形状特征与水文响应的关系。此后，Lyon 和 Troch(2007)应用 *Pe* 数分析了实验山坡水文响应的相似性。与 TOPMODEL 地形指数不同，*Pe* 数以山坡为基本单元，描述山坡结构特征对径流的影响。目前，已有的山坡水文无因次分析研究仍局限在小范围的实验区和理想山坡上(Lyon and Troch, 2007; Berne et al., 2005; Brutsaert, 1994)。在实际流域中，由于受土壤数据难于获取、山坡结构特征复杂等因素的限制，其应用效果有待深入分析。因此，本节将其应用于和睦桥实验流域，评价实际流域内相似因子 *Pe* 与山坡结构特征的相互关系，探讨其水文效应。

9.3.1 研究区及研究方法

和睦桥实验流域地处姜湾流域中下游，面积 1.35 km^2，高程在 150～600 m，流域内植被以竹子为主，约占总面积的 95%，山坡较陡处有野生的灌木丛。研究中，收集了流域 1∶10000 地形图等，构建了 10 m×10 m DEM，用于山坡单元的划分及地貌特征因子的计算等。此外，对和睦桥子流域的 90 余个土壤剖面(图 9-9)进行了测深。

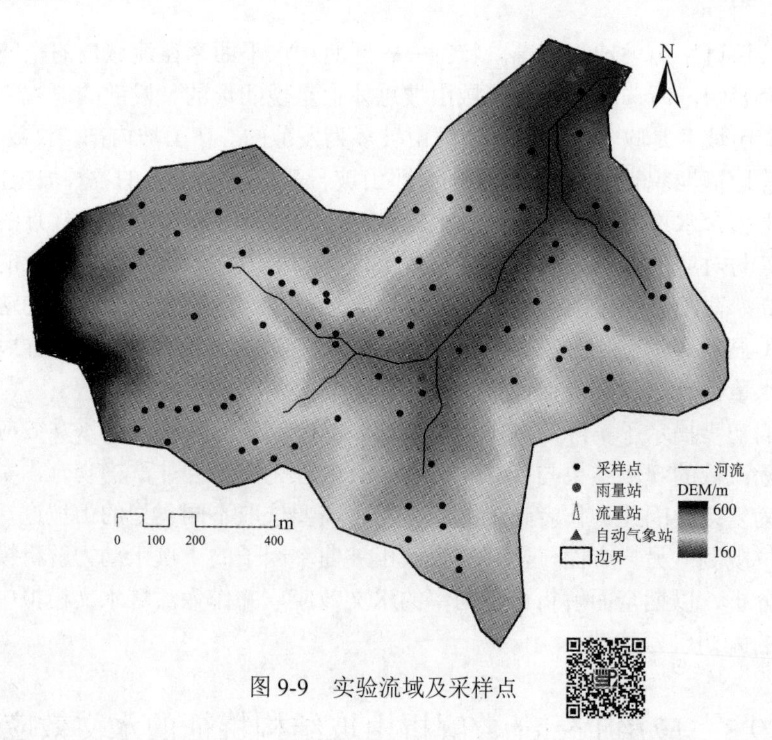

图 9-9 实验流域及采样点

采用 Berne 等(2005)推导的山坡无因次相似因子 *Pe*，数学表达式如下：

$$Pe = \frac{L}{2pD}\tan\alpha - \frac{aL}{2} \tag{9-3}$$

式中：L 为山坡长度；D 为土壤厚度；α 为基岩坡度；p 为线性化参数；a 为指数型宽度函数的指数，又称为山坡收敛率，a=0 为平直型山坡，a>0 为收敛型山坡，a<0 为发散型山坡。Pe 实际体现了山坡土壤水运动过程中扩散和对流作用的强弱，其值越大则对流作用越显著，反之扩散作用逐渐占优。本节中，山坡单元划分、地形要素定义及 Pe 的计算均采用 DigitalHydro（刘金涛, 2009）软件完成。地形水平及剖面曲率的计算方法见刘金涛等(2011)。

9.3.2　结果与讨论

研究中，将所有山坡单元划分为两大类：源头型山坡，即山坡内所有单元的水流汇集到河道源头一点；边坡型山坡，即山坡内所有单元的水流均汇入到某一河段。通过对比 1∶10000 蓝线水系，确定水系提取的阈值为 0.10 km^2，将整个流域河道划分为 7 段。图 9-10 给出了提取的和睦桥实验流域自然山坡单元分布图，图中深色的区域代表源头型山坡，浅色的区域代表边坡型山坡。经统计，流域共划分为 4 个源头型山坡、7 对边坡型山坡。计算时，基岩坡度和土壤厚度取整个山坡的均值，山坡长度和宽度采用 DigitalHydro 软件自动提取，进而拟合求得 a，线性化参数 p 取为 0.3(Lyon and Troch, 2007)。

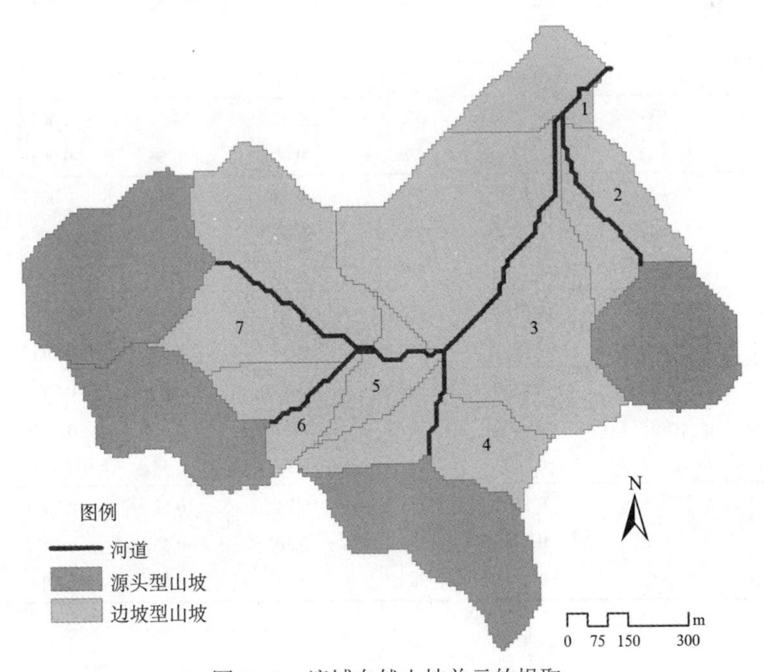

图 9-10　流域自然山坡单元的提取

表 9-4 给出了不同类型山坡的地貌特征值(面积、坡长及平均坡度等)及 *Pe* 的计算结果。如前所述，整个流域水系可以划分为 7 个河段。每个河段对应一对边坡型山坡，位于水系源头的河段，如 2、4、6 和 7 河段，还分别对应一个源头型山坡(图 9-10、表 9-4)。表 9-4 中山坡编号的首位数代表河道编号，末位数则代表山坡类型，其中数字“1”代表左侧山坡，“2”代表右侧山坡，“3”代表源头型山坡。整个流域被划分为 18 个山坡，其中边坡型山坡总面积 0.84 km^2，河道左侧山坡面积(0.47 km^2)略大于河道右侧山坡面积(0.37 km^2)，源头型山坡面积 0.51 km^2。从表 9-4 中可以看出，绝大多数边坡型山坡收敛率 *a* 小于 0，这表明，边坡型山坡的形状多为发散的。其中，#42 山坡的指数虽为正值，但较为接近 0，这意味着山坡内各点收敛和发散等形状分布较为均匀，图 9-10 显示其边界近似为矩形，这进一步验证了此结果。源头型山坡收敛率 *a* 多大于 0，表明其形状总体上是收敛的。其中，#43 和#63 山坡收敛率 *a* 接近于 0，说明这两个山坡内各点收敛和发散等形状分布较为均匀。

表 9-4　不同类型山坡 Péclet 数(*Pe*)计算结果

河段编号	山坡编号	面积/km^2	坡长 L/m	土壤厚度 D/m	坡度 $\tan\alpha$	收敛率 a	Pe
1	#11	0.0519	361.4	0.31	0.40	–0.0040	781
	#12	0.0052	119.0	0.33	0.48	–0.0249	292
2	#21	0.0294	304.6	0.43	0.52	–0.0054	621
	#22	0.0445	179.0	0.41	0.56	–0.0108	412
	#23	0.1009	458.7	0.36	0.60	0.0011	1282
3	#31	0.1788	523.8	0.35	0.54	–0.0047	1368
	#32	0.1430	498.7	0.40	0.56	–0.0036	1175
4	#41	0.0398	375.6	0.55	0.48	–0.0057	553
	#42	0.0508	370.4	0.65	0.53	0.00006	508
	#43	0.1322	607.7	0.40	0.47	–0.0008	1193
5	#51	0.0100	185.6	0.26	0.49	–0.0159	589
	#52	0.0272	302.8	0.26	0.48	–0.0054	935
6	#61	0.0308	250.0	0.21	0.65	–0.0076	1289
	#62	0.0232	189.0	0.34	0.63	–0.0136	582
	#63	0.1051	592.8	0.26	0.55	0.00002	2104
7	#71	0.1162	433.8	0.24	0.58	–0.0071	1743
	#72	0.0680	388.0	0.30	0.65	–0.0071	1403
	#73	0.1513	568.7	0.42	0.60	0.0018	1351

在所选山坡中，*Pe* 值的计算结果大致介于 200～2000。结果显示，山坡 *Pe* 值与坡长的关系最为密切，其线性相关系数(R^2)达到 0.55。总体上，山坡越长，其对应的 *Pe* 值越大。当然，山坡 *Pe* 值还受其他三个因子的影响。例如，山坡 *Pe* 值有随土壤厚度增加而减小的趋势，其与土壤厚度呈弱的对数相关，相关系数(R^2)为0.22；它与反映山坡形状特征的参数 a 呈一定的指数相关，相关系数(R^2)为0.42，随着 a 由负值变为正值，即山坡形状从发散过渡为收敛的过程中，*Pe* 值逐渐增大；*Pe* 值有随坡度增大而增加的趋势，但其与坡度的相关性最差，呈弱的线性相关(R^2=0.15)。主要原因在于：所选山坡均较为陡峭，其最大、最小和平均坡度介于 22°～33°，坡度对 *Pe* 值的影响并不容易显现出来。

以上分析表明，*Pe* 值很大程度上取决于山坡尺寸，换句话说，就是基岩之上的土壤尺寸(土壤平均厚度和沿水流方向的长度)。但是，坡长和土壤厚度对 *Pe* 值的影响是不同的，*Pe* 值与坡长呈正相关，而随土壤厚度的增大而减小。也就是说，在土层深厚且坡长相对较短的山坡内，壤中流的扩散作用较强。因此，可以推断出，坡长厚度比值(L/D)将在很大程度上决定 *Pe* 值的大小。为了验证这一推断，我们进一步分析了两者之间的相关关系，图 9-11 给出了 L/D 与 *Pe* 的相关图。可以看出，两者呈显著的线性相关关系，相关系数 R^2 高达 0.94。一个有意思的现象是坡长厚度比值与 *Pe* 值的相关关系要远强于两者分别与 *Pe* 值的相关关系。另外，关系线斜率为 0.95，表明 *Pe* 值取决于坡长厚度比。

为了进一步展示山坡形状特征与 *Pe* 值的关系，我们分析了全部 18 个山坡的平均曲率(剖面、水平曲率)与 *Pe* 值的关系曲线(图 9-12)。这里，山坡剖面曲率反映了山坡在剖面方向上的凹凸特性，其值为正，为凸形山坡，其值为负，则山坡形状为凹形；山坡水平曲率则反映了山坡在水平方向上的收敛和发散特性，其值为正，山坡为发散型山坡，其值为负，则为收敛型山坡。从图 9-12 中不难看出，山坡剖面曲率和水平曲率与 *Pe* 值均表现为对数相关关系。不同之处在于，*Pe* 值随水平曲率的减小而增大，随剖面曲率的增大而增大。考虑到 L/D 值对 *Pe* 值的影响巨大,进一步的分析中我们选取其值接近的 6 对山坡(图 9-13)进行对比分析。在 6 组山坡中，有 4 组山坡的水平曲率随 *Pe* 值增大而增大，有 3 组的剖面曲率随 *Pe* 值的增大而增大，表明发散及凸的特征越明显的山坡其水流的对流特性更加明显，反之亦反。此外，Ⅵ组收敛型凹坡对应的 *Pe* 值要小于发散型凹坡的值。以上案例分析结果均与理论结果相符(Lyon and Troch, 2007; Berne et al., 2005)。但考虑到山坡剖面及水平形状组合的多样性，仍然需要分析其他中间类型的山坡水流特性。例如，Ⅳ组实际上就是一种介于两者之间的中间状态，较小 *Pe* 值对应的实际上是发散型凹坡，*Pe* 值相对较大的则为平直型山坡，显然后者水流的对流特性要强于前者。而Ⅴ组实际与Ⅳ组形成很好的对照，结果刚好相反。事实上，两组的平直型坡为同一山坡，且三个山坡 L/D 值的最大偏差为 3.7%，略大于Ⅰ组中两个山坡的偏差值 2.8%，因此可以将两组中 *L/D* 值差异较小的发散型凹坡直接进行对比。分析发现，发散和凸的特征更显著的山坡(#72)对应的 *Pe* 值要大，对流特征更为明显。

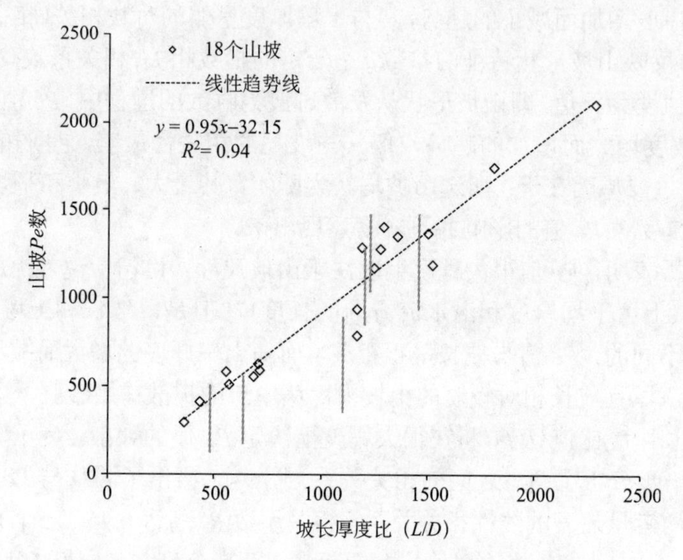

图 9-11　坡长和土壤厚度比 *L/D* 与 *Pe* 数的相关分析

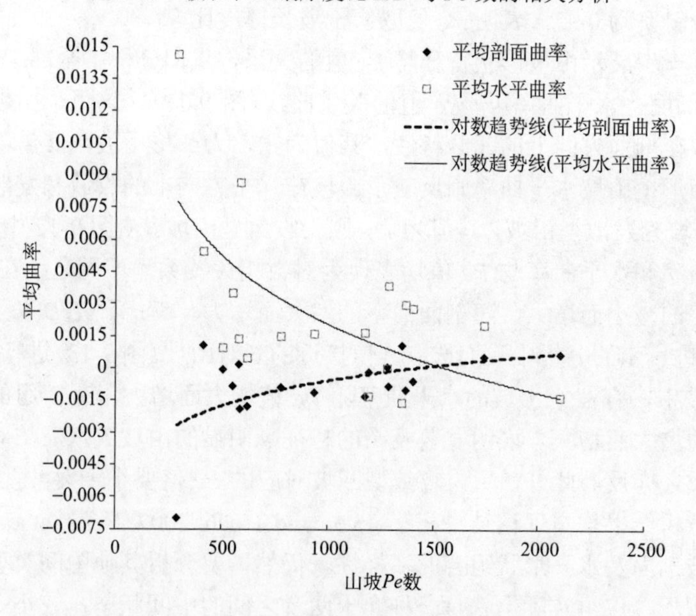

图 9-12　山坡平均曲率与 *Pe* 数的相关分析

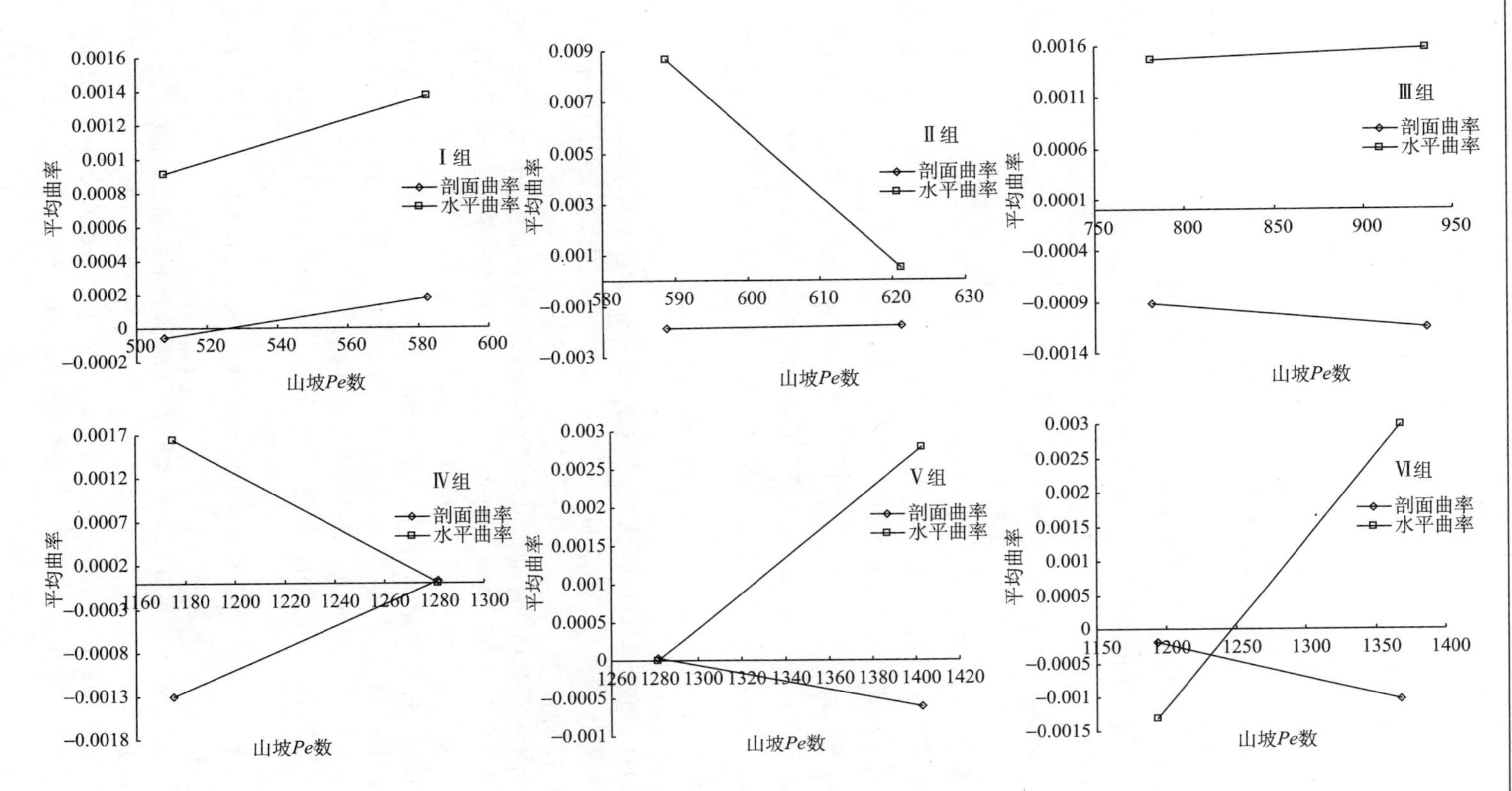

图 9-13　山坡平均曲率与 Pe 数的相关分析

9.3.3 小结

本节主要讨论了山坡 Péclet 数(简称 *Pe*)与山坡地貌、土壤特征的相关关系。分析显示，*Pe* 值随坡长的增大而增大，呈正相关，随土壤厚度的增大而减小。进一步研究表明，*Pe* 值与坡长厚度比值(*L/D*)有显著的线性相关关系，线性相关系数 R^2 高达 0.94，关系线斜率为 0.95，表明 *Pe* 值在很大程度上由坡长厚度比值(*L/D*)所决定，即山坡水文特征受山坡尺寸的影响较大。随后，为了进一步说明山坡形状对 *Pe* 值的影响，我们对比了 6 组 *L/D* 值较为接近的山坡，给出了山坡水平、剖面曲率与 *Pe* 值的关系图。结果表明，发散型凸坡 *Pe* 值一般较大，有利于土壤水流的消退，而收敛型凹坡 *Pe* 值一般较小，土壤水流消退较慢。这说明，在山坡形状从收敛过渡为发散、由凹变为凸的过程中，山坡土壤水分运动中对流作用变大。

应该看到，*Pe* 数是基于理想山坡推导的无因次相似因子，将其应用于实际流域时受山坡尺度影响显著。这主要是由实际山坡结构特征高度非均一性造成的。不可否认，与其他学科相比，水文相似的理论及方法体系并不完善。因此，一方面，需要持续开展野外山坡定位观测，揭示实际山坡的水文响应与无因次相似因子之间的关系；另一方面，给出依据山坡结构特征评价其降雨径流响应特性的定量方法，这是在无资料小流域山洪预警及设计洪水中应用水文相似性理论的前提。

参考文献

陈守煜. 1993. 相似流域选择的模糊集模型与方法[J]. 水科学进展, 4(4): 288-293.
都金康, 谢顺平, 许有鹏, 等. 2006. 分布式降雨径流物理模型的建立和应用[J]. 水科学进展, 17(5): 637-644.
龚子同, 张甘霖, 陈志诚, 等. 2007. 土壤发生与系统分类[M]. 北京: 科学出版社: 1-15.
孔凡哲, 芮孝芳. 2003. 基于地形特征的流域水文相似性[J]. 地理研究, 22(6): 709-715.
柳晖. 2012. 基于能量和量纲分析的高温蠕变分析方法研究[D]. 上海: 华东理工大学: 108.
刘金涛. 2009. 数字水文信息自动提取软件 DigitalHydro V1.0[P]. 中国: SR033528, 2009.
刘金涛, 冯德锃, 陈喜, 等. 2011. 山坡地形曲率分布特征及其水文效应分析——真实流域的野外实验及相关分析研究[J]. 水科学进展, 22(1): 1-6.
刘金涛, 冯德锃, 陈喜, 等. 2012. 应用 Péclet 数解析山坡结构特征的水文效应[J]. 水科学进展, 23(1): 1-6.
刘利峰, 毕华兴. 2008. 吉县蔡家川小流域水文响应相似性研究[J]. 水土保持研究, 15(4): 161-164.
刘苏峡, 刘昌明, 赵卫民. 2010. 无测站流域水文预测(PUB)的研究方法[J]. 地理科学进展, 29(11): 1333-1339.
戚晓明, 陆桂华, 吴志勇, 等. 2007. 水文相似度及其应用[J]. 水利学报, 38(3): 355-360.
芮孝芳. 2004. 水文学原理[M]. 北京: 中国水利水电出版社: 386.

吴持恭. 2008a. 水力学 (上)[M]. 北京: 高等教育出版社: 127-129.
吴持恭. 2008b. 水力学 (下)[M]. 北京: 高等教育出版社: 232-234.
徐挺. 1982. 相似理论与模型试验[M]. 北京: 中国农业机械出版社: 194.
杨水彬, 张玉平, 胡钢. 2002. 谈化学元素性质的相似性[J]. 黄冈师范学院学报, 22(3): 80-82.
袁运开, 顾明远. 1991. 科学技术社会辞典·生物[M]. 杭州: 浙江教育出版社: 210-211.
张欣莉, 丁晶, 王顺久. 2001. 投影寻踪分类模型评定相似流域[J]. 水科学进展, 12(3): 356-360.
章亚东, 高晓蕾, 王自健, 等. 2002. 论有机化学中的相似性与类比法原理及应用[J]. 郑州大学学报(工学版), 23(1): 74-77.
左东启. 1984. 模型试验的理论和方法[M]. 北京: 水利水电出版社: 331.
Biswas A K. 2007. 水文学史[M]. 刘国纬, 译. 北京: 科学出版社: 288.
Abbott M B, Bathurst J C, Cunge J A, et al. 1986. An introduction to the European Hydrological System-Système Hydrologique Européen, "SHE", 1, History and philosophy of a physically-based distributed modeling system[J]. Journal of Hydrology, 87: 45-59.
Anderson M, Burt T P. 1978. The role of topography in controlling throughflow generation[J]. Earth Surface Processes, 3: 331-344.
Aryal S K, Oloughlin E M, Mein R G. 2002. A similarity approach to predict landscape saturation in catchments[J]. Water Resources Research, 38: 1208.
Berne A, Uijlenhoet R, Troch P A. 2005. Similarity analysis of subsurface flow response of hillslopes with complex geometry[J]. Water Resources Research, 41: W09410.
Beven K J. 2006. Searching for the Holy Grail of scientific hydrology: Qt=(S, R, Δt) as closure[J]. Hydrology and Earth System Sciences, 10: 609-618.
Beven K J, Kirkby M J. 1979. A physically based, variable contributing area model of basin hydrology[J]. Hydrological Science Bulletin, 24: 43-69.
Beven K J, Kirkby M J, Schofield N, et al. 1984. Testing a physically-based flood forecasting model (TOPMODEL) for three U.K. catchments[J]. Journal of Hydrology, 69: 119-143.
Brutsaert W. 1994. The unit response of groundwater outflow from a hillslope[J]. Water Resources Research, 30: 2759-2763.
Buckingham E. 1914. On physically similar systems: Illustrations of the use of dimensional equations[J]. Physical Review, 4: 345-376.
Dunne T, Black R D. 1970. An experimental investigation of runoff production in permeable soils[J]. Water Resources Research, 6: 478-490.
Fan Y, Bras R. 1998. Analytical solutions to hillslope subsurface storm flow and saturation overland flow[J]. Water Resources Research, 34: 921-927.
Harman C J, Sivapalan M. 2009. A similarity framework to assess controls on shallow subsurface flow dynamics[J]. Water Resources Research, 45: W01417.
Hilberts A G J, van Loon E E, Troch P A, et al. 2004. The hillslope-storage Boussinesq model for non-constant bedrock slope[J]. Journal of Hydrology, 291: 160-173.
Jencso K G, McGlynn B L. 2011. Hierarchical controls on runoff generation: Topographically driven hydrologic connectivity, geology, and vegetation[J]. Water Resources Research, 47: W11527.
Jencso K G, McGlynn B L, Gooseff M N, et al. 2009. Hydrologic connectivity between landscapes

and streams: Transferring reach-and plot-scale understanding to the catchment scale[J]. Water Resources Research, 45: W04428.

Langhaar H L. 1951. Dimensional Analysis and Theory of Models[M]. New York: John Wiley: 166.

Lehmann P, Hinz C, McGrath G, et al. 2007. Rainfall threshold for hillslope outflow: An emergent property of flow pathway connectivity[J]. Hydrology and Earth System Sciences, 11: 1047-1063.

Linnaeus C. 1758. Systema Naturae per Rregna Tria Naturae: Secundum Classes, Ordines, Genera, Species, cum Characteribus, Differentiis, Synonymis, Locis (in Latin)[M]. 10th ed. Stockholm: Laurentius Salvius.

Lyon S W, Troch P A. 2007. Hillslope subsurface flow similarity: Real-world tests of the hillslope Péclet number[J]. Water Resources Research, 43: W07450.

Matonse A H, Kroll C. 2009. Simulating low streamflows with hillslope storage models[J]. Water Resources Research, 45: W01407.

McDonnell J J, McGuire K, Aggarwal P, et al. 2010. How old is streamwater? Open questions in catchment transit time conceptualization, modeling and analysis[J]. Hydrological Processes, 24: 1745-1754.

McDonnell J J, Sivapalan M, Vache K, et al. 2007. Moving beyond heterogeneity and process complexity: A new vision for watershed hydrology[J]. Water Resources Research, 43: W07301.

McDonnell J J, Woods R. 2004. On the need for catchment classification[J]. Journal of Hydrology, 299: 2-3.

Mendelejew D. 1869. Über die Beziehungen der Eigenschaften zu den Atomgewichten der Elemente[J]. Zeitschrift für Chemie: 405-406.

Nippgen F, McGlynn B L, Marshall L A, et al. 2011. Landscape structure and climate influences on hydrologic response[J]. Water Resources Research, 47: W12528.

Paniconi C, Troch P A, van Loon E E, et al. 2003. The hillslope-storage Boussinesq model for subsurface flow and variable source areas along complex hillslopes: 2. Intercomparison with a three-dimensional Richards equation model[J]. Water Resources Research, 39: 1317.

Prandtl L. 1952. Essentials of Fluid Dynamics[M]. New York: Hafner Publications.

Rezzouga A, Schumanna A, Chifflard P, et al. 2005. Field measurement of soil moisture dynamics and numerical simulation using the kinematic wave approximation[J]. Advances in Water Resources, 28: 917-926.

Rieke-zapp D H, Nearing M A. 2005. Slope shape effects on erosion: A laboratory study[J]. Soil Science Society of America Journal, 69: 1463-1471.

Robinson J S, Sivapalan M. 1997. Temporal scales and hydrological regimes: implications for flood frequency scaling[J]. Water Resources Research, 33: 2981-2999.

Rodríguez-Iturbe I, Valdés J B. 1979. The geomorphologic structure of hydrologic response[J]. Water Resources Research, 15: 1409-1420.

Sawicz K, Wagener T, Sivapalan M, et al. 2011. Catchment classification: Empirical analysis of hydrologic similarity based on catchment function in the eastern USA[J]. Hydrology and Earth System Sciences, 15: 2895-2911.

Schmidt F, Persson A. 2003. Comparison of DEM data capture and topographic wetness indice[J]. Precision Agriculture, 4: 179-192.

Sivapalan M. 2011. Predictions under Change (PUC): Water, Earth and Biota in the Anthropocene (Draft)[R]. AGU Fall Meeting, 2011.

Sivapalan M, Wood E F, Beven K J. 1990. On hydrologic similarity. 3. A dimensionless flood frequency model using a generalized geomorphologic unit hydrograph and partial area runoff generation[J]. Water Resources Research, 26: 43-58.

Smith R E, Hebbert R H B. 1983. Mathematical simulation of interdependent surface and subsurface[J]. Hydrological Processes, 19: 987-1001.

Troch P, van Loon E, Hilberts A. 2002. Analytical solutions to a hillslope-storage kinematic wave equation for subsurface flow[J]. Advances in Water Resources, 25: 637-649.

Troch P A, Carrillo G A, Heidbüchel I, et al. 2009. Dealing with landscape heterogeneity in watershed hydrology: A review of recent progress toward new hydrological theory[J]. Geography Compass, 3: 375-392.

Troch P A, Paniconi C, van Loon E E. 2003. Hillslope-storage Boussinesq model for subsurface flow and variable source areas along complex hillslopes: 1. Formulation and characteristic response[J]. Water Resources Research, 39: 1316.

Wagener T, Sivapalan M, Troch P A, et al. 2007. Catchment classification and hydrologic similarity[J]. Geography Compass, 1: 901-931.

Yang D, Herath S, Musiake K. 2002. Hillslope-based hydrological model using catchment area and width functions[J]. Hydrological Sciences Journal, 47: 49-65.

第 10 章　山坡关键带结构特征与壤中流蓄泄关系的理论解析

来自流域上游山丘区的水资源可为下游水生系统提供最基本的来水供给，而且这有可能是上游居民唯一的淡水资源(Viviroli et al., 2007)。然而，由于山坡地带的土壤或基岩风化带钻探异常困难，使得这类地处偏僻且不易到达地带的水文系统难于探测，以致源头区的蓄泄机制(*S*-*Q*)是最不为人所知的水文过程之一(Gabrielli et al., 2012; Ajami et al., 2011; McNamara et al., 2011)。因此，作为流域水文学的一个重要研究内容和研究方向，也是工程实践的基本方法之一，这种集总的蓄泄(*S*-*Q*)关系仍有待进一步的研究(Ali et al., 2013; Ajami et al., 2011; Kirchner, 2009)。

通过大量的退水曲线分析，科学家已部分证实，*S*-*Q* 关系(如 $Q = kS^p$)可以很好地表达由于蓄量变化引发的河流径流量的相应改变(Birkel et al., 2011; Kirchner, 2009)。根据 Wittenberg(1999)的研究，在集总的蓄泄公式中，k 和 p 均为常数，k 与流域物理性质(如水力传导系数、流域面积和形状)有关。因此，这里有必要研究一下这种经验的蓄泄关系的物理基础，以确定此经验性的蓄泄关系在多大程度上能够反映出山坡或流域的物理结构特征，即定量解析山坡结构特征与河网形态如何控制并影响退水的过程(Troch et al., 2013)。例如，Biswal 和 Marani(2010)利用河流网络特征数据推求了 *S*-*Q* 关系的参数，Mutzner 等(2013)则进一步考虑了局地河网密度的不均匀分布，以估算其经验参数。

在山坡或小流域尺度上，通常基于 Dupuit-Forchheimer 假设的地下水动力学理论被广泛应用于水流的模拟和解析。利用这种线性化的 Depuit-Boussinesq 方程及其解析解技术，研究发现经验的线性或非线性水库模型具有相似的数学背景(Tallaksen, 1995)。然而，为了完成其解析公式的理论推导，必须对含水层的物理性质做出必要的简化和假设。例如，在理论研究和工程实践中，一般均采用简化的 Boussinesq 含水层(即规则形状的水平[图 10-1(a)]或倾斜的 Boussinesq 含水层)，以得到简化的理论公式，并用于估算含水层的水力特性等(Bogaart et al., 2013; Troch et al., 1993)。

然而，在山坡尺度上，源头型山坡含水层的平面形状[图 10-1(b)]是土壤水和地下径流分布的一阶控制性因素，在进行理论解析时需要予以考虑(Jencso and

McGlynn, 2011; Nippgen et al., 2011)。山坡蓄量动力学模型(HSDMs)(Troch et al., 2003, 2002; Fan and Bras, 1998)应该是第一个显式考虑山坡水平形状的理论模型，该理论采用山坡宽度函数(HWF)来描述山坡单元的形状及蓄水量的空间分布，以简洁优雅的方式定量揭示了山坡关键带结构的水力影响。Troch 等(2013)已在山坡壤中流模拟中对蓄量动力学方程做了综合性的评估。

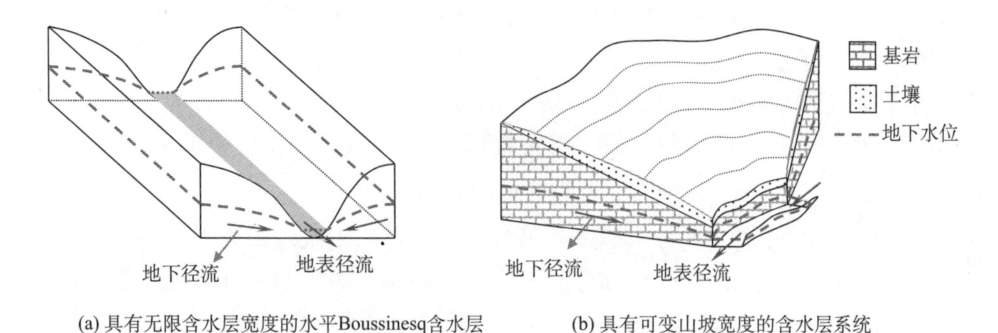

(a) 具有无限含水层宽度的水平Boussinesq含水层　(b) 具有可变山坡宽度的含水层系统

图 10-1　浅层含水层示意图

本章试图通过对山坡蓄量动力学方程的理论分析，实现用山坡含水层几何形状特征来表达 *S-Q* 曲线，以揭示源头区地下水的蓄泄机制。我们将对蓄量动力学的理论背景做详细介绍，并给出一个不同形式的山坡蓄量 Boussinesq(hsB)方程。随后，基于山坡蓄量运动波(hsKW)方程导出 *S-Q* 关系的解析解，该解析模型的优点是可以清晰地揭示山丘区地下水 *S-Q* 过程与其几何形状因子之间的联系。随后，将解析模型与导出的 hsB 模型进行对比评价，用于模拟理想山坡和真实小流域含水层 *S-Q* 过程。

10.1　山坡蓄量动力学理论

山坡(小流域)是流域的基本单元。在山丘区，经由坡地进入河道的水量占总量的 95%(Kirkby, 1988)，山坡水文过程在其水文循环中占据重要地位。影响山坡产流的重要地貌特征包括坡形、尺寸(坡长和坡度)等，这里坡形指山坡垂向和水平曲率(profile curvature and planform curvature)，即山坡的收敛、发散、凹和凸等特征。早期的实验研究(Anderson and Burt, 1978; Dunne and Black, 1970; Beston and Marius, 1969)和数学模拟研究(Smith and Hebbert, 1983; Freeze, 1972)(尽管仅停留在理论分析上)已经证明，山坡地貌特征对于其土壤含水量、产流面积空间分布等来说是重要的地形控制因子。这些研究对于早期山坡水文学的理解和研究是非常重要的。但是正如前文所说，由于山坡三维结构的复杂性，控制方程高度非线性化造成求解的困难，以及模型所需的土壤水力学参数难以通过野外实验大量获取，所以如何采用低维简化的方法来描述复杂山坡的水文过程一直困扰着科学家。

然而，正如上面所提到的，在理论分析和实际应用中，山坡通常被简化或者概化为平直一维的坡地(Harman and Sivapalan, 2009; Rupp and Selker, 2006; Brutsaert, 1994)。这种做法虽然能有效解释地下水流动力学机制，但没有充分考虑自然山坡含水层的几何形状特征。直到 1998 年，在山坡地下水动力学建模中，Fan 和 Bras 巧妙地引入了山坡宽度函数(HWF)[即 $w(x)$]和地形剖面曲率函数，将山坡含水层的三维结构简化成一维蓄量(S_p)剖面[图 10-2(a), (b), (c)]：

$$S_p(x) = w(x)d(x)\mu \tag{10-1}$$

式中：$w(x)$为山坡宽度函数；$d(x)$为沿剖面方向自由水水深；μ 为土壤自由水孔隙率(相当于潜水含水层的给水度)。值得注意的是，方程(10-1)定义了蓄量而非水位的沿程分布，它可以通过 HWF 来表示山坡含水层的平面形状。然后，以蓄量为因变量，可以给出山坡蓄量动力学的连续方程和运动波近似的动量方程：

$$\frac{\partial S_p}{\partial t} + \frac{\partial Q}{\partial x} = N(t)w(x) \tag{10-2}$$

$$Q = -K\frac{S_p}{\mu}z' \tag{10-3}$$

这里，式(10-2)是连续方程，式(10-3)为达西方程形式的运动波方程，该方程忽略了扩散项，Q 为山坡侧向流量，N 为净补给项(如产流深)，K 为饱和导水率，z' 为基岩地形坡度。

以上是 Fan 和 Bras(1998)提出的山坡蓄量运动波(hsKW)方程的经典形式。Troch 等(2002)用理想化的山坡进一步推导了 hsKW 方程的更为一般化的解析解。随后，他们又进一步发展了山坡蓄量动力学理论，推导了以蓄量为因变量的 Boussinesq 方程，从而得到了考虑扩散作用的更为普适的山坡蓄量动力学方程，即蓄量 Boussinesq 方程(hsB)(Troch et al., 2003)。在经典的山坡蓄量动力学模型(HSDMs)中(Troch et al., 2003)，x 轴通常被定义为平行于山坡表面。然而，在实际应用中，HSDMs 中所需要的诸多地形地貌参数通常是在水平坐标系中导出和提取的，如 HWF(算法详见 Liu et al., 2012)。原因在于，这些地形特征的提取是基于栅格 DEM 的，而栅格 DEM 建立于投影坐标体系之上。因此，为了使 hsB 理论更方便地应用于实际流域，我们推导出了适合水平坐标系下的 hsB 方程。如图 10-2 所示，我们选择了水平方向的 L_p 作为含水层长度，式(10-4)给出了描述非规则结构含水层的 hsB 方程，以适应实际流域的数据结构。式(10-5)为相应的达西公式：

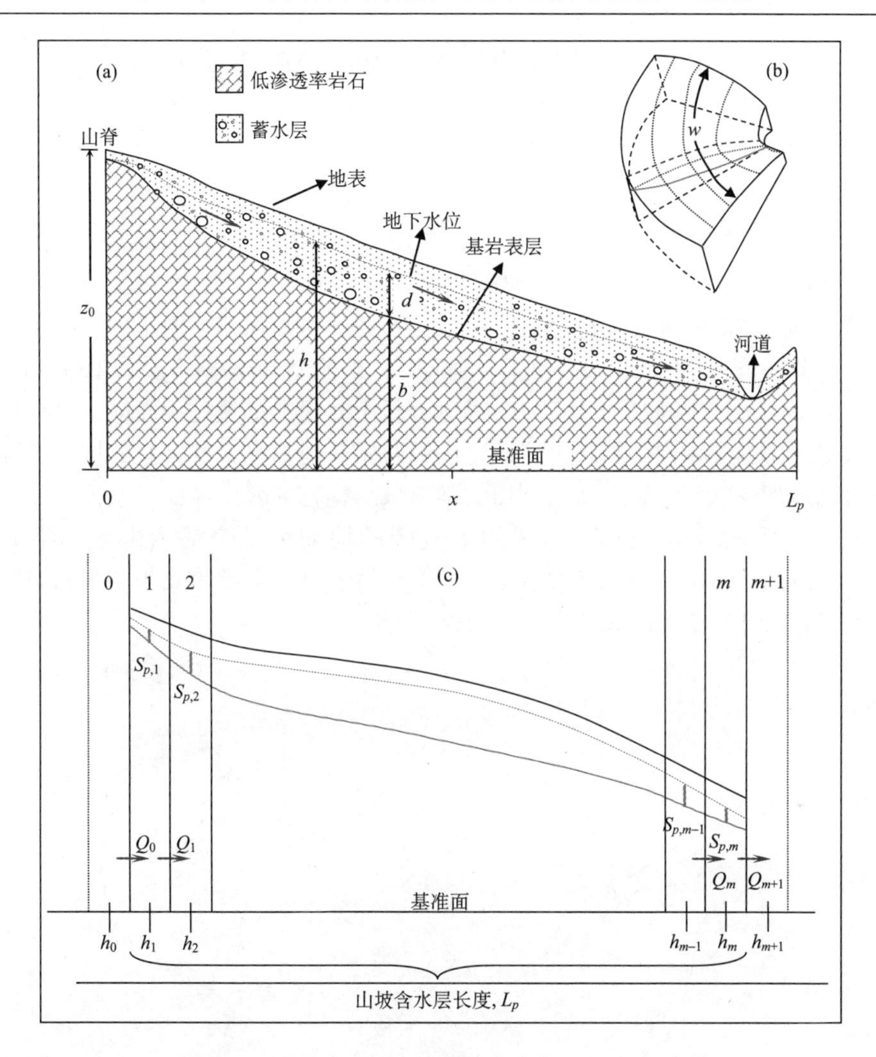

图 10-2　山坡含水层土壤和基岩分布及 1D 空间离散

(a) 含水层剖面示意图，其中 h 是水头，$\bar{b}$ 是基岩高程，d 是水深；(b) 含水层 3D 剖面，其中 w 为含水层宽度；(c) 含水层剖面空间域离散

$$\mu\frac{\partial S_p}{\partial t}=\frac{\partial}{\partial x}\left[\frac{KS_p}{\mu}\frac{\partial(S_p/w)}{\partial x}\right]+\frac{\partial}{\partial x}\left(KS_p\frac{\partial\bar{b}}{\partial x}\right)+\mu Nw \tag{10-4}$$

$$Q=-K\frac{S_p}{\mu}\frac{\partial}{\partial x}\left(\frac{S_p}{\mu w}+\bar{b}\right) \tag{10-5}$$

式(10-4)等效于 Hilberts 等(2004)论文中的式(6)，但它定义在不同的坐标中，这里 $\bar{b}$ 表示沿剖面方向位置 x[图 10-2(a)]处的平均基岩高程，即此位置对应的等距离线上各点基岩高程的均值。研究中，采用 Crank-Nicolson 有限差分格式求解

hsB 方程，将 1D 剖面进行空间域离散，如图 10-2(c)所示。

通过假设山坡含水层宽度函数服从指数型分布[式(10-6)]，Troch 等(2004)进一步推导了对应的壤中流解析解。

$$w(x) = w_0 e^{\varphi x} \tag{10-6}$$

式中：w_0 是山脊处的山坡宽度；φ 表示含水层的形状，$\varphi > 0$ 为发散型含水层，$\varphi < 0$ 为收敛型含水层，$\varphi = 0$ 为平直型含水层。

继 Troch 等(2003, 2004)之后，Huyck 等(2005)发展了适用于理想的指数型 HWF 的山坡含水层的退水公式，并提出了新的基流分割方法。Pauwels 和 Troch(2010)进一步延伸了上述研究，通过分析上升段的基流过程线来估算流域尺度含水层下层的导水率。尽管上述研究已经开始在地下水 *S-Q* 关系的推求过程中尝试考虑地形形状因素，但如何利用实际流域结构特征解析 *S-Q* 关系仍是一个难题。在这个研究中，我们尝试采用更复杂的地貌因子来揭示山坡或小流域[图 10-2(a)、(b)]非线性的 *S-Q* 关系。这里，为描述实际流域山坡的形状特征，采用 Liu 等(2012)建议的高斯函数型 HWF：

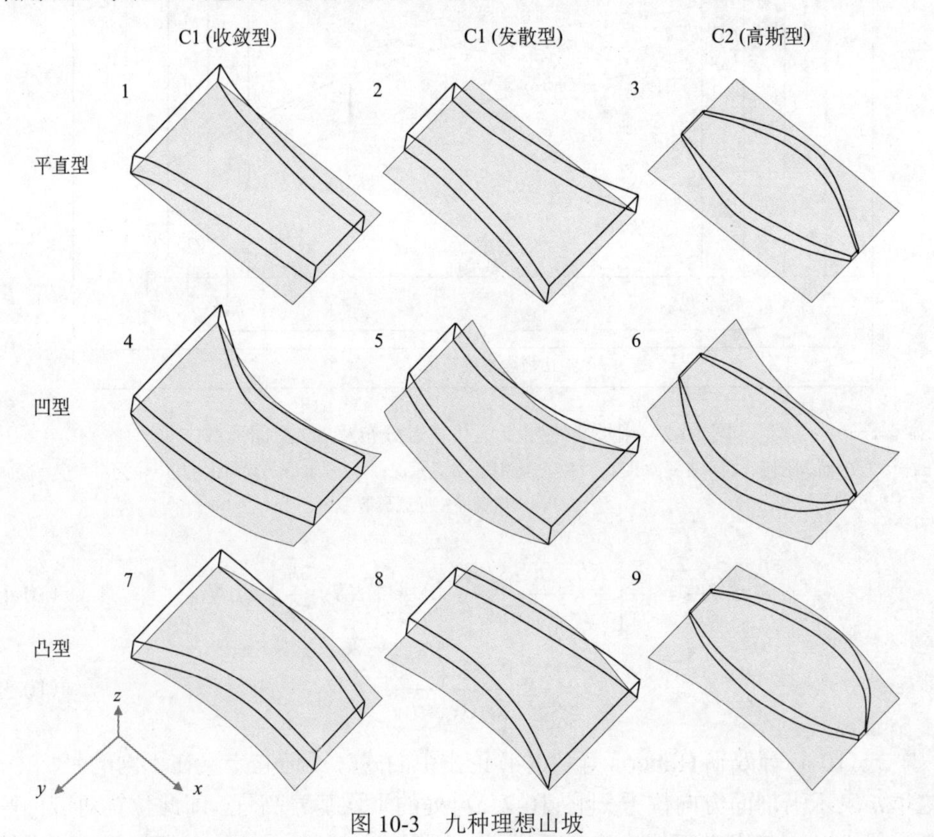

图 10-3　九种理想山坡

可依据 HWF 分为两组，即 C1(指数型)和 C2(高斯型)

$$w(x) = w_p \mathrm{e}^{-\left(\frac{x-\tau}{\sigma}\right)^2} \tag{10-7}$$

式中：τ 是最大宽度所处的位置，即 w_p 和 σ 控制了 HWF 曲线的形状。在 $x=\tau$ 时，σ 值越大意味着 HWF 曲线越平缓，σ 值越小则曲线趋陡。

图 10-3 展示了由指数型和高斯型 HWF 定义的 9 种山坡含水层，其平面形状可分为收敛型、发散型和高斯型，而剖面形状又分为平直型、凹型和凸型。

10.2　山坡蓄泄过程的理论解析

10.2.1　基本假定

假定山坡壤中流存在于具有高渗透性、浅薄的含水层之中，这层土壤之下则是坡度较陡的相对不透水的基岩层。在这种情况下，进一步采用 hsKW 方程来描述复杂山坡结构下的水动力过程，并用于理论推导。根据 Fan 和 Bras(1998)的推导结果，山坡或者小流域的 hsKW 方程可以通过连续性方程[式(10-2)]和运动波形式的动量方程[式(10-3)]的组合来推导，如下：

$$a(x)\frac{\partial S_p}{\partial x} + \frac{\partial S_p}{\partial t} = c(x, S_p) \tag{10-8}$$

对于自然状态下的山坡，初始条件和边界条件可以定义如下：

$$\begin{aligned} &S_p(x,0) = p(x),\ 0 < x < L_p \\ &h'(0,t) = 0, \quad \forall t \end{aligned} \tag{10-9}$$

式中：$a(x) = -\dfrac{Kz'}{\mu}$；$c(x,S_p) = N(t)w(x) + \dfrac{Kz''}{\mu}S_p$，$z''$ 是基岩地形曲率；h'是含水层中水头 h 的一阶导数；L_p 是水平方向的含水层长度[图 10-2(a)]。研究中，我们仅考虑无雨的枯期退水过程，故山坡的净补给强度 $N(t)$ 可以设为零；$p(x)$ 是初始蓄量的剖面分布函数，可由下式计算：

$$p(x)=w(x)d_0(x)\mu \tag{10-10}$$

式中：d_0 为初始水深函数。

10.2.2　剖面蓄量的演进

式(10-8)是拟线性的运动波方程，可以采用特征线方法进行解析求解(Norbiato and Borga, 2008; Troch et al., 2002; Fan and Bras, 1998)。根据式(10-9)中给定的初始条件和边界条件，式(10-8)的解为

$$S_p = p(x)\mathrm{e}^{\frac{Kz''}{\mu}t} \tag{10-11}$$

如式(10-11)所示，为了推求一个特解，首先必须给定剖面曲率。在本研究中，我们分别采用二次多项式分布函数和线性分布函数来表示基岩地形剖面的形状。以下，将给出关于剖面蓄量演进的详细解法。

首先，假定山坡基岩地形高程服从二次多项式分布，即

$$z=\alpha x+\beta x^2+z_0 \tag{10-12}$$

式中：α 和 β 皆为二次多项式的系数，其中 α 一般为负值(对于线性剖面，$\alpha=z'$)，β 代表山坡的剖面曲率，即 $\beta=z''$($\beta>0$ 表示基岩地形剖面呈凹形，$\beta<0$ 表示基岩地形剖面为凸形，$\beta=0$ 则表示基岩剖面呈平直状)；z_0 为山坡山脊处($x=0$)的高程。

这时，依据特征线法，式(10-8)可以改写成两个常微分方程的形式：

$$\frac{\mathrm{d}x}{\mathrm{d}t}=-\frac{k}{\mu}(\alpha+2\beta x) \tag{10-13}$$

$$\frac{\mathrm{d}S_p}{\mathrm{d}t}=\frac{2K\beta}{\mu}S_p \tag{10-14}$$

如果我们关注一个给定的位置 $x=\xi$，其初始蓄量为 $p(\xi)$，于是根据式(10-13)，水量沿特征曲线的传播路径为

$$x=\left(\xi+\frac{\alpha}{2\beta}\right)\mathrm{e}^{-\frac{2K\beta}{\mu}t}-\frac{\alpha}{2\beta} \tag{10-15}$$

或

$$\xi=\left(x+\frac{\alpha}{2\beta}\right)\mathrm{e}^{\frac{2K\beta}{\mu}t}-\frac{\alpha}{2\beta} \tag{10-16}$$

接下来，通过对式(10-14)进行积分，可以导出剖面蓄量的表达式，如下：

$$S_p(x,t)=p(\xi)\mathrm{e}^{\frac{2K\beta}{\mu}t} \tag{10-17}$$

山坡基岩地形高程的二次多项式函数分布还有一种特例，即线性分布函数

$$z=\alpha x+z_0 \tag{10-18}$$

式中：α 代表山坡基岩坡度，一般为负值。

对于线性分布的基岩高程，式(10-13)、式(10-14)可以变为

$$\frac{\mathrm{d}x}{\mathrm{d}t}=-\frac{\alpha K}{\mu} \tag{10-19}$$

$$\frac{\mathrm{d}S_p}{\mathrm{d}t}=0 \tag{10-20}$$

上式表明，出口断面的流量将以活塞流的形式出流，也就是说在长度为 L_p(图 10-2)的山坡上，每一个剖面的水量消退都是整体向下推进的，由于断面宽窄

不一，传播过程中，任意剖面的水深会发生变化，但是蓄量不产生任何变化。水量传播的速度为 $\frac{\mathrm{d}x}{\mathrm{d}t}=-\frac{\alpha K}{f}$，则有

$$x=-\frac{\alpha K}{\mu}t+\xi \tag{10-21}$$

或者

$$\xi=x+\frac{\alpha K}{\mu}t \tag{10-22}$$

在上式中，给定一组 (x, t)，可以推求出一个具体的位置 ξ。这时，如果我们已知初始时刻各位置的蓄量，通过对式(10-20)的积分，则任意时刻、位置对应的蓄量为

$$S_p(x,t)=p(\xi) \tag{10-23}$$

上式表明，初始位置 ξ 的水量以 $\frac{\alpha K}{\mu}$ 的速度沿特征曲线[式(10-22)]向下游运动，期间水波不发生变形。

10.2.3　含水层蓄量、径流响应函数

在推求出剖面蓄量函数关系后，通过对剖面蓄量 S_p 沿 x 方向(图 10-2)的积分，可以得到整个山坡含水层的蓄水量 S。对于服从二次多项式分布的山坡含水层，其蓄量可以表达为

$$S=\int_0^{L_p}S_p(x,t)\,\mathrm{d}x=\mathrm{e}^{\frac{2K\beta}{\mu}t}\int_0^{L_p}p(\xi)\mathrm{d}x \tag{10-24}$$

式中：S 是任意时刻山坡或小流域含水层中的蓄量。由于 $x=\left(\xi+\frac{\alpha}{2\beta}\right)\mathrm{e}^{-\frac{2K\beta}{\mu}t}-\frac{\alpha}{2\beta}$ [式(10-15)]，所以有

$$\mathrm{d}x=\mathrm{e}^{-\frac{2K\beta}{\mu}t}\mathrm{d}\xi \tag{10-25}$$

因此，

$$S=\int_0^{x_t}p(\xi)\mathrm{d}\xi \tag{10-26}$$

式中：$x_t=\left(L_p+\frac{\alpha}{2\beta}\right)\mathrm{e}^{\frac{2K\beta}{\mu}t}-\frac{\alpha}{2\beta}$，$x_t$ 是 t 时刻山坡含水层饱和区的长度。

对于线性函数分布的情况，通过类似的推导，线性基岩山坡的蓄量可以写成

$$S = \int_0^{x_t} p(\xi) \mathrm{d}\xi \tag{10-27}$$

式中：$x_t = L_p + \dfrac{\alpha K}{\mu} t$。

在式(10-26)和式(10-27)中，我们得到了相同的山坡蓄量表达式。由于山坡(或小流域)宽度的尺度(通常为 10^3 m)远远大于壤中流地下水深的尺度(10^0 m)，这里采用平均水深 $\bar{D}_0$ 代替变动水深，对式(10-10)进一步线性化。因此，初始水深函数为

$$p(x) = \mu \bar{D}_0 w(x) \tag{10-28}$$

式中：$\bar{D}_0$ 为初始有效含水层厚度，为剖面含水层厚度的均值。如果水深沿整个剖面均匀分布，则 $\bar{D}_0$ 等于初始水深。这时，将式(10-28)代入式(10-26)或式(10-27)，可得

$$S = \mu \bar{D}_0 \int_0^{x_t} w(\xi) \, \mathrm{d}\, \xi \tag{10-29}$$

式(10-29)可用于推导给定 HWF 的 *S*-*Q* 关系。前文已提到，本研究将采用两种类型的 HWF，即指数型和高斯型的宽度函数。首先，采用指数函数，将式(10-6)代入式(10-29)，得到

$$S = \mu w_0 \bar{D}_0 \int_0^{x_t} \mathrm{e}^{\varphi \xi} \, \mathrm{d}\, \xi \tag{10-30}$$

通过对此方程的积分(假设 $\varphi \neq 0$)，我们可得到一个关于时间、含水层形状和水力属性的山坡含水层动态蓄量公式：

$$S = \frac{\mu w_0 \bar{D}_0}{\varphi} (\mathrm{e}^{\varphi x_t} - 1) \tag{10-31}$$

由于 $\dfrac{\mathrm{d}S}{\mathrm{d}t} = -Q$，在含水层剖面形状满足二次多项式或线性分布函数的情形下，其含水层的出流过程分别为

$$Q = -(\alpha + 2\beta L_p) w_0 \bar{D}_0 K \mathrm{e}^{\varphi x_t} \mathrm{e}^{\frac{2K\beta}{\mu} t} \tag{10-32}$$

$$Q = -\alpha w_0 \bar{D}_0 K \mathrm{e}^{\varphi x_t} \tag{10-33}$$

如果 φ=0，对于水平形状平直的山坡，式(10-30)可以改写成

$$S = \mu w_0 \bar{D}_0 x_t \tag{10-34}$$

故式(10-32)和式(10-33)可写作

$$Q = -(\alpha + 2\beta L_p) w_0 \bar{D}_0 K \mathrm{e}^{\frac{2K\beta}{\mu} t} \tag{10-35}$$

$$Q = -\alpha K w_0 \bar{D}_0 \tag{10-36}$$

对于剖面和水平形状均平直的山坡来说，Q 为一个常量。原因在于，在式(10-28)中，我们假定初始蓄量剖面的水深为常数。

如果山坡含水层的宽度分布服从高斯函数分布[式(10-7)]，将式(10-7)代入式(10-29)，得

$$S = \mu w_p \bar{D}_0 \int_0^{x_t} \mathrm{e}^{-\left(\frac{\xi-\tau}{\sigma}\right)^2} \mathrm{d}\xi \tag{10-37}$$

通过定义高斯误差函数，进一步得

$$\int_0^{x_t} \mathrm{e}^{-\left(\frac{\xi-\tau}{\sigma}\right)^2} \mathrm{d}\xi = \frac{\sqrt{\pi}\sigma}{2}[\mathrm{erf}(u) - \mathrm{erf}(u_0)] \tag{10-38}$$

式中：$u = \dfrac{x_t - \tau}{\sigma}$，$u_0 = \dfrac{0-\tau}{\sigma}$。故而，对式(10-37)积分可得

$$S = \frac{\sqrt{\pi}\sigma\mu w_p \bar{D}_0}{2}[\mathrm{erf}(u) - \mathrm{erf}(u_0)] \tag{10-39}$$

依据高斯误差函数的特性，其导数可以定义为

$$[\mathrm{erf}(u)]' = \frac{2}{\sqrt{\pi}} \mathrm{e}^{-u^2} u' \tag{10-40}$$

式中：$u = \dfrac{x_t - \tau}{\sigma}$。对于剖面地形为二次多项式函数分布的含水层，饱和带的长度可以定义为 $x_t = \left(L_p + \dfrac{\alpha}{2\beta}\right)\mathrm{e}^{\frac{2K\beta}{\mu}t} - \dfrac{\alpha}{2\beta}$，故

$$\left[\mathrm{erf}\left(\frac{x_t - \tau}{\sigma}\right)\right]' = \frac{2(\alpha + 2\beta L_p)K}{\sqrt{\pi}\sigma\mu} \mathrm{e}^{-u^2} \mathrm{e}^{\frac{2K\beta}{\mu}t} \tag{10-41}$$

对于剖面地形是线性函数分布的含水层，则 $x_t = \dfrac{\alpha K}{\mu} t$，于是可得

$$\left[\mathrm{erf}\left(\frac{x_t - \tau}{\sigma}\right)\right]' = \frac{2\alpha K}{\sqrt{\pi}\sigma\mu} \mathrm{e}^{-u^2} \tag{10-42}$$

接下来，对蓄量 S 取时间上的偏导数，即 $\dfrac{\mathrm{d}S}{\mathrm{d}t} = -Q$，可得流量 Q 过程的表达式。对于剖面地形为二次多项式函数分布和线性函数分布的含水层，其出流过程分别为

$$Q = -(\alpha + 2\beta L_p) w_p \bar{D}_0 K \mathrm{e}^{-u^2} \mathrm{e}^{\frac{2K\beta}{\mu}t} \tag{10-43}$$

$$Q = -\alpha w_p \bar{D}_0 K \mathrm{e}^{-u^2} \tag{10-44}$$

10.2.4 山坡蓄泄关系的解析

表 10-1 列出了不同的基岩剖面和山坡宽度函数组合情形下蓄泄关系的解析表达式。研究中，我们分别给出了两类剖面(二次多项式和线性函数分布)的含水层，这些山坡含水层按照宽度函数(指数型和高斯型)又可划分为两类，即全部的九种山坡按照形状组合可以被划分为四大类。我们发现，显式的蓄泄关系(S-Q)仅仅存在于简单形状组合的山坡含水层，如采用指数型宽度函数描述的山坡含水层(即 C1 类)。在这些山坡中，蓄泄关系表现为线性或者准线性的形式。

在 C1 中，基岩剖面采用线性函数描述的山坡含水层(#1 和#2)，其蓄泄关系为

$$Q = -\frac{\alpha \varphi K}{\mu} S - \alpha K w_0 \bar{D}_0 \tag{10-45}$$

在 C1 中，基岩剖面采用二次多项式函数描述的山坡含水层(#4、#5、#7、#8)，其蓄泄关系为

$$Q = -\frac{K(\alpha + 2\beta L_p)}{\mu} \mathrm{e}^{\frac{2K\beta}{\mu}t} (\varphi S + \mu w_0 \bar{D}_0) \tag{10-46}$$

然而，对于水平形状更为复杂的山坡含水层，如高斯型含水层(C2)，只能采用非初等函数(如高斯误差函数)来表达蓄量函数和径流响应函数，因此显式的 S-Q 关系函数是不存在的。

表 10-1　不同类型的含水层蓄量–径流响应函数以及蓄泄关系

类别	编号	剖面函数	宽度函数	S-Q 关系
C1	#1, #2	线性函数*	指数函数***	$Q = -\frac{\alpha\varphi K}{\mu} S - \alpha K w_0 \overline{D_0}$
	#4, #5 #7, #8	二次多项式函数**		$Q = -\frac{K(\alpha + 2\beta L_p)}{\mu} \mathrm{e}^{\frac{2K\beta}{\mu}t} (\varphi S + \mu w_0 \bar{D}_0)$
C2	#3	线性函数	高斯函数****	$S = \frac{\sqrt{\pi}\sigma\mu w_p \bar{D}_0}{2}[\mathrm{erf}(u) - \mathrm{erf}(u_0)]$ ***** $Q = -\alpha w_p \bar{D}_0 K \mathrm{e}^{-u^2}$
	#6, #9	二次多项式函数		$S = \frac{\sqrt{\pi}\sigma\mu w_p \bar{D}_0}{2}[\mathrm{erf}(u) - \mathrm{erf}(u_0)]$ $Q = -(\alpha + 2\beta L_p) w_p \bar{D}_0 K \mathrm{e}^{-u^2} \mathrm{e}^{\frac{2K\beta}{\mu}t}$

*式(10-18)，**式(10-12)，***式(10-6)，****式(10-7)，*****式中 $u = \frac{x_t - \tau}{\sigma}$ 。

10.3　理想山坡的蓄泄过程模拟

10.3.1　理想山坡含水层及模拟情景的设定

如图 10-3 所示，我们选择了九种基本的山坡类型来模拟退水过程。在同一类山坡中，我们还研究了不同的坡度和剖面曲率对退水过程的影响(表 10-2)。以#4 山坡含水层为例，我们设定了两种凹度(β=0.0015 和 0.0025)和两种地形坡度(z_0=30 m 和 60 m)的组合，于是同一类山坡可以有四种不同的几何形状特征。对于所有的理想山坡，我们假定山坡的长度 L_p=100 m，K=1 m/h，μ=0.35，N=0 m/h。在模拟开始前，山坡土壤含水层被设定为初始饱和状态，以模拟暴雨后的壤中流消退过程。需要说明的是，如果有稳定的补给项，经过自由排水，这种初始饱和状态可以最终达到稳定初始条件(Bogaart et al., 2013)。研究中，我们假定含水层的初始水头深度沿剖面方向均匀分布，即为定值($\bar{D}_0$=0.3 m)。在 hsB 模型中，考虑到模拟对象为陡峭的山坡含水层，故下边界条件可设定为零水头边界，即 $h_{m+1}=0$。对于非喀斯特的自然山坡，一般在分水岭处可以认为是无水量交换的，因而上边界条件可以设为 0 通量边界[详见图 10-2(c)]。在应用 hsB 模型和 hsKW 解析模型时，所有的情景计算均只考虑壤中流的消退过程，不考虑坡面地表径流的过程。

表 10-2　九种山坡含水层形状参数的设置

编号	剖面形状	剖面函数*			宽度函数**			面积***/m²
		z_0/m	α	β	w_0 (w_p)/m	φ(τ(m))	σ/m	
#1	直	30	–0.30	0	50	–0.01		3160
#1	直	60	–0.60	0	50	–0.01		3160
#2	直	30	–0.30	0	18.39	0.01		3160
#2	直	60	–0.60	0	18.39	0.01		3160
#3	直	30	–0.30	0	50	30	50	3448
#3	直	60	–0.60	0	50	30	50	3448
#4	凹	30	–0.45	0.0015	50	–0.01		3160
#4	凹	30	–0.55	0.0025	50	–0.01		3160
#4	凹	60	–0.75	0.0015	50	–0.01		3160
#4	凹	60	–0.85	0.0025	50	–0.01		3160
#5	凹	30	–0.45	0.0015	18.39	0.01		3160
#5	凹	30	–0.55	0.0025	18.39	0.01		3160
#5	凹	60	–0.75	0.0015	18.39	0.01		3160
#5	凹	60	–0.85	0.0025	18.39	0.01		3160
#6	凹	30	–0.45	0.0015	50	30	50	3448

续表

编号	剖面形状	剖面函数*			宽度函数**			面积***
		z_0/m	α	β	w_0 (w_p) /m	$\varphi(\tau(\text{m}))$	σ/m	/m^2
#6	凹	30	–0.55	0.0025	50	30	50	3448
#6	凹	60	–0.75	0.0015	50	30	50	3448
#6	凹	60	–0.85	0.0025	50	30	50	3448
#7	凸	30	–0.15	–0.0015	50	–0.01		3160
#7	凸	30	–0.05	–0.0025	50	–0.01		3160
#7	凸	60	–0.45	–0.0015	50	–0.01		3160
#7	凸	60	–0.35	–0.0025	50	–0.01		3160
#8	凸	30	–0.15	–0.0015	18.39	0.01		3160
#8	凸	30	–0.05	–0.0025	18.39	0.01		3160
#8	凸	60	–0.45	–0.0015	18.39	0.01		3160
#8	凸	60	–0.35	–0.0025	18.39	0.01		3160
#9	凸	30	–0.15	–0.0015	50	30	50	3448
#9	凸	30	–0.05	–0.0025	50	30	50	3448
#9	凸	60	–0.45	–0.0015	50	30	50	3448
#9	凸	60	–0.35	–0.0025	50	30	50	3448

*α 和 β 为式(10-12)的系数。α 值通常为负，对于线性剖面函数的山坡，其代表了基岩剖面的坡度；β 值为基岩剖面的曲率；z_0 是山脊处的高程。

**w_0 和 φ 是山坡宽度函数的参数[式(10-6)]，这里 w_0 是山脊处的山坡宽度，φ 决定了含水层的水平形状(即敛散性)，w_p、τ 和 σ 分别是高斯型宽度函数的参数[式(10-7)]，其中 τ 是最大宽度所处的位置，w_p 和 σ 则控制了宽度函数曲线的形状。

***对于所有山坡，其投影长度均为 100 m。

10.3.2　理想山坡退水过程分析

为比较不同类型含水层的 S-Q 曲线，我们将蓄量 S 转化为等效水深($D_t = \dfrac{S}{A\mu}$)，其中 A 为山坡含水层的面积。由已知条件可知，初始蓄水 D_t 为 0.30 m。图 10-4 给出了模拟的 S-Q 过程线，结果显示几乎所有山坡含水层的退水均可划分为两个阶段。这种两阶段的退水模式在 C2 山坡含水层中最为典型，原因在于 C2 山坡含水层采用高斯函数来描述其平面形状，这是一种兼具收敛和发散的复合结构(图 10-3)。由于这种复合型的结构，这类山坡含水层的蓄泄过程相对于其他山坡也较为复杂。我们还发现，C1 的一些山坡含水层也具有与 C2 相似的两阶段退水特征。此外，除了某些发散型山坡(图 10-4 中的情景 2、8c 和 8d)，S-Q 曲线并不随流量的衰减而单调减少，在一些情况下出流量反而随总蓄量的减少呈现先增加后减少的趋势。在含水层水流由初始饱和状态开始衰减的过程中，水初期会在收敛或凹陷的山坡含水层的出口附近集聚，造成出口流量先有一个增加趋势，待达到峰值后出流会逐步衰减。以山坡含水层 1、5a 和 9c(z_0=30 m)为例(图 10-5)，

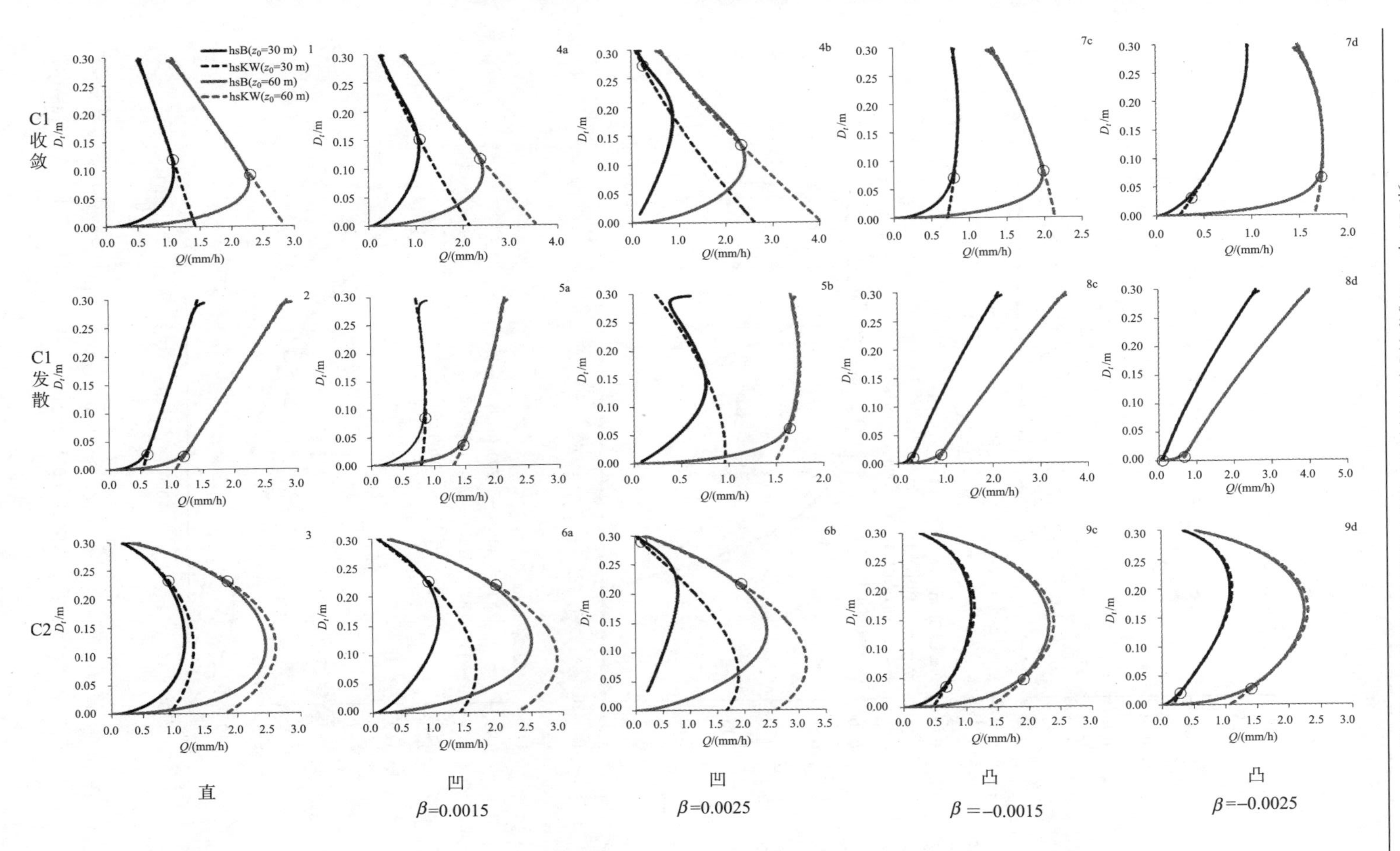

图 10-4　九种理想山坡不同情景下的蓄泄关系模拟结果

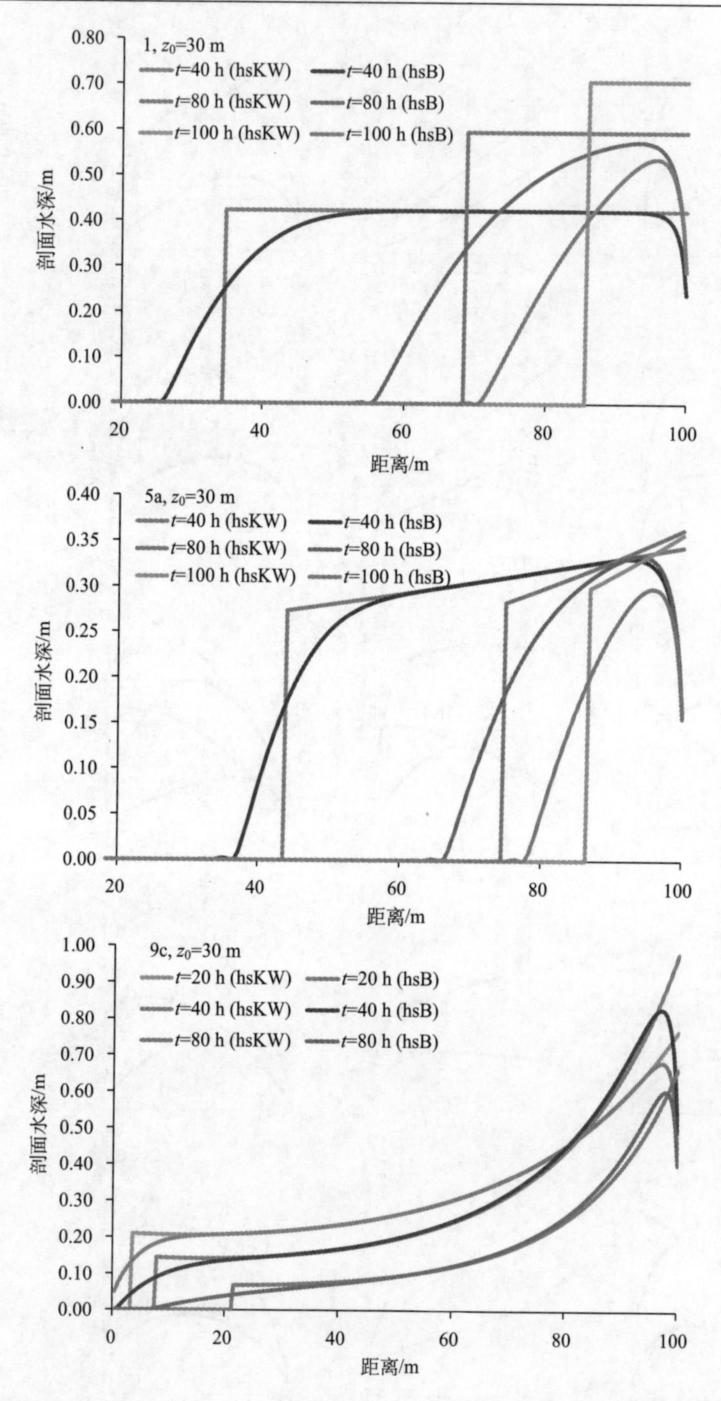

图 10-5　特定情景下(1、5a 和 9c，z_0=30 m) hsKW 及 hsB 模型模拟的不同时刻蓄量剖面

模拟的过程线显示，在退水事件的早期阶段，山坡下端剖面水深会显著增加。如图 10-5 所示，对于含水层 1 和 5a 的情景，两种模型模拟的出口附近蓄水剖面结果表明，该处在 t=80 h 之前水量一直处于累积状态。对于山坡含水层 9c，出口附近的蓄水剖面从时间 t=20 h 到 t=40 h 明显增加了 23%，此后从 t=40 h 到 t=80 h 减少了 27%。在山坡含水层下游出口附近，这种蓄水剖面和水力梯度先增后减的趋势是导致其出流量相应变动的根本原因所在。

通过观察两个模型计算出的蓄泄曲线，发现如果两者计算的结果在某一时刻会产生较大的偏移，这一时刻可以作为两阶段退水过程的临界点。于是，我们定义了两个模型出现偏差的时刻点(t_b)，在此时间节点之前，蓄量的误差介于±3%之间，即 $S_{\mathrm{hsKW}}/S_{\mathrm{hsB}}$ 介于 97%和 103%。这里，S_{hsKW} 和 S_{hsB} 分别是用 hsKW 解析解和 hsB 数值解模拟的蓄量。在图 10-4 中，我们在模拟的过程线上用黑色空心圈标识了 t_b 时刻所对应的蓄量(水深)值。如表 10-3 所示，t_b 的值在不同类型的含水层和情景中有很大的不同。事实上，t_b 的物理意义是指水波运动过程中扩散项变得重要的阶段或时刻。例如，在发散的凸坡，其 t_b 值通常大于或接近于收敛凹坡的对应值。更为准确的说，在发散的凸坡，t_b 值相对出现的更晚一些。在这类山坡，对流作用在整个退水过程中均发挥着重要影响。例如，当 t 接近 t_b 时，对于 z_0= 30 m，β=0.0015 的发散型凸坡含水层，蓄量 D_t 大约为 0.012 m，仅为初始蓄量的 4%，表明已经处于退水的末期。因此，在这类山坡含水层(图 10-4 中的 8c、8d)中，hsKW 的解析解与 hsB 数值解模拟结果最为接近。然而，对于收敛型凹坡，含水层中的扩散项更为重要，且不可忽视。例如，当 t 接近于 t_b 时，对于 z_0=30 m，β=0.0015 的收敛型凹坡含水层，蓄量 D_t 仍高达 0.150 m(相当于初始蓄量的 50%)，这意味着在退水的中期扩散作用就占据了上风。

在上述讨论的基础上，我们发现 S-Q 曲线可以分为两部分，即快速退水和慢速退水。在快速退水阶段，即 t_b 时刻出现前，C1 中的一些 S-Q 曲线表现为线性或拟线性函数(图 10-4 中的情景 1、情景 2、情景 4a、情景 4b、情景 8c、情景 8d)。如表 10-1 所观察到的(见表中的相关公式)，C1 中含水层的 S-Q 关系具有类似的形式，即蓄量的线性和准线性递减函数(初始蓄量减去蓄量的递减量)。因此，在这一阶段，可以采用线性和拟线性水库模型进行退水模拟。然而，在缓慢退水阶段(t>t_b)，S-Q 关系是高度非线性的，含水层的几何形状影响着该阶段持续的时间。对于坡面形态更趋复合结构的山坡含水层，如宽度函数为二次指数函数(即高斯函数)的 C2 类山坡含水层，S-Q 过程则最为复杂。此外，在情景 3、情景 6a、情景 6b、情景 9c 和情景 9d(图 10-4)中可以观察到，S-Q 曲线都受到其平面形状的强烈影响。

在同一类山坡含水层中，我们发现蓄泄曲线的影响因素主要有两个，即基岩剖面坡度和曲率。对于 C1 中的平直类山坡(无凹凸性)，基岩剖面的坡度对蓄泄关系曲线的影响最大。例如，对于具有较大基岩坡度(如 z_0=60 m)的含水层，其 *S-Q* 关系的曲线斜率的绝对值较小，如图 10-4 所示。对于基岩剖面满足二次多项式函数分布的含水层，其 *S-Q* 曲线受坡度和曲率的双重影响，表现出混合特征。例如，对于坡度相对较小且轻度凸剖面的山坡含水层，其 *S-Q* 关系曲线的斜率绝对值较大，如图 10-4 中情景 8c。然而，如果含水层剖面曲率较大，坡度对 *S-Q* 关系曲线的影响会减弱。例如，图 10-4 情景 8d 中的 β(=0.0025)的绝对值大于情景 8c 中的对应值(β=0.0015)，因此情景 8d 中的两种情景曲线(z_0=30 m 和 60 m)的斜率比情景 8c 中的两条曲线更靠近。

表 10-3 hsKW 和 hsB 模拟过线的偏差时刻点(t_b)

剖面形状	β	z_0/m	t_b/h		
			收敛型	发散型	高斯型
直	0	30	98.8	99.8	71.4
直	0	60	49.8	49.8	37.2
凹	0.0015	30	61.6	78.8	51.6
凹	0.0015	60	52.2	50.6	41.8
凹	0.0025	30	44.8	15.2	48.6
凹	0.0025	60	42.6	53.0	47.2
凸	–0.0015	30	103.0	109.2	65.2
凸	–0.0015	60	50.2	51.6	36.2
凸	–0.0025	30	124.8	134.4	116.8
凸	–0.0025	60	51.8	54.0	37.8

10.4 实际山坡蓄泄过程分析

10.4.1 研究区

以和睦桥实验站(位于我国浙江省)G5 子流域为研究对象(图 10-6)，该子流域面积 0.16 km^2。G5 子流域的径流观测始于 2013 年 7 月，随后我们在 2015 年 9 月开始对和睦桥子流域上游 H1 山坡实验场进行强化观测。该流域具有南方湿润丘陵地区典型的水文特征，年平均降雨量约为 1580 mm，径流以山坡壤中流为主，在暴雨中饱和壤中流从地下出露于地表，形成坡面流，是构成洪峰的重要组成部分。根据 H1 的观测数据，与地下水流相比，坡面地表水流的持续时间和路径均相对较短。考虑到暴雨的强度和间歇时间的长短，地表径流持续的时间一般在 10 h 以内。我们对和睦桥实验流域(含 H1 和 G5)的土壤厚度[图 10-6(c)]和土壤理化性质进行了调查和测量(Han et al., 2016; Feng et al., 2011)。调查发现，该小

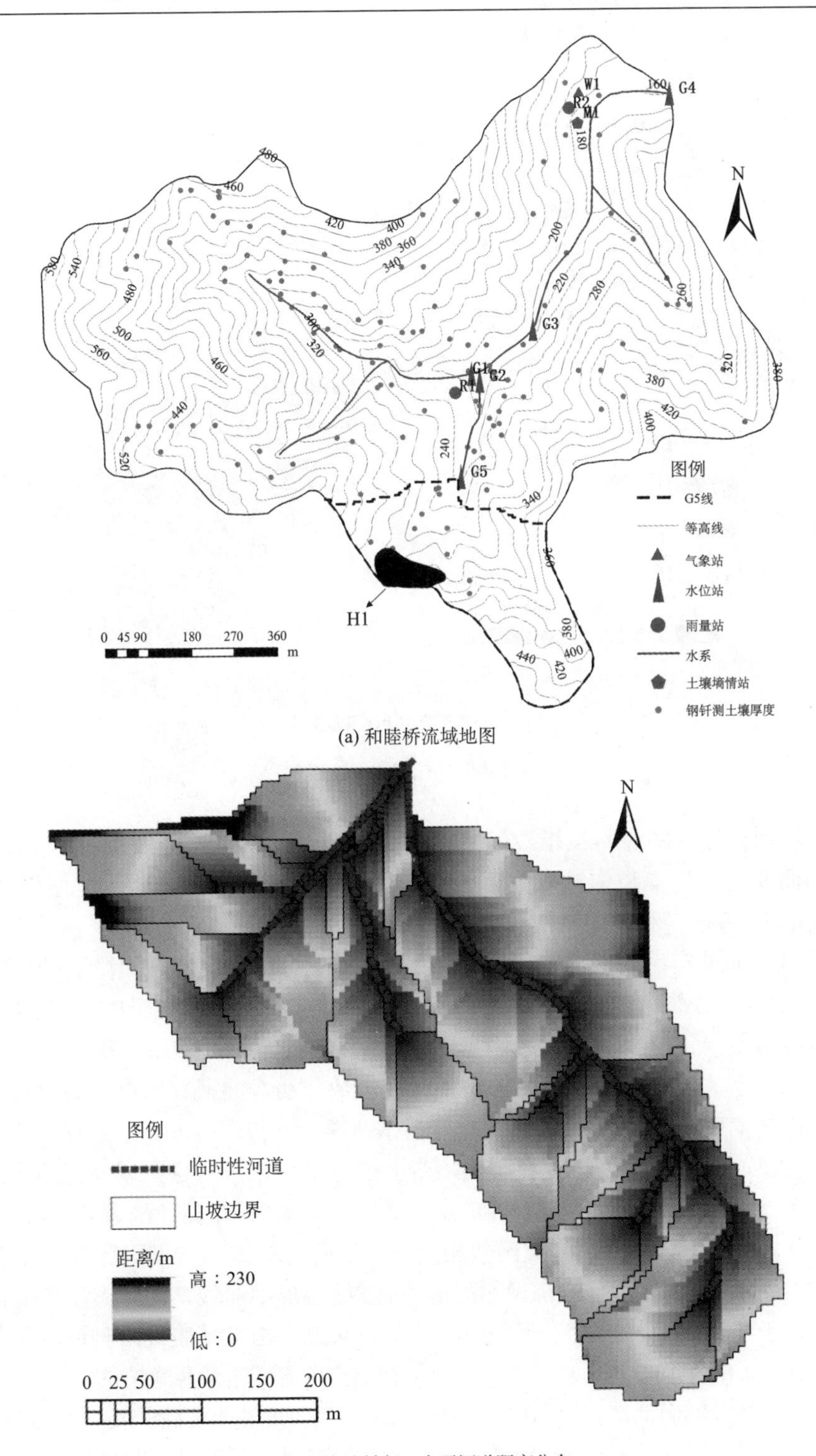

(a) 和睦桥流域地图

(b) G5子流域任一点至河道距离分布

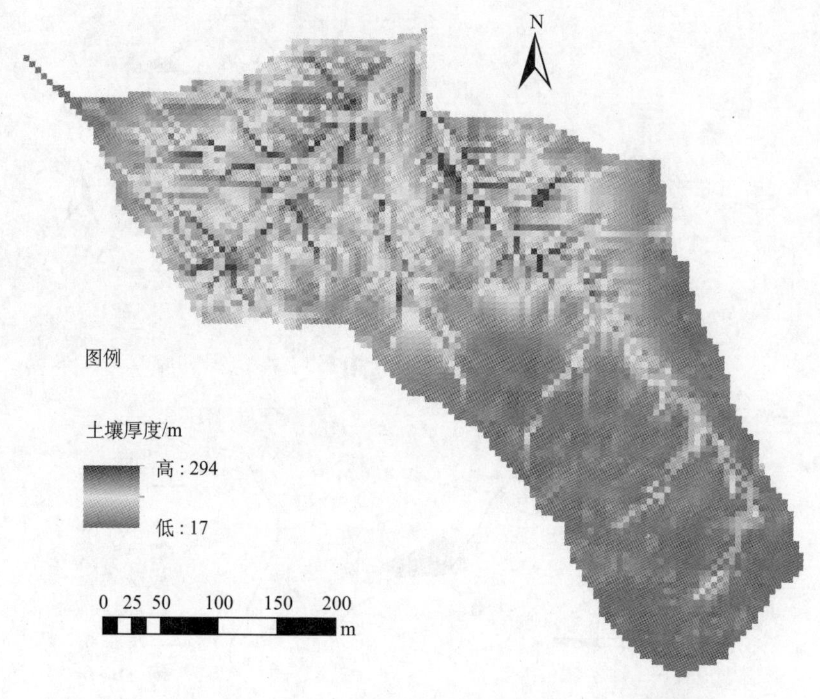

(c) G5子流域土壤厚度分布

图 10-6　和睦桥实验站 G5 子流域

流域土壤饱和导水率通常呈指数递减。由于 hsB 和 hsKW 模型不考虑土壤水力属性的剖面变化，故模型中选取具有代表性的土壤饱和导水率和给水度值(分别为 0.21 m/h 和 0.04)，对一次规模较大的暴雨事件进行模拟。

采用 5 m 分辨率的栅格 DEM 数据，根据 Liu 等(2012)推荐的算法(详见第 8 章)，可以生成模型所需要的山坡宽度数据[图 10-7(a)]。在该算法中，为了推求山坡宽度函数，需计算每个山坡网格到河道网格的水流路径距离[图 10-6(b)]，故可得到一个关于水流路径长度的概率密度函数曲线，此概率密度函数可进一步转换为山坡宽度函数 HWF。除了统计分析水流路径长度外，该算法还搜索所有网格的属性值，如土壤厚度，并在等距离带上进行平均，得到这些属性值随水流路径的一个分布函数。在图 10-7(a)中，我们采用两类函数(即高斯函数和指数函数)拟合实际山坡的 HWF。与指数函数相比，高斯函数的拟合结果更佳(R^2=0.99)。图 10-7(b)给出了 G5[图 10-6(b)]中所有山坡的地形剖面线，可以看出所有剖面线均接近于线性函数。因此，可采用线性函数来拟合山坡地表地形剖面，且其平均坡度为 0.46[图 10-7(b)中实线]。考虑到 G5 小流域土壤厚度较薄，我们用地表地形替代基岩剖面地形。图 10-7(c)中给出了土壤厚度在水流路径长度上的分布，我们同样采用一个线性函数[图10-7(c)中的直线]来近似土壤厚度的分布(R^2=0.72)。

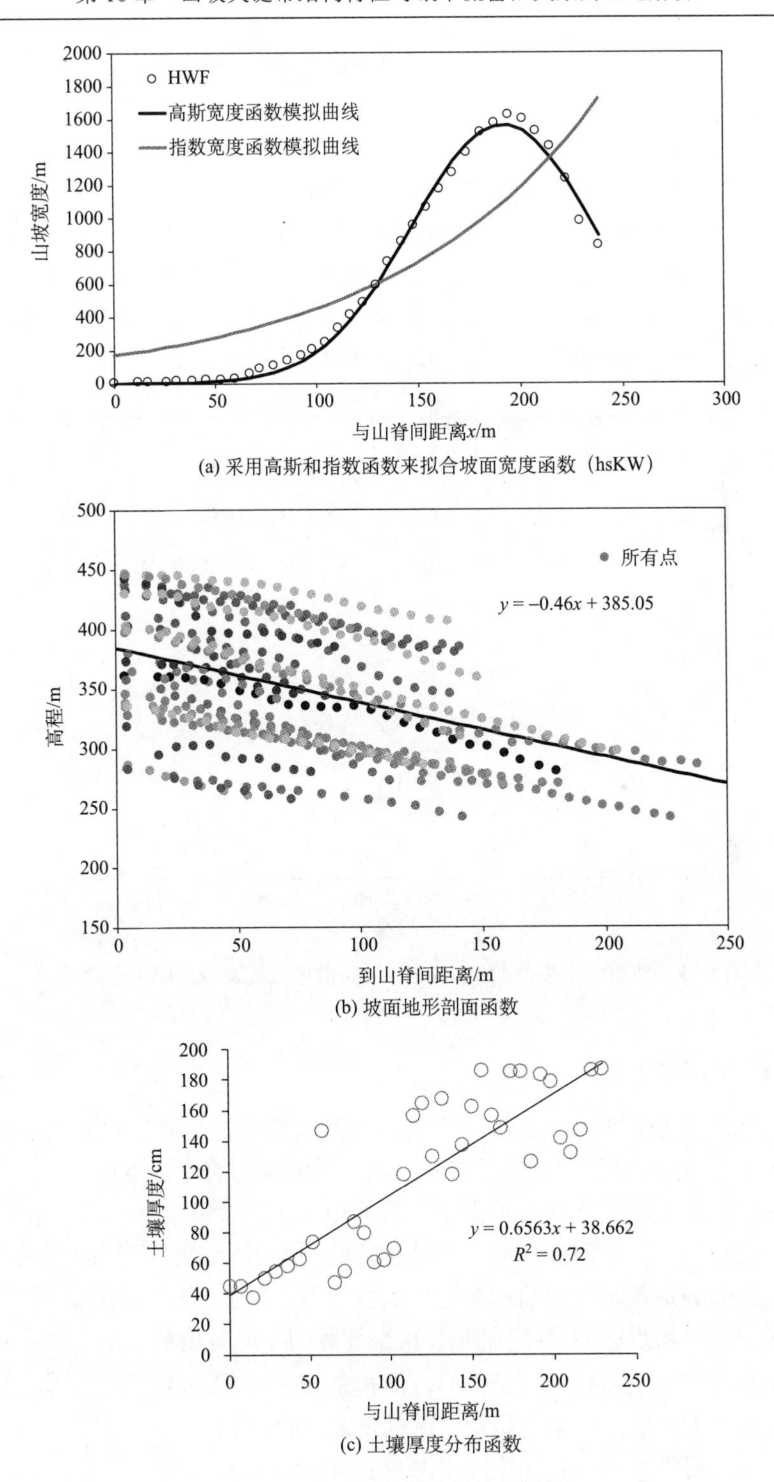

(a) 采用高斯和指数函数来拟合坡面宽度函数（hsKW）

(b) 坡面地形剖面函数

(c) 土壤厚度分布函数

图 10-7　G5 子流域山坡结构属性

通过以上设定，可以方便地得出 G5 小流域的含水层结构最接近#3 号理想山坡的形态特点。在这类山坡上，可以采用高斯函数来描述 HWF，采用线性函数描述基岩剖面地形。

在本研究中，我们选取观测期内最大的暴雨事件(2013 年 10 月 7 日)来模拟壤中流消退(图 10-8)。在此次暴雨事件中，总降雨量为 280 mm，洪峰流量为 0.357 m^3/s。研究中，分别采用高斯函数和指数函数来拟合小流域的实际 HWF [图 10-7(a)]，并用于 hsKW 和 hsB 模型的模拟。由于 G5 出口的初始流量很小(1.37×10^{-4} m^3/s)，因此我们假定初始地下水位为零。

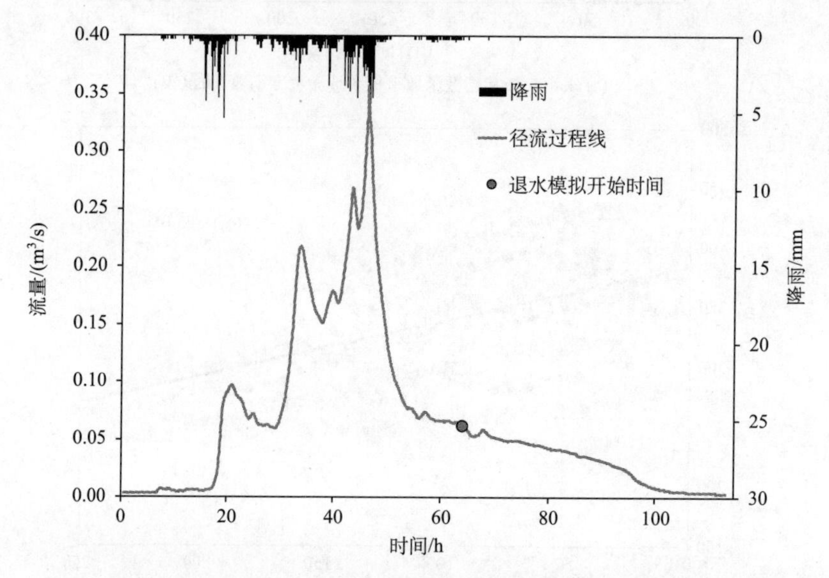

图 10-8　典型洪水事件(2013.10.07)的径流过程线及退水模拟开始时间

10.4.2　模拟结果的对比

我们比较了采用两种 HWF 模型(即高斯函数和指数函数)模拟的退水过程[图 10-9(a)]。退水过程模拟始于第 65 h(图 10-8 中的实心圆点)，这个时刻主要暴雨事件已停止 15 h。在 hsB 模型中，我们模拟了整个洪水事件的壤中流过程，模型中设置初始蓄水剖面作为洪水事件模拟的初始条件。由于次洪事件开始时流量很小，我们假定蓄水剖面的初始地下水位为零。对于 hsKW 模型，模拟开始于第 65 h，故其平均水深 $\bar{D}_0$ 需根据 hsB 模型计算的对应时刻蓄水剖面而确定。

总体来说，采用高斯宽度函数时，两模型(hsB 和 hsKW)模拟的结果过程线比采用指数宽度函数的结果更接近实际的观测过程[图 10-9(a)]。如表 10-4 所示，两模型采用高斯型宽度函数的模拟水深分别为 34.3 mm 和 32.8 mm，两者的偏差相对较小。相应的，hsB 模型的 RMSE 和 EC 分别为 3.10×10^{-3} m/s 和 0.97，hsKW 模型的 RMSE 和 EC 分别为 5.68×10^{-3} m/s 和 0.90。然而，当宽度函数采用指数函数时，两个模型预测结果的绝对偏差均大于 7%。这时，hsB 模型的 RMSE 和 EC 分别为 8.37×10^{-3} m/s 和 0.79，hsKW 模型的 RMSE 和 EC 分别为 10.7×10^{-3} m/s 和 0.68。特别地，采用指数宽度函数时，在退水初期，模拟的径流过程消退较快，这是因为指数函数在山坡出口端夸大了实际的宽度，更有利于水流的快速流出。然而，由于山坡宽度迅速下降，从 x=220 m 到 130 m，它比真实的山坡宽度变得更小[图 10-7(a)]。因此，采用指数宽度函数模拟的退水过程远比采用高斯宽度函数模拟的结果要来得慢。

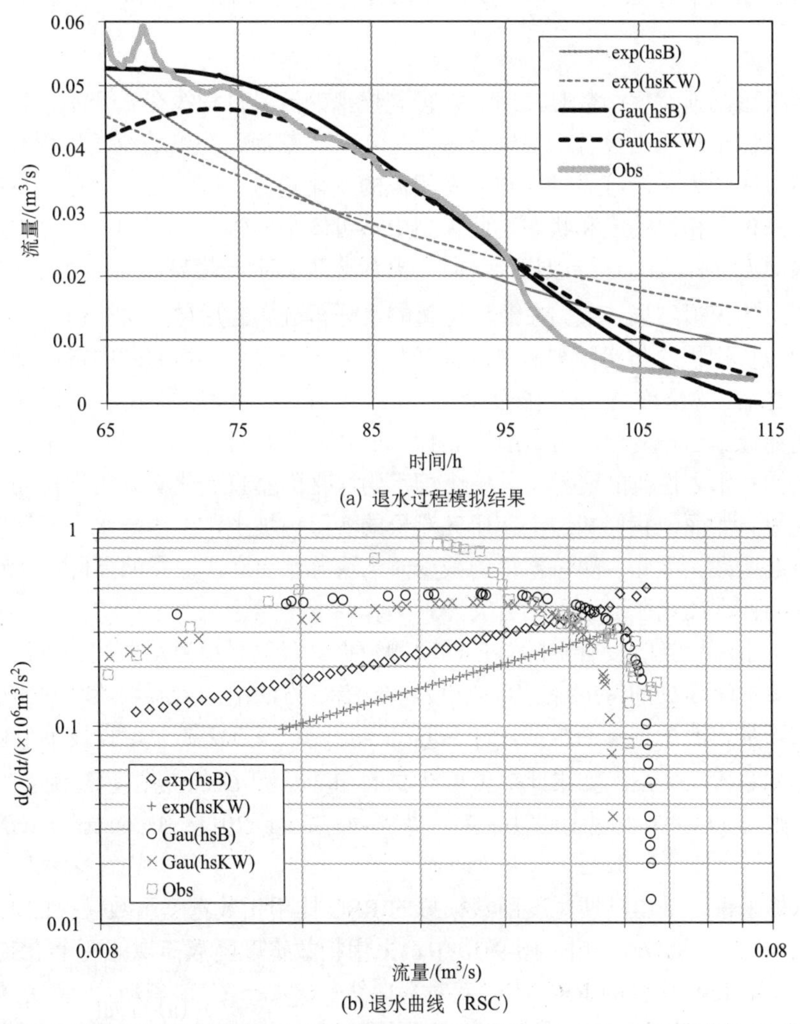

(a) 退水过程模拟结果

(b) 退水曲线（RSC）

图 10-9　基于两种不同宽度函数(即高斯函数和指数函数)的 hsB 和 hsKW 模型在 G5 出口断面的径流消退模拟

表 10-4　G5 子流域 2013.10.07 洪水退水过程模拟结果

模型	HWFs	总径流深/mm			RMSE* /(×10^{-3}m^3/s)	EC**
		观测值	模拟值	偏差/%		
hsB	exponential	33.2	29.4	−11.4	8.37	0.79
	Gaussian		34.3	3.3	3.10	0.97
hsKW	exponential		30.8	−7.2	10.7	0.68
	Gaussian		32.8	−1.2	5.68	0.90

*RMSE 是均方根误差，$\mathrm{RMSE}=\sqrt{\frac{1}{N}\sum(Q_{\mathrm{sim}}-Q_{\mathrm{obs}})^2}$，这里 Q_{sim} 和 Q_{obs} 分别是模拟和观测的流量；

**EC 是确定性系数，$\mathrm{EC}=1-\frac{\sum(Q_{\mathrm{sim}}-Q_{\mathrm{obs}})^2}{\sum(Q_{\mathrm{obs}}-\overline{Q}_{\mathrm{obs}})^2}$，这里 $\overline{Q}_{\mathrm{obs}}$ 是观测流量的均值。

当采用高斯宽度函数时，hsKW 模型模拟的流量过程线在一开始具有上升趋势，这类似于理想山坡含水层情景 3（图 10-4）。然而，观测的流量过程线及 hsB 模型模拟的结果并没有显示出与前者相近的变化趋势。原因在于，对于 hsKW 解析模型来说，初始的饱和状态是此模型中不可缺少的输入。例如，研究中采用了平均水深 $\overline{D}_0$=1.1 m，这导致出流过程一开始表现为上升趋势，与相应的理想化山坡含水层的模拟结果一致。在经历短暂的水分再分布之后（约 t=75 h 后），两模型模拟的流量过程线与实际观测过程能较好的吻合。从图 10-9(a)中可以看出，在 t=95 h 之后，观测的过程线在 Q=0.021 m/s 上有一个突然的下降，此时两类模型均未能捕捉到这一变化。这是因为 hsB 和 hsKW 模型都是一维模型，不能考虑垂向上结构和水力性质的变异，其中土壤水力属性的垂直变化必须集中作为一个代表性参数。然而，我们知道，在研究对象的实际山坡上，土壤导水率随深度的增加呈指数递减。因此，随着蓄量的减少，土壤导水率和出流量明显降低，这就可以解释为什么曲线在退水后期会突然下降。

由于小流域当时没有实际蓄量的观测数据，我们采用退水曲线分析法(RSC)来揭示壤中流 S-Q 的特征[图 10-9(b)]。在 RSC 方法中，出流量随时间的变化率可以认为是出流量本身的函数，即 $-\mathrm{d}Q/\mathrm{d}t=aQ^b$，该方法在一定程度上可以用于反映流域的蓄泄关系。如果此对数曲线中的$-\mathrm{d}Q/\mathrm{d}t$ 和 Q 的点据呈斜率为“1”的直线，则 S-Q 关系表现为线性水库，即 b=1（Wang, 2011; Brutsaert and Nieber, 1977）。

总体来说，采用高斯宽度函数模拟的 RSC 比用指数宽度函数模拟的 RSC 更符合实际结果。此外，在图 10-9(b)中，采用指数宽度函数模拟的两个 RSC 是线性的。在 hsKW 模型的 RSC 中，双对数曲线($-\mathrm{d}Q/\mathrm{d}t$～Q)的斜率为 1，这意味着 S-Q 的关系是一个线性水库模型。在这种情况下，G5 被概念化为具有线性剖面和指数宽度函数的山坡含水层结构，其 *S-Q* 关系可以用式(10-45)表示。因此，它与图 10-3 中的山坡含水层 2 的类型相同，故与图 10-4 中情景 2 山坡的 *S-Q* 过程类似。然而，对于使用 hsB 模型模拟的 RSC，其双对数曲线($-\mathrm{d}Q/\mathrm{d}t \sim Q$)的线性拟合斜率为 0.77，因而其 *S-Q* 关系是非线性的。利用高斯宽度函数模拟和观测得到的 RSC 的斜率分析表明，实际山坡含水层中的 *S-Q* 过程具有复合的退水特征。例如，在观测的后期(如 $Q<0.025\ \mathrm{m^3/s}$)，RSC 会遵循幂函数关系，就像采用指数宽度函数模拟确定的 RSC。显然，在这种情况下，*S-Q* 关系是非线性的。然而，在退水的早期阶段，流量本身变化会相对缓慢，而蓄量的变化则相对较大，这意味着靠近渠道附近的蓄水剖面在这一时段是保持稳定的。

10.5　小　　结

本章以 HSDMs 理论(Troch et al., 2003, 2002; Fan and Bras, 1998)为基础，分析了几何形状因素(平面和剖面曲率)对山坡含水层 *S-Q* 过程的影响。研究中，基于运动波近似，导出了四组 *S-Q* 方程(表 10-1)。其中，C1 类山坡含水层存在显式的 *S-Q* 解析表达式。然而，在 C2 类型的山坡含水层中，蓄量函数或出流量响应函数必须采用非初等函数来描述，故不能给出它们之间的显式表达式。此外，模拟的 *S-Q* 过程显示，退水过程明显分为两个阶段，即快速退水和慢速退水。在 C1 类型山坡含水层的快速消退阶段，*S-Q* 曲线可描述为线性或拟线性函数。山坡含水层的平面形状对 *S-Q* 曲线的形状有显著影响，其剖面坡度和曲率决定了 *S-Q* 过程消退的速度。此外，在 C1 的慢速退水期和 C2 的整个退水期间，*S-Q* 关系是高度非线性的。

最后，在和睦桥实验站的 G5 小流域，我们探讨了真实山坡含水层的 *S-Q* 过程。通过对模拟的径流过程线与 RSC 的比较，发现采用高斯型宽度函数模拟的结果更接近观测值。然而，受观测条件的限制，我们尚不能在总径流中有效地区分壤中流成分，所得到的结果仍需要进一步检验。此外，我们的工作也表明，山坡含水层的结构特征高度影响其 *S-Q* 过程。我们还需要对现实中山坡和渠道的形状(如尺寸、厚度和分布)进行充分的分析，这些因素的不确定性将会对本章所推荐方法的应用产生极大的影响。

参 考 文 献

Ajami H, Troch P A, Maddock III T, et al. 2011. Quantifying mountain block recharge by means of catchment-scale storage-discharge relationships[J]. Water Resources Research, 47: W04504.

Ali M, Fiori A, Bellotti G. 2013. Analysis of the nonlinear storage-discharge relation for hillslopes through 2D numerical modeling[J]. Hydrological Processes, 27(18): 2683-2690.

Anderson M, Burt T P. 1978. The role of topography in controlling throughflow generation[J]. Earth Surface Processes, 3: 331-344.

Beston R P, Marius J B. 1969. Source area of storm runoff[J]. Water Resources Research, 5: 574-582.

Birkel C, Soulsby C, Tetzlaff D. 2011. Modelling catchment-scale water storage dynamics: Reconciling dynamic storage with tracer-inferred passive storage[J]. Hydrological Processes, 25(25): 3924-3936.

Biswal B, Marani M. 2010. Geomorphological origin of recession curves[J]. Geophysical Research Letters, 37: L24403.

Bogaart P W, Rupp D E, Selker J S, et al. 2013. Late-time drainage from a sloping Boussinesq aquifer[J]. Water Resources Research, 49(11): 7498-7507.

Brutsaert W. 1994. The unit reponse of groundwater outflow from a hillslope[J]. Water Resources Research, 30: 2759-2763.

Brutsaert W, Nieber J L. 1977. Regionalized drought flow hydrographs from a mature glaciated plateau[J]. Water Resources Research, 13(3): 637-643.

Dunne T, Black R D. 1970. An experimental investigation of runoff production in permeable soils[J]. Water Resources Research, 6: 478-490.

Fan Y, Bras R L. 1998. Analytical solutions to hillslope subsurface stormflow and saturation overland flow[J]. Water Resources Research, 34: 921-927.

Feng D Z, Liu J T, Chen X. 2011. Spatial variation of hillslope soil chemical attributes[J]. Journal of Mountain Science, 29(4): 427-432.

Freeze R A. 1972. Role of subsurface flow in generating surface runoff. 2. Upstream source areas[J]. Water Resources Research, 8: 1272-1283.

Gabrielli C P, McDonnell J J, Jarvis W T. 2012. The role of bedrock groundwater in rainfall-runoff response at hillslope and catchment scales[J]. Journal of Hydrology, 450-451: 117-133.

Han X L, Liu J T, Zhang J, et al. 2016. Identifying soil structure along headwater hillslopes using ground penetrating radar based technique[J]. Journal of Mountain Science, 13(3): 405-415.

Harman C, Sivapalan M. 2009. A similarity framework to assess controls on shallow subsurface flow dynamics in hillslopes[J]. Water Resources Research, 45: W01417.

Hilberts A G J, van Loon E E, Troch P A, et al. 2004. The hillslope-storage Boussinesq model for non-constant bedrock slope[J]. Journal of Hydrology, 291: 160-173.

Huyck A A O, Pauwels V R N, Verhoest N E C. 2005. A base flow separation algorithm based on the linearized Boussinesq equation for complex hillslopes[J]. Water Resources Research, 41: W08415.

Jencso K G, McGlynn B L. 2011. Hierarchical controls on runoff generation: Topographically driven hydrologic connectivity, geology, and vegetation[J]. Water Resources Research, 47: W11527.

Kirchner J W. 2009. Catchments as simple dynamical systems: Catchment characterization, rainfall-runoff modeling, and doing hydrology backward[J]. Water Resources Research, 45: W02429.

Kirkby M. 1988. Hillslope runoff processes and models[J]. Journal of Hydrology, 100: 315-339.

Liu J T, Chen X, Zhang X N, et al. 2012. Grid digital elevation model based algorithms for determination of hillslope width functions through flow distance transforms[J]. Water Resources Research, 48: W04532.

McNamara J P, Tetzlaff D, Bishop K, et al. 2011. Storage as a metric of catchment comparison[J]. Hydrological Processes, 25: 3364-3371.

Mutzner R, Bertuzzo E, Tarolli P, et al. 2013. Geomorphic signatures on Brutsaert base flow recession analysis[J]. Water Resources Research, 49: 5462-5472.

Nippgen F, McGlynn B L, Marshall L A, et al. 2011. Landscape structure and climate influences on hydrologic response[J]. Water Resources Research, 47: W12528.

Norbiato D, Borga M. 2008. Analysis of hysteretic behaviour of a hillslope-storage kinematic wave model for subsurface flow[J]. Advances in Water Resources, 31: 118-131.

Pauwels V R N, Troch P A. 2010. Estimation of aquifer lower layer hydraulic conductivity values through base flow hydrograph rising limb analysis[J]. Water Resources Research, 46: W03501.

Rupp D E, Selker J S. 2006. On the use of the Boussinesq equation for interpreting recession hydrographs from sloping aquifers[J]. Water Resources Research, 42: W12421.

Smith R E, Hebbert R H B. 1983. Mathematical simulation of interdependent surface and subsurface[J]. Hydrological Processes, 19: 987-1001.

Tallaksen L M. 1995. A review of baseflow recession analysis[J]. Journal of Hydrology, 165: 349-370.

Troch P A, Berne A, Bogaart P, et al. 2013. The importance of hydraulic groundwater theory in catchment hydrology: The legacy of Wilfried Brutsaert and Jean-Yves Parlange[J]. Water Resources Research, 49: 5099-5116.

Troch P A, De Troch F P, Brutsaert W. 1993. Effective water table depth to describe initial conditions prior to storm rainfall in humid regions[J]. Water Resources Research, 29(2): 427-434.

Troch P A, Paniconi C, van Loon E. 2003. Hillslope storage Boussinesq model for subsurface flow and variable source areas along complex hillslopes: 1 Formulation and characteristic response[J]. Water Resources Research, 39(11): 1316.

Troch P A, van Loon E, Hilberts A. 2002. Analytical solutions to a hillslope-storage kinematic wave equations for subsurface flow[J]. Advances in Water Resources, 25: 637-649.

Troch P A, van Loon E, Hilberts A. 2004. Analytical solution of the linearized hillslope-storage Boussinesq equation for exponential hillslope width functions[J]. Water Resources Research, 40: W08601.

Viviroli D, Dürr H H, Messerli B, et al. 2007. Mountains of the world-water towers for humanity: Typology, mapping and global significance[J]. Water Resources Research, 43: W07447.

Wang D. 2011. On the base flow recession at the Panola Mountain Research Watershed, Georgia, United States[J]. Water Resources Research, 47: W03527.

Wittenberg H. 1999. Baseflow recession and recharge as nonlinear storage processes[J]. Hydrological Processes, 13: 715-726.